SCHÄFFER
POESCHEL

Ingo Kallenbach

# Führen in der Gesunden Organisation

Außergewöhnliche Leistung durch Potenzialentfaltung

2016
Schäffer-Poeschel Verlag Stuttgart

Bibliografische Information der Deutschen Nationalbibliothek
Die Deutsche Nationalbibliothek verzeichnet diese Publikation
in der Deutschen Nationalbibliografie; detaillierte bibliografische
Daten sind im Internet über < http://dnb.d-nb.de > abrufbar.

Gedruckt auf chlorfrei gebleichtem,
säurefreiem und alterungsbeständigem Papier

**Print:** ISBN 978-3-7910-3683-0       Bestell-Nr. 10170-0001
**ePDF:** ISBN 978-3-7910-3684-7       Bestell-Nr. 10170-0150

© 2016 Schäffer-Poeschel
Verlag für Wirtschaft · Steuern · Recht GmbH
www.schaeffer-poeschel.de
service@schaeffer-poeschel.de

Umschlagentwurf: Goldener Westen, Berlin
Umschlaggestaltung: Kienle gestaltet, Stuttgart
Satz: Dörr + Schiller GmbH, Stuttgart
Druck und Bindung: BELTZ Bad Langensalza GmbH, Bad Langensalza
Printed in Germany

November 2016

Schäffer-Poeschel Verlag Stuttgart
Ein Tochterunternehmen der Haufe Gruppe

*Für meine Eltern*

# Vorwort

Es ist schon eine ganze Weile her, seitdem das Buch »Führung gegen alle Regeln« von Buckingham & Coffman erschienen ist, die erste deutsche Auflage datiert aus dem Jahr 2001. Und dennoch erwähne ich es an dieser Stelle, da es für mich eine persönliche Inspirationsquelle war, die mich seitdem nicht mehr losgelassen hat. Auf der Grundlage einer Unmenge von Daten (befragt wurden 80.000 Führungskräfte in 400 Firmen und 1 Million Mitarbeitende) wurden Langzeitstudien durchgeführt, um herauszufinden – und dies auch belegen zu können – was erfolgreiche Führung tatsächlich ausmacht. Dies geschah im Rahmen des Gallup-Instituts. Die empirischen Grundlagen überzeugten mich genauso wie die Ableitungen daraus. Für mich war das ein Schlüsselerlebnis, da überzeugend beschrieben wurde, wie eine Kombination aus wirtschaftlicher Prosperität einhergehen kann mit engagierten und gesunden Mitarbeitenden. »Was will man eigentlich mehr?«, fragte ich mich deshalb. Wirtschaftlicher Erfolg gepaart mit gesunden Menschen, die ihre Arbeit gerne tun.

Deshalb war fortan das Ziel: Das muss auch hier in Deutschland möglich sein. Wie wir alle wissen, kam es völlig anders: Zunächst die schwere Wirtschaftskrise in Folge des Zusammenbruchs der Dotcom-Blase zu Beginn des neuen Jahrtausends. Es folgte die Banken- und Finanzkrise, ausgelöst zunächst durch die Immobilienkrise in den USA und geschürt durch den Kollaps der Lehman Brothers, die sich in Folge zu einer echten Vertrauenskrise auswuchs und schließlich in eine gewaltige Weltwirtschaftskrise 2008 mündete. Der Schock sitzt vielen bis heute in den Gliedern und niemand weiß so recht, wie stabil das gesamte Wirtschafts-, Banken- und Finanzsystem tatsächlich ist. Gleichzeitig nahm der Druck in den Unternehmen gewaltig zu. Und mit Zunahme des Drucks stiegen auch die Belastungen bei Managern und Mitarbeitenden. In den letzten Jahren ist zumindest die wirtschaftliche Prosperität zurückgekehrt, leider immer öfter zu Lasten von Führungskräften und Mitarbeitenden. Gleichzeitig ist eine neue Generation in den Unternehmen angekommen, die Generation Y. Bei aller berechtigen Vorsicht in Bezug auf Generalisierungen, so kann man konstatieren, dass diese Generation vermehrt eine Balance zwischen Arbeit und Freizeit sucht, ihr ist es wichtiger geworden, Sinn und Spaß in der Arbeit zu finden, und nach Möglichkeit diese so flexibel gestalten zu können wie nur eben möglich. Die wirtschaftlichen Rahmenbedingungen sind parallel dazu herausfordernder als je zuvor geworden: Begriffe wie Globalisierung, Digitalisierung, disruptive Technologien, Industrie 4.0, demografischer Wandel, um nur einige der Wesentlichen zu nennen, sind dafür kennzeichnend. Der Wettbewerbsdruck nimmt permanent zu – kein leichtes Unterfangen also, im Weltmarkt erfolgreich zu bestehen. Und dennoch bin ich der festen Überzeugung, dass es möglich ist, eine Verbindung zu schaffen zwischen außergewöhnlicher Leistung, nachhaltigem, wirtschaftlichem Erfolg einerseits und engagierten, gesunden Mitarbeitenden andererseits, die Sinn in ihrer Arbeit erleben. Führung – als sozialer Prozess der Einflussnahme auf andere – kommt dabei ein zentraler Stellenwert zu.

Dieses Buch ist kein wissenschaftstheoretisches Werk, es fußt jedoch auf soliden, wissenschaftlichen Grundlagen und einem langjährigen Erfahrungshintergrund. Die Kombination von Theorie und Praxis ist uns wichtig, da erst durch diese eine erfolgreiche Anwendung für Entscheidungstragende in Organisationen entstehen kann. Nicht jede wissenschaftliche Grundlage und theoretische Fundierung ist in der Praxis anwendbar und sinnvoll. Und einer Praxis, die sich nur aus singulären und subjektiven Erfahrungen begründet, mangelt es am Anspruch der Allgemeingültigkeit und Passung eines konzeptionell-theoretischen Rahmens. In Anlehnung an Rolf Stiefel (2011) passt deshalb der Begriff des theoriegeleiteten, reflektierenden Praktikers. Letztlich muss es in der Praxis funktionieren und dort einen Mehrwert schaffen. Wenn ich an dieser Stelle – wie auch im gesamten Buch – von »wir« spreche, sind damit überwiegend meine Kollegen und Kolleginnen von Reflect gemeint, einem Beratungsunternehmen, das Organisationen in Fragen der Führung, Veränderungsbegleitung und strategischen Personalentwicklung beim Aufbau Gesunder Organisationen berät.

Das vorliegende Buch stellt keinen radikal neuen Unternehmensansatz dar, es möchte nicht die Arbeitswelt noch die Welt als solche völlig verändern. Vieles läuft gut und bedarf deshalb keiner Veränderung, das muss anerkannt werden. Jedes Individuum verfügt genauso wie jede Organisation über zahlreiche Ressourcen, die teils bewusst, teils unbewusst sind. Deshalb wird mit der Gesunden Organisation ein Modell ausgefaltet, das dazu dienen soll, Bestehendes weiter zu entwickeln, besser zu machen und letztlich das in Organisationen vorhandene Potenzial zur vollen Entfaltung zu bringen. Potenzialentfaltung stellt den notwendigen Hebel dar, der auf drei Ebenen seinen Ausdruck findet: beim Individuum selbst, auf der Teamebene und in Bezug auf die gesamte Organisation hinsichtlich ihrer normativen, strategischen und operativen Ausrichtung. Der Ansatz entspricht demnach bewusst nicht einer neuen Managementmode, auf jeden Fall nicht aus einer soziologischen Perspektive (Kühl, 2015).

Das Modell der Gesunden Organisation und der damit einhergehende Führungsansatz stellen keinen sequenziellen Prozess dar, was zu einem Zeitpunkt X getan werden müsste, um zu einem Zeitpunkt Y das erwünschte Ziel zu erreichen. Vielmehr ist es flexibel und offen. Es gibt keinen idealtypischen Verlauf, den Sie gehen müssen, um zum Ziel zu gelangen. »Viele Wege führen nach Rom« und viele auch zur Gesunden Organisation. Sie können selbst entscheiden, an welcher Stelle es aus Ihrer Sicht am meisten Sinn macht, den ersten Schritt zu tun. Dennoch ist nicht alles beliebig, nicht »anything goes«. Es gibt Grundprinzipien, die für den erfolgreichen Einsatz essenziell sind. Diese sind: Das Prinzip eines ganzheitlichen Ansatzes und systemischen Denkens, das Prinzip, medizinische und wirtschaftliche Gesundheit in Einklang zu bringen und das Prinzip der Potenzialentfaltung.

Vom idealen Zustand aus betrachtet (den es natürlich nur in der Konstruktion gibt), profitieren alle von einer Gesunden Organisation: Unternehmer, Mitarbeiterinnen und Mitarbeiter, Kapitalgebende, die Gesellschaft, Kunden sowie Partner, Lieferanten und sonstige Anspruchsgruppen. Damit ist sie in ihrem Idealzustand ein »Win-win«-Modell, da prinzipiell alle Beteiligten einen Nutzen durch eine Gesunde Organisation generieren können. Andererseits wissen wir auch, dass die Wirklichkeit meist anders aussieht und 100 Prozent Interessensausgleiche nur theoretisch möglich sind. Das hier vorgestellte Konzept der Gesunden Organisation kann Ihnen deshalb als eine Art Landkarte dienen, die in herausfordernden Zeiten sichereres Navigieren ermöglicht. Ein Steuerungsinstrument, das Ihnen hilfreich ist, den für Sie und Ihre Organisation passenden Weg leichter zu finden.

Wir sprechen von der Gesunden Organisation und nicht vom gesunden Unternehmen. Nach unserer Lesart ist jedes Unternehmen auch eine Organisation, aber nicht jede Organisation ist auch ein Unternehmen. Organisationen können politischer, religiöser, wissenschaftlicher oder eben wirtschaftlicher Natur sein. Auch wenn bestimmte Elemente sowohl bei Organisationen wie auch bei Unternehmen ähnlich vorhanden sind, wie beispielsweise Menschen, Strukturen, Prozesse etc., so gibt es natürlich generelle Unterschiede, die auch einen Unterschied machen: Der Zweck eines Unternehmens ist auf dem kleinsten Nenner vielleicht die Sicherung des Überlebens, der Zweck einer Non-Profit-Organisation eben gerade nicht der Profit, sondern die Erreichung selbst gesteckter Ziele, seien diese politischer, ökologischer oder gesellschaftlicher Natur. In unseren Überlegungen beziehen wir uns überwiegend auf Organisationen, die im Wirtschaftskontext tätig sind. Wir gehen aber davon aus, dass sich das hier vorgestellte Modell ebenso auf alle anderen Organisationsformen übertragen lässt.

Genauso wenig wie es einen sequenziellen Ablauf gibt, in welcher Form man eine Gesunde Organisation entwickeln kann, müssen Sie das Buch nicht unbedingt Kapitel für Kapitel lesen. Sie können springen und bei den Themen einsteigen, die Sie am meisten interessieren. Zu Beginn jedes Kapitels finden Sie deshalb Leitfragen, die Ihnen als Leser/Leserin erste Eindrücke geben, welche Kernaspekte im jeweiligen Kapitel behandelt werden. Am Ende finden Sie eine Zusammenfassung der wichtigsten Kernthesen. Außerdem finden Sie immer wieder Verweise auf frühere Textstellen oder Abbildungen, die Sie in die Lage versetzen, Zusammenhänge oder einzelne Aspekte zu vertiefen und nachzulesen.

Gleichwohl gibt es einen Spannungsbogen, der sich von Anfang bis Ende durchzieht.

In **Kapitel 1** werden die Grundlagen beschrieben, die bei der Entwicklung einer Gesunden Organisation von Bedeutung sind: systemisches, ganzheitliches Denken und Handeln, die Verbindung von Leistung und Gesundheit sowie Potenzialentfaltung. So sehr diese drei Bereiche aus völlig unterschiedlichen Richtungen kommen, haben sie dennoch alle mit einer grundsätzlichen Haltung und einem entsprechenden Menschenbild zu tun, das hilfreich ist, wenn man eine Organisation nach diesen Maßstäben nachhaltig gesund aufbauen möchte.

In **Kapitel 2** gehen wir näher darauf ein, was heute in vielen Organisationen falsch läuft. Sie alle kennen das: aufwendige, komplizierte Prozesse, wenig marktnahe und kundenzentrierte Strukturen, sodass Entscheidungen relativ weit entfernt in der Zentrale oder auf »übergeordneter« Ebene getroffen werden, eine unklare und wenig nachhaltige Strategie, ein wenig wertschätzendes Klima, Silodenken, das dazu führt, dass jede Abteilung eher an sich als an das gesamte Unternehmen denkt bis hin zu schlechten, neidvollen Beziehungen untereinander und gestressten Mitarbeiterinnen und Mitarbeitern. Wir nennen solche Organisationen kränkelnd, wenn nur einzelne Dimensionen einer Organisation von Symptomen dieser Art betroffen sind, und krank, wenn alle relevanten Dimensionen infiziert sind. In solchen Unternehmen fehlt die Balance, die eine ausgleichende, positive Wirkung hat. Je schlechter diese Balance ausfällt, desto höher wird das Risiko, sich nicht mehr erholen zu können. Und das in einem Arbeitsumfeld, das zunehmend dynamischer, komplexer, volatiler, unsicherer und mehrdeutiger wird. Wenn Sie mögen, können Sie Ihre eigene Organisation hinsichtlich jeder Dimension, wie beispielsweise Strategie, Struktur und Kultur selbst einschätzen. Sie finden dazu einige Fragen aus unserem GO-Gesundheitscheck, die Ihnen als erste Impulse dienen können.

Wie es zu einer fehlenden Balance im Unternehmen kommen kann, wird im anschließenden **Kapitel 3** unter die Lupe genommen. Wir nennen solche Erscheinungen »wrong turns«, falsche Abzweigungen, die bei oberflächlicher oder kurzfristiger Betrachtung durchaus sinnvoll erscheinen mögen, bei genauerer Analyse allerdings zeigen, dass sie in die falsche Richtung führen. Führung spielt dabei eine wesentliche Rolle. Je nach Ausprägung kann diese zur Dysbalance, zum Ungleichgewicht, beitragen – wir sprechen dann von Polarisierter Führung. Abgerundet wird dieses Kapitel durch die Erkenntnisse von Prof. Wüthrich, der sich im Rahmen seiner Forschungen innerhalb des Lehrstuhls Internationales Management an der Bundeswehr Universität München intensiv mit Paradoxien und Widersprüchlichkeiten im Management beschäftigt.

**Kapitel 4** stellt gemeinsam mit Kapitel 5 den Kern des Buches dar. Im vierten Kapitel wird das Modell der Gesunden Organisation ausgefaltet. Von der Relevanz des Konzepts in Bezug auf die gewaltigen Herausforderungen in Gesellschaft, Technologie, Umwelt, Politik und Wirtschaft, über seine Ursprünge und Entwicklungsgeschichte bis hin zu den drei Perspektiven, die aus unterschiedlichen Richtungen einen ganzheitlichen, balancierten Blick auf die Gesunde Organisation ermöglichen. Im Rahmen des Interviews mit dem CEO David Laux und dem HR Direktor Christoph Schmidt von der ec4u expert consulting ag, einem führenden Beratungsunternehmen im Bereich Kundenmanagement und digitaler Transformation, wird ein Fallbeispiel beleuchtet, wie der Aufbau einer Gesunden Organisation in der Praxis gelingen kann – wenngleich der ursprüngliche Zweck nicht der Aufbau einer Gesunden Organisation war, sondern erst im Laufe des Beratungsprozesses in Begleitung mit Reflect entstanden ist.

Führung spielt eine Schlüsselrolle im Gesamtkonzept der Gesunden Organisation, das zeigen wir in **Kapitel 5.** Dabei wird Führung als sozialer Prozess verstanden, der zum Ziel hat, andere bei der Selbstführung und der Entfaltung ihrer individuellen Potenziale zu unterstützen. Das heißt zugleich, dass nicht nur diejenigen führen, die über die entsprechende Position in der Organisation verfügen und sich aufgrund dieser als Führungskraft bezeichnen, sondern im Zweifel alle, die einen entsprechenden Einfluss auf andere im hier beschriebenen Sinne ausüben. Das können klassische Führungskräfte mit der entsprechenden disziplinarischen Verantwortung sein, müssen es aber nicht. Neben Führungskräften sprechen wir auch von Entscheidungsträgern oder Verantwortlichen, also Personen, die aufgrund ihrer spezifischen Rolle (und nicht ausschließlich ihrer hierarchischen Stellung), für bestimmte Aufgaben zuständig sind, für diese Verantwortung übernehmen und entsprechende Entscheidungen treffen können und dürfen. Drei relevante Ebenen innerhalb von Organisationen ziehen wir dabei in Betracht: Führen des Individuums (Selbstführung), Führen von Teams beziehungsweise Führen in Teams (Teamführung) sowie Führen von Organisationen beziehungsweise Führen in Organisationen (Organisationsführung). Für alle drei Ebenen werden Handlungspraktiken aufgezeigt, die in jeder Dimension der Gesunden Organisation realistisch umsetzbar und dennoch relativ einfach zu handhaben sind. Gleichwohl sind wir uns der Schwierigkeit und Unterschiede bewusst, dass etwas, das auf der Eins-zu-eins-Ebene funktionieren mag, nicht automatisch auch auf organisationaler Ebene funktionieren muss. Wir möchten Ihnen als Leserinnen und Lesern dennoch praktisches Handwerkszeug mitgeben, welches Sie an die spezifischen Gegebenheiten Ihrer Organisation anpassen können. Im Experteninterview mit dem Vorsitzenden des dm-drogeriemarkts, Erich Harsch, erfahren Sie darüber hinaus Praktiken, die dm zu dem gemacht haben, was es heute ist: Ein wirtschaftlich überaus erfolgreiches Unternehmen und außerdem einer der beliebtesten Arbeitgeber in Deutschland überhaupt.

Jedes Konzept erfährt Grenzen in seiner praktischen Anwendung und Stolpersteine in der Umsetzung. Auf diese Facetten wird im abschließenden **Kapitel 6** eingegangen. Gleichzeitig wird ein Ausblick gegeben, wie Führung zukünftig aussehen kann, welche Trends, die noch nicht im Konzept der Gesunden Organisation integriert sind, am Horizont jedoch bereits auftauchen. Oder wird Führung gar ein Begriff von gestern sein? Darüber haben wir mit einem der weltweit einflussreichsten Vordenker der letzten beiden Jahrzehnte im Bereich Führung und Human Ressourcen, Prof. Dave Ulrich, gesprochen. Dieser erkenntnisreiche Ausblick bildet zugleich den Abschluss des Buches.

Und nun wünsche ich Ihnen viel Freude beim Lesen
und Reflektieren!

Rohrbach, im Juli 2016
Ingo Kallenbach

**GO Gesundheits-Check**

Wie »gesund« ist Ihr Unternehmen? – Der Link führt Sie zu unserem »GO Gesundheits-Check«, einer Standortbestimmung für Ihr Unternehmen. Der Check wird Ihnen Aussagen zum Reifegrad und zur »Gesundheit« Ihres Unternehmens liefern. Die Analyse beinhaltet die Dimensionen Strategie, Strukturen, Kultur, Prozesse, Mitarbeiter, Kultur und Führung. Ausgehend von der Standortbestimmung enthält der GO Gesundheits-Check dann auch Impulse auf dem Weg zu einer besseren, einer »gesünderen« Organisation. Teilnehmende erhalten eine Kurz-Auswertung.

**www.reflect-beratung.de/instrumente**

# Inhaltsverzeichnis

# Verzeichnis der Abbildungen

# 1    Was muss ich wissen? – Grundlagen

In diesem Kapitel finden Sie Antworten auf die folgenden Fragen:
- **Was bedeutet systemisches Denken und wie kann ich es anwenden?**
- **Wie hilft mir systemisches Denken beim Aufbau einer Gesunden Organisation?**
- **Wie kann ich Leistung und Gesundheit verbinden?**
- **Was sind Potenziale und was ist der Unterschied zu Talenten, Kompetenzen und Stärken?**
- **Wie erkenne ich die Potenziale meiner Mitarbeiter\*, meines Teams, meiner Organisation und wie kann ich diese entfalten?**

Um dieses Buch zu erfassen, die vorgestellten Modelle zu verinnerlichen und die praktischen Vorgehensweisen anwenden zu können, bedarf es eines grundsätzlichen Verständnisses dreier Konzepte:
1. Systemisches Denken
2. Leistung und Gesundheit
3. Potenzialentfaltung

Diese drei Konzepte sind essenzielle Bestandteile der Idee hinter diesem Buch und wir sehen in der Praxis deutlichen Handlungsbedarf bezüglich der Umsetzung systemischen, ganzheitlichen Denkens, dem tieferen Verständnis von Leistung und Gesundheit und dem Management von Potenzialen. Reflektierende Entscheider in modernen Firmen sind sich der Wichtigkeit dieser drei Konzepte bewusst und wenden sie im Unternehmensalltag an, um ihre Organisation als Ganzes weiterzuentwickeln und nachhaltig zu verbessern.

---

\*    Wir verwenden in diesem Buch die männliche Sprachform, diese ist bei allen Inhalten wertneutral zu verstehen und schließt die weibliche Bezeichnung stets mit ein.

# 1.1 Systemisches Denken – Zusammenhänge erkennen und verstehen

Die erste wichtige Grundlage ist das Verständnis von systemischem Denken. Hierbei ist es zunächst hilfreich, den Unterschied zwischen »systemisch« und »systematisch« darzustellen. Der Duden beschreibt systemisch aus biologischer und medizinischer Sicht als »den gesamten Organismus betreffend« (Duden, 2015), während systematisch »nach einem System vorgehend; planmäßig und konsequent« (Duden, 2015) bedeutet.

> **DEFINITION**
>
> Systemisch bedeutet »den gesamten Organismus betreffend.« (Duden, 2015)

Tatsächlich ist die Erklärung von »systemisch« im Zusammenhang mit einem Organismus hilfreich, um das Konzept des systemischen Denkens zu verstehen. Setzen wir ein Unternehmen mit einem Organismus gleich: Ein Organismus ist das gesamte System aller Organe, die zusammenarbeiten, um den Organismus am Leben zu erhalten und ihn zu entwickeln. Selbiges gilt für ein Unternehmen. Die Organe lassen sich zum Beispiel den einzelnen Abteilungen gleichsetzen, die wiederum aus Teams und aus einzelnen Mitarbeitern bestehen. Nur wenn alle Organe nachhaltig zusammenarbeiten, kann der Gesamtorganismus, das Unternehmen, überleben und sich weiterentwickeln.

Nicht nur das Unternehmen an sich stellt dabei ein System dar, sondern jedes Team und jede Abteilung bildet wiederum ein eigenes System, einen Organismus. Das Unternehmen selbst ist wiederum Bestandteil eines größeren Systems, wie beispielsweise eines Konzerns, eines Landes oder einer Industrie. Abbildung 1 verdeutlicht den Zusammenhang.

Einzelne Systeme gehören einem jeweils größeren System an. Der Mitarbeiter ist Teil des Teams, das wiederum Teil der Abteilung ist. Die Abteilung ist einer der Bestandteile der Organisation, welche wiederum dem System der Industrie oder des Marktes angehört. Grundsätzlich lässt sich dieses Prinzip fortsetzen, bis jedes System Bestandteil des globalen Kontexts ist.

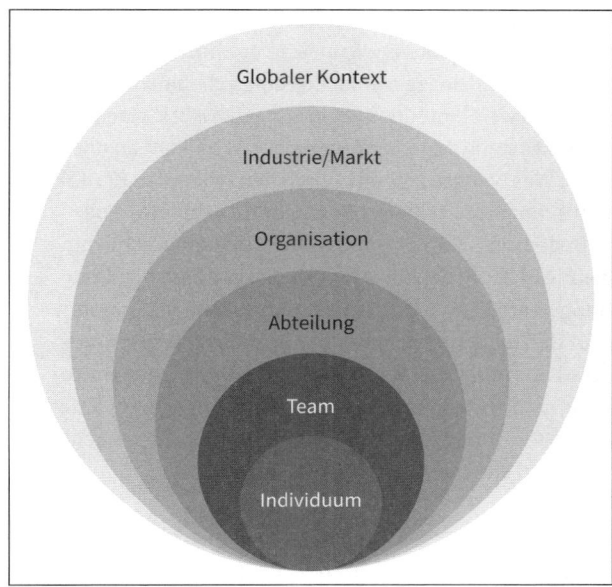

**Abb. 1:** Vereinfachte Veranschaulichung systemischer Zugehörigkeiten (eigene Darstellung)

**Wie kann mir das dabei helfen, meine Organisation besser zu verstehen?**

Systemisches Denken hilft enorm dabei, Zusammenhänge zu erkennen und das Gesamtbild zu verstehen. Kluge Verantwortliche realisieren sehr schnell, welche Faktoren sich wie im System auswirken (oder stellen zumindest Vermutungen an, wie sich diese auswirken könnten), wie sie selbst davon betroffen sind und wie sie diese Veränderung positiv nutzen oder ihre negativen Folgen eliminieren können. Um zu veranschaulichen, wie sich die Systemabhängigkeiten in der Realität auswirken, gibt dieses Fallbeispiel einen interessanten Einblick.

**AUS DER PRAXIS – FÜR DIE PRAXIS**

Im Rahmen eines Optimierungsprozesses bei einem Pharmaunternehmen wurde festgestellt, dass die Zeit, die der manuelle Transport von Proben von der Produktion ins Labor zur Analyse der Materialqualität benötigt, durch ein internes Versandsystem deutlich reduziert werden könnte. Dauerte es bisher ca. 30 min, bis der Mitarbeiter inkl. Schwätzchen (informelle Kommunikation, Weitergabe von Hintergrundinformationen) wieder an seinem Arbeitsplatz zurück war, konnte diese Zeit um mehr als die Hälfte mit einem teilautomatischen Versandsystem inklusive aller notwendigen Arbeitsschritte reduziert werden. Ein Quantensprung an Effizienzgewinn. Allerdings blieben die angestrebten Optimierungseffekte weit hinter den Erwartungen zurück. Nach einem halben Jahr stieg der Krankenstand beim Laborpersonal signifikant an und die Arbeitsleistungen sanken. Was war geschehen? Durch den fehlenden Kontakt zur Produktion und damit zum unmittelbaren Geschehen, verlor die reine Analyse der Proben an Bedeutung. Die Labormitarbeiter bekamen schlicht nicht mehr mit, was gerade in der Produktion los war. Sie verloren nicht nur den Kontakt zu langjährigen Kollegen (informelle Kommunikation), sondern auch ein Bewusstsein für den Gesamtzusammenhang durch fehlende Hintergrundinformationen. Die Labormitarbeiter hatten das Gefühl, nicht mehr so wichtig zu sein. Daraufhin sanken Arbeitszufriedenheit und Engagement, da sie sich nicht mehr als Teil des Ganzen erlebten. Dies wiederum führte zu nachlassenden Arbeitsleistungen und einem erhöhten Krankenstand.

Wie das Fallbeispiel illustriert, sind die verschiedenen Systeme »Mitarbeitende, Team, Abteilung« voneinander abhängig und Veränderungen in einem der Systeme führen zu Veränderungen in den anderen. Es kann daher schwierig sein, den eigentlichen Verursacher für eine Veränderung in einem der Systeme auszumachen. Daher werden in Organisationen oftmals falsche Lösungsversuche initiiert. Viele Verantwortliche erkennen zwar die Krankheit, nicht aber das Symptom. Im obigen Beispiel könnte man weiter spekulieren, welche mittelfristig (drastischen) Auswirkungen sinkende Arbeitsleistungen bei zunehmendem Krankenstand auf Laborseite für die Organisation nach sich ziehen könnte: geringere Produktqualität, sinkender Umsatz, im schlimmsten Fall Produktverunreinigungen mit Schaden für den Endverbraucher (System Industrie/Markt). Nicht immer bedeutet ein Gewinn an Effizienz auch tatsächlich eine Verbesserung der Wertschöpfung insgesamt. Der umgekehrte Schluss gilt allerdings genauso: Auch ein »weiter so wie bisher« sichert bestimmt nicht das langfristige Überleben und den Erfolg eines Unternehmens.

Mehr über die typischen Symptome und wie Sie falsche Lösungsversuche vermeiden können, finden Sie in Kapitel 2.2 und Kapitel 3.

---

UNSER TIPP:

Betrachten Sie einzelne Probleme oder Veränderungen nicht exklusiv und zu eng. Erweitern Sie Ihren Blickwinkel und fassen Sie den jeweiligen Kontext ins Auge. Wo liegt die tatsächliche Ursache für das Problem oder die Veränderung? Wo müssen Sie den Hebel ansetzen, um das Problem nachhaltig zu eliminieren oder die Veränderung positiv zu nutzen? Ziehen Sie alle Möglichkeiten in Betracht und reflektieren Sie diese kritisch. Oftmals ist die naheliegende Lösung nicht die Nachhaltigste. Denken Sie systemisch.

---

Die Abhängigkeiten der einzelnen Systeme und deren Wirkung aufeinander sind in Abbildung 2 dargestellt. Der einzelne Mitarbeiter kann durch sein Verhalten und Interaktionen eine Veränderung im Team, in der Abteilung, der Organisation und letztlich dem gesamten Markt erzeugen. Der Unternehmenskontext wiederum wirkt auf die Organisation und deren Bestandteile ein. Jedes der Systeme kann die jeweils anderen wechselseitig beeinflussen.

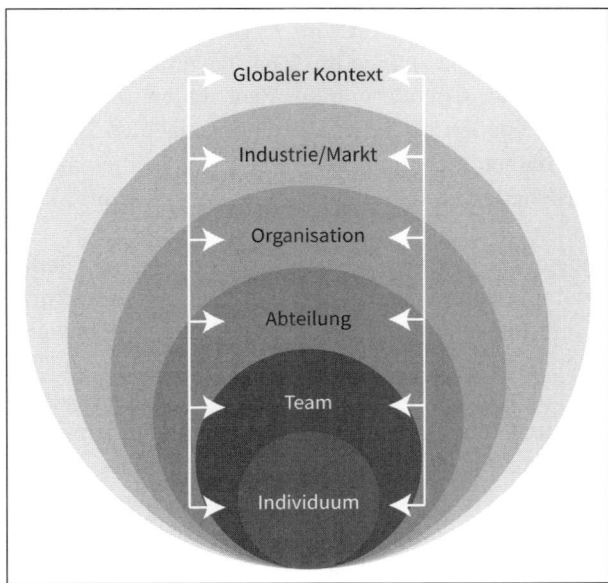

**Abb. 2:** Systemische Einflüsse und Abhängigkeiten (eigene Darstellung)

**Was ist eigentlich ein System?**

Die bisherigen Erläuterungen zu systemischem Denken sind sehr einfach gehalten und zeichnen ein simples Bild einer tatsächlich facettenreichen Betrachtungsweise. Im Folgenden finden Sie weitere Kriterien, die es Ihnen ermöglichen, Lösungen, Entscheidungen und Veränderungsprozesse ab sofort aus einer systemischen Sichtweise nachzuvollziehen. Primär gehen wir deshalb zunächst der

Frage nach, was ein System eigentlich ausmacht, wie sich dies auf unsere systemische Denkweise auswirkt und welche Vorteile es beim Aufbau einer Gesunden Organisation nach sich zieht.

**DEFINITION**

> System – ein von seiner Umwelt abgegrenztes Gebilde, das aus Elementen und ihren Relationen besteht.

Die Definition beschreibt ein System als von der Umwelt abgegrenzt. Wie passt dies mit den Aussagen von eben zusammen?

Ein System beschreibt sich nicht von sich selbst heraus, sondern wird von einem Beobachter als ein solches System definiert wird. Der Beobachter versucht, Systemgrenzen zu ziehen, um Zusammenhänge in einem bestimmten Rahmen verstehen zu können. Dies dient der Orientierung des Beobachters und vereinfacht das Verständnis von Wechselwirkungen innerhalb eines gedachten Systems. Daraus folgt, dass ein System immer auch ein Konstrukt ist, das von jemandem gesondert und für sich alleinstehend betrachtet wird, ohne dass es immer klare Systemgrenzen gibt.

Außerdem kann ein System als ganzheitlicher Zusammenhang von Teilen begriffen werden, deren Beziehung untereinander quantitativ intensiver und qualitativ produktiver sind als ihre Beziehungen zu anderen Elementen (Umwelt). Diese Unterschiedlichkeit der Beziehungen konstituiert die Systemgrenze, die System und Umwelt trennt (Luhmann, 1987). Zwischen den Systemelementen gibt es Aktionen, Reaktionen und Interaktionen, die sich ständig ändern. Jede wirkt als Auslöser für alle anderen. Sie sind wie ein Mobile miteinander verbunden. In einem »sozialen System« wären in der obigen Definition Menschen die Elemente und die zwischenmenschlichen Beziehungen die Relationen untereinander, die in Form von Kommunikation evident werden. Deshalb ist der Blick auf die Interaktionen untereinander ein wesentliches Element der systemischen Vorgehensweise und deutlich spannender, als der Blick auf das einzelne Element an sich.

Darüber hinaus verstärken sich die einzelnen Elemente eines Systems, ähnlich wie ein Gericht anders schmeckt als die einzelnen Zutaten. Daher gilt: Ein System ist mehr als die Summe seiner Teile.

Soll ein System funktionieren, bedarf es einiger essenzieller Bestandteile. Hier hilft es, das eigene Unternehmen oder die eigene Organisation als ein solches System zu begreifen und die Bestandteile mit den Bestandteilen der Organisation zu vergleichen. Wenn alle Teile eines Systems vorhanden sind und in Wechselwirkung zueinanderstehen, kreieren sie etwas Größeres als ihre alleinige Summe (s. Abb. 3).

**Abb. 3:** Die Bestandteile eines funktionierenden Systems (eigene Darstellung)

Ein funktionierendes System – analog können wir hier auch von einem gesunden System sprechen – besteht aus den folgenden sechs Bestandteilen (Stephan & Kallenbach, 2011):

1. **Zweck**   Ein System, wie beispielsweise eine Organisation, hat einen bestimmten Zweck, einen Grund für seine Existenz und ein Ziel. Im Unternehmen könnte dies zum Beispiel das Streben nach Gewinn, die Herstellung eines einzigartigen Produkt- oder Serviceangebots oder schlicht die Überlebensfähigkeit des Systems selbst sein. Heutzutage nehmen viele Unternehmen auch »Corporate Social Responsibility« (CSR) ernst und haben daher den Zweck, der Gesellschaft und der Umwelt zu dienen. Der Fokus des Unternehmenszwecks ist deshalb selten nur die Ausrichtung auf den Profit des Unternehmens, zumindest nicht, was den Außenauftritt angeht. Denken Sie an die sogenannte »Triple Bottom Line«, in welcher die drei Zwecke einer Firma oder einer Organisation in dem Tautogramm »People, Planet, Profit« vereint sind. Ein Zweck kann zum Beispiel in einer Vision, einer Mission oder einem Wertesystem ausgedrückt werden. Diese Zweckbeschreibungen erläutern Ziele und grundlegende Ideologien einer Organisation.

**AUS DER PRAXIS – FÜR DIE PRAXIS**

Es ist hochinteressant, sich die verschiedenen »Mission, Vision and Value Statements« populärer Unternehmen genauer anzuschauen. Hier wird schnell klar, dass moderne Unternehmen nicht nur auf Profit setzen, sondern sich ihrer Verantwortung gegenüber Mensch und Umwelt bewusst sind und diese Verantwortung in ihrer grundlegenden Orientierung widerspiegeln. Die Coca-Cola Company dient als ein einfaches Beispiel, um dies aufzuzeigen. So verschreibt sich der Konzern nicht nur der Produktivität und dem Profit, sondern möchte exzellente Arbeitsplätze für seine Angestellten schaffen, eng und nachhaltig mit seinen Geschäftspartnern zusammenarbeiten und dabei helfen, nachhaltig umweltfreundlich zu agieren (The Coca-Cola Company, 2015). Inwiefern diese Zwecke tatsächlich erfüllt werden, liegt dann am Unternehmen selbst. Dass allerdings die Umsetzung von CSR zu Wettbewerbsvorteilen durch höhere Kundenbindung und -zufriedenheit sowie einen höheren Unternehmenswert führen kann, ist belegt (vgl. u. a. Korschun, Bhattacharya & Swain, 2014; Lacey & Kennet-Hensel, 2010; Luo & Bhattacharya, 2006). **Nehmen Sie sich ein Beispiel und reflektieren Sie die Zwecke Ihrer Organisation kritisch.**

2. **Kraft und Mittel**   Der zweite Bestandteil eines funktionierenden Systems sind Kraft und Mittel, um die Energie zu erhalten. Ohne die nötige Energie kann das System nicht arbeiten. Selbiges gilt für Unternehmen, die abhängig von Kapital und Erfolg sowie von Wachstum sind. Ohne diese Indikatoren hat eine Firma keine Energie und keine Grundlage für Entwicklung. Auch emotionale, soziale oder intellektuelle Anregungen können einem Unternehmen Kraft und Mittel geben, sich zu bewegen und zu arbeiten. So kann zum Beispiel die Idee eines Mitarbeiters zu einer Prozess- oder Produktveränderung führen, die dem Unternehmen zusätzliche Energie verleiht. Auch hier sehen wir, wie ein kleineres System (Mitarbeitende oder Team) das System Unternehmen/Organisation und möglicherweise sogar das Marktumfeld beeinflussen kann.

3. **Geschehen**   Ebenfalls wichtig ist das Geschehen innerhalb des Systems. »Geschehen« bezieht sich auf Arbeitsprozesse und Abläufe, auf Kooperationen, wie zum Beispiel zwischen verschiedenen Abteilungen durch Kommunikation. Diese reicht von informellen Gesprächen auf dem Gang oder im Büro über E-Mails und Telefonate bis hin zu offiziellen Meetings, Ansprachen oder Veranstaltungen. Daher übt Kommunikation einen hohen Einfluss auf das Geschehen im System aus. Geschehen beschreibt daher alle Abläufe im System und aktive Einflussnahme der einzelnen Systemteile aufeinander.

4. **Wesentliche Elemente**   Selbstverständlich benötigt ein System einige wichtige Elemente, die das Geschehen bewirken, den Zweck formulieren und für den Erhalt von Kraft und Mitteln sorgen. Diese Elemente sind in einer Organi-

sation zum Beispiel die einzelnen Mitarbeiter in ihren Teams und Abteilungen. Ohne sie würde das Unternehmen nicht funktionieren. Sie sind der offensichtlichste Bestandteil des Systems, da sie sichtbar und ihre Aktivitäten im System beobachtbar sind.

5. **Ordnung**  Die Elemente können allerdings nicht ohne den nötigen Rahmen effektiv zusammenarbeiten. Sie brauchen eine gewisse Struktur, die Regeln und Leitlinien vorschreibt sowie Muster für Kommunikation und Interaktion bereitstellt. Jedes Unternehmen basiert auf einer Ordnung. Diese kann unterschiedlich stark ausgeprägt sein, jede Organisation bedarf jedoch organisatorischer Grundzüge, die festlegen, wie, wo und wann Mitarbeiter welche Arbeiten ausführen und in welcher Relation die Mitarbeiter zueinanderstehen, sodass Kommunikation und Interaktion effektiv und sinnvoll stattfinden können.

6. **Reaktionen**  Außerdem muss ein System in der Lage sein, auf äußere Veränderungen reagieren zu können. Es muss flexibel genug sein, um Anpassungen innerhalb des Systems möglichst schnell vornehmen zu können. Verändert sich die Umwelt und kann sich das System nicht schnell genug anpassen, geht es letztlich unter. Das gilt für jegliche Systeme, ob im Tierreich (Mammuts), im Ökosystem (»Umkippen« eines Sees) oder beim Menschen (Aussterben indigener Völker). Auch Unternehmen werden stark von ihrem Kontext beeinflusst und müssen die Möglichkeit haben, Veränderungen des Geschäftsumfelds zu verarbeiten und darauf zu reagieren. So bedarf es zum Beispiel einer neuen Strategie, wenn der Absatzmarkt zusammenbricht oder einer Innovation, wenn Kunden das derzeitige Produkt nicht mehr kaufen, denken Sie beispielsweise an die Mobilfunksparte von Nokia.

---
UNSER TIPP:

Man kann gar nicht oft genug betonen, welche Auswirkungen der Kontext auf Unternehmen haben kann. Daher empfehlen wir ein ständiges Bewusstsein über das eigene Geschäftsumfeld. Organisationen sind abhängig vom äußeren Wandel, seien es politische, ökonomische, technologische, ökologische oder rechtliche Veränderungen. Kochen Sie nicht in Ihrer eigenen Suppe. Blicken Sie über den Tellerrand und versuchen Sie, Ihr komplettes Geschäftsumfeld und alle Faktoren, die Ihre Organisation betreffen, zu verstehen und zu Ihrem Vorteil zu nutzen. Der Erfolg Ihres Unternehmens hängt davon ab.

---

Die oben genannten sechs Bestandteile interagieren miteinander und beeinflussen sich gegenseitig. Die Ordnung gibt zum Beispiel vor, wie die wesentlichen Teile das Geschehen gestalten, um die Kraft und die Mittel aufzubringen, auf eine

Umweltveränderung zu reagieren und damit den eigenen Zweck weiterzuverfolgen. Denken Sie an Ihre Organisation und wie die einzelnen Bestandteile dort gestaltet werden. Dies dient als erster Schritt zum Systemischen Denken und dem Aufbau einer Gesunden Organisation.

**Was genau ist »Systemisches Denken«?**

> **DEFINITION**
>
> **Systemisches Denken** heißt, zirkulär, in Auswirkungen und lösungsorientiert denken.

Systemisches Denken beschreibt eine Denkweise, die systemisch-konstruktivistisch orientiert ist (Zechner, 2008) und die sich aus drei Denkrichtungen ergibt: zirkulär, in Auswirkungen und lösungsorientiert. Auf diese drei Denkrichtungen wird im Folgenden genauer eingegangen, um den Begriff »systemisches Denken« greifbarer zu machen und seinen Wert für die Praxis zu entwickeln.

## 1.1.1   Zirkulär denken

Menschen denken oftmals nicht zirkulär, sondern linear-kausal. Letzteres beschreibt die Grundannahme, dass eine bestimmte Ursache zu einer bestimmten Wirkung führt. Für ein Problem gibt es also stets einen Grund. Kausalität bedeutet Ursächlichkeit, es besteht also ein »linearer« Zusammenhang zwischen zwei Faktoren. Diese Denkweise ist eindimensional, wie Sie der Abbildung 4 entnehmen können.

> **AUS DER PRAXIS – FÜR DIE PRAXIS**
>
> Eine kausal-linear denkende Führungskraft, die feststellt, dass ihre Mitarbeiter in einem interkulturellen Team nicht miteinander zurechtkommen, würde nach einer Ursache für das Problem forschen, um diese Ursache dann zu eliminieren. Schnell würde sie feststellen, dass die Mitarbeiter sich aufgrund ihrer unterschiedlichen Herkunft und der daraus folgenden unterschiedlichen Auffassungen nicht gut verstehen. Der typische Lösungsansatz wäre hier ein Workshop oder eine Ansprache zur stärkeren Integration von ausländischen Angestellten.
>
> Allerdings ignoriert die Führungskraft mögliche andere Ursachen und Wechselwirkungen. Die unzufriedenen und streitenden Mitarbeiter könnten auch

Ergebnis von gestiegenem Leistungsdruck, hoher Fluktuation, schlechter Führung oder sogar einer kaputten Kaffeemaschine sein. Außerdem lässt die Führungskraft in diesem Fallbeispiel weitere Auswirkungen der Ursachen außer Acht. Wie wirkt sich die schlechte Mitarbeiterstimmung auf das Unternehmen, die Unternehmenskultur und die Ansprüche an die Führungskräfte aus?

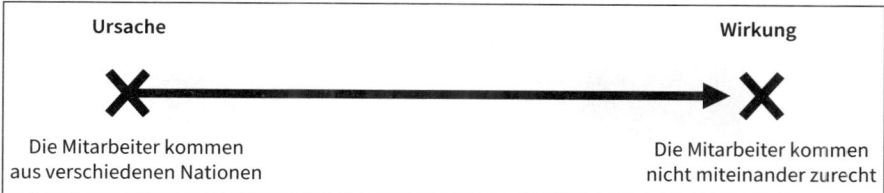

**Abb. 4:** Vereinfachte Darstellung linear-kausalen Denkens (eigene Darstellung)

Linear-kausale Denkweisen führen zu den typischen Lösungsversuchen und diese sind meistens weder nachhaltig noch erfolgreich. Der Mensch beobachtet seine Umwelt und gibt Phänomenen einen Namen. Beobachtet er öfter die gleichen Phänomene, entwickelt er daraus Annahmen und Erwartungen. Diese Erwartungen ziehen wiederum Folgerungen nach sich. Die Folgerungen bestätigen die vorher getätigten Erwartungen: Ein perfekter Kreislauf, der Stabilität und Konsistenz ermöglicht. Phänomene wie die »Sich-selbst-erfüllende-Prophezeiung« konnten so vielfach nachgewiesen werden (Kallenbach, 2003). Um Sicherheit zu erlangen, neigen wir also gerne dazu, unsere Erwartungen und Folgerungen zu bestätigen. Allerdings kann der Preis, den wir dafür zahlen, hoch sein. Mehr zu typischen Lösungsversuchen und den sogenannten »Wrong Turns« finden Sie in Kapitel 3.

Zirkulär denkende Menschen schreiben bestimmten Vorgängen im System nicht eindeutig Ursache und Wirkung zu. Vielmehr erkennen sie die verschiedenen zirkulären Wechselwirkungsprozesse, die sich gegenseitig bedingen. Es findet ein multidimensionaler Denkvorgang statt, in dem deutlicher abgewogen und kritischer reflektiert wird als beim linear-kausalen Denken.

**AUS DER PRAXIS – FÜR DIE PRAXIS**

Zurück zu unserem Fallbeispiel von eben. Würde die Führungskraft zirkulär statt linear-kausal denken, würde sie all die verschiedenen Wechselwirkungen innerhalb des Systems in ihren Denkvorgang integrieren und das Problem der schlechten Mitarbeiterstimmung differenzierter betrachten. So könnte es zum Beispiel sein, dass die Negativstimmung ein Produkt des harten Wettbewerbs ist, aufgrund dessen man ständig Leistung bringen muss, während die Führungskraft nicht dabei hilft, die Mitarbeiterpotenziale zu entfalten und die Kommunikation zwischen den verschiedenen Abteilungen nicht funktioniert. Das Problem hat keine eindeutige Ursache, sondern mehrere und strahlt dadurch negativ auf den Rest des Systems aus.

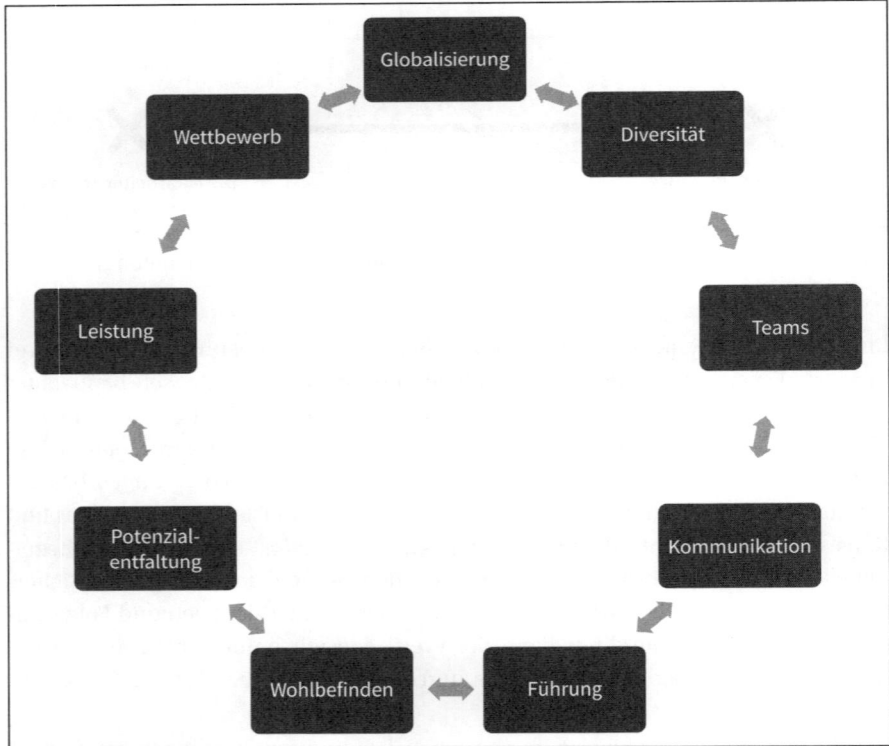

**Abb. 5:** Vereinfachte Darstellung zirkulären Denkens (eigene Darstellung)

Das Fallbeispiel ist selbstverständlich, genau wie Abbildung 5, vereinfacht dargestellt, um eine grundlegende These zu veranschaulichen: Erst zirkuläres Denken öffnet die Augen für systemische Zusammenhänge und ist ein grundlegendes Kriterium der systemischen Denkweise. Daher gilt: Menschen sollten zirkulär denken, um sich ein ganzheitliches Bild über Wechselwirkungen zu verschaffen.

## 1.1.2   In Auswirkungen denken

Die zweite essenzielle Grundlage im systemischen Denken ist auswirkungsorientiert. Im Denk- und Abwägungsprozess wird großer Wert auf die Folgen des eigenen Handelns gelegt. In Auswirkungen denkende Menschen sind sich der Konsequenzen ihres Verhaltens oder ihrer Entscheidungen bewusst und übernehmen für diese die komplette Verantwortung. Damit unterscheiden sie sich von kurzfristig denkenden Menschen, welche die eigenen Entscheidungen nicht in Zusammenhang setzen und die sich für deren Auswirkungen nicht verantwortlich fühlen. Tatsächlich trifft man in Unternehmen häufig auf kurzfristige Denker. Die Aussicht auf einfachen und schnellen Gewinn oder eine verbesserte Reputation trübt die Weitsicht auf langfristige Negativfolgen. Wer systemisch, also auch in Auswirkungen denkt, vermeidet diese Negativfolgen oder ist sich derer zumindest bewusst und kann deren Einfluss vermindern. Auch hierbei ist der Blick auf das Gesamtsystem sehr hilfreich, um mögliche Auswirkungen bereits vorher zu erkennen. Anschaulich wird dies durch ein Praxisbeispiel.

**AUS DER PRAXIS – FÜR DIE PRAXIS**

Die Brent Spar, eine schwimmende Öllagerplattform in der Nordsee, die zum Shell-Konzern gehörte, sollte 1995 versenkt werden. Die wirtschaftliche Argumentation war eine Kosteneinsparung gegenüber dem Recycling der Plattform an Land. Die Folgen durch die Versenkung der Plattform waren wissenschaftlich untersucht und wurden als »nicht gravierend« eingestuft. Allerdings hatten die Entscheider bei Shell die Rechnung ohne Greenpeace gemacht. Die Umweltschutzorganisation besetzte die Brent Spar und machte die breite Masse via Medien auf die Versenkung aufmerksam. Die Folgen waren für das Image und die Umsätze von Shell verheerend. Deutsche boykottierten Shell-Tankstellen und verursachten damit Umsatzeinbrüche von über 50 Prozent. Letztendlich gab Shell nach und recycelte die Brent Spar (Der Spiegel, 1995).
Dieses Beispiel zeigt die Folgen kurzfristigen Gewinndenkens. Hätten die Top-Manager bei Shell in Auswirkungen gedacht, hätten sie die Aufmerksamkeit und Kritik der Öffentlichkeit absehen können. So hätten sie die systemischen Abhängigkeiten zwischen ihrem Unternehmen, der natürlichen Umwelt, den Umweltschutzaktivisten und den Medien vorher abwägen können.

> UNSER TIPP:
>
> Lassen Sie sich nicht von kurzfristigen Gewinnaussichten blenden und berücksichtigen Sie die Folgen Ihres Handelns. Wollen Sie nachhaltig erfolgreich sein, müssen Sie in Auswirkungen denken und dementsprechend handeln.

### 1.1.3   Lösungsorientiert denken

Die dritte Grundlage systemischen Denkens ist ihr lösungsorientierter Ansatz. Dieser unterscheidet sich stark von der im Unternehmensalltag häufig verwendeten problemorientierten Haltung und Vorgehensweise. Viele Führungskräfte identifizieren und analysieren Probleme, sehen aber oftmals nicht, dass die Lösung nicht mit dem Problem zusammenhängt. Stellt man einfach nur fest, dass die Mitarbeiterstimmung schlecht ist, führt dies zu keinem klaren und gewollten Ziel. Lösungen werden oftmals von Problemen abgeleitet. Bei schlechter Mitarbeiterstimmung müsste doch ein Workshop helfen oder vielleicht ein gemeinsames Mittagessen…

Tatsächlich wäre es aber sinnvoller, sich an den eigentlichen Lösungen bzw. den Team-, Abteilungs- oder Unternehmenszielen zu orientieren. Was will man mit seinen Mitarbeitern erreichen? Welche Lösung bzw. welches Ziel strebt man an? In unserem Beispiel könnte das Ziel lauten: »Wir wollen intensiver zusammenarbeiten.«

Wie Sie sehen, hat das Problem (schlechte Mitarbeiterstimmung) nicht direkt etwas mit der eigentlich gewünschten Lösung bzw. dem Ziel (intensivere Zusammenarbeit) zu tun. Wenn Sie sich nun darauf konzentrieren, eine intensivere Zusammenarbeit mit und zwischen Ihren Mitarbeitern zu etablieren, erreichen Sie mehr, als wenn Sie das Symptom der schlechten Stimmung mit einer darauf zugeschnittenen Lösung beantworten.

> UNSER TIPP:
>
> Die Arbeit an Lösungen ist effizienter als die Arbeit an Problemen. Wenn Sie sich nur damit beschäftigen, Probleme zu lösen, kommen Sie Ihren eigentlichen Zielen oft nicht näher. Denken Sie lösungsorientiert und orientieren Sie sich an den eigentlichen Lösungen und Zielen für Ihr Team oder Ihre Organisation. Wenn Sie an diesen Zielen arbeiten, lösen sich manche anfänglichen Probleme von selbst. Ein gelöstes Problem ist noch lange nicht die Lösung. Halten Sie sich deshalb an das folgende Zitat des berühmten Systemikers Steve de Shazer (1998):

*»Problem talk creates problems, solution talk creates solutions «*
Steve de Shazer

---

Andererseits – und auch diese Facette ist in diesem Zusammenhang relevant – neigen heutzutage viele Führungskräfte aus Gründen hoher Geschwindigkeit und Arbeitslast zu vorschnellen und unüberlegten Lösungen. Lösungsorientierung ist zum Heiligen Gral des Managements geworden, man spricht deshalb schon lange nicht mehr von Problemen, sondern von Herausforderungen, die es »ruck-zuck« zu meistern gilt. Das tief greifende Nachdenken über Probleme kommt dadurch oft zu kurz. Lösungsorientierung im hier verstandenen Sinne heißt deshalb immer auch, zirkulär und in Auswirkungen zu denken.

Zirkuläres Denken, das Denken in Auswirkungen und lösungsorientiertes Denken sind demnach wichtige Elemente einer systemischen Denkweise. Wer systemisch denkt, versteht die Wechselwirkungen im System, kann die Folgen seines eigenen Handelns abwägen und verantworten. Er/sie kann an Lösungen arbeiten, die größer sind als die einzelnen Probleme. Es ist an der Zeit, alte Denk- und Handlungsmuster aufzubrechen, die eindimensional, kurzfristig und problemorientiert funktionieren. Die heutige Komplexität in Organisationen und deren Umfeld benötigt systemisch denkende Führungskräfte und Mitarbeitende, die ihr Unternehmen in seinen internen und externen Zusammenhängen verstehen und auf nachhaltigen Erfolg setzen.

## 1.2   Leistung und Gesundheit – »Und« statt »Oder«

Die zweite essenzielle Grundlage für dieses Buch bildet das Verständnis des Zusammenspiels zwischen Leistung und Gesundheit. Tatsächlich lautet die zentrale Kernaussage, dass Leistung und Gesundheit sich nicht gegenseitig ausschließen, sondern nur gemeinsam auf lange Sicht erreichbar sind.

Traditionell gesehen standen Leistung und Gesundheit teilweise im Widerspruch zueinander. Einerseits gab es schon in Taylors berühmten Werk »Scientific Management« (Taylor, 1911) Bemühungen um die Gesundheit der Arbeiterschaft. Auch Firmen wie Siemens oder Bosch können hier als Vorreiter genannt werden, wenngleich auch immer unter der Grundannahme, dass nur gesunde Arbeiter auch Leistung zeigen können. Andererseits wurden in früheren tayloristischen beziehungsweise transaktionalen Arbeitsbeziehungen die Mitarbeiter oft als reines Arbeitsobjekt gesehen, das im Gegenzug für seine Leistung finanziell entlohnt wurde. Die Gesundheit der Mitarbeiter kümmerte eher wenig, wie an den schlechten Arbeitsbedingungen, die auch heutzutage teilweise noch herrschen, zu erkennen ist. Inzwischen hat sich die Einstellung gegenüber Leistung und Gesundheit weiterentwickelt. Intelligente Entscheider wissen, dass Gesundheit zu besserer Leistung führt und verschleißen ihre Mitarbeiter nicht, sondern fördern und nutzen deren mentale und körperliche Gesundheit als Wettbewerbsvorteil (vgl. u. a. Pronk & Kottke, 2009 und Sherman & Lynch, 2014). Diese Denkweise ist allerdings noch nicht bei allen Managern verbreitet. Daher möchte dieses Buch dazu anstoßen, umzudenken und Führung und Management balancierter, nachhaltiger und gesünder zu gestalten.

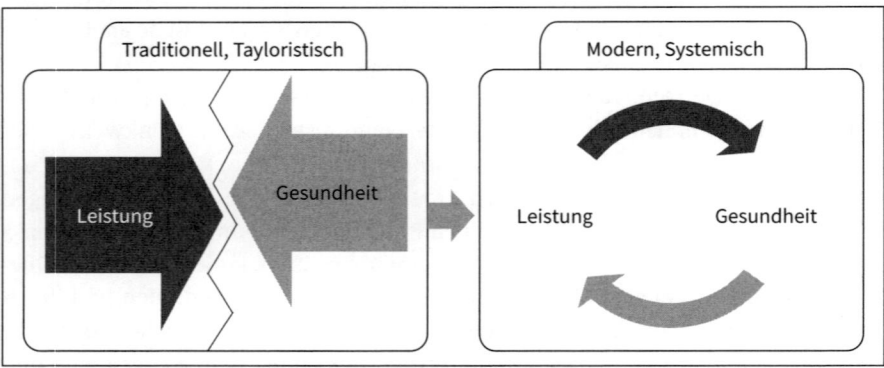

**Abb. 6:** Das Verhältnis zwischen Leistung und Gesundheit, frühere und heutige Sichtweise (eigene Darstellung)

**AUS DER PRAXIS – FÜR DIE PRAXIS**

Ein Unternehmen der Finanzdienstleistungsbranche operierte sehr stark mit variablen Gehältern durch entsprechende Verkaufsboni. Die schwierige Situation (Konkurrenzdruck, sinkende Margen, zunehmende Regulierung) in der Finanzbranche führte jedoch dazu, dass die Anlageprodukte immer komplizierter wurden, sodass selbst die Kundenberater nicht mehr wussten, wie die organisationsinterne Mechanik funktionierte (»Swap«-Geschäfte, »Hedging«). Das führte zu einem Vertrauensverlust dem Arbeitgeber gegenüber. Konnten die Produkte tatsächlich überzeugend dem Kunden verkauft werden? Ein Dilemma war die Folge: Einerseits verkaufen zu müssen, um den Erwartungen des Arbeitgebers gerecht zu werden und Geld zu verdienen, andererseits dem Kunden mit gutem Gewissen gegenübertreten zu können. Da gleichzeitig das Marktumfeld im Rahmen der Immobilien- und Finanzkrise beinahe kollabierte, ging dies zu Lasten der Gesundheit: Die Situation machte viele Leute schlicht krank. Die innere Zerrissenheit wurde irgendwann auch äußerlich spürbar.

Völlig anders erging es im gleichen Zeitraum den Mitarbeitern bei Svenska
Handelsbanken, einem schwedischen Kreditinstitut, welches inzwischen als
die sicherste Großbank in der Europäischen Union gilt und seit vielen Jahren,
trotz des schwierigen Marktumfelds, auf Expansionskurs ist. Warum? Es werden
keine Boni gezahlt, um riskante Geschäfte zu vermeiden. Selbst der Filialleiter
erhält ein festes Gehalt. Die Entscheidungen werden dezentral getroffen, also
in der Filiale vor Ort. Das erhöht unternehmerisches Denken und Handeln,
ermöglicht Sinn und schafft Verantwortung für das große Ganze. Ertrag statt
Umsatz steht im Vordergrund. Es gibt keine Umsatzziele oder Marktanteilsziele.
Die Mitarbeiter danken es mit sehr niedrigen Krankheits- und Fehltagen
(Svenska Handelsbanken AB, 2015) und gerade trotz fehlender Zielangaben
mit einer überragenden »Performance«. Der Total Return betrug im Zeitraum
Januar 2007 bis Dezember 2013 112 Prozent (Quelle: SNL.com), wie Abbildung 7, bezogen auf den »Total Return« im Zeitraum Jan. 2007-Dez.
2013 gegenüber den anderen europäischen Banken aufzeigt.

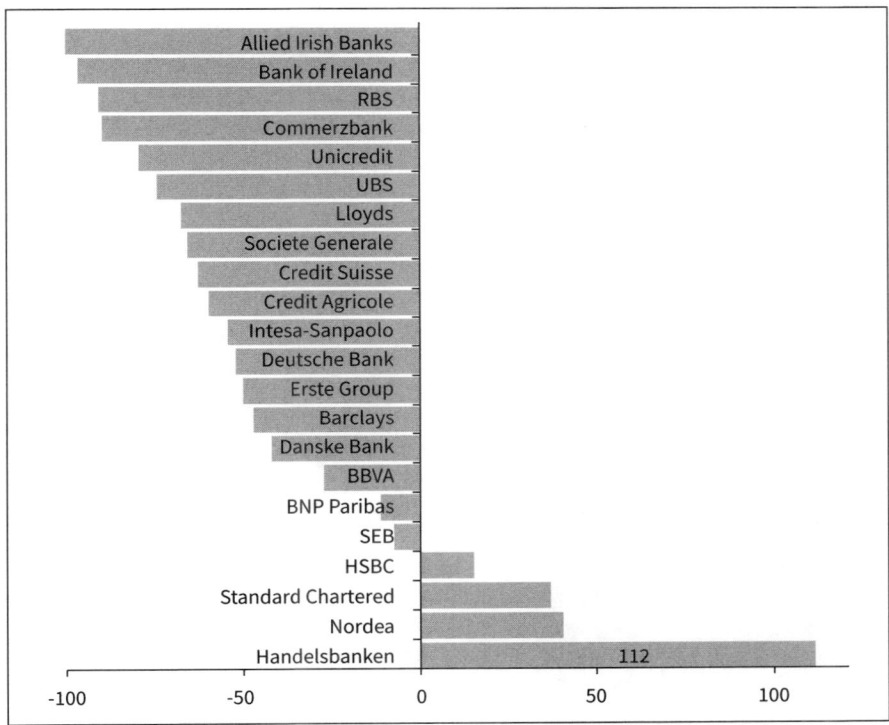

**Abb. 7:** »Total Return« verschiedener europäischer Banken im Zeitraum Januar 2007
bis Dezember 2013 (Quelle: SNL.com entnommen aus: Svenska Handelsbanken AB:
Annual Report 2013)

**Was bedeutet Leistungsbereitschaft?**

Zunächst richten wir unseren Blick auf Leistungsbereitschaft, definieren diese und untersuchen danach, wie man eine hohe Leistungsbereitschaft erreichen kann.

> **DEFINITION**
>
> Leistungsbereitschaft umschreibt den Willen, eine bestimmte Arbeit zu verrichten, ein bestimmtes Ziel damit zu erreichen und die dafür benötigten Ressourcen zur Verfügung zu haben.

Da Anstrengung stets den Verbrauch von physischer oder psychischer Energie nach sich zieht, müssen Mitarbeiter einerseits intrinsisch motiviert, andererseits aber auch körperlich und geistig fit sein, um langfristig außergewöhnliche Leistung erzielen und angestrebte Ergebnisse erreichen zu können. Aufgabe von Führung in diesem Zusammenhang ist, dafür Sorge zu tragen, dass Mitarbeiter über ausreichende Leistungsbereitschaft verfügen und der Arbeitskontext die entsprechenden Voraussetzungen bietet, um leistungsbereit zu sein und Leistung entsprechend abrufen zu können. Demnach sollten Verantwortliche gesund führen und einen gesunden Kontext entwickeln, um eine grundlegende Leistungsbereitschaft garantieren zu können, vgl. Abbildung 8.

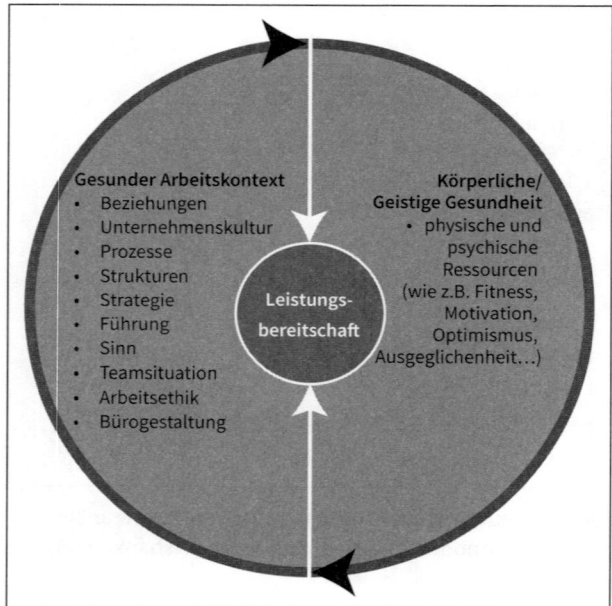

**Abb. 8:** Voraussetzungen für Leistungsbereitschaft (eigene Darstellung)

Die Basis für physische und psychische Leistungsbereitschaft sowie für einen leistungsfähigen Arbeitskontext ist Gesundheit. Mit Gesundheit meinen wir aber nicht nur die Gesundheit der Mitarbeiter, sondern die ganzheitliche Gesundheit der Organisation. Dies ist eine der zentralen Aussagen dieses Buches. Detaillierte Ausführungen zur Gesunden Organisation finden Sie in Kapitel 4.

**Was bedeutet Leistung?**

Nachdem wir untersucht haben, was Leistungsbereitschaft bedeutet und wie diese erreicht werden kann, richten wir den Fokus nun auf die Leistung selbst.

> **DEFINITION**
>
> Unter **Leistung** versteht man zum einen die körperliche und geistige Arbeit und Anstrengung, die man unternimmt um etwas zu erreichen, zum anderen aber auch das dadurch erzielte Ergebnis.

Leistung beschreibt die getane Arbeit und das erzielte Ergebnis. Im Folgenden gehen wir darauf ein, welche Faktoren unsere Leistung maßgeblich beeinflussen.

Leistung setzt sich aus fünf Grundfaktoren zusammen, deren Ausprägung darüber entscheidet, zu welcher Leistung man fähig ist und wie man diese abrufen kann. Diese fünf Faktoren können wiederum in individuelle und kontextuelle Faktoren unterschieden werden. Demnach bringen Mitarbeiter individuelle Voraussetzungen mit, um leistungsfähig zu sein. Gleichzeitig benötigen sie aber ein konstruktives und förderliches Umfeld, um ihre individuellen Leistungsfaktoren realisieren zu können. Die folgende Liste sowie Abbildung 9 bieten einen Überblick über diese Zusammenhänge.

1. **Können**   Das Können eines Menschen beschreibt angeborene oder durch äußere Umstände bestimmte Fähigkeiten und erlernte Fertigkeiten.
2. **Wissen**   Das Wissen eines Menschen besteht aus explizitem (bewusst verfügbaren) und implizitem (unbewusst verfügbaren) Wissen sowie deklarativem (faktenbezogenen) und prozeduralem (handlungsbezogenen) Wissen. Können und Wissen sind Teil der Qualifikation eines Menschen.
3. **Wollen**   Wollen beschreibt die intrinsische Motivation eines Menschen, basierend auf persönlichen Motiven, Eigenschaften, Einstellungen und Werten.
4. **Soziales Dürfen**   Leistung muss gezeigt werden dürfen. Ob jemand überhaupt Leistung zeigen kann, liegt an den vorherrschenden sozialen Normen und Regeln, die der Situation zugrunde liegen. Soziales Dürfen könnte auch dem Kontext untergeordnet werden, da es ebenfalls ein exogener Einflussfaktor ist.

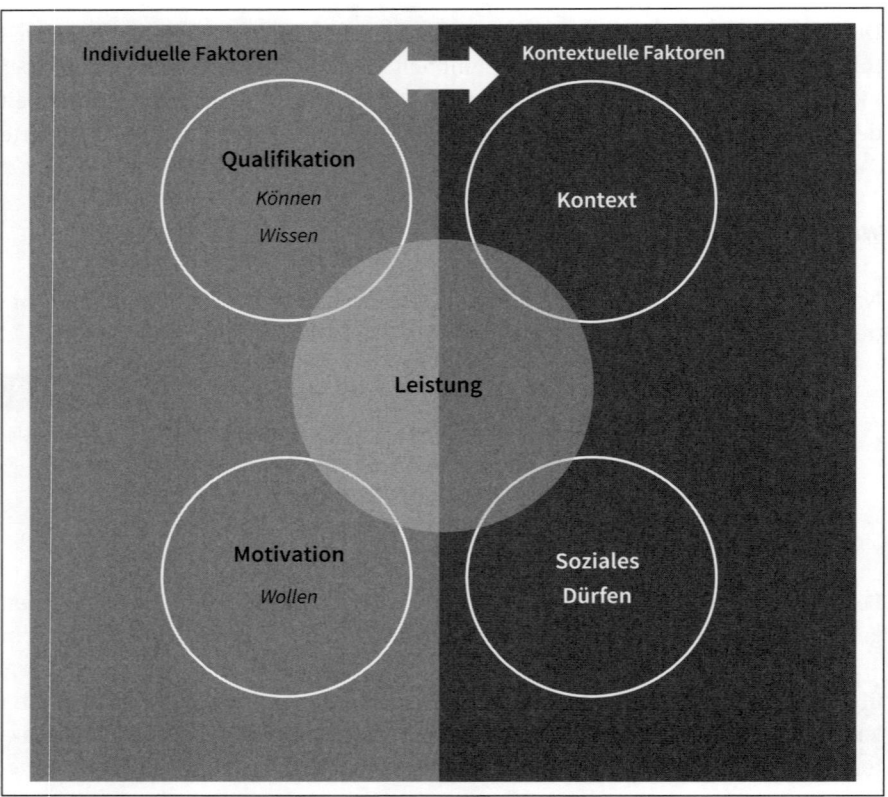

**Abb. 9:** Leistungsbestimmende Faktoren (eigene Darstellung)

5. **Kontext**    Situative Rahmenbedingungen definieren den Kontext, also Raum, Zeit, Material, Instrumente. Diese Rahmenbedingungen sind gleichbedeutend mit dem bereits in diesem Kapitel beschriebenen Arbeitskontext (s. Abb. 8).

**Was bedeutet ganzheitliche Gesundheit und wie erreiche ich diese?**

Um den Begriff ganzheitliche Gesundheit im Unternehmenskontext zu verstehen, soll nun zuerst Gesundheit an sich definiert werden.

> **DEFINITION**
>
> **Gesundheit** ist ein Zustand oder bestimmtes Maß körperlichen, psychischen oder geistigen Wohlbefinden und nicht beeinträchtigt durch Krankheit (in Anlehnung an Duden, 2015).

Bereits im vorherigen Unterkapitel »Systemisches Denken« haben wir die Metapher des Organismus für ein Unternehmen gewählt. Diese Metapher bietet sich erneut an, sprechen wir doch von der Gesundheit eines Unternehmens oder einer Organisation. Genau wie bei einem Organismus kann man auch bei einem Unternehmen Krankheiten oder Gesundheit feststellen. Detaillierte Informationen zur Gesunden Organisation finden Sie in Kapitel 4. Im Folgenden wird darauf eingegangen, wie die ganzheitliche Gesundheit des Unternehmens sich auf die Leistung der Mitarbeiter auswirken kann, um die Verbindung zwischen den Begriffen Leistung und Gesundheit herzustellen.

Bereits weiter oben haben wir in Abbildung 8 festgestellt, dass der Arbeitskontext großen Einfluss auf die Gesundheit und damit die Leistungsbereitschaft der Mitarbeiter hat. Der Arbeitskontext muss also »gesund« gestaltet und langfristig erhalten bleiben. Dies ist Aufgabe von Entscheidern, da sie über die Gestaltung von Strategie, Kultur und Struktur den Arbeitskontext direkt und indirekt beeinflussen können. Hier sind natürlich auch die Mitarbeiter gefragt, doch bleiben wir

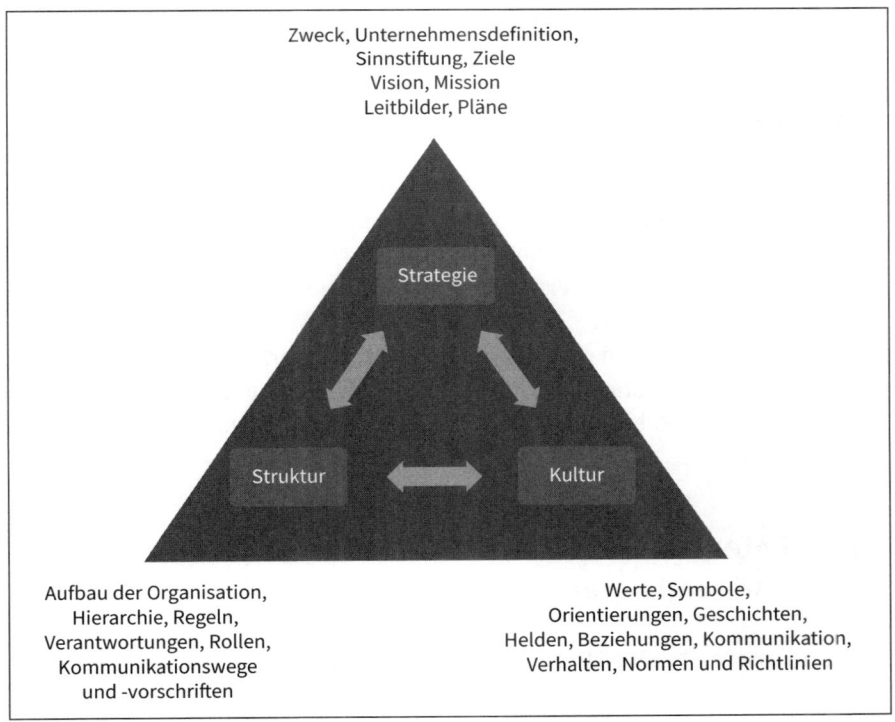

**Abb. 10:** Dreieck der Organisationsentwicklung (eigene Darstellung)

zunächst in der Perspektive von Führung. Traditionell definieren die Verantwortlichen einer Organisation eine sinnstiftende Vision und Mission, leiten daraus eine entsprechende Unternehmensstrategie ab und entwickeln Ziele, Pläne sowie Leitbilder des Unternehmens. Durch ein vertieftes Verständnis der Organisationskultur bilden sie im besten Fall Hypothesen, wie sich die Werte des Unternehmens auf die Mitarbeiter und die gesamte Unternehmenskultur auswirken. Dabei zeigt sich, dass die Kultur einer Organisation nur schwer linear-kausal beeinflussbar ist, da die Ausprägungen nicht von greifbarer, benennbarer oder messbarer Natur sind. Dennoch gibt es Einflussmöglichkeiten zirkulärer Natur, da die drei Dimensionen Strategie, Kultur, Struktur wechselseitig aufeinander einwirken. So kann das Management strukturell gesehen Einfluss auf die Aufbauorganisation, also hierarchische Level, Positionsstrukturen, Kommunikationswege sowie Verantwortungsdefinitionen und Rollenverteilungen, nehmen (vgl. Abb. 10).

Aufgabe des Managements ist folglich, strategisch, strukturell und kulturell einen gesunden, balancierten und nachhaltigen Arbeitskontext zu schaffen. Nur so kann das gesamte Unternehmen langfristig leistungsstark sein und zu einer gelungenen Gesunden Organisation wachsen. Wie diese erfolgreich aufgebaut wird, erfahren Sie in Kapitel 5. Wie die typischen »Krankheiten« im Unternehmen aussehen und sich bemerkbar machen, lesen Sie in Kapitel 2. Die typischen Lösungsversuche vieler Führungskräfte, die allerdings nicht nachhaltig erfolgreich sind, erläutern wir in Kapitel 3.

Wie wir also abschließend feststellen können, schließen sich Leistung und Gesundheit nicht gegenseitig aus. Vielmehr führt Gesundheit zu besserer Leistung, wie zahlreiche Studien belegen (s. Kap. 4). Die Zufriedenheit und das Erfolgsgefühl über die gute Leistung wirken sich wiederum auf die mentale und körperliche Gesundheit aus. Beide Faktoren stehen in Wechselwirkung und bedingen sich gegenseitig, wenn sie balanciert gehandhabt werden. Das Verständnis für Gesundheit und Leistung als symbiotische Abhängigkeit ist essenziell, um in Zukunft effektiv, nachhaltig und balanciert führen zu können.

## 1.3   Potenzialentfaltung – Potenziale erkennen und realisieren

Die dritte essenzielle Grundlage dieses Buches bildet Potenzialentfaltung. Dieses Thema wird sich ebenfalls wie ein roter Faden durch das Buch ziehen, da Potenzialentfaltung in der Gestaltung und Führung einer Gesunden Organisation eine grundlegende Rolle einnimmt. Was verstehen wir unter Potenzial und was bedeutet Potenzialentfaltung?

**DEFINITION**

**Potenzial** bedeutet die »Gesamtheit aller vorhandenen, verfügbaren Mittel, Möglichkeiten, Fähigkeiten, Energien« (Duden, 2015), die bisher aber noch nicht genutzt werden.

Diese sehr grundlegende Beschreibung von Potenzial birgt mehrere wichtige Aussagen:

1. Potenzial beschreibt ALLE vorhandenen und verfügbaren Mittel, das bedeutet, Potenzial steckt nicht nur in einzelnen Mitarbeitenden, sondern auch in Teams und der Gesamtorganisation.
2. Potenzial beschreibt die vorhandenen Mittel, nicht aber die tatsächlich realisierten Möglichkeiten. Potenzial muss entfaltet werden, um Vorteile zu schaffen.
3. Potenzial impliziert Energie, um etwas bewegen zu können. Damit gleichen die Potenziale einer Person, eines Teams, eines Unternehmens bislang ungenutzten Energiequellen, die es aber benötigt, um sich kontinuierlich weiterentwickeln zu können.

Dass Potenzial tatsächlich nicht nur in einzelnen Mitarbeitern steckt, ist eine grundlegende Ansicht dieses Buches. Wir verstehen Potenzial als etwas, das im Individuum, im Team und in der Organisation vorhanden ist und auf allen drei Ebenen realisiert werden kann und muss. Die Frage, die sich unweigerlich stellt, ist, WIE dieses Potenzial entfaltet werden kann? Welche Rahmenbedingungen sind nötig, um eine Potenzialentfaltung auf individueller, teambezogener oder organisationaler Ebene zu erreichen? Was kann man tun, damit möglichst wenig Energie schon ausreicht (niedrige Energieschwelle), um eine positive Reaktion im Sinne einer Potenzialentfaltung zu ermöglichen? Wieder zeigt sich, dass systemisches Denken hilfreich ist, um diesen Zusammenhang zu verstehen. Jedes System birgt Potenziale, die erkannt und genutzt werden können. Die folgende Grafik zeigt die ITO-Struktur, bei der das Individuum Teil des Teams ist, welches wiederum Teil der Organisation ist.

Auf Potenziale von Individuen und deren Entfaltung gehen wir etwas später in diesem Kapitel ein. Zunächst sollen beispielhafte Potenziale von Teams und Organisationen aufgezeigt werden, um das ITO-Prinzip in Bezug auf Potenziale deutlich zu machen.

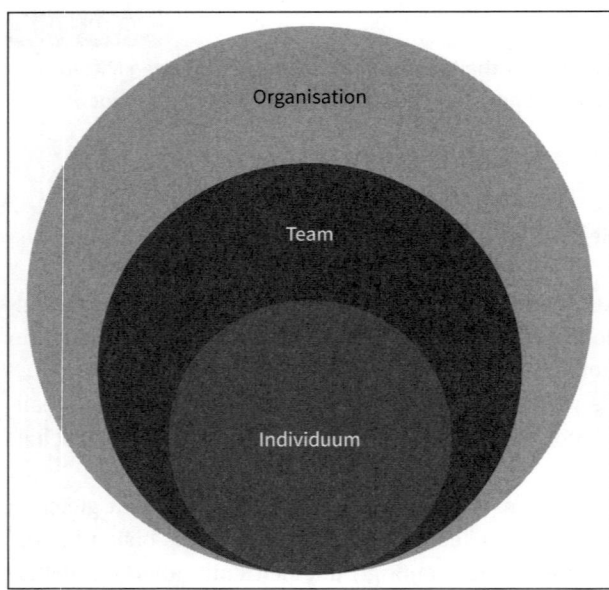

**Abb. 11:** Klassisches ITO-Modell (eigene Darstellung)

In einem Team können viele unerkannte und ungenutzte Potenziale schlummern. Dessen sind sich weder Führungskräfte noch Teammitglieder immer bewusst. Bspw. birgt die tägliche Zusammenarbeit im Team ein enormes Potenzial, da das gebündelte Fachwissen des Teams eine sehr hohe Innovationskraft bedeuten kann. Teams können in der Produktion erstklassiges Wissen zu Produktionsabläufen, Qualitätsstandards und Effizienzproblemen haben, ohne dass dieses für die Entwicklung dieser Faktoren berücksichtigt wird. Sie hätten das Potenzial, Produktionsprozesse effektiver und effizienter zu gestalten, die Qualität zu steigern oder die Produktionskosten zu vermindern, die Produkte weiterzuentwickeln und zu verbessern. Im gemeinsamen Diskurs mit dem Rest der Organisation könnten sie deshalb viel dazu beitragen, das Gesamtunternehmen erfolgreicher zu machen. In der Praxis wird dieses Potenzial aber oftmals weder von den Mitarbeitern noch von den Führungskräften ausreichend realisiert.

Das Potenzial der Gesamtorganisation verbirgt sich auch in Beziehungen, in der Unternehmenskultur, in Prozessen oder Strukturen. Die Gestaltung einer gemeinschaftlichen Unternehmenskultur kann zu einer verbesserten Kommunikation, einem konstruktiveren Arbeitskontext und damit zu erhöhter Effizienz, zufriedeneren und gesünderen Mitarbeitern, positiveren Beziehungen und letztlich zu stärkerem Unternehmenserfolg führen. Dies zeigt, welch enormes und häufig ungenutztes Potenzial in einer Organisationskultur schlummern kann.

Potenzialentfaltung auf allen drei Ebenen zu ermöglichen, ist ein essenzieller Bestandteil in der Gestaltung einer Gesunden Organisation. Dabei ist es wichtig zu beachten, dass Potenzial nicht nur dort besteht, wo gerade Schwächen liegen, sondern dass Potenzial in gewissen Bereichen, in denen aktuell keine Schwächen vorliegen, bisher auch völlig unerkannt geblieben sein kann.

In vielen Unternehmen herrscht auch heute noch große Unsicherheit beim Thema Potenzial. Oftmals wird Potenzial mit Talent oder Kompetenz verwechselt und gleichgesetzt. Im Folgenden zeigen wir die Unterschiede auf, um ein grundlegendes Verständnis über Potenzial zu liefern und damit die Basis für eine erfolgreiche Potenzialentfaltung zu schaffen. Führen Sie sich dabei immer vor Augen, dass Potenzial nicht nur auf Mitarbeiter, sondern auch auf Teams und die Organisation übertragen werden kann.

**Was unterscheidet Potenzial von Talent?**

> **DEFINITION**
>
> **Talent** beschreibt eine Begabung, die einerseits genetisch angelegt und damit angeboren ist, andererseits durch kontextuelle Einflüsse gefördert werden kann.

Forscher konnten im Leistungssport Zusammenhänge zwischen genetischen Voraussetzungen und Leistungsfähigkeit feststellen (Krüger, 2013; Svan, 2012). Wir gehen aber auch davon aus, dass die Entwicklung und Realisierung eines Talents stark von Umwelteinflüssen abhängt. So wurde Lionel Messi zwar mit den genetischen Voraussetzungen zu hoher fußballerischer Leistungsfähigkeit geboren, doch nur in einer Umwelt, in der er mit Fußball in Kontakt kam und in seiner Entwicklung unterstützt und gefördert wurde, konnte er sein Talent auch ausbilden. Talent ist also ein angeborenes Set an Fähigkeiten (»Nature«), aber auch eine durch Umweltbedingungen (»Nurture«) stimulierte Begabung, die es ermöglicht, relativ leicht und schnell Gelerntes umzusetzen.

Nehmen wir an, Sie spielen Fußball und Ihr Trainer zeigt Ihnen eine neue Schusstechnik. Es fällt Ihnen leicht, diese umzusetzen und Sie integrieren sie rasch in Ihr Spiel. Das wäre Talent. Leider wollen Sie nicht Fußballspielen, sondern lieber Golf. Dann hätten Sie zwar weiterhin Talent für Fußball, aber leider kein Potenzial, da Sie Fußball ja nicht spielen wollen. Nehmen wir weiterhin an, Sie sind als Rechtsfüßer zum Stürmer ausgebildet worden und haben auch in diesem Bereich Ihre größten Talente. Ihr Verein braucht aber keine Stürmer mit einem starken rechten Fuß, da sie hier schon gut besetzt sind. Das Talent bleibt, aber innerhalb dieses Vereins hätten Sie nach unserer Definition kein Potenzial. Potenzial unterscheidet sich also von Talent in seiner vorhandenen Möglichkeit zur Entfaltung, in seiner Nutzbarkeit. Ein Talent hat demnach auch nur im richtigen Umfeld Potenzial. Übertragen auf den Organisationskontext bedeutet dies, dass das Talent von Mitarbeitern nur zu einem tatsächlichen Potenzial und dadurch nutzbar wird, indem das Unternehmen ein gesundes Arbeitsumfeld für Mitarbeiter kreiert, in dem sie ihre Talente entfalten können.

Talent ist also ein wichtiger Grundstein für Potenzial. Zusätzlich zum angeborenen und entwickelten Talent ist die grundsätzliche Motivation zur Leistungserbringung notwendig, um das Potenzial auch zu entfalten. Ein Mitarbeiter kann noch so talentiert sein, wenn er nicht motiviert dazu ist, sein Talent zu nutzen, kann auch kein Potenzial daraus entstehen. Grundlegend für die Potenzialentfaltung von Mitarbeitern ist also auch, diese (hauptsächlich intrinsisch) zur Talentnutzung zu motivieren. Auch dies kann über die Gestaltung eines gesunden Arbeitskontexts effektiv gefördert werden.

Darüber hinaus hängt Potenzial mit Lernagilität zusammen. Selbst wenn eine Mitarbeiterin talentiert und motiviert ist, so kann er nur dann sein gesamtes Potenzial entfalten, wenn er lernagil ist. Er muss sich im schnell verändernden Unternehmensumfeld häufig neue Fähigkeiten aneignen und sich durch Trainings, Coachings und Feedbacks weiterbilden und -entwickeln, um sein Potenzial ausschöpfen zu können. Ein talentierter und motivierter Mitarbeiter, der aber nicht die nötige Agilität für neue Anforderungen besitzt, verfügt über kein Potenzial für ein Unternehmen in einem volatilen Umfeld. Entscheidend ist daher die Fähigkeit zum lebenslangen Lernen, um mit dem sich veränderndem Kontext Schritt halten zu können und sich immer wieder die neuesten und wichtigsten Kompetenzen aneignen zu können. Schließlich arbeiten Menschen immer länger und bis in ein höheres Alter und müssen aber gleichzeitig kontinuierlich weiterlernen, da die Unternehmensumwelt sich schneller und drastischer verändert als je zuvor.

---

**UNSER TIPP:**

Lernagilität setzt sich aus fünf Dimensionen zusammen, die wir im Folgenden kurz vorstellen wollen. Reflektieren Sie sich selbst kritisch und überprüfen Sie Ihre eigene Lernagilität anhand der folgenden Beschreibungen (Swisher & Dai, 2014):

**Mentale Agilität**
Akzeptieren und nutzen Sie die zunehmende Komplexität und untersuchen Sie Probleme aus verschiedenen Perspektiven. Kreieren Sie Verbindungen zwischen verschiedenen Entwicklungen und bleiben Sie stets neugierig.

**Soziale Agilität**
Seien Sie aufgeschlossen gegenüber anderen Mitarbeitern und interagieren Sie mit verschiedenen Gruppen. Versuchen Sie immer, andere bei der Erreichung von Bestleistungen zu unterstützen.

**Veränderungsagilität**
Erforschen Sie immer neue Wege und Möglichkeiten, den Status quo zu verändern und Probleme zu lösen. Seien Sie bereit und motiviert, ihr Unternehmen zu verändern und in Veränderungsprozessen eine wichtige Rolle zu spielen.

**Ergebnisagilität**
Nehmen Sie Herausforderungen an und liefern Sie auch in schwierigen Situationen gute Ergebnisse ab. Inspirieren Sie andere dazu, mehr zu erreichen als diese geplant hatten.

**Selbstreflexion**
Reflektieren Sie sich selbst kritisch und analysieren Sie Ihre Stärken und Schwächen. Verlangen Sie nach Feedback und versuchen Sie, sich selbst zu kennen und zu verstehen.

---

Da wir bereits vorhin auf die systemische ITO-Struktur hingewiesen haben, ist deutlich, dass sich Potenzial ebenfalls in Teams und dem Gesamtunternehmen verbergen kann. Teams und Organisationen können Talente haben, die sich aus den Talenten und Eigenschaften ihrer Mitarbeiter, deren Zusammenwirken und dem jeweiligen Kontext entwickeln. Darüber hinaus kann der Begriff Motivation auch für Teams und Organisationen verwendet werden. Teams verfügen über eine grundlegende Motivation und auch Ihr Unternehmen strahlt eine Gesamtmotivation aus, die durch gesunde Unternehmensführung stimuliert werden kann. Dasselbe gilt für Lernagilität. Auch Teams und Organisationen sollten lernagil, flexibel und wissensbasiert aufgestellt sein, um dem schnelllebigen Unternehmenskontext gerecht zu werden. Wieder zeigt sich, dass systemisches Denken durch Potenzialerkennung auf allen Ebenen im Verständnis und der Führung einer Organisation unabdingbar ist.

Potenzial setzt sich demnach aus den Faktoren Talent, Motivation und Lernagilität zusammen. Die wichtigste Rolle, um Potenziale zu heben, spielt jedoch der Kontext. Hier liegt der entscheidende Ansatz zu Potenzialentfaltung im Unternehmen. Denn Sie bestimmen den Arbeitskontext Ihrer Kollegen und Mitarbeiter, Ihres Teams und Ihrer Organisation. Sie haben damit die Chance und auch die Verantwortung, das Potenzial der Individuen, der Teams und der Gesamtorganisation zu entfalten. Nur in einem gesunden Arbeitskontext kann Talent entwickelt, intrinsische Motivation gefördert und Lernagilität verbessert werden. Diese Tatsache wird in der folgenden Gleichung vereinfacht dargestellt und sollte auf dem Weg zur nachhaltigen, balancierten und gesunden Führung allgegenwärtig sein.

$$Potenzial = Kontext + \frac{Talent + Motivation + Lernagilität}{x}$$

Die Potenzialgleichung mag zunächst etwas willkürlich erscheinen, doch im Folgenden wollen wir anhand eines quantitativen Beispiels aufzeigen, wie Sie diese Gleichung auf Ihr Unternehmen, Ihr Team oder einzelne Mitarbeiter anwenden können.

Für gewöhnlich gehen wir davon aus, dass der Kontext für sich genommen einen ebenso hohen Stellenwert einnimmt wie die individuellen Faktoren Talent, Motivation und Lernagilität zusammen. Daher empfehlen wir für den x-Wert im Allgemeinen eine 3. Sie können jedoch selbst entscheiden, welche Wertigkeit die individuellen Faktoren gegenüber dem Kontext einnehmen sollen. Der Wert für »x« sollte aus unserer Erfahrung jedoch zwischen 1 und 4 liegen. Je wichtiger Ihnen der Kontext im Vergleich zu den individuellen Faktoren erscheint, desto höher muss der Nenner werden. Ist Ihrer Meinung nach jeder der individuellen Faktoren bereits gleich viel wert wie der Kontext, so wählen Sie einen Nenner mit dem Wert 1.

In folgendem Beispiel gehen wir davon aus, dass der Kontext dieselbe Wertigkeit wie die individuellen Faktoren hat ($x = 3$). Nehmen wir also an, dass das Potenzial einen Maximalwert von 20 erreichen kann. Demnach könnten Sie jedem Faktor einen Wert von maximal 10 zuweisen, im Falle von Talent, Motivation und Lernagilität teilen Sie diesen Wert entsprechend durch 3, da deren Maximalsumme nur 10 erreichen kann. Sie können also den Kontext, das Talent, die Motivation und die Lernagilität Ihrer Organisation, Ihres Teams oder eines einzelnen Mitarbeiters auf einer Skala von 0 (nicht vorhanden bzw. extrem schlecht) bis 10 (extrem positiv ausgeprägt) bewerten.

Nehmen wir an, Sie bewerten einen Ihrer Mitarbeiter. Den Kontext schätzen Sie insgesamt als positiv und gesund ein (Wert: 8), das Talent des Mitarbeiters ist ebenfalls hoch (Wert 8), seine Motivation ist jedoch nur mittelmäßig (Wert 5) und er ist nicht besonders flexibel oder lernagil (Wert 2). Es ergibt sich folgende Gleichung:

$$Potenzial = 8 + \frac{8 + 5 + 2}{3} = 13$$

Der Mitarbeiter hat demnach nur ein mittelhohes Potenzial (13 von 20), obwohl der Kontext sehr gut bewertet wird. Aufgabe der Führungskraft ist in diesem Fall, vor allem die Lernagilität des Mitarbeiters zu fördern – bspw. indem der Mitarbeiter lernt, sich selbst mehr in Frage zu stellen, zu reflektieren und offen für neue Wege zu sein – um schließlich ein höheres Potenzial zu erreichen. Denn: Talent ist ausreichend vorhanden.

Selbstverständlich ist die reine Quantifizierung dieser Faktoren ein sehr pragmatischer Ansatz. Sie bezieht die systemischen Abhängigkeiten im Unternehmen nicht mit ein und ist linear in ihrer Ausrichtung. Grundsätzlich kann aber die Gleichung und die Wertzuschreibung für die einzelnen Faktoren Klarheit und erste Annäherungswerte bzgl. der Bedeutung des Kontexts sowie der Stärken und Entwicklungsbereiche in Bezug auf den Mitarbeiter schaffen. Die Potenzialgleichung ist daher hilfreich, um sich einen ersten Überblick zu verschaffen, allerdings weniger geeignet, detaillierte und komplexe Analysen vorzunehmen. Auch hier ist die kritische Reflexion der Faktoren und der Gleichung essenzieller Bestandteil des Prozesses.

Wie in der Rechnung gesehen, nimmt der Kontext also die stärkste Rolle in der Potenzialentfaltung ein und wirkt sozusagen wie ein Filter, der die Existenz von Potenzial im Unternehmen definiert. Ist der Kontext eher einengend und ermöglicht nur wenig Verwirklichung von Talent, Motivation und Lernagilität, stehen der Organisation nur bedingt Potenziale zur Verfügung. Bietet die Organisation allerdings einen gesunden Kontext, weitet sich der Filter und ermöglicht die Freisetzung von Talent, die Motivation von Teams und Mitarbeitern und die Entwicklung von Lernagilität und führt damit zu höherem Potenzial im gesamten Unternehmen. Dies wird sinnbildlich in einer Vorher-Nachher-Grafik in Abbildung 12 dargestellt, die deutlich macht, wie durch die Verbesserung der kontextuellen Rahmenbedingungen durch die Verantwortlichen im Unternehmen, eine deutliche Potenzialsteigerung möglich ist.

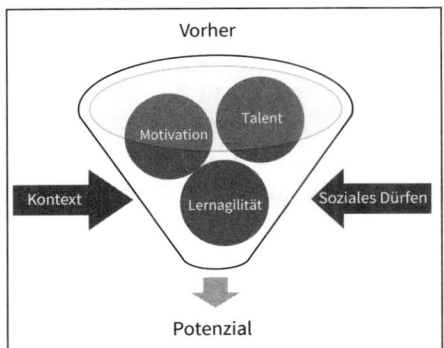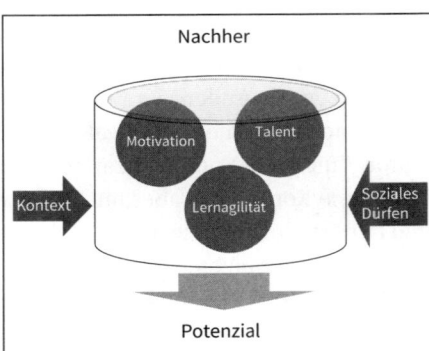

**Abb. 12:** Potenzialbildende Faktoren (eigene Darstellung)

Wie wichtig ein gesunder Arbeitskontext für die Entfaltung von Potenzial sein kann, wird durch das Zitat des Neurobiologen Gerald Hüther (2016) veranschaulicht. Er sieht den Kontext im Sinne einer gemeinschaftlichen Kultur als wichtigste Voraussetzung, um Potenziale entfalten zu können. Wie Sie in Kapitel 4 lesen können, ist eine gemeinschaftliche Kultur einer der sechs Faktoren für eine Gesunde Organisation.

> »Potentiale zu entfalten heißt nichts weniger,
> als gemeinsam über sich hinauszuwachsen.
> Das heißt, wir sind nur innerhalb einer Gemeinschaft in der Lage,
> die in uns angelegten Potentiale zu entfalten.
> In einer Gemeinschaft, der wir uns zugehörig, geborgen und sicher fühlen.«
>
> Gerald Hüther

### Was unterscheidet Potenzial von Kompetenzen und Stärken?

Auch Kompetenzen werden im Organisationsalltag oftmals mit Potenzial verwechselt. Um dieses Missverständnis aufzuklären, erläutern wir im Folgenden die Unterschiede der beiden Begriffe und Konzepte.

**DEFINITION**

**Kompetenzen** beschreiben bewusst wiederholbares und erfolgsförderliches Verhalten (Dihsmaier & Paschen, 2012).

Bleiben wir also im Fußball-Kontext um Kompetenzen zu definieren, so wäre es keine Kompetenz, wenn Sie einen direkten Freistoß einmal zufällig verwandeln. Sie sind erst dann kompetent, wenn es Ihnen gezielt und bewusst gelingt, den Freistoß immer wieder an der Mauer und dem Torwart vorbei im Tor unterzubringen. Hätten Sie zudem ein Talent für Freistöße oder Fußball im Allgemeinen, wären motiviert, dieses zu realisieren und besäßen die nötige Lernfähigkeit, so würde Ihnen die Kompetenzaneignung schnell und einfach gelingen. Potenzial birgt diese Kompetenz aber nur dann, wenn Sie auch tatsächlich Fußball spielen und der Freistoßschütze im Team sind. Eine Grundlage der Potenzialentfaltung ist es also auch, Kompetenzen zu fördern.

Im Folgenden werden die drei Elemente, aus denen sich Kompetenzen zusammensetzen, näher erläutert. Diese Beschreibungen basieren auf Dihsmaier & Paschen, 2012.

1. **Wissen und Erfahrung**   Jede Kompetenz besteht aus Wissen über bestimmte Abläufe, Zusammenhänge und Anwendungen. Darüber hinaus ist es essenziell, eigene Erfahrung in diesem Wissensbereich vorweisen zu können. So können Sie zwar alles über die Schusstechnik bei einem Freistoß wissen, doch wenn Sie selbst noch nie einen Freistoß ausgeführt haben, so ist Ihre Kompetenz nicht erfolgsförderlich und anwendbar.
2. **Fähigkeit**   Außerdem benötigt eine Kompetenz eine bestimmte Fähigkeit zur Ausführung, also das Können, einen bestimmten Prozess oder eine Methodik in der Praxis anzuwenden. In Bezug auf die Freistöße würde dies bedeuten, dass Sie die Schusstechnik und koordinative Fähigkeit besitzen, den Ball mit entsprechender Kraft und dem richtigen Effet sowie mit dem optimalen Teil Ihres Fußes zu treten.
3. **Orientierungen**   Zusätzlich ist aber auch die Orientierung als grundsätzliche Weltanschauung wichtiger Bestandteil einer Kompetenz. Eine gewisse Orientierung, also die Betrachtung von Umständen und Vorgängen aus einem speziellen Blickwinkel, bestimmt unsere Verhaltensweisen. Dabei bildet Orientierung die Grundlage für Wissen, Erfahrung und Fähigkeit.
   Tendieren Sie aus Ihrer Grundorientierung heraus dazu, Verantwortung im Leben zu übernehmen, so kann sich das am Beispiel Fußball dadurch zeigen, dass Sie auch in kritischen Situationen Verantwortung übernehmen, um den entscheidenden Elfmeter im Endspiel zu verwandeln.

Generell kann man zwischen vier Ausrichtungen bzw. Arten von Kompetenz unterscheiden:
1. Persönliche Kompetenz
2. Soziale Kompetenz
3. Methodenkompetenz
4. Fachkompetenz

Als eine Stärke bezeichnet man folgerichtig die besonders hohe Ausprägung einer Kompetenz. Die Kompetenz in einem bestimmten Bereich ist also Voraussetzung dafür, daraus eine wirkliche Stärke zu entwickeln. Ein Team oder eine Mitarbeiterin ist demnach stark in einem gewissen Bereich, wenn die Kompetenz in diesem Bereich überdurchschnittlich und damit stärker als bei anderen Teams oder Mitarbeitern ausgeprägt ist.

Die Auswahl von Mitarbeitern nach Kompetenzen und Stärken ist heutzutage in den meisten Unternehmen gängige Praxis. Die vorherrschende Idee dabei ist, kompetenzbasierte Soll-Profile mit den aktuellen Kompetenzen (Ist-Profil) potenzieller Kandidaten zu vergleichen. Das Problem: Die Jobanforderungen ändern sich immer schneller, die Umwelt wird immer weniger vorhersehbar und die Arbeitsbedingungen werden zunehmend komplexer. Deshalb brauchen Organisationen verstärkt Personen, die mit diesen Bedingungen schnell und erfolgreich umgehen können. Die entscheidende Frage lautet dann nicht mehr, wer über welche Kompetenzen verfügt, sondern, wer das Potenzial hat, die zukünftigen Herausforderungen unter sich ständig verändernden Rahmenbedingungen erfolgreich zu bewältigen? Rolf Stiefel (2003, S. 119) hat es einmal treffend so formuliert: »Potenzial ist bei einem Unternehmen das, was Mitarbeiter für die zukünftige Realisierung strategischer Erfolgspositionen und notwendiger Kulturmuster benötigen, um ihr Unternehmen am Markt gegenüber Mitbewerbern dauerhaft erfolgreich zu machen.«

**Wie erkenne ich Potenziale?**

Das eben erläuterte systemische Verständnis von Potenzial auf drei Ebenen (ITO) ist eine Voraussetzung, um Potenziale in Ihrem Unternehmen überhaupt identifizieren zu können. Im Allgemeinen ist es eine schwierige Herausforderung, Potenziale zu erkennen. Grundlegend sind ein vertieftes Verständnis Ihrer Organisation und Ihres Teams sowie die intensive Auseinandersetzung mit dem Talent und der Motivation Ihrer Mitarbeitenden.

---

UNSER TIPP:

Wenn Sie Potenziale in Ihrer Organisation identifizieren wollen, ist es entscheidend, sich nicht auf bereits entwickelte Kompetenzen und Fähigkeiten zu stürzen und diese als Potenziale darzustellen. Schließlich sind Potenziale noch nicht entwickelt, sondern nur als »Rohdiamanten« vorhanden. Allerdings können Sie die vorhandenen Kompetenzen nutzen, um darauf zu schließen, welche Präferenzen vorherrschen und mit welcher Motivation bisherige Leistungen erreicht wurden. Daraus können Sie teilweise ableiten, wo in der Organisation noch Potenziale freiliegen und diese »Rohdiamanten« identifizieren.

Darüber hinaus ist es hilfreich, eine Potenzialanalyse nicht rein quantitativ durchzuführen. Achten Sie nur darauf, wo aus finanzieller Sicht oder aufgrund von Leistungsindikatoren (KPIs) noch Potenziale liegen könnten, ignorieren Sie Talente, Motivation und Lernagilität Ihrer Kollegen, Ihres Teams und Ihrer Organisation, also das nicht offensichtliche Potenzial. Wie bereits erwähnt, bedeutet eine Schwäche nicht gleich ein Potenzial. Daher sollten Sie die Faktoren Persönlichkeit, Präferenz, Orientierung und Motivation bei der Potenzialanalyse miteinbinden.

Außerdem können Sie Ihren Organisationskontext untersuchen, um zu verstehen, wie und an welcher Stelle Potenziale freigesetzt werden können oder eben dies verhindert wird. Finden Sie Antworten auf die folgenden Fragen: Wie müssen wir das Arbeitsumfeld gestalten, um Mitarbeiter zu motivieren und Möglichkeiten zur Kompetenz- und Talententwicklung zu bieten? Was sind die Talente meiner Mitarbeiter und meines Teams? Wie kann ich dazu beitragen, diese Talente zu fördern? Was kann ich tun, um die intrinsische Motivation meiner Kollegen und aller Mitarbeiter zur vollen Entfaltung kommen zu lassen? Und wie kann ich ihre Lernagilität stärken und erhöhen?

Es liegt an Ihnen, die Organisation, ihre Mitarbeitenden, Kultur, Struktur, Prozesse, Strategie und Beziehungen zu untersuchen, den »Rohdiamanten« Potenzial zu entdecken und diesen konsequent zu schleifen, sprich zu entfalten.

---

**Was bedeutet Potenzialentfaltung und wie entfalte ich Potenziale?**

Nachdem der Potenzialbegriff erläutert und von Talent und Kompetenz abgegrenzt wurde, haben Sie ein grundlegendes Verständnis von Potenzialen im Unternehmen und wie Sie diese identifizieren. Nun kommt es darauf an, diese zu realisieren.

**DEFINITION**

**Potenzialentfaltung** bedeutet, die vorhandenen und verfügbaren Mittel, Möglichkeiten, Fähigkeiten und Energien zu identifizieren, aktiv durch Kontextgestaltung zu fördern, planvoll und überlegt weiterzuentwickeln mit dem Ziel, eine Steigerung und Verstärkung in Leistung, Kompetenz und Persönlichkeit auf allen drei Ebenen (ITO) zu erreichen.

Potenzialentfaltung wird oftmals mit dem Begriff Potenzialmanagement gleichgesetzt. Potenziale sollten aber nicht gemanagt, also verwaltet, betreut und organisiert werden, sondern aktiv gesucht, gezielt weiterentwickelt und gefördert werden. Schaffen Sie es, Potenziale zu entfalten, so wirkt sich dies positiv auf die Leistung des einzelnen Mitarbeiters, des Teams und Ihrer Organisation aus.

In Abbildung 13 wird dargestellt, wie sich der Fokus auf Potenziale positiv auf die Leistung auswirken kann. Beachten Sie, dass sich Abbildung 13 aus Abbildung 9 entwickelt hat.

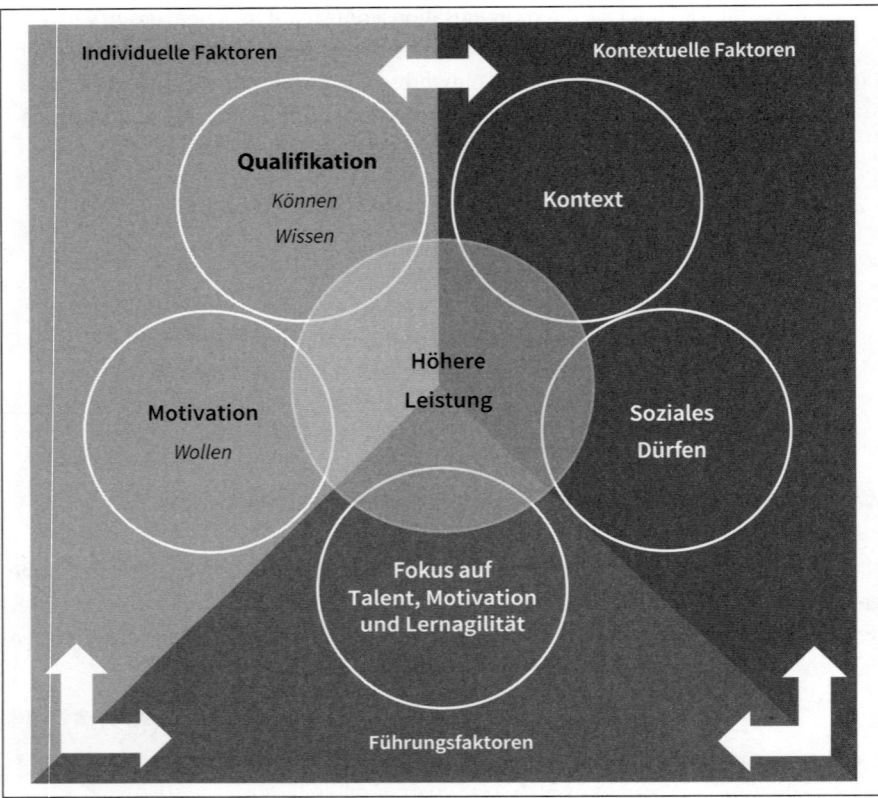

**Abb. 13:** Leistungsbestimmende Faktoren inklusive Führungsfaktoren
(eigene Darstellung)

Es führen zwar immer noch dieselben individuellen und kontextuellen Faktoren zu Leistung, doch durch die zusätzlichen Führungsfaktoren, die sich durch einen Fokus auf Talent, Motivation und Lernagilität, also auf die Potenziale des Mitarbeiters, Teams oder der Organisation ergeben, kann eine höhere Leistung erreicht werden. Eine höhere Leistung setzt sich demnach aus der Qualifikation und Motivation des Mitarbeiters, Teams oder der Organisation (individuelle Faktoren), dem Arbeits- bzw. Unternehmenskontext (kontextuelle Faktoren) sowie dem Fokus auf Talent, Motivation und Lernagilität (Führungsfaktoren) zusammen. Führung spielt eine grundlegende Rolle in der Potenzialentfaltung und Leistungssteigerung. Die Pfeile in Abbildung 13 stellen außerdem die Wechselwirkungen zwischen Kontext, Individuum bzw. Team oder Organisation und Führung dar. Das Verständnis dieser Wechselbeziehungen ist wichtig, da Führungskräfte die systemischen Zusammenhänge verschiedener Einflüsse auf die tatsächliche Leistung analysieren und verstehen sollten. Nur dann können ganzheitliche Lösungen gefunden werden, um die Leistung der Gesamtorganisation nachhaltig und kontinuierlich zu verbessern. So müssen Führungskräfte die individuellen Faktoren Qualifikation und Motivation erkennen und einschätzen, kontextuelle Faktoren aktiv mitgestalten, verändern und Führungsfaktoren umsetzen und leben.

Die Rolle von Potenzialentfaltung in Bezug auf Leistungssteigerung wird im folgenden Praxisbeispiel dargestellt.

---

**AUS DER PRAXIS – FÜR DIE PRAXIS**

Die Abteilungsleiterin der IT-Abteilung in einer Firma für Softwareberatung stellt in einem Mitarbeitergespräch fest, dass einer ihrer Mitarbeiter zwar gute Arbeit macht und die erwarteten Leistungen erfüllt, doch dass er nicht sonderlich enthusiastisch und motiviert in seiner Arbeitsausübung ist. Im persönlichen Gespräch mit ihm kann er jedoch nicht erklären, warum dies so ist, alles in allem ist er nämlich mit seinem Job zufrieden.

Im Umgang mit seinen Kollegen erlebt die Abteilungsleiterin ihn immer sehr positiv, er hebt die Stimmung im Team, übernimmt Verantwortung und vertritt die Meinung und Kritik seiner Kollegen energisch, aber respektvoll vor ihr. Auch im persönlichen Gespräch zeigt sich der Mitarbeiter sehr eloquent, humorvoll und insgesamt professionell. Die Abteilungsleiterin erhält den Eindruck, dass der Mitarbeiter ein Talent für überzeugende Kommunikation, die Moderation von Diskussionen und kommunikative Feinfühligkeit besitzt, wodurch er auf andere charismatisch wirkt. Sie erkennt das Potenzial des Mitarbeiters und sieht, dass er dies in seinem Job in der internen IT-Abteilung nicht entfalten kann. Stattdessen empfiehlt sie ihm dem Vertriebsvorstand, der ihm in seiner Abteilung den Kontext bieten kann, um sein kommunikatives Potenzial zu entfalten und dies auch für das Unternehmen nutzbar zu machen. Im direkten Kundenkontakt in seiner neuen Position als technischer Experte im Vertrieb von Softwaredienstleistungen entwickelt der Mitarbeiter nun mit hoher Motivation sein Talent zu einer kommunikativen Kompetenz und zeigt eine überdurchschnittliche Leistung und hohes Engagement. So führen das Mitarbeiterverständnis der IT-Abteilungsleiterin, ihre Entdeckung seines bisher ungenutzten Potenzials und ihre Weitsicht zur klugen Förderung des Potenzials zu einem motivierten Mitarbeiter, einem stärkeren Vertriebsteam, einem besseren Kundenerleben und einer höheren Unternehmensleistung.

Mit diesem vereinfachten Beispiel soll deutlich werden, dass Grundlage für eine außergewöhnliche Leistung der Fokus auf Talent, Motivation und Lernagilität des Mitarbeiters ist, welche Menschenkenntnis, Feinfühligkeit sowie Weitsicht auf Seiten der Abteilungsleiterin sowie die Freiheit des Organisationskontexts zum Positionswechsel voraussetzt.

Zum Abschluss des Kapitels stellen wir ein Instrument zur Identifizierung und Entwicklung von Potenzial vor. Dabei nehmen wir das Beispiel des Mitarbeiters aus der Potenzialgleichung wieder auf. Dieser zeigte für eine bestimmte Position, Rolle oder Aufgabe trotz eines insgesamt positiven Kontexts (Wert 8) und hohem Talent (Wert 8) nur eine mittelmäßige Motivation (Wert 5) und eine niedrige Lernagilität (Wert 2). Daher war sein Potenzial für eine bestimmte Position oder Rolle ebenfalls nur mittelmäßig. Aufgabe der Führungskraft ist es also, besonderen Wert auf die Entwicklung der Lernagilität zu legen, um das Potenzial des Mitarbeiters zur Entfaltung zu bringen.

Zur Einschätzung des Potenzials bietet sich deshalb das folgende Modell an (Abb.14), bei dem Kontext, Talent, Motivation und Lernagilität bewertet und die Werte in eine Kuchenstruktur eingetragen werden. Hier spiegelt sich die Potenzialgleichung wider, in welcher, laut unserer Empfehlung, der Kontext dieselbe Wertigkeit einnimmt wie die individuellen Faktoren Talent, Motivation und Lernagilität zusammen ($x = 3$). Aus diesem Grund ist die Kuchenstruktur in drei Sechstel (Talent, Motivation, Lernagilität) und eine Hälfte eingeteilt (Kontext).

Entscheiden Sie sich in der Potenzialgleichung dafür, dass der Kontext in Ihrem Fall eine höhere oder niedrigere Wertigkeit im Verhältnis zu den individuellen Faktoren einnimmt, so müssen Sie den Wert für x vergrößern (Kontext wird wichtiger) oder verkleinern (Kontext wird weniger wichtig) und die Kuchenstruktur dementsprechend anpassen.

Während des Prozesses der Potenzialentfaltung können die Werte durch Maßnahmen gezielt erhöht werden. Ziel der Potenzialentfaltung ist es, alle vier Werte in den äußeren Bereich (Werte zwischen 7 und 10) zu heben. Werte im inneren Bereich (Werte zwischen 0 und 5) haben dringenden Handlungsbedarf. Bei Werten im Zwischenbereich (Werte zwischen 5 und 7) gilt es ebenfalls, diese nicht in den oder inneren Bereich abrutschen zu lassen und gezielt weiter zu erhöhen. In der praktischen Anwendung können Sie Farben nutzen und die Kreise von rot (innen) nach grün (außen) verlaufen lassen. Dies schafft einen schnellen Überblick über die Bewertung der einzelnen Faktoren.

Zur Einschätzung der einzelnen Werte für Talent, Motivation und Lernagilität bietet sich ein Vergleich mit Kollegen bzw. mit anderen Teams an. Eine 10 entspricht daher immer dem Mitarbeiter oder Team mit der höchsten Ausprägung in einem der Faktoren. Beim Kontext hingegen muss kritisch reflektiert und bewertet werden, inwiefern der aktuelle Arbeitskontext dem Optimum entspricht. Zur besseren Bewertung des Kontexts können hier auch Mitarbeiterbefragungen und Evaluationen miteinfließen. Im Fallbeispiel wird also durch die weitere Verbesserung des Arbeitskontexts (verbesserte Beziehungen, Prozesse, Strukturen, Teamsituation, Bürogestaltung etc.) das Talent weiter gestärkt, die intrinsische Motivation erhöht und durch gezielte Weiterbildung und Coaching die Lernagilität gefördert und verbessert. Das gilt natürlich immer in Bezug auf eine spezifische Position oder Funktion.

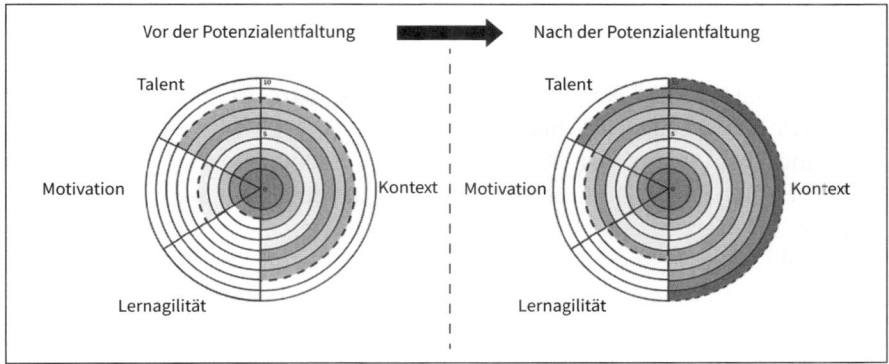

**Abb. 14:** Potenzialkreis zur Potenzialeinschätzung von Mitarbeitern, Teams und Organisationen (eigene Darstellung)

Wie schon erwähnt, bringt eine Quantifizierung der Faktoren immer eine Vereinfachung der systemischen Abhängigkeiten und der eigentlichen praktischen Komplexität mit sich. Die Werte und Ergebnisse einer solchen Potenzialeinschätzung sollten deshalb stets reflektiert und in einen Gesamtzusammenhang gestellt werden.

Idealerweise gestalten Sie den Kontext so, dass Menschen mit bestimmten Potenzialen von der Attraktivität Ihrer Organisation angezogen werden und dann die Möglichkeiten finden, ihr Potenzial bestmöglich zum Ausdruck zu bringen.

An beiden Perspektiven und Herangehensweisen können wunderbar die unterschiedlichen Führungsrollen in Abhängigkeit zur zeitlichen Dimension verdeutlicht werden: Im obigen Beispiel zur individuellen Entfaltung agiert die Führungskraft als Mentor, der Zeithorizont ist mittelfristig geprägt. Im Falle der Kontextgestaltung agiert die Führungskraft als Gestalter mit einem mittel-langfristigen Zeithorizont. Generell unterscheiden wir Führungsrollen entsprechend ihrer zeitlichen Ausrichtung und ihrem Lösungsfokus. Letzterer kann isoliert oder ganzheitlich orientiert sein. Abbildung 15 stellt vier entsprechende Führungsrollen dar, die sich in ihren Möglichkeiten zur Potenzialentfaltung ihrer Mitarbeiter unterscheiden.

1. **Direktor/in**   Unter Direktoren verstehen wir Führungskräfte, die tendenziell zu kurzfristig-isolierten Lösungen greifen. Ihr Ziel ist es, möglichst schnell eine hohe Mitarbeiterleistung zu erreichen, die Mittel sind dabei eher autoritär und direktiv. In Bezug auf Potenzialentfaltung bietet dieser Führungsstil wenig Möglichkeiten, da der Fokus nicht auf die langfristige Entfaltung von Potenzial

durch konstruktive Kontextgestaltung abzielt, sondern auf die Erhöhung von Mitarbeiterleistung, ohne sich tatsächlich mit der Person und deren Talenten, Motivation und Lernagilität auseinanderzusetzen. Dennoch können Direktoren zum Beispiel in Krisensituationen als effektive und effiziente Führungskräfte die Team- und Organisationsleistung durch klare Regeln, striktes Management und fokussiertes Arbeiten verbessern. Der Hebel liegt in der Leistungserhöhung jedes einzelnen Mitarbeiters.

2. **Mentor/in**   Anders als Direktoren, haben Mentoren einen langfristigen Lösungshorizont und setzen sich intensiver mit einzelnen Mitarbeitern auseinander. Sie lernen diese besser kennen, identifizieren ihre Bedürfnisse, Wünsche und Talente und unterstützen sie bei ihrer beruflichen Entwicklung und Potenzialentfaltung. Sie bauen ein persönliches Verhältnis zu ihren Mitarbeitern auf und fördern diese langfristig, um deren Talente zu verwirklichen. Mentoren sind also in der Stärkung einzelner Mitarbeiter extrem wirksam, agieren allerdings weniger ganzheitlich und kontextbezogen. Sie versuchen in geringerem Ausmaß, den Arbeitskontext – und damit die Entwicklungsmöglichkeiten in der gesamten Organisation – zu verändern. Sie glauben – und sind damit auch durchaus erfolgreich – dass einzelne Mitarbeiter mit ihrer Unterstützung im gegebenen Kontext aufblühen können.

3. **Dirigent/in**   Wie der Name bereits vermuten lässt, achten Dirigenten vor allem auf die Gesamtleistung ihres Orchesters, also ihres Teams. Natürlich gehen Sie dabei auch auf die Leistungen des Einzelnen ein, aber im Vordergrund steht klar das Zusammenspiel aller. Sie sind Meister im Erkennen der unterschiedlichen Charaktere und Talente und formen aus Mitarbeitern funktionierende Einheiten, die sich gegenseitig ergänzen. Dirigenten haben eine systemische, ganzheitliche Herangehensweise in ihrer Mitarbeiterführung und können dadurch Teampotenziale hervorragend entfalten. Sie fokussieren sich dabei eher auf kurzfristige Ziele, wie bspw. die Erreichung organisationaler Leistungsindikatoren. Dirigenten im hier verstandenen Sinne verstehen es, Teams kurzfristig zu optimieren, um ihre Ziele (der nächste Auftritt) zu erreichen. Allerdings agieren sie weniger mit Blick auf die Rahmenbedingungen, die hilfreich sind, um auch langfristig eine nachhaltige Verbesserung der Organisation zu erlangen.

4. **Gestalter/in**   Im Sinne einer Gesunden Organisation mit Fokus auf systemischem Denken, nachhaltiger, konstruktiver Kontextgestaltung und Balancierter Führung wird der »Archetypus« des Gestalters als idealer Führungsstil zur Potenzialentfaltung in Unternehmen verstanden. Gestalter vereinen im besten Falle einen langfristigen zeitlichen Fokus mit einem systemischen Lösungsfokus. Sie legen Wert darauf, den Arbeitskontext in der Organisation nachhaltig und kontinuierlich zu verbessern, um Mitarbeitern das optimale Umfeld zu

ihrer Potenzialentfaltung zu bieten. Sie erkennen Talent, Motivation und Lernagilität sowie das Bedürfnis nach einem konstruktiven Kontext und arbeiten daran, ihr Gebäude – im übertragenen Sinne ihre Organisation – bestmöglich aufzubauen. Sie achten darauf, dass ihr Gebäude genug Räume zur freien Entfaltung bietet, Energie effizient nutzt, nachhaltig äußeren Einflüssen widerstehen kann und über die Jahre lernt, wächst und sich intern und extern erweitert. Gestalter kreieren adaptive Strukturen, die das Gebäude tragen, jedoch bei einem Erdbeben nicht zu starr sind, um ein Einstürzen zu verhindern. Sie achten auf eine positive Atmosphäre, damit die darin arbeitenden Menschen Resilienz entwickeln und gemeinschaftlich und respektvoll zusammenarbeiten können. Gestalter erreichen dadurch eine langfristige, kontinuierliche Steigerung des Gebäudewertes bzw. Unternehmenswertes am Markt.

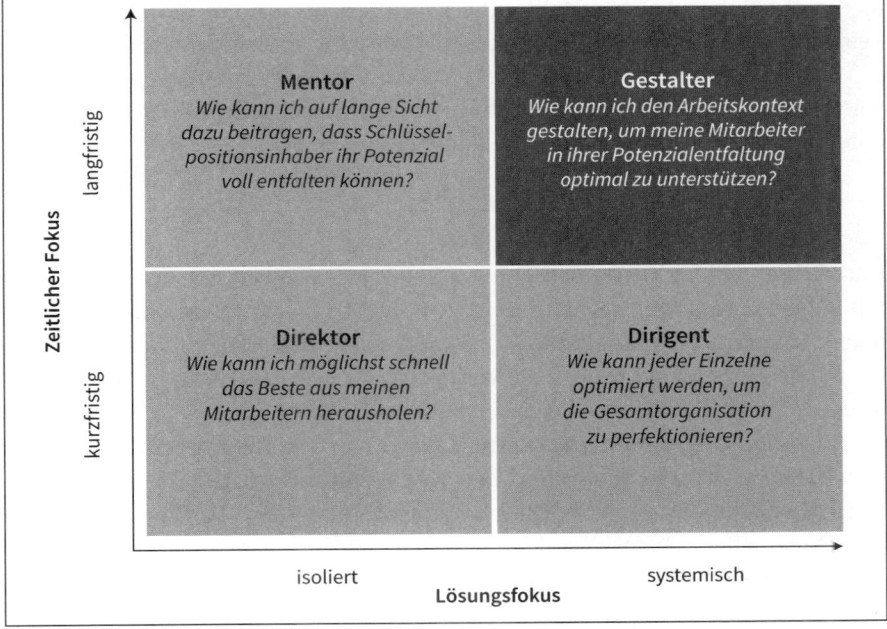

**Abb. 15:** Führungsrollen und deren typische Zeit- und Lösungsfoki (eigene Darstellung)

Wichtig hinzuzufügen ist noch, dass wir selbstverständlich davon ausgehen, dass in jedem Mitarbeitenden Potenzial schlummert. Selbst wenn sich Kontext, Talent, Motivation und Lernagilität im roten Bereich befinden, kann über die gezielte Verbesserung oder Veränderung des Arbeitskontexts eine Steigerung der anderen Werte erfolgen. Es kann allerdings vorkommen, dass einzelne Mitarbeiter sich in einem von anderen Mitarbeitern insgesamt positiven Arbeitskontext nicht entwickeln und wohlfühlen werden. Wenn auch in einem solchen Fall der Wechsel des Arbeitskontexts keine Besserung bringt, sollten beiden Seiten über eine Beendigung des Arbeitsverhältnisses nachdenken. Möglicherweise kann der Mitarbeiter im Arbeitskontext eines anderen Unternehmens sein Potenzial deutlich besser entfalten.

**Wie greifen Potenzialentfaltung und Leistungsfähigkeit ineinander?**

Nachdem nun erläutert wurde, wie Potenzialentfaltung bzw. der Fokus auf Talent, Motivation sowie Lernagilität zu einer höheren Leistung führen kann, wollen wir zum Abschluss des Kapitels nochmals unsere Potenzialgleichung aufgreifen und für Leistungsfähigkeit ebenfalls eine solche Gleichung aufstellen. Mithilfe dieser Methodik können Führungskräfte die Leistungsfähigkeit mit der tatsächlichen Leistung eines Mitarbeiters, Teams oder der Gesamtorganisation vergleichen.

Wie wir bereits vorhin festgestellt haben, setzt sich Potenzial aus Kontext, Talent, Motivation und Lernagilität zusammen. Die Gleichung für Potenzial lautet daher, wie bereits vorhin definiert, folgendermaßen:

$$Potenzial = Kontext + \frac{Talent + Motivation + Lernagilität}{x}$$

Unsere Empfehlung heißt, den Kontext von der Wertigkeit mit der Summe der individuellen Faktoren gleichzusetzen ($x = 3$). Falls Sie diese Einschätzung nicht teilen, können Sie innerhalb Ihres Unternehmens einen eigenen Wert für x definieren, der Ihrer Meinung nach die Wertigkeit des Arbeitskontexts optimal widerspiegelt. Dieser Wert sollte wie gesagt zwischen 1 und 4 liegen.

Leistung wiederum setzt sich aus Qualifikation, also Wissen und Können, aus dem Fokus auf Talent, Motivation und Lernagilität sowie aus dem Kontext, der auch das Soziale Dürfen umschreibt, zusammen (s. Abb. 13). Die Qualifikation eines Mitarbeiters, Teams oder der Gesamtorganisation, also das Wissen und Können, kann unter dem Begriff »Kompetenz«, den wir etwas früher im Kapitel definiert haben, zusammengefasst werden.

Wir können jetzt alle einzelnen Faktoren miteinander verrechnen, um zu erkennen, zu welcher Leistung eine Mitarbeiterin, Team oder das Gesamtunternehmen prinzipiell fähig wäre. Schlussendlich müssen sich Verantwortliche für die Einschätzung von Leistungsfähigkeit also die folgenden Fragen stellen: Wie positiv und förderlich ist unser Arbeits- und Unternehmenskontext gestaltet? Wie groß ist das Talent, die Motivation und die Lernagilität meines Mitarbeiters, Teams oder Unternehmens? Und wie ist es um die Qualifikation bestellt: Wie hoch schätze ich das Wissen und Können meines Mitarbeiters, Teams oder Unternehmens in diesem Bereich ein?

Für Leistungsfähigkeit leiten wir entsprechend unserer Empfehlung ($x = 3$; Kontext = Summe der individuellen Faktoren) die folgende Gleichung ab:

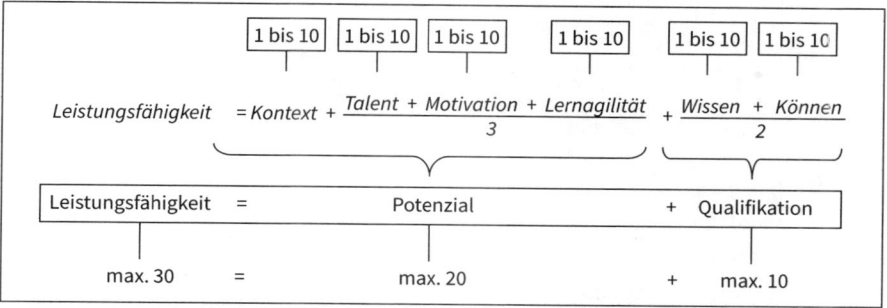

**Abb. 16:** Quantitative Bewertung von Leistungsfähigkeit (eigene Darstellung)

Verantwortliche können demnach jeden der Faktoren auf einer Skala von 0 (nicht vorhanden) bis 10 (sehr hoch ausgeprägt) bewerten. Maximal kann die potenzielle Leistungsfähigkeit also 30 Punkte betragen (wenn man davon ausgeht, dass $x = 3$ ist). Je näher ein Mitarbeiter, Team oder eine Organisation diesem Maximalwert kommt, desto höher ist die jeweilige Leistungsfähigkeit.

Der Vollständigkeit halber sei angemerkt, dass auch diese Gleichung relativ statisch/linear und damit wenig ganzheitlich wirkt – in ihren Funktionen möglicherweise sogar willkürlich, da nicht empirisch exakt belegbar. Außerdem können sich die unterschiedlichen Faktoren wechselseitig positiv oder negativ bedingen, sodass die Auswirkungen dann exponentiell wären. Aus unserer Erfahrung sind solche Instrumente dennoch im Praxisalltag sehr hilfreich, da sie leicht anwendbar, gut verständlich und dennoch eine Breite und Tiefe mit sich bringen, die es erlaubt, schnell neue Lösungen zu entwickeln.

### In welchem Zusammenhang stehen jetzt potenzielle Leistungsfähigkeit und tatsächliche Leistung?

Nachdem erläutert wurde, wie man die Leistungsfähigkeit eines Mitarbeiters identifizieren und definieren kann, setzen wir Leistungsfähigkeit mit der tatsächlichen Leistung eines Mitarbeiters in Verbindung. Hierbei dient die Matrix in Abbildung 17 als Werkzeug zur Orientierung und Maßnahmenidentifizierung.

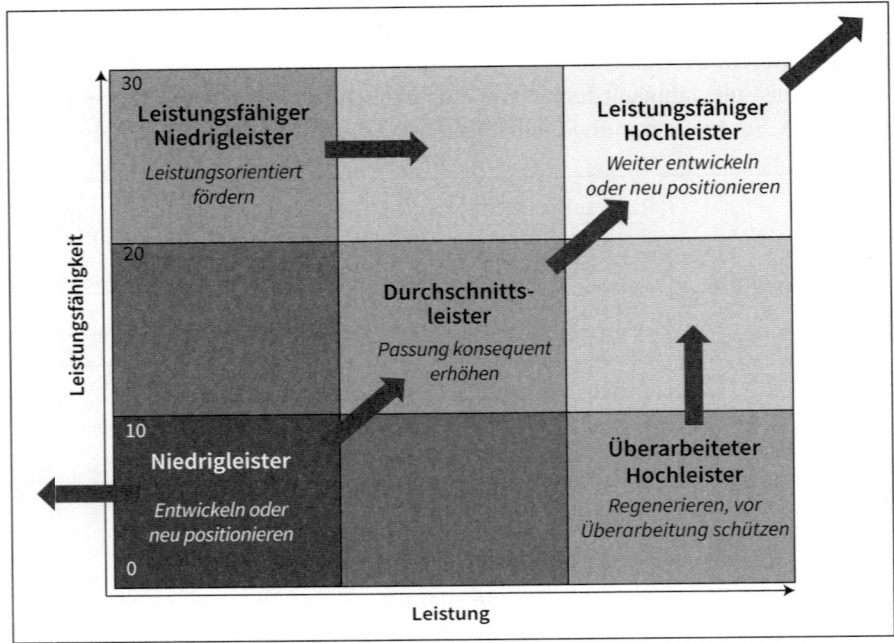

**Abb. 17:** Leistung-Leistungsfähigkeits-Matrix (eigene Darstellung)

Auf der y-Achse der Matrix wird die durch die oben erläuterte Rechnung identifizierte Leistungsfähigkeit eingetragen. Wie bereits erläutert, kann diese einen Wert zwischen 0 und 30 erreichen, wobei 0–10 einer niedrigen, 11–20 einer mittleren und 21–30 einer hohen Leistungsfähigkeit entsprechen. Demgegenüber wird auf der x-Achse die tatsächliche Leistung des Mitarbeiters oder Teams eingetragen. Hierbei empfiehlt sich der Vergleich mit Kollegen oder anderen Teams, um einen Maßstab für die Bewertung zu erhalten. Außerdem geben das tägliche Beobachten und Mitarbeitergespräche wichtigen Aufschluss über den Leistungsstand. Mitarbeiter und Teams können daher ihrer Leistung entsprechend auf der x-Achse indiziert werden. Aus den Werten für Leistungsfähigkeit und tatsächlicher Leistung ergibt sich dann die Zugehörigkeit zu einem der neun Felder. Die Pfeile sowie die kursiv gedruckten Texte in den Feldern bieten Entwicklungsrichtungen und Handlungsvorschläge für die weitere Förderung an.

Die Leistung-Leistungsfähigkeit-Matrix als Führungswerkzeug ermöglicht damit eine realistische Einschätzung von Mitarbeiterleistungen und klärt über Entwicklungschancen und Herausforderungen auf. Auch wenn unsere Matrix entfernt an das Ursprungsmodell von Odiorne erinnern mag, indem ja zwischen »Deadwood«, Work Horses«, »Problem Cases« und »Stars« unterschieden wurde

(Odiorne, 1984) und das nach wie vor in manchen HR-Abteilungen und Führungskreisen herumgeistert, so möchten wir zwei Unterschiede zwischen den Modellen besonders betonen:

1. Die im Odiorne-Modell verwandten Begriffe sind abwertend und erkennen nicht an, dass jede Person über Leistungsfähigkeit verfügt.
2. Das Odiorne-Modell hat zu einer 2-Klassen-Gesellschaft geführt, in welcher klar unterschieden wurde, wer förderungswürdig ist und wer nicht.

Natürlich klingt auch der in unserem Modell getroffene Begriff des »Niedrigleisters« nicht besonders prickelnd, aber die zugrunde liegende Haltung ist eine völlig andere. Wir gehen bei einem Niedrigleistenden eben davon aus, dass der »Fit« hinsichtlich Kontext, Team und Organisation nicht passt, was in der Folge zu der Suche nach dem bestmöglichen »Fit« führt, bei allem Respekt für das Individuum. Darüber hinaus wird deutlich, dass eine hohe Leistung nicht unbedingt mit einer hohen Leistungsfähigkeit verbunden sein muss. Eventuell überarbeitet sich ein Mitarbeiter und überschreitet sein psychisches und physisches Limit, um eine überdurchschnittliche Leistung zu erbringen, obwohl er in seiner Leistungsfähigkeit eher beschränkt ist. In diesem Fall muss die Leistungsfähigkeit über eine Kontextumgestaltung positiv entwickelt werden, sodass Talent, Motivation und Lernagilität gezielt gefördert werden und dieselbe Leistung unter gesünderen und nachhaltigeren Umständen erbracht werden kann.

Liegen Leistungsfähigkeit und die tatsächliche Leistung sehr stark auseinander, so ist es ratsam, im gemeinsamen Gespräch Ursachen für diese Ausprägung herauszustellen. Ziel dieses Gesprächs ist es, den größten Hebel für eine Verbesserung des Leistungsverhältnisses zu identifizieren und aktiv zu nutzen. Hilfreich ist ebenfalls, die Fremdeinschätzung der Führungskraft mit der Selbsteinschätzung des Mitarbeiters abzugleichen. Dies bietet die Basis für ein erfolgreiches Gespräch, aus dem unterschiedliche Erkenntnisse gewonnen werden können: a) Mitarbeiter versteht die Sichtweise der Führungskraft besser, b) Führungskraft versteht die Sichtweise des Mitarbeiters besser, c) die Einschätzungen werden im Sinne einer gemeinsamen Sichtweise angeglichen, d) die relevantesten Hebel werden identifiziert, e) Maßnahmen entsprechend definiert, f) umgesetzt, g) und dann wieder reflektiert. Damit funktioniert das Gespräch ähnlich wie ein »After Action Review« (AAR), bei dem Herausforderungen und Chancen für beide Parteien deutlich sowie Potenziale des Mitarbeiters und der Zusammenarbeit identifiziert werden. Letztlich dient ein solches Gespräch dazu, auf der Grundlage einer achtsamen Begegnung auf Augenhöhe, sich gegenseitig besser zu verstehen, Potenziale zu identifizieren, Stärken weiterzuentwickeln und zu einer dauerhaften, gesunden Leistungserhöhung beizutragen.

## 1.4    Zusammenfassung Kapitel 1:
## Das müssen Sie wissen

- Systemisch bedeutet, »den gesamten Organismus betreffend«.
- Eine Organisation ist ein System, das aus den Systemen der Mitarbeiter, Teams und Abteilungen besteht und selbst Teil des Systems »Markt/Industrie« und »Globaler Kontext« ist.
- Diese Systeme stehen in gegenseitiger Abhängigkeit und eine Veränderung in einem System übt Wechselwirkungen auf die anderen Systeme aus.
- Systemisches Denken besteht aus drei Denkweisen: zirkuläres Denken, in Auswirkungen denken und lösungsorientiertes Denken.
- Systemische Lösungsansätze behandeln ganzheitliche Probleme und beseitigen das Gesamtproblem und dessen Ursache nachhaltig.
- Isolierte Lösungsansätze behandeln oder beseitigen lediglich Symptome, nicht aber deren Ursachen.
- Leistung und Gesundheit schließen sich nicht gegenseitig aus. Vielmehr verstärken sie sich gegenseitig.
- Ein gesunder Arbeitskontext führt zu einer besseren körperlichen und geistigen Gesundheit, welche sich wiederum positiv auf die Leistungsbereitschaft auswirkt.
- Führungskräfte können den Arbeitskontext über die Hebel Strategie, Struktur und Kultur beeinflussen.
- Leistung setzt sich aus dem Kontext, den gesellschaftlichen Normen, der Qualifikation und der Motivation zusammen. Oder einfacher gesagt: Aus dem Potenzial und der Kompetenz.
- Potenzial beschreibt vorhandene Möglichkeiten, Fähigkeiten und Energien, die bisher aber nicht genutzt werden.
- Potenzial steckt nicht nur in Individuen, sondern auch in Teams und der Gesamtorganisation.
- Potenzial unterscheidet sich von Talent in seiner durch den Kontext gegebenen Möglichkeit zur Entfaltung.
- Potenzialentfaltung bedeutet, die vorhandenen und verfügbaren Möglichkeiten zu identifizieren, aktiv durch Kontextgestaltung zu fördern und planvoll weiterzuentwickeln mit dem Ziel, eine Verstärkung in Leistung, Kompetenz und Persönlichkeit auf allen Ebenen (ITO) zu erreichen.
- Potenziale können nur in einer gemeinschaftlichen Kultur entfaltet werden.
- Kompetenzen beschreiben bewusst wiederholbares und erfolgsförderliches Verhalten.

# 2 Was läuft falsch? – Problemdarstellung

In diesem Kapitel finden Sie Antworten auf die folgenden Fragen:
- **Was sind die aktuellen und zukünftigen Herausforderungen im Unternehmensumfeld?**
- **Was bedeuten Symptome in Bezug auf Unternehmen?**
- **An welchen typischen Symptomen leiden viele Unternehmen?**

## 2.1 Herausforderungen im aktuellen und zukünftigen Unternehmensumfeld

Die Herausforderungen, Gefahren und Chancen für Unternehmen im heutigen Kontext unterscheiden sich dramatisch von der einstigen konservativen und relativ starren Unternehmensumwelt. Doch im gleichen Maße, wie sich die Herausforderungen verändert haben, haben sich auch die Chancen und Möglichkeiten verändert. Die historische Entwicklung des Unternehmenskontexts wird in Abbildung 18 dargestellt.

Die sogenannte Taylor-Wanne (Wohland & Wiemeyer, 2012), benannt nach dem US-amerikanischen Ingenieur Frederick Winslow Taylor, dem Begründer des »Scientific Management« (Taylor, 1911), stellt die Dynamik der Wertschöpfung zwischen 1900 und heute dar. Vor 1900 existierten vor allem lokale und komplexe Märkte, in denen Menschen (Handwerksmeister und ihre Gesellen) die grundlegend Wertschöpfenden waren und die Kundenorientierung generell sehr hoch war. Nach 1900 änderte sich das durch Eisenbahn und Dampfschiff. Waren konnten jetzt über deutlich größere Entfernungen ausgeliefert werden im Gegensatz zu den lokalen Märkten des 19. Jahrhunderts. Mit dem Taylorismus hielt die industrielle Massenfertigung mit striktem Prozessmanagement und effizienten Maschinen Einzug. Die industrielle Fertigung war geboren und damit ein Erfolgsrezept, das – auf ingenieurswissenschaftlichen Grundlagen basierend – die nächsten Jahrzehnte prägen sollte. Die industriellen Unternehmen zwischen 1900 und 1970 bedienten träge und große Märkte mit Massenprodukten, eindeutigen Kundensegmenten und mono-repetitiven Abläufen. Damit einher ging eine totale Veränderung der Arbeit: War vorher der Handwerker als Schöpfer seiner selbst mit seinem qualifizierten Können gefragt (Sennett, 2008), machten jetzt Ingenieure auf der Grundlage wissenschaftlicher Verfahren die Vorgaben und Arbeiter führten diese aus. Das Verrückte dabei: Durch die Nicht-Nutzung menschlicher Potenziale auf der einen Seite, konnte andererseits die Produktivität um das Hundertfache in den folgenden sieben Jahrzehnten gesteigert werden. Mit Zunahme der Globalisierung begann dann eine neue Ära: Märkte wurden wieder »enger«, der Marktdruck nahm zu. Es kam die große Zeit von Organisationen wie Toyota, die es durch die Einführung des berühmten »Toyota Produktionssystems« schafften, die Flexibilität, Innovationskraft und Kundenorientierung zu erhöhen und dies bei gleichzeitig höherer Qualität und Produktivität.

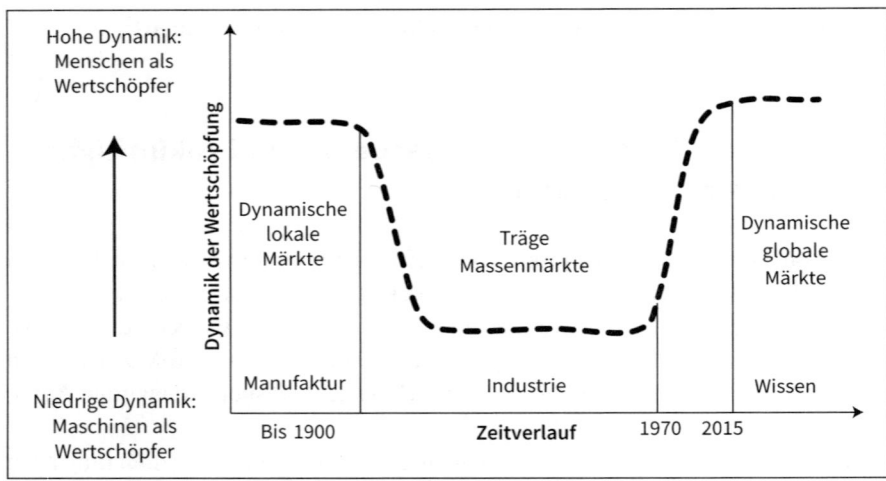

**Abb. 18:** Die Taylor-Wanne (in Anlehnung an Wohland & Wiemeyer, 2012)

Mit dem Einzug der wirtschaftlichen Globalisierung, erleichtert durch neue Kommunikations- und Informationstechnologien sowie verbesserten Logistikbedingungen, verstärkte sich die Dynamik der Märkte durch eine steigende Anzahl an Wettbewerbern wieder. Schon 1999 sprach der damalige Direktor des IBM Advanced Business Institute, Stephan H. Haeckel, von der dringenden Notwendigkeit der Transformation in einen neuen Organisationstyp, der deutlich flexibler und schneller mit den Kontextveränderungen umgehen sollte. Er nannte es damals die »Adaptive Enterprise« (1999). Organisationen müssen also zunehmend in einer komplexeren und volatileren Unternehmensumwelt agieren und ihre Unternehmensstrategie, -struktur, -kultur, ihre Mitarbeiterschaft und Prozesse sowie ihre

Produkte an die gesteigerte Dynamik anpassen. Die reine Fokussierung auf Effizienz, Prozessoptimierung und Kostenreduktion reicht nicht mehr aus für die hohe Dynamik des heutigen Marktumfelds. Erhöhte Kundenorientierung, komplexe Produktportfolios und innovative Lösungen sind zentrale Erfolgsfaktoren. Der Mensch mit seinem Wissen, seiner Innovationskraft und seiner Wandelbarkeit ist der wichtigste Wertschöpfungsfaktor für Unternehmen weltweit.

Bedingt durch vier Treiber in Bezug auf Wirtschaft, Know-how, Arbeitsmarkt und Werte (s. Abb. 19) haben wir es heute mit einem komplexen und hoch dynamischen Unternehmensumfeld zu tun.

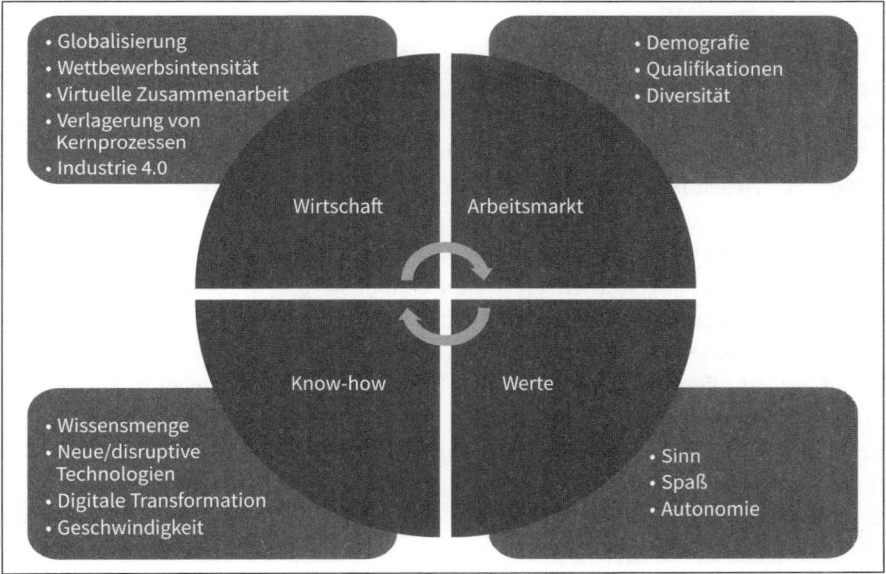

**Abb. 19:** Treiber des heutigen Unternehmenskontexts (eigene Darstellung)

Die vier aufgeführten Dimensionen beeinflussen sich wechselseitig. Sie wirken auf den Unternehmenskontext nachhaltig und kontinuierlich ein. Die globalisierte Wirtschaft zeichnet sich durch eine vervielfachte Wettbewerbsintensität, virtuelle Zusammenarbeit und die Verlagerung von Kernprozessen ins Ausland oder an Subunternehmen aus. Auch der Arbeitsmarkt wird durch die demografischen Veränderungen sowie durch veränderte Qualifikationsanforderungen und gestiegene Diversität deutlich komplexer. In Deutschland (und auch anderen Ländern der »westlichen Welt«) wächst der Anteil alter Menschen enorm, während gleichzeitig die veränderten Berufsanforderungen nach völlig neuen Kompetenzen verlangen und der Kreis der möglichen Kandidaten deutlich größer und diverser wird. Weitere Dynamik entsteht durch veränderte Wertesysteme. Die Generation Y (Geburtsjahre 1977–1998) stellt bereits einen sehr großen Teil der Arbeitnehmenden und die Generation Z (1999–heute) steht in den Startlöchern. Diese Generationen zeichnen sich vor allem durch ihr Verlangen nach einer höheren »Work-Life-Balance« und sinnstiftenden Tätigkeiten aus. Sie hinterfragen den Status quo und fordern eine größere Autonomie in ihren Arbeitsabläufen. Komplettiert werden die vier Treiber durch ein vielfach gesteigertes Know-how, das sich in der unendlichen Daten- und Wissensmenge, die uns die neuen Technologien ermöglichen, widerspiegelt. Mit stationären und mobilen Endgeräten können wir über das Internet und Datenbanken in hohen Geschwindigkeiten auf das Millionenfache an Daten zugreifen wie Menschen und Unternehmen vor zwanzig Jahren. Disruption, von der FAZ (Meck & Weiguny, 2015) mit einem Augenzwinkern zum Managementwort des Jahres 2015 gekürt, zerlegt ganze Branchen und das mit nur einer einzigen Idee.

Alle genannten Faktoren bedingen den Unternehmenskontext für Organisationen aller Art drastisch und kontinuierlich. Hierdurch ergeben sich zahlreiche Herausforderungen, aber auch Chancen, die von agilen und gesunden Unternehmen effektiv genutzt werden können.

Zusammengefasst werden die durch Globalisierung wettbewerbsverändernden Faktoren häufig auch unter dem Begriff VUCA. Diese Abkürzung fasst die vier stärksten Einflüsse auf das heutige Unternehmensumfeld zusammen und zeigt damit die aktuellen Herausforderungen für Organisationen. Gegenüber den eben vorgestellten vier Treibern, die konkret, vorhersehbar, kontinuierlich und nachhaltig auf den Kontext einwirken, beschreibt VUCA dynamische und übergreifende Charakteristika des modernen Unternehmensumfelds.

1. **Volatility (Unbeständigkeit)**   Der heutige Unternehmenskontext ist extrem dynamisch und ändert sich kontinuierlich sowie immer schneller, allerdings nicht geordnet oder planbar, sondern chaotisch und unbeständig.

2. **Uncertainty (Ungewissheit)**   Das Unternehmensumfeld ist in Bezug auf seine zukünftige Entwicklung schwer einschätzbar, da man nicht über alle Informationen verfügt (verfügen kann), die notwendig wären. Die Folgen sind Unsicherheit und Überraschungseffekte.

3. **Complexity (Komplexität)**   Wie bereits im ersten Kapitel erläutert, ist auch der Unternehmenskontext als komplexes, zusammenhängendes System zu begreifen, in dem kleinste Änderungen bestimmter Faktoren Kettenreaktionen auslösen können (der berühmte Schmetterlingseffekt). In einer globalisierten Welt ist alles miteinander verbunden und damit auch voneinander abhängig.

4. **Ambiguity (Mehrdeutigkeit)**   Die Realität im Unternehmensumfeld ist nicht eindeutig verständlich und nicht definitiv deutbar. Zusammenhänge und Ver-

änderungen werden missverstanden oder unterschätzt. Auslöser und Auswirkungen sind nicht immer klar einander zuzuordnen.

Wie in Abbildung 20 zu sehen, unterscheiden sich die einzelnen Wettbewerbsfaktoren in ihrer Vorhersagbarkeit und in der Menge an zur Verfügung stehenden Informationen. Gerade bei Mehrdeutigkeit und Komplexität wird klar, dass nur ein Minimum an Informationen verfügbar ist und verarbeitet werden kann. In mehrdeutigen und ungewissen Unternehmensumfeldern sind außerdem die Folgen des eigenen Handelns kaum vorhersehbar.

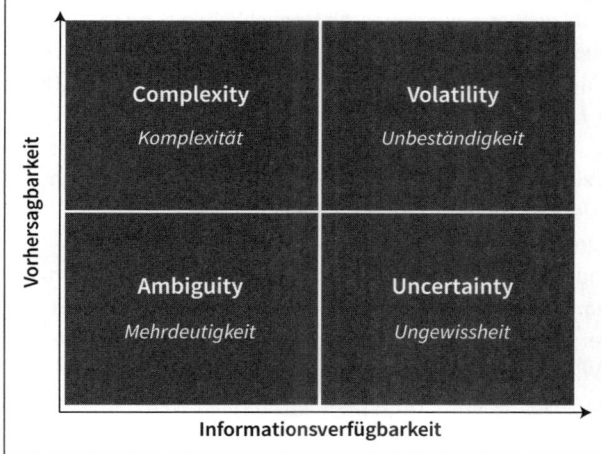

**Abb. 20:** VUCA-Matrix (eigene Darstellung in Anlehnung an Bennett & Lemoine, 2014)

Im folgenden Praxisbeispiel wird erläutert, wie sich der VUCA-Kontext auf Unternehmen auswirken kann.

**AUS DER PRAXIS – FÜR DIE PRAXIS**

**Volatility (Unbeständigkeit):** Die Marktverhältnisse, Kundenwünsche und Geschäftsvoraussetzungen ändern sich heute schneller denn je. Was heute noch erfolgreich funktioniert und auf solider Basis steht, kann morgen schon durch externe Einflüsse kippen oder zu einem Nachteil werden. Denken wir an den VW-Emissionsskandal 2015, der nicht nur für Volkswagen verheerende Folgen hatte, sondern durch die Automobilkonzerne weltweit ihre Konzepte für Dieselmotoren hinterfragen mussten. Von einem Tag auf den anderen gelten Dieselmotoren als unsaubere Umweltverschmutzer. Die gesamte Industrie stand durch das Verfehlen eines Unternehmens am Pranger. Nur flexible, agile und schnelle Konzerne können entsprechend auf solch drastische Kontextveränderungen reagieren. Konservative und starre Firmen werden in den volatilen Märkten der Zukunft daher kaum noch eine Chance haben.

**Uncertainty (Ungewissheit):** Langfristige Unternehmensplanungen sind in einem Unternehmensumfeld, dessen zukünftige Entwicklung sich nur schwer absehen lässt, nur sehr schwierig und unpräzise durchzuführen. Bleiben wir beim Beispiel der Automobilkonzerne. Die Unternehmen wissen bereits, dass andere Antriebsmethoden, wie Elektromobilität oder Wasserstoffantrieb, die Zukunft sind. Doch wann sollen sie in den Markt einsteigen? Wann ist der Zeitpunkt aus finanzieller und strategischer Sicht am geeignetsten? Und wann wird die Konkurrenz auf Elektromobilität setzen? Das heutige Unternehmensumfeld mit seiner großen Anzahl an Wettbewerbern und Möglichkeiten sorgt für Ungewissheit in vielen Zukunftsfragen. Auch hier ist es ratsam, als Unternehmen möglichst agil zu sein und ein Maximum an Informationen auszuwerten und zu interpretieren, um die Ungewissheit zumindest zu vermindern.

**Complexity (Komplexität):** Auch Ihr Unternehmen ist Teil des dynamischen globalen Kontexts, in dem eine kleine Änderung der Marktverhältnisse, der Preise, der Kundensegmente, der Regulationen oder eines anderen Faktors sofort eine gesamte Industrie oder einen globalen Markt betreffen und verändern kann. Der VW-Skandal betrifft Zulieferer aus Deutschland, den USA und Frankreich, was wiederum deren Zulieferer, Wettbewerber und Partnerunternehmen beeinflusst. Wie auch bei der letzten Finanzkrise gesehen, hängen Wirtschafts- und Finanzsysteme sowie Unternehmen aus aller Welt miteinander zusammen. Der sinnbildliche »Flügelschlag eines Schmetterlings« in einem Teil des Systems, verändert das Gesamtsystem dramatisch (der sogenannte »Schmetterlingseffekt«).

**Ambiguity (Mehrdeutigkeit):** Zusammenhänge sind im komplexen Unternehmensumfeld nicht immer klar und deutlich zu erkennen. Daher kann man Veränderungen ansatzweise erfassen, sie aber nicht sicher einordnen und nur auf eine Ursache zurückführen. Wenn Sie als Automobilhersteller jetzt weniger Dieselfahrzeuge verkaufen, könnte dies durchaus mit dem VW-Skandal zusammenhängen. Demnach müsste sich der Markt für Dieselautos aber auch langfristig wieder erholen. Doch was ist, wenn die Verbraucher weniger Ihrer Dieselfahrzeuge kaufen, da sie lieber ein Elektroauto kaufen, da dies ab Mitte 2016 subventioniert wird, oder die Dieselfahrzeuge Ihrer Konkurrenz besser oder preiswerter sind, oder Ihre Marke nicht mehr »in« ist? Zwar wissen Sie in allen Fällen, dass der Verkauf Ihrer Dieselfahrzeuge nicht mehr erfolgreich ist, doch die vielen möglichen unterschiedlichen Gründe für die Veränderung verlangen nach jeweils unterschiedlichen Reaktionen. Auch hier zeigt sich, dass Agilität und Wissen vor der Mehrdeutigkeit von Marktveränderungen schützen kann.

Alle Faktoren des Unternehmensumfelds werden komplexer, dynamischer, unsicherer und mehrdeutiger, ob in den Bereichen der Politik, der Wirtschaft, Technologie, Gesellschaft, Gesetzgebung oder der Natur. Jeder dieser Umweltfaktoren verändert sich heutzutage schneller als früher und kreiert dadurch zahlreiche Herausforderungen, aber auch viele Möglichkeiten und Chancen für Ihr Unternehmen oder für neue Unternehmen. Nicht umsonst spricht der Unternehmensberater Fredmund Malik davon, dass Komplexität und die damit verbundenen Aufgaben zu den wichtigsten Kenntnissen und Fähigkeiten von Führungskräften in Bezug auf die erfolgreiche Steuerung von Organisationen im 21. Jahrhundert gehören werden (Malik, 2015).

Die externen Einflüsse auf Organisationen haben sich in den letzten Jahren also stark verändert. Das heutige Organisationsumfeld ist anspruchsvoller, unkontrollierbarer und weniger deutbar geworden. Das Konzept der Gesunden Organisation, das wir in Kapitel 4 entfalten werden, adressiert diese von den vier Treibern bedingte VUCA-Umwelt und präsentiert eine Lösung, die den Fokus auf die organisationale Gesundheit und Agilität legt und Unternehmen dadurch eine vorteilhafte Ausgangsposition im Markt und einen entsprechenden Wettbewerbsvorteil verschafft. In diesem Kapitel wird aufgezeigt, an welchen typischen Symptomen Unternehmen und Organisationen derzeit leiden und warum dies so ist. Wir empfehlen Ihnen daher während des Lesens, die Symptome mit Herausforderungen in Ihrem Unternehmen zu vergleichen.

## 2.2 Typische Symptome – Die »Kränkelnde Organisation«

Dieses Kapitel soll dazu beitragen, typische Probleme in heutigen Unternehmen und Organisationen herauszustellen und näher zu betrachten. Dabei unterteilen wir die Symptome und derzeitigen Herausforderungen nach den sechs Dimensionen einer Organisation. Diese sechs Organisationsdimensionen werden uns während des gesamten Buches begleiten. Während in diesem Kapitel typische Schwachstellen in den Dimensionen aufgezeigt werden, liefert das vierte Kapitel eine Beschreibung des Optimalzustands jeder Dimension und das fünfte Kapitel erläutert in der Folge, wie Sie durch den entsprechenden Führungsstil die jeweiligen Dimensionen nachhaltig und wirksam gestalten können. Die sechs Dimensionen lauten wie folgt:
1. Mitarbeiter
2. Beziehungen
3. Kultur

4. Prozesse
5. Strukturen
6. Strategie

Bevor wir auf die typischen Symptome in diesen sechs Organisationsbereichen eingehen, richten wir unseren Blick genauer auf die Bedeutung des Wortes »Symptom« und was dies im Organisationskontext bedeutet.

Ein **Symptom** ist das Anzeichen einer Krankheit, beziehungsweise einer negativen Entwicklung (Duden, 2015).

Ein Symptom im Organisationskontext ist also ein Kennzeichen für eine Schwäche im Unternehmen, beziehungsweise für eine negative Organisationsentwicklung. Solche Symptome äußern sich auf verschiedene Art und Weise in den sechs Unternehmensdimensionen. Grundlegend für das Verständnis von Symptomen ist, dass sie lediglich die Konsequenz einer oder mehrerer tieferen Ursachen darstellen. Das Bekämpfen eines Symptoms bedeutet demnach das Ansetzen an den Folgen einer ursprünglichen Problemstellung (vgl. hierzu auch Abb. 31 in Kap. 1). In Kapitel 1 haben wir erläutert, dass ein Symptom meist nicht eine klar definierbare Ursache hat, sondern dass das Symptom sich häufig durch systemische Abhängigkeiten mehrerer Ursachen ergibt. Das Zusammenspiel mehrerer charakteristischer Symptome führt zu einem speziellen Syndrom, also einem Krankheitsbild. Denken Sie also systemisch, wenn Sie ein Symptom in Ihrer Organisation erkennen. Nur so können Sie die Ursachen identifizieren und nachhaltig vermeiden.

### Sind Symptome immer ein schlechtes Zeichen und deuten auf eindeutige Ursachen hin?

Die Homöodynamik ist ein wichtiger Bestandteil der Systemtheorie und der Komplexität eines Organismus. Homöodynamik bedeutet in etwa Selbstregulierungsfähigkeit. Organismen reagieren auf interne oder externe Schwingungen mit einer Gegenreaktion, um das Gleichgewicht innerhalb des Systems wiederherzustellen. Im Zusammenhang mit Symptomen bedeutet dies, dass diese nicht unbedingt negativ sein müssen. Vielmehr treten Symptome häufig auf, da eine Organisation versucht, mithilfe einer Gegenschwingung auf eine interne oder externe Veränderung zu reagieren, um so die innere Balance wiederzuerlangen. Je homöodynamischer eine Organisation ist, desto besser kann sie auf Veränderungen reagieren und desto schneller kann sie wieder in einen ausgeglichenen Zustand zurückkehren. Symptome können also auch Anzeichen einer Gegenschwingung sein und sind daher hilfreich, da sie aus einer organisationalen Homöodynamik resultieren. Gerade Organisationen, die sich regelmäßig auf neue Szenarien, Erfahrungen und Ideen einlassen, um zu lernen und sich zu entwickeln, verfügen über hohe homöodynamische Fähigkeiten, die ihnen agile Reflexe und konsequentes Lernen erlauben. Ein auftretendes Symptom kann daher auch eine ausgleichende Überreaktion sein. Verantwortliche sollten deshalb den Zusammenhang von Veränderungen und Symptomen verstehen, um ursachenorientierte Lösungen zu finden oder die organisationale Homöodynamik zu fördern.

Homöodynamik ist auch ein zentraler Bestandteil der sogenannten Salutogenese, einem Konzept, das die Entstehung und dynamische Entwicklung von Gesundheit beschreibt. Gesundheit wird im Sinne der Salutogenese als Prozess verstanden. Die Gesundheit einer Organisation unterliegt ständigem Wandel und der Wechselwirkung ihrer Systemfaktoren. Für Verantwortliche bedeutet dies, dass sie organisationale Gesundheit nicht als Endzustand betrachten, sondern als andauernde Herausforderung des Verstehens, Balancierens und Entwickelns.

Die Entstehung von Gesundheit ist laut dem Medizinsoziologen Aaron Antonovsky, dem Begründer der Salutogenese, sehr stark vom sogenannten Kohärenzgefühl abhängig, einem subjektiven Empfinden von Sinn und Zusammenhang, das auch für den organisationalen Kontext Bedeutung hat. Das Kohärenzgefühl eines Individuums, Teams oder einer Organisation setzt sich aus drei Dimensionen zusammen (Antonovsky, 1997):

1. **Das Gefühl der Verstehbarkeit**  Die Fähigkeit und Überzeugung, Zusammenhänge verstehen zu können. Dieses Gefühl ist eng mit systemischem Denken und Verständnis verknüpft, da dieses einem das Verstehen von Wechselwirkungen, Zusammenhängen und Beziehungen erlaubt.

2. **Das Gefühl der Handhabbarkeit**  Die Überzeugung, das eigene Leben und Schicksal kontrollieren und gestalten zu können, also eine interne Kontrollüberzeugung, Einflussfaktoren beherrschen zu können. Im Unternehmenskontext bedeutet dies, davon überzeugt zu sein, den Markt aktiv mitgestalten, innovative Produkte entwickeln und auf Marktveränderungen schnell reagieren zu können.

3. **Das Gefühl der Sinnhaftigkeit**  Die Überzeugung und der Glaube daran, dass die eigene Existenz Sinn hat und das eigene Handeln einen bestimmten, tieferliegenden Sinn verfolgt. Dieser Aspekt wird in Organisationen vor allem bei der Strategieentstehung wichtig, da wir, wie in Kapitel 4.4 beschrieben werden wird, davon ausgehen, dass Strategie in der Gesunden Organisation sinngeleitet ist.

Organisationen mit einer hohen Homöodynamik und einem starken Kohärenzgefühl sind daher weniger stark von Symptomen betroffen, beziehungsweise können ihre Gesundheit schneller und effektiver wieder ausgleichen. Homöodynamik und Kohärenzgefühl sind daher Kennzeichen einer Gesunden Organisation und ermöglichen organisationale Agilität und Anpassungsfähigkeit. Wenn Sie also die Beschreibungen der typischen Symptome innerhalb der sechs Unternehmensdimensionen lesen, denken Sie daran, ob diese Symptome in Ihrem Unternehmen auftreten, welche Symptome zusammenspielen, ob man bereits von einem Syndrom sprechen kann, wo die Ursachen liegen könnten, ob manche Symptome vielleicht eine homöodynamische Reaktion darstellen könnten und inwiefern Ihre eigene Organisation, oder auch Sie selbst als Verantwortlicher, ein Kohärenzgefühl entwickeln können.

### 2.2.1   Mitarbeiter – gestresst oder gelangweilt?

Wie steht es um die körperliche und mentale Gesundheit Ihrer Mitarbeiterschaft? Sind diese häufig oder über längere Zeit krank, leiden immer wieder an denselben Schmerzen und Erkrankungen oder wirken ausgelaugt und energielos? Reagieren sie gereizt, sind unzufrieden mit anderen, mit sich selbst und leiden an chronischer Unzufriedenheit? Oder erscheinen Ihre Mitarbeiter am Arbeitsplatz, obwohl sie eigentlich nicht leistungsfähig sind? Haben Sie das Gefühl, dass der Druck im Beruf auf die Stimmung drückt, zu Unsicherheit und Überforderung führt und Sie diesem Gefühl nicht entkommen können? Fühlen Sie sich emotional erschöpft und empfinden kein Mitleid und keine Freude mit anderen? Leben Sie nur noch für den Beruf und vernachlässigen Ihr Privatleben und Ihre Familie? Dann sind Sie und Ihre Kollegen einige von vielen Mitarbeitern, die weder psychisch noch physisch gesund sind und daher ihr Potenzial im Unternehmen nicht ausschöpfen können.

Arbeitnehmer in Deutschland weisen zunehmend psychische und physische Symptome auf, die das gesamte Unternehmen schwächen können. Bedingt sind diese Symptome oftmals durch falsche Anreizsysteme, eindimensionale und defizitorientierte Führung oder eine kurzfristige strategische Ausrichtung der Organisation. Das Arbeitsumfeld, der Kontext, spielt also auch hier eine entscheidende Rolle für das Wohlbefinden der Mitarbeiter. Dazu zählen die Beziehungen der Teams und Individuen untereinander sowie die Unternehmenskultur, die einen starken Einfluss auf Psyche und Physis von Mitarbeitern haben kann. Natürlich haben auch die Mitarbeiter ihrerseits Anteil und Verantwortung für ihre psychischen und physischen Beschwerden, zum Beispiel durch falschen Ehrgeiz oder verklärte Selbsteinschätzung.

Im Folgenden wollen wir deshalb einen tieferen Blick auf die psychischen Symptome von Mitarbeitern in kränkelnden Organisationen werfen.

Psychische Erkrankungen von Arbeitnehmern sind ein ernst zu nehmendes Symptom, das nicht nur die Leistungsfähigkeit Ihrer Mitarbeiter sowie die Produktivität Ihres Unternehmens enorm einschränken – von den Auswirkungen auf den Einzelnen einmal ganz abgesehen – sondern das Ihre Organisation auch sehr viel Geld kosten kann. Der DAK Psychoreport 2015 zeigt den Ernst der Lage eindrucksvoll auf. Zwischen 1997 und 2015 war der Anstieg der Fehltage durch psychische Erkrankungen enorm. Er verdreifachte sich auf fast 240 Fehltage pro 100 Arbeitnehmer. Diese extreme Steigerung psychischer Leiden ist unter anderem darauf zurückzuführen, dass heutzutage psychische Krankheiten besser diagnostiziert werden können und der allgemeine Umgang mit ihnen deutlich offener sowie ihre Behandlung fokussierter geworden ist. 2014 fiel jeder 20. Arbeitnehmer mindestens einmal jährlich aufgrund eines psychischen Leidens aus, eine solche Krankschreibung dauerte dann durchschnittlich 35 Tage, also 7 Arbeitswochen. Auf die Geschlechter bezogen, sind Frauen fast doppelt so häufig von psychischen Leiden betroffen wie Männer. Mit steigendem Alter nehmen die Fehltage durch psychische Leiden bei Frauen und Männern aufgrund längerer Erkrankungsdauer kontinuierlich zu (DAK, 2015). Bundesweit registrierte man 2014 sogar 79 Millionen Fehltage, das entspricht 14,6 Prozent aller Arbeitstage, aufgrund psychischer Erkrankungen. Der hierdurch entstehende Ausfall für Unternehmen wird schnell deutlich: Die Kosten für Produktionsausfälle durch psychische Erkrankungen anhand der Lohnkosten lagen 2014 bei über acht Milliarden Euro. Der Verlust an Arbeitsproduktivität, also der Ausfall an Bruttowertschöpfung anhand der Arbeitsunfähigkeitstage durch psychische Erkrankungen entspricht zusätzlichen 13 Milliarden Euro. Damit sind psychische Störungen für einen Ausfall in Höhe von fast einem Prozent des Bruttonationaleinkommens verantwortlich (Bundesministerium für Arbeit und Soziales, 2014).

Die meisten arbeitsbedingten psychischen Symptome sind auf Stress zurückzuführen. Schätzungen zufolge werden im Jahr 2020 die depressiven Verstimmungen an die zweite Stelle der weltweiten Krankheitsbelastungen nach den Herzerkrankungen rücken. Als Ursache von arbeitsbedingten Erkrankungen werden unter anderem häufig die Unternehmenskultur und das Führungsverhalten gesehen (Ulich, 2008). So geben im »Stressreport Deutschland 2012« 40 Prozent der Beschäftigten, die keine Unterstützung ihres Vorgesetzten wahrnehmen, an, dass sie unter häufig auftretenden Gesundheitsproblemen leiden. Demgegenüber sinkt diese Kennzahl auf 17 Prozent bei Arbeitnehmern, die sich von ihrem Vorgesetzten unterstützt und verstanden fühlen. Interessanterweise hinkt Deutschland hinterher, wenn es um Unterstützung durch Führungskräfte geht. Im Vergleich zum EU-Durchschnitt (60 %), geben weniger als die Hälfte der deutschen

Arbeitnehmer an, von ihrem Vorgesetzten immer oder fast immer Unterstützung und Hilfe zu erfahren (Lohmann-Haislah, 2012).

Eine in den letzten Jahren vermehrt aufgekommene Folge von Stress sind »Burn-out«-Fälle. Verausgaben sich Mitarbeiter über einen längeren Zeitraum ohne entsprechende Belohnungen, sei es Wertschätzung, Beförderung oder Gehalt zu bekommen, beziehungsweise ohne entsprechende Ausgleiche zu schaffen, um innere Balance zu finden, riskieren sie einen »Burn-out«. Laut Maslach und Jackson (1981) setzt sich ein »Burn-out« aus emotionaler Erschöpfung, Depersonalisation, beziehungsweise sozialer Abstumpfung und Unzufriedenheit mit der eigenen Person, gepaart mit Versagensängsten zusammen. Interessanterweise kann man das Prinzip des individuellen »Burn-outs« auch auf ganze Organisationen übertragen, die im heutigen volatilen Marktumfeld in die sogenannte Beschleunigungsfalle geraten. Bruch und Menges (2010) beschreiben drei Formen von destruktiven Unternehmensaktivitäten, die zu einem kollektiven »Burn-out« führen können:

1. **Überlastung**   Die vom Unternehmen zur Verfügung gestellten Ressourcen und Zeiträume sind für die Aufgaben der Mitarbeitenden zu knapp bemessen.
2. **Mehrfachbelastung**   Mitarbeiter bekommen von ihren Organisationen zu viele verschiedenartige Aufgaben übertragen, wodurch sowohl Mitarbeitende wie auch Unternehmen einen klaren Fokus und eine zielgerichtete Abstimmung verlieren.
3. **Veränderungen als Dauerzustand**   Ständige »Change«-Prozesse ohne Erholungsphasen kosten viel Energie und werden zur Dauerbelastung, wodurch Mitarbeitende ihre Leistungsfähigkeit verlieren und die Produktivität sowie die Arbeitsqualität sinken.

Die psychischen Symptome und Erkrankungen führen letztendlich nicht nur zu einem mentalen »Burn-out«, sondern auch zu körperlichen Schwächen und Krankheiten. Zunächst führt die psychische Instabilität und Unausgeglichenheit zu einer höheren Krankheitsanfälligkeit. Darüber hinaus können aber auch chronische physische Krankheiten, wie zum Beispiel Herz-Kreislauf Beschwerden, Kopf-, Rücken-und Nackenschmerzen, Allergien, Diabetes und vieles mehr durch psychische Belastungen und Erkrankungen bedingt werden. In einem Unternehmen sollte man sich daher immer bewusst sein, welchem Stress man seine Mitarbeiter aussetzt und wie sich dieser auf deren mentale und körperliche Gesundheit auswirken kann. Aber auch das Gegenteil findet man an in manchen Unternehmen vor: Gelangweilte Mitarbeiter, die aufgrund fehlender adäquater Herausforderungen (Qualität, Quantität, Breite, Tiefe des Fokus) oder mono-repetitiver Arbeiten ihr Potenzial nicht abrufen und ihre eigentliche Leistungsfähigkeit nicht in Leistung umsetzen können. Man spricht dann von »Bore-out«. Auch in solchen

Fällen sind sinkende Mitarbeiterzufriedenheit, -motivation, -produktivität und Arbeitsqualität die unausweichlichen Folgen.

Um Sie dabei zu unterstützen, das Burn-out-Risiko bei Ihren Mitarbeitern frühzeitig zu erkennen, zeigt die folgende Beschreibung den Verlauf eines Burn-out-Falls nach Freudenberger & North (2008). Abbildung 21 illustriert die 12 Phasen eines Burn-outs grafisch. Die Phasen können im realen Ablauf auch ineinander übergehen, sich überlappen oder in anderer Reihenfolge auftreten.

1. Die Mitarbeiterin engagiert sich am Arbeitsplatz überdurchschnittlich und stellt sehr hohe Erwartungen an sich selbst.

2. Sie übernimmt zusätzliche Aufgaben, arbeitet auch an freien Tagen und Wochenenden. Sie hält sich für unentbehrlich für die Organisation und nimmt auch unbezahlte Überstunden, um alle Aufgaben möglichst schnell und gut zu bearbeiten. Sie delegiert keine Aufgaben und entwickelt einen perfektionistischen Zwang.

3. Die Mitarbeiterin achtet nun nicht mehr so sehr auf ihre eigenen Bedürfnisse, sie leidet unter Schlafstörungen und konsumiert übermäßig Kaffee und/oder Zigaretten. Pausen und Erholung werden als zweitrangig angesehen.

4. Verfehlte Ziele, Ungenauigkeiten und das Nichteinhalten von Terminen machen offensichtlich, dass die Mitarbeiterin Probleme hat. Sie zieht sich zurück und geht auch ihren Freizeitaktivitäten nicht mehr nach.

5. Die Mitarbeiterin wirkt desorientiert, ihr einziger Fokus liegt auf den aktuellen Aufgaben. Sie entwickelt private Probleme, meidet Freunde, entwickelt Aufmerksamkeitsstörungen und wirkt abgestumpft.

6. Innere Kündigung – die Mitarbeiterin geht nicht mehr gerne zur Arbeit, sie fehlt häufiger und fühlt sich und ihre Leistung nicht anerkannt. Sie wird zynisch, gesteht sich ihre Probleme selbst aber nicht ein.

7. Hoffnungs- und orientierungslos zieht sich die Mitarbeiterin zurück. Sie ist offensichtlich kaum noch leistungsfähig und zeigt auch körperliche Erkrankungen, wie Bluthochdruck oder Gewichtsveränderung.

8. Nun werden klare Verhaltensänderungen offensichtlich, die Mitarbeiterin reagiert gereizt auf Kollegen und Führungskräfte, macht höchstens Dienst nach Vorschrift und wirkt sozial komplett abgestumpft.

9. Inzwischen hat sich die Mitarbeiterin selbst verloren, sie fühlt sich innerlich leer und funktioniert im Beruf eher automatisch. Eigene Bedürfnisse erkennt sie gar nicht mehr, dies ist die Phase der Depersonalisation.

10. Die Mitarbeiterin findet nun keine Befriedigung, trotz teilweise exzessiven Verhaltens. Sie entwickelt Phobien, leidet an Panikattacken und meidet jeglichen sozialen Kontakt. Mit ihrem Leben ist sie schon lange nicht mehr zufrieden.

11. Depression und komplette Kraftlosigkeit führen nun zu einem erhöhten Schlafbedarf und zu grundlegender existenzieller Verzweiflung.
12. Körperlich ist sie nun enorm geschwächt, geistig und emotional komplett erschöpft. In dieser letzten Phase besteht auch eine erhöhte Selbstmordgefahr.

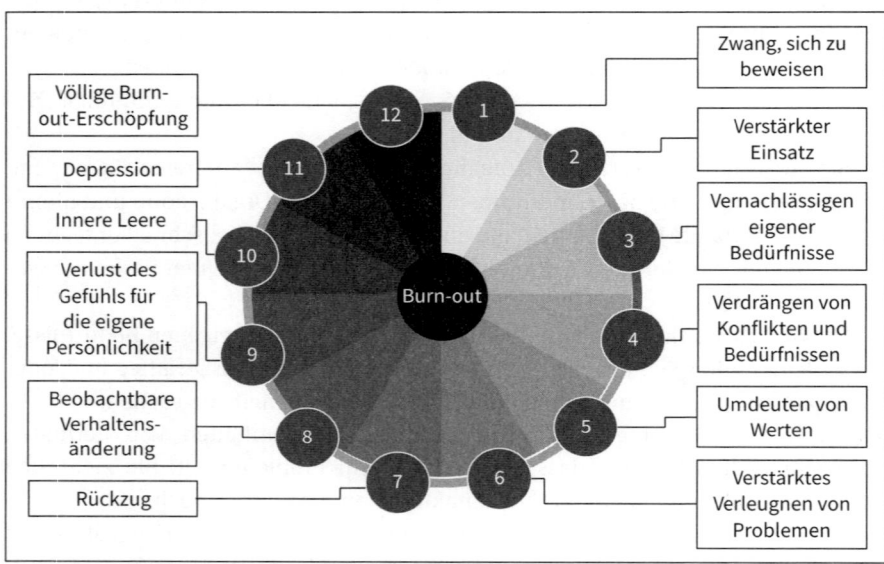

**Abb. 21:** 12-Phasen Modell eines Burn-outs nach Freudenberger & North, 2008

Als Führungskraft, Kollege, aber auch als Privatperson ist es daher Ihre Aufgabe, Symptome frühzeitig zu erkennen, ein offenes Gespräch zu initiieren und kurzfristige Verbesserungskonzepte zur Symptomlinderung zu initiieren sowie eine nachhaltige und langfristige Lösung zur Ursachenvermeidung zu erarbeiten. Im Praxisalltag wird sich zeigen, dass die ersten drei Phasen situativ auftreten können, stellt man allerdings ein chronisches Auftreten dieser Phasen fest, so ist eine Therapie oder eine Beratung zur Veränderung des Dauerzustandes dringend zu empfehlen.

Der Schaden, den man daher durch einen destruktiven Arbeitskontext oder durch unaufmerksame Mitarbeiterführung anrichten kann, ist irreparabel und lässt sich nicht nur an Motivations-, Leistungs- und Fluktuationsindikatoren, sondern auch an finanziellen Kennzahlen ablesen. So kostet zum Beispiel ein »Burnout«-Fall im Durchschnitt ein gesamtes Jahresgehalt.

Forscher gehen davon aus, dass demgegenüber der Nutzen für ein nachhaltiges Gesundheitsmanagement die Kosten bei weitem aufwiegt. Pro investiertem Euro kann man mit etwa drei Euro Ersparnis an Krankheitskosten aufgrund reduzierter Fehltage rechnen (Henke & Erhard, 2011; Pelletier, 2011). Eine Studie der

»Initiative Gesundheit & Arbeit« kommt zu ähnlichen Ergebnissen. Demnach zahlen sich Investitionen in Präventionsmaßnahmen deutlich aus, besonders, wenn Unternehmen überdurchschnittlich und intensiver als gesetzlich gefordert, im Bereich betrieblicher Gesundheitsförderung agieren. Pro investiertem Euro kann man laut dieser Studie mit 2,70 Euro Kostenersparnis aufgrund geringerer Fehlzeiten rechnen (AOK, 2015). Ihre Mitarbeiter und deren Gesundheit zu fördern, ist daher eine betriebswirtschaftlich nachhaltige und sinnvolle Investition in Ihr Unternehmen.

Wichtige Kennzahlen, um die Gesundheit Ihrer Mitarbeiter messbar machen und überprüfen zu können, sind beispielsweise Krankenstand, Fehlzeiten sowie Arbeitsunfälle, Gesundheitsmanagement-Budget pro Mitarbeiter oder Zufriedenheit mit den Gesundheits-, Schulungs- und Beratungsangeboten der Organisation. Dies sind klassische Indikatoren des betrieblichen Gesundheitsmanagements. Allerdings müssen darüber hinaus noch weitere Kennzahlen analysiert werden, um einen vertieften Einblick in den tatsächlichen mentalen und körperlichen Gesundheitszustand Ihrer Belegschaft zu erhalten. Der Mitarbeiterzufriedenheitsindex sollte gesundheitliche Fragestellungen enthalten und so einen ersten Überblick verschaffen. Auch die Mitarbeiterfluktuation kann in vielen Fällen mit gesundheitlichen Symptomen wie Stress oder emotionaler Erschöpfung zusammenhängen. Darüber hinaus kann man die Leistungsfähigkeit von Mitarbeitern über den »Work Ability Index« (WAI) als essenzielle Kennzahl nutzen. Dieser fragt in sieben kurzen Abschnitten nach der psychischen und physischen Arbeitsfähigkeit und kann wertvolle Anhaltspunkte als Basis für entsprechende Maßnahmen enthalten. Weitere Kennzahlen, wie ein Indikator für Präsentismus, also für Mitarbeiter, die am Arbeitsplatz erscheinen, ohne eigentlich leistungsfähig zu sein, oder ein Indikator für die psychische Gesundheit von Mitarbeitern, geben weitere Aufschlüsse darüber, wie es Ihren Mitarbeiter und Kollegen tatsächlich geht. Auch die Fragestellung nach der Vereinbarung von Beruf und Familie gibt Aufschluss über mögliche Ursachen für präsente Symptome.

In Abbildung 22 wird übersichtlich aufgezeigt, welche Ursachen in Organisationen zu welchen Symptomen und Syndromen führen und welche Folgen diese wiederum auf den Mitarbeiter und die Gesamtorganisation haben können. Im Arbeitsalltag werden die einzelnen Ursachen möglicherweise nicht immer klar und eindeutig erkennbar und zuzuordnen sein, doch eine systemische Denkweise, eine gute Beobachtungsgabe und offene Gespräche sowie Evaluationen und Feedbacks werden Hinweise auf Ursachen- und Symptomkomplexe geben. Wie in Abbildung 22 zu sehen ist, funktioniert die Abhängigkeit zwischen Ursache, Symptom und Konsequenz wie ein sich selbst verstärkender Teufelskreis. Die negativen Folgen der Symptome werden die Ursachen weiter fördern und verstärken. Es ergibt sich also eine Negativspirale, die eine Organisation ihrer gesamten

Energie und Leistungsfähigkeit berauben kann und die tatsächlich in vielen Unternehmen weltweit zu beobachten ist. Um die destruktiven Folgen der psychischen Symptome nachhaltig zu verhindern, bedarf es einer Ursachenidentifizierung und -vermeidung.

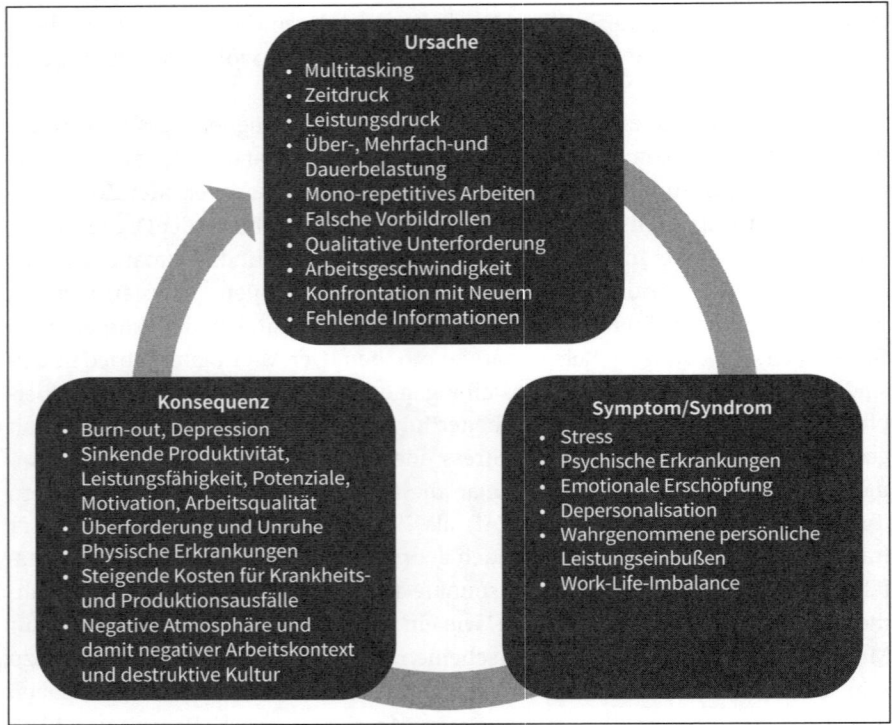

**Abb. 22:** Ursachen und Konsequenzen von psychischen Symptomen (eigene Darstellung)

Um eine tatsächliche Analyse des Gesundheitszustandes Ihres gesamten Unternehmens zu erhalten, bietet sich ein Gesundheitscheck an. In diesem sowie in den folgenden Abschnitten werden beispielhaft einige Fragen aus dem Reflect GO Gesundheits-Check©** genannt, einem bewährten und praxiserprobten Instrument, das wir zu Organisationsdiagnosen verwenden. Dieser kann Sie dabei unterstützen, die jeweiligen Dimensionen Ihrer Organisation und deren Status quo kritisch zu reflektieren.

---

** Der GO Gesundheitscheck ist urheberrechtlich geschützt, https://www.reflect-beratung.de/instrumente.

**Auszug GO Gesundheits-Check Part 1: Mitarbeiter**

**Definition**

Die Mitarbeiter sind die Leistungsträger und Ausgangspunkt jeglicher Aktivität im Unternehmen. Sie schaffen die wesentliche Wertschöpfung, passen zueinander und zum Unternehmen.

**Fragen**

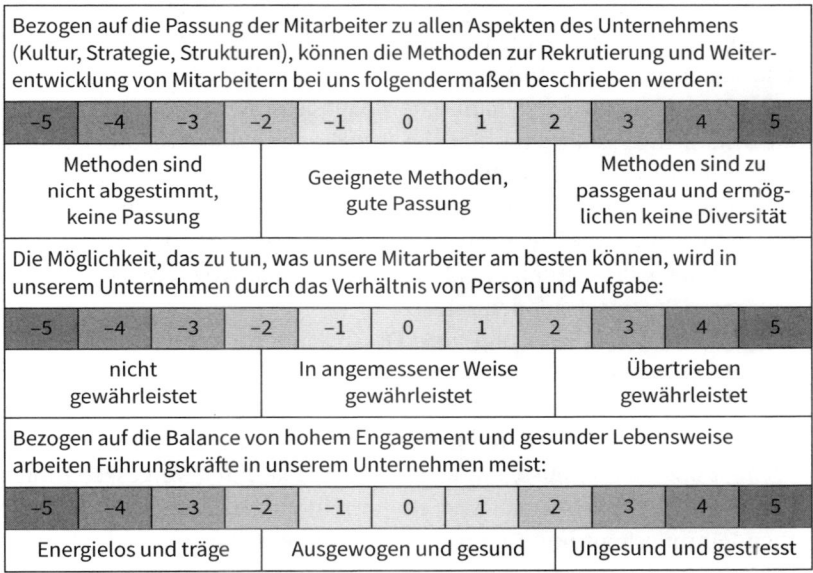

| Bezogen auf die Passung der Mitarbeiter zu allen Aspekten des Unternehmens (Kultur, Strategie, Strukturen), können die Methoden zur Rekrutierung und Weiterentwicklung von Mitarbeitern bei uns folgendermaßen beschrieben werden: | | | | | | | | | | |
|---|---|---|---|---|---|---|---|---|---|---|
| -5 | -4 | -3 | -2 | -1 | 0 | 1 | 2 | 3 | 4 | 5 |
| Methoden sind nicht abgestimmt, keine Passung | | | Geeignete Methoden, gute Passung | | | | Methoden sind zu passgenau und ermöglichen keine Diversität | | | |

| Die Möglichkeit, das zu tun, was unsere Mitarbeiter am besten können, wird in unserem Unternehmen durch das Verhältnis von Person und Aufgabe: | | | | | | | | | | |
|---|---|---|---|---|---|---|---|---|---|---|
| -5 | -4 | -3 | -2 | -1 | 0 | 1 | 2 | 3 | 4 | 5 |
| nicht gewährleistet | | | In angemessener Weise gewährleistet | | | | Übertrieben gewährleistet | | | |

| Bezogen auf die Balance von hohem Engagement und gesunder Lebensweise arbeiten Führungskräfte in unserem Unternehmen meist: | | | | | | | | | | |
|---|---|---|---|---|---|---|---|---|---|---|
| -5 | -4 | -3 | -2 | -1 | 0 | 1 | 2 | 3 | 4 | 5 |
| Energielos und träge | | | Ausgewogen und gesund | | | | Ungesund und gestresst | | | |

## 2.2.2 Beziehungen – überheblich oder unterwürfig?

Ihnen fällt bei Ihren Mitarbeitern oder verschiedenen Abteilungen häufiger ein egozentrisches Denkmuster, eine unfreundliche Kommunikation oder ein unkollegialer Umgang miteinander auf? Ihre Kollegen und Sie tun sich schwer, in Projekten positiv zusammenzuarbeiten? Ihre Mitarbeiter tauschen sich ausschließlich und kurz über Arbeitsinhalte aus, verbringen Ihre Pausen lieber alleine oder lästern übereinander? Dann haben Sie vermutlich Handlungsbedarf, die Beziehungen in Ihrem Unternehmen zu überdenken und positiver zu gestalten.

In vielen Organisationen herrschen unterwürfige, beziehungsweise überhebliche oder auch egozentrische Beziehungsdynamiken vor. Eine häufig vorkommende Ursache für Egozentrismus ist Silodenken. Mitarbeiter erhalten detaillierte Stellenbeschreibungen, die keinen Raum für dynamische Zusammenarbeit zulassen und durch die einzelne Abteilungen wie Silos nebeneinander, ohne Kommunikation und Zusammenarbeit, parallel existieren und funktionieren. Dies führt zu egozentrischen Denkmustern, in denen einzelne Mitarbeiter, Teams oder Abteilungen keine Wertschätzung für die Arbeit von anderen haben, keine Synergien erkennen und die eigene Arbeit als einzig wichtige Aufgabe im Unternehmen ansehen. Dieser Egozentrismus fördert überhebliche und arrogante Beziehungsdynamiken, wodurch innerhalb der Organisation eine Negativität im Miteinander entsteht, die desaströse Auswirkungen auf die Produktivität, Qualität und die Zukunftsfähigkeit des Unternehmens haben kann. Daher sind abteilungsübergreifende Zusammenarbeit, dynamische Rollenbeschreibungen und das Erkennen von Synergien grundlegend, um die Beziehungen unter Mitarbeitern und Führungskräften nachhaltig positiv zu stärken und das gesamte Unternehmen leistungsfähiger zu gestalten. Ein gewisser Grad an Konkurrenzdenken kann selbstverständlich in einigen Fällen förderlich wirken, doch wenn der interne Wettbewerb eine wichtigere Rolle einnimmt als der gemeinsame Wettbewerb nach außen hin, zerstören sich Organisationen selbst.

Auf der anderen Seite sind viele Organisationen weltweit immer noch stark hierarchisch geprägt. Dies kann zu unterwürfigen Beziehungen führen, in denen aus dem »Mitarbeiter« ein reiner »Arbeiter« wird, dem kritisches oder eigenständiges Denken und Reflektieren untersagt ist und der sich strikt an seine Stellenbeschreibung halten muss, um keine Sanktionen durch Vorgesetzte fürchten zu müssen. Wir sprechen dann von einem rein »transaktionalen« Verhältnis zwischen Führungskraft und Geführtem, in dem der Fokus nicht auf der Weiterentwicklung des Mitarbeiters liegt, sondern Führung anhand von Bestrafungs- und Belohnungssystemen funktioniert. Diese Art von Führung unterbindet Kreativität und Ehrgeiz, vermindert die Leistungsfähigkeit und verstärkt psychische Symptome des Geführten. Daher wird aktuell häufig ein »transformationales« Führungsverhältnis empfohlen, in dem sich der Mitarbeiter mit Unterstützung der Führungskraft weiterentwickeln und sein Potenzial im Unternehmen genutzt werden kann. Im besten Falle sind Beziehungen im Unternehmen auf Augenhöhe, fair, respektvoll und bieten Freiheiten für dynamische und kreative Zusammenarbeit, unabhängig von der hierarchischen Ebene.

Auch Beziehungen können über Kennzahlen besser verständlich und analysierbar gemacht werden. In Mitarbeiterbefragungen sollte deshalb auf die Leistungs- und Interaktionsqualität eingegangen sowie die Qualität der Beziehungen zu Führungskräften, wie auch zu Geführten und Kollegen abgefragt werden.

Diese Beziehungsqualität kann sich aus Faktoren wie Vertrauen, Zufriedenheit, Loyalität, Anerkennung, Respekt, Fairness und »Commitment« sowie Eskalation von Konflikten zusammensetzen. Beziehungs-Kennzahlen können als wichtige Grundlage für Verbesserungsmaßnahmen genutzt werden. Sie geben ein authentisches Bild über den tatsächlich Stand der Beziehungsqualität in Ihrem Unternehmen wieder. Auch Beziehungen zu Kunden, Lieferanten und Geschäftspartnern können über Befragungen in den Beziehungsindex miteinfließen, da sie ein komplementäres Bild zur grundlegenden Gestaltung und Interpretation von Beziehungen innerhalb der Organisation ermöglichen.

**Auszug GO Gesundheits-Check Part 2: Beziehungen**

**Definition**
Beziehungen beschreiben die Art und Weise, wie die Kommunikation sowohl im Unternehmen als auch in den Schnittstellen nach außen abläuft. Die Beziehungen sind Teil der Kommunikationskultur, sie sind in den Kommunikationsstrukturen ablesbar und werden durch Kommunikationsprozesse geregelt. Hierbei sind formelle und informelle Beziehungsnetzwerke zu berücksichtigen.

**Fragen**

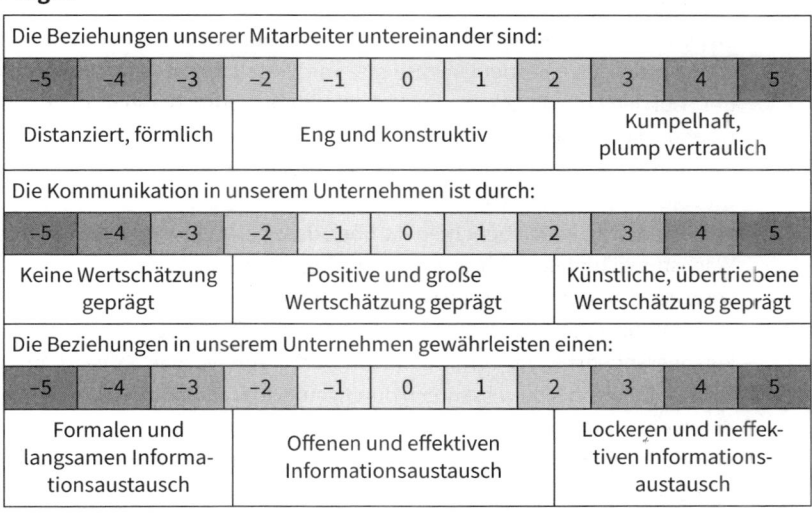

| Die Beziehungen unserer Mitarbeiter untereinander sind: | | | | | | | | | | |
|---|---|---|---|---|---|---|---|---|---|---|
| –5 | –4 | –3 | –2 | –1 | 0 | 1 | 2 | 3 | 4 | 5 |
| Distanziert, förmlich | | | Eng und konstruktiv | | | | Kumpelhaft, plump vertraulich | | | |

| Die Kommunikation in unserem Unternehmen ist durch: | | | | | | | | | | |
|---|---|---|---|---|---|---|---|---|---|---|
| –5 | –4 | –3 | –2 | –1 | 0 | 1 | 2 | 3 | 4 | 5 |
| Keine Wertschätzung geprägt | | | Positive und große Wertschätzung geprägt | | | | Künstliche, übertriebene Wertschätzung geprägt | | | |

| Die Beziehungen in unserem Unternehmen gewährleisten einen: | | | | | | | | | | |
|---|---|---|---|---|---|---|---|---|---|---|
| –5 | –4 | –3 | –2 | –1 | 0 | 1 | 2 | 3 | 4 | 5 |
| Formalen und langsamen Informationsaustausch | | | Offenen und effektiven Informationsaustausch | | | | Lockeren und ineffektiven Informationsaustausch | | | |

## 2.2.3   Kultur – egozentrisch oder altruistisch?

Haben Sie das Gefühl, die Kultur in Ihrer Organisation ist relativ träge und konservativ, uninspiriert und energielos? Legen Ihre Mitarbeiter großen Wert auf Stabilität und verhindern Veränderung? Oder ist Ihre Unternehmenskultur sehr aktionistisch und kommt nie zur Ruhe? Fördert sie Egozentrismus oder ist sie vielleicht sogar altruistisch, sodass sich Ihre Mitarbeiter für das Unternehmen aufopfern und das organisationale Wohl vor ihr Eigenes stellen? In jedem dieser Fälle würde die Kultur in Ihrem Unternehmen falsche Anreize setzen und ungesunde Denkweisen fördern.

Eine Unternehmenskultur dient als grundlegende Orientierung für die Gesamtorganisation und setzt die Rahmenbedingungen für das Mitarbeiterverhalten, die interne und externe Kommunikation, zwischenmenschliche Beziehungen, Hierarchien, Denkweisen sowie kurz- und langfristige Ziele und Strategien eines Unternehmens. Daher spielt organisationale Kultur eine essenzielle Rolle in der Arbeitsweise, Ausrichtung und Leistung jedes Unternehmens und bedarf einer besonders hohen Aufmerksamkeit durch Führungskräfte. Was eine »destruktive« Unternehmenskultur bewirken kann, zeigt das Beispiel VW.

---

**AUS DER PRAXIS – FÜR DIE PRAXIS**

Wie bereits im ersten Kapitel, werfen wir auch hier wieder einen Blick auf den VW-Skandal 2015, bei dem Abgaswerte von Dieselfahrzeugen manipuliert wurden. Auf den ersten Blick erscheint die Verbindung des Skandals mit der Organisationskultur vielleicht willkürlich, doch bei genauerem Hinsehen zeigt sich, dass die aktive Manipulation auch Folge einer destruktiven Unternehmenskultur war.

Verschiedene Quellen berichten darüber, dass bei Volkswagen ein enormer Wachstums- und Kostendruck vorherrschte, der die Unternehmenskultur entsprechend negativ prägte. So ist die Rede von einer »militärischen Unternehmenskultur« (Zeit Online, 2015), in der kritisches Denken unterbunden und Eigenverantwortlichkeit und Teamwork verhindert wurden. Es verwundert deshalb nicht, wenn eine wissentlich durchgeführte Manipulation von Messwerten durch Mitarbeiter ohne große Widerreden umgesetzt wurde. In einer solchen Angstkultur mit starken Hierarchien und konservativer Führung ist ein ethisches Fehlverhalten von Führenden und Mitarbeitern deutlich wahrscheinlicher als in einer gemeinschaftlichen, innovativen und kritisch denkenden Unternehmenskultur.

Zum einen müssten hier die Mitarbeiter selbst reagieren, sich gegen unethisches Verhalten wehren, unethische Vorgaben dem Betriebsrat melden und in letzter Konsequenz das Unternehmen verlassen. Selbstverantwortung, konsequente Reaktionen und das moralische Selbstverständnis von Mitarbeitern spielen eine wichtige Rolle in der Prävention solcher Krisen. Auch der niedersächsische Ministerpräsident forderte entsprechend mehr Rückgrat von den Mitarbeitern (Zeit Online, 2015). Das ist einerseits richtig, andererseits natürlich leichter gesagt als getan. Man sollte nicht vergessen, dass alle Organisationsmitglieder Teil der Unternehmenskultur sind, mit deren Prinzipien und Ideologie jahrelang gearbeitet haben und ihr Verhalten an das in der Kultur übliche Verhaltensmuster natürlicherweise angepasst haben. Das zeigt auch, dass Führungskräfte in der Verantwortung stehen, die Unternehmenskultur zu gestalten, falls notwendig zu verändern und somit ein kollektives, ethisches Fehlverhalten zu verhindern.

Geht man, wie Schein (2004), davon aus, dass sich Unternehmenskulturen aus grundlegenden Annahmen, gemeinsamen Werten und allgemein anerkannten Artefakten, wie zum Beispiel Symbolen und Erzählungen, zusammensetzen, wird schnell klar, dass Unternehmenskulturen tief und implizit in ihren Organisationen verankert und daher nur schwer veränderbar sind. Dennoch können wir davon ausgehen, dass Führungskräfte durch ihr Verhalten und ihre Kommunikation einen Einfluss auf die Unternehmenskultur ausüben und diese gesund gestalten können. Die folgenden Einflussmechanismen haben Führungskräfte laut Schein (2004), um organisationale Kulturen zu prägen oder zu verändern:

- Die Prioritäten und Dinge, auf die Führungskräfte besonders achten und die sie regelmäßig kontrollieren
- Die Art und Weise, in der Führende auf Herausforderungen und Krisen reagieren
- Die Art und Weise, wie Führende Ressourcen verteilen und Belohnungen vergeben
- Die Art und Weise, in der Führende rekrutieren, selektieren und befördern
- Die Gestaltung der Organisationsstruktur, der Systeme und Prozesse
- Die Gestaltung von organisationalen Traditionen und Ritualen
- Die Gestaltung von Räumen, Büros und Gebäuden
- Die Erzählung von wichtigen Unternehmensgeschichten und von prägenden Personen
- Das Verfassen einer Unternehmensphilosophie und -verfassung

In diesem Zusammenhang möchten wir auf das Konzept der »organisationalen Energie« eingehen, ein interessanter Blickwinkel auf Unternehmenskulturen, welcher den Fokus auf die Qualität und Intensität von Energie in Organisationen legt. Laut Bruch und Vogel (2009) ist organisationale Energie »die Kraft, mit der ein

Unternehmen zielgerichtet Dinge bewegt« (Bruch & Vogel, 2009, S. 29). Bruch und Ghoshal (2003) erklären, dass man organisationale Energie nach Intensität und Qualität in vier verschiedene Energiezonen unterscheiden kann: Resignation, Komfort, Aggression und Leidenschaft (vgl. Abb. 23). In Klammern angegeben sind die Eigenschaften dieser Energiezonen. Die erfolgreichsten Unternehmen verfügen entweder über korrosive oder über produktive Energie, also über eine hohe Intensität. Unternehmen in der Komfortzone orientieren sich oftmals zu stark an ihrer eigenen Vergangenheit, während Organisationen in der Resignationszone nur noch träge agieren und kaum wettbewerbsfähig sind (Bruch & Ghoshal, 2003).

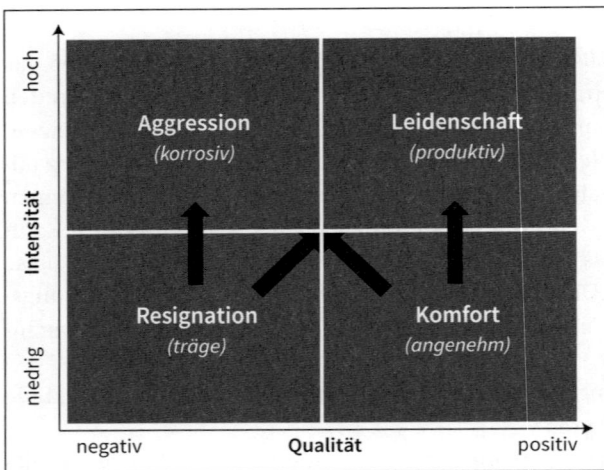

**Abb. 23:** Matrix organisationaler Energie (in Anlehnung an Bruch & Ghoshal, 2003)

Tatsächlich befinden sich viele Unternehmen in Deutschland in einer der beiden weniger intensiven Energiezonen. So herrscht in einigen Fällen konservativer Starrsinn, begründet durch eine grundlegende Angst gegenüber Neuerungen und Änderungen. »So haben wir das schon immer gemacht« ist die typische Aussage oder Denke von Führungskräften und Mitarbeitern, die die Zeichen der Veränderung ignorieren oder einfach nicht erkennen. Aus diesen Gewohnheitsmustern kann häufig eine träge Gesamtkultur entstehen, die das Unternehmen im globalen Wettbewerb lähmt und unfähig macht, proaktiv zu handeln oder sich zumindest dem Wandel anzupassen. Ähnlich unflexibel agieren Unternehmen in der Komfortzone. Die charaktergebende und strategiebildende Kultur basiert hier auf einer Art von Gemütlichkeit, einer angenehmen Atmosphäre der gegenseitigen Wertschätzung und großer Akzeptanz. Doch nur, da die Beziehungen positiv sind, heißt nicht, dass die Organisation produktiv, agil und innovativ ist. Das Alteingesessene scheint in diesen Fällen oftmals viel zu angenehm, um sich zu bewegen und zu verändern.

Um Unternehmen aus der Resignations- und Komfortzone einen Energieschub zu verleihen, empfehlen Bruch und Ghoshal (2003) entweder eine aggressive Intervention, die auf Disziplin, Schnelligkeit und Entschiedenheit setzt und bei der das Unternehmen gemeinsam gegen eine drohende Gefahr kämpft, oder eine Strategie der Begeisterung und des Enthusiasmus, die auf der Erreichung eines gemeinsamen und großen Ziels basiert.

Im besten Falle sollte eine Unternehmenskultur daher über eine hohe positive Energie verfügen, auf gemeinschaftlichen Werten und Annahmen basieren und sich in den Führungsbeziehungen widerspiegeln. Eine gemeinschaftliche Kultur, die weder zu Egozentrismus noch zu Altruismus tendiert, wird letztendlich einen nachhaltigen Unternehmenserfolg bedingen, die Arbeitgeberattraktivität steigern und die Fluktuation verringern. Außerdem führt eine gesunde und positive organisationale Kultur zu einer höheren Leistungsfähigkeit und tatsächlicher Leistung, sodass die eigenen Potenziale der Mitarbeiter und Teams optimal entfaltet werden können.

Die Art von Kultur sowie organisationaler Energie sind messbar, denn in der Befragung von Führenden und Mitarbeitern kann vieles über deren Qualität erkannt und Kennzahlen gebildet werden. Mitarbeiter können durch Fragen zu Fehlertoleranz, Machtdistanz, Entscheidungsfreiheit, Normen, Werten, Symbolen und Konformität nach dem Charakter der Kultur befragt werden, woraus sich ein Kulturindex ergibt.

In Bezug auf organisationale Energie kann nach der Atmosphäre und deren Eigenschaften sowie deren Motivationspotenzial gefragt werden, um einen Indikator für die Qualität und Intensität der Energie im Unternehmen zu erhalten. Auch die Fragen nach Konflikthäufigkeit und -intensität, Aggression, Trägheit, Respekt, Wertschätzung und weiteren Beziehungsindikatoren geben Aufschluss über die Art der vorherrschenden organisationalen Energie.

---

**Auszug GO Gesundheits-Check Part 3: Kultur**

**Definition**
Die Unternehmenskultur besteht aus den grundlegenden Annahmen über gültige Verhaltensweisen, ausformulierte Leitlinien und deren täglich sichtbare Ausprägungen. Die Gesamtkultur ergibt sich unter anderem aus den verschiedenen Subkulturen im Unternehmen.

**Fragen**

| Die Grundwerte des täglichen Miteinanders werden in Gesprächen: | | | | | | | | | | |
|---|---|---|---|---|---|---|---|---|---|---|
| –5 | –4 | –3 | –2 | –1 | 0 | 1 | 2 | 3 | 4 | 5 |
| Nicht thematisiert und spielen keine Rolle | | | | Konstruktiv thematisiert | | | | Zu stark in den Vordergrund gerückt | | |

| Die einzelnen Subkulturen (Lern-, Fehler-, Kommunikationskultur etc.): | | | | | | | | | | |
|---|---|---|---|---|---|---|---|---|---|---|
| –5 | –4 | –3 | –2 | –1 | 0 | 1 | 2 | 3 | 4 | 5 |
| Stehen parallel zueinander und sind konfliktär | | | | Greifen ineinander und ermöglichen ein produktives Miteinander | | | | Sind ineinander verstrickt und widersprüchlich | | |

| Eine Sanktionierung von inakzeptablem Verhalten wird in unserem Unternehmen: | | | | | | | | | | |
|---|---|---|---|---|---|---|---|---|---|---|
| –5 | –4 | –3 | –2 | –1 | 0 | 1 | 2 | 3 | 4 | 5 |
| Nicht vorgenommen | | | | Ausgewogen vorgenommen | | | | Übertrieben vorgenommen | | |

## 2.2.4   Prozesse – aufgedunsen oder mager?

Wie gestaltet Ihr Unternehmen Prozesse? Sind diese klar formuliert und eindeutig in ihren Vorgaben und ihrer Zielsetzung? Oder herrscht Unsicherheit im Umgang mit Prozessplänen und -beschreibungen? Fehlt es bei wichtigen und regelmäßigen Abläufen immer wieder an Orientierung? Fehlen Ihnen nach Jahren des »Lean Management« und der kontinuierlichen Verbesserung (KVP) manchmal einfach die Ressourcen, Ihre Arbeit qualitativ gut durchführen zu können? Verstauben Ihre Prozessbeschreibungen in einer Schublade, weil sich sowieso niemand daranhält? Oder sind Ihre Prozesse so aufgedunsen, dass Ihnen als Mitarbeiter eigentlich überhaupt keine Entscheidungs- und Bewegungsfreiheit mehr bleibt und Sie strikt nach Ablaufplan arbeiten müssen?

Prozesse definieren die Abläufe in der Organisation und nehmen daher eine essenzielle Rolle im Unternehmensalltag ein, da sie Orientierung und Klarheit geben sollen sowie jeden Mitarbeiter betreffen. Sind sie sinnvoll gestaltet, führen sie zu einer höheren Effizienz und Effektivität. Tatsächlich sind Abläufe in Unternehmen oft ein Diskussionspunkt, da sie entweder zu mager oder zu aufgedunsen gestaltet und beschrieben werden.

Um effizient und möglichst kostengünstig produzieren zu können, sind manche Prozesse in Unternehmen so schlank geworden, dass die Qualität darunter leidet (s. die millionenfachen Rückrufaktionen in der Automobilindustrie) oder

Schnittstellen nicht mehr funktionieren (bspw. durch Auslagerung von IT-Prozessen ins Ausland). Die zu Grunde liegenden Prozesse wirken oberflächlich schlank, weil sie tatsächlich kostengünstig sind, wenn sie funktionieren würden. Tatsächlich ergeben sich jedoch diverse Nachteile, die zum gegenteiligen Effekt führen: Die Produktion wird teurer, die Menschen sind stärker belastet durch komplizierte Vorgehensweisen und der Kunde – ob intern oder extern – unzufrieden. Diese Prozesse nennen wir mager, da sie zwar auf schlanke Strukturen abzielen, doch in ihrem minimalistischen Zwang nicht schlank, sondern dürr und nicht belastbar sind. Sie mögen am Reißbrett von Strategie-»Consultants« und Controllern funktionieren, scheinen aber nicht für die Lebenswirklichkeit von Menschen gemacht. Sie können ihr Potenzial zur Effizienz- und Effektivitätssteigerung nicht ausschöpfen. Ein zweites Phänomen von mageren Prozessen ist feststellbar: Oft fehlt es schlicht am »Wie?« in Bezug auf die Umsetzung, denn die Prozessbeschreibungen sind dürftig und die Zeit ist knapp, das operative Geschäft muss ja weiterhin laufen. Das führt zu Unsicherheit auf Mitarbeiterseite. So ist zwar der grundlegende Wille vorhanden, einen bestimmten Prozess umzusetzen, doch in seiner Formulierung und Zielsetzung ist dieser unklar. Unterm Strich kann der Zeitverlust hoch sein, da der eigentliche Prozess nicht praktisch anwendbar ist und dem Mitarbeiter keine Hilfestellung liefert. Damit bietet er zwar Interpretations- und Entscheidungsfreiheit, doch oftmals ist zu beobachten, dass magere Prozesse eher zu Überforderung und Desorientierung von Mitarbeitern beitragen. Da keine klaren Arbeitsabläufe, Ansprechpartner und Zeitvorgaben formuliert wurden, sind Angestellte und Führungskräfte auf sich selbst gestellt und haben am Ende ein höheres Arbeitsvolumen zu bewältigen als zu Beginn.

Aber auch das exakte Gegenteil kann man in Unternehmen finden: Wir nennen das »aufgedunsene« Prozesse. Solche Prozessstrukturen und -kulturen neigen zu übertriebener Regulation, geringer Entscheidungsfreiheit, niedriger Kreativität und eintöniger Arbeit. Häufig verspüren Führungskräfte einen Kontroll- und Regelzwang, aufgrund dessen sie jedem Ablauf im Unternehmen eine bis ins letzte Detail formulierte Prozessbeschreibung überstülpen. Die Nachteile sind offensichtlich: Die Kreativität, Entscheidungsfreude und kritische Denkweise der gesamten Organisation degeneriert. Sie beraubt sich ihrer Flexibilität und Agilität und nimmt sich so selbst einen Wettbewerbsvorteil, der besonders im heutigen Unternehmenskontext überlebenswichtig ist. Schlussendlich kann eine solch zwanghafte Regulierung durch Prozesstreue zum Untergang eines Unternehmens führen, da Potenziale und Leistungsfähigkeiten von Mitarbeitern und Teams ignoriert und unterbunden werden. Ein nachhaltiger Unternehmenserfolg auf Basis von Potenzialentfaltung ist in diesen Organisationen nicht möglich.

Magere oder aufgedunsene Prozesse werden sich am Ende mit hoher Wahrscheinlichkeit im Umsatz pro Mitarbeiter und der Anzahl an Innovationen im Vergleich mit Mitbewerbern widerspiegeln. Außerdem können Durchlauf- und Bearbeitungszeiten von Aufgaben oder Projekten sowie Kommunikationskennzahlen in die Bewertung von Prozessen einfließen. Darüber hinaus geben Kennzahlen wie Reklamationshäufigkeit oder fehlerhafte Produkte sowie die Materialausbeute und die Kostenstruktur der einzelnen Abläufe Auskunft über deren Qualität und Effizienz. Außerdem sollten Mitarbeiter in Befragungen um eine Einschätzung der Prozessstrukturen gebeten werden. Ihre Zufriedenheit mit der Ablauforganisation, dem Grad an Prozesstreue, der Flexibilität sowie der Effizienz und Effektivität von Prozessen ergibt einen Indikator, der eindeutiges »Feedback« über die Qualität der Prozessorganisation gibt. Mit agilen Projektmanagementmethoden, wie beispielsweise Scrum (Sutherland, 2015), lassen sich schnelle Produktivitätsverbesserungen erzielen, ohne dass dabei komplizierte oder extrem schlanke Prozesse notwendig wären. Impulse dazu werden wir Ihnen in Kap. 5 aufzeigen.

**Auszug GO Gesundheits-Check Part 4: Prozesse**

**Definition**
Prozesse beschreiben die Vorgehensweisen und Abläufe für vorgegebene und vorher definierte Geschäftsvorfälle, die notwendig sind, definierte Ziele zu erreichen.

**Fragen**

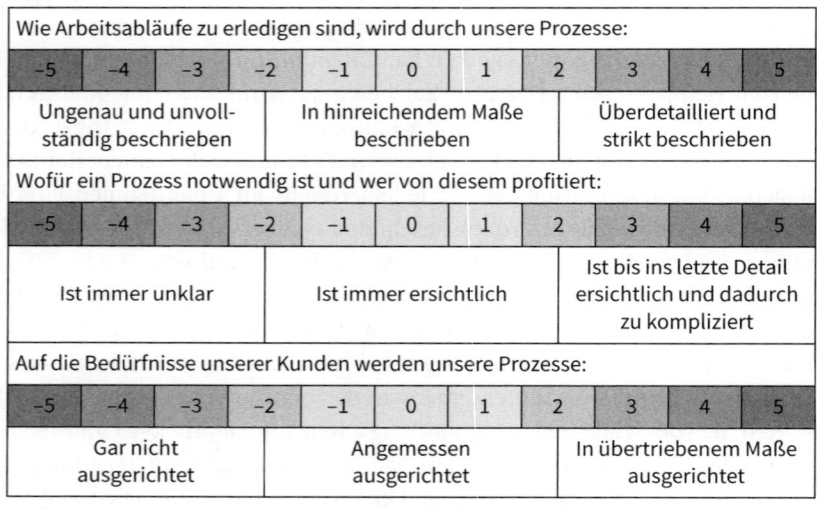

| Wie Arbeitsabläufe zu erledigen sind, wird durch unsere Prozesse: | | | | | | | | | | |
| --- | --- | --- | --- | --- | --- | --- | --- | --- | --- | --- |
| −5 | −4 | −3 | −2 | −1 | 0 | 1 | 2 | 3 | 4 | 5 |
| Ungenau und unvollständig beschrieben | | | In hinreichendem Maße beschrieben | | | | Überdetailliert und strikt beschrieben | | | |

| Wofür ein Prozess notwendig ist und wer von diesem profitiert: | | | | | | | | | | |
| --- | --- | --- | --- | --- | --- | --- | --- | --- | --- | --- |
| −5 | −4 | −3 | −2 | −1 | 0 | 1 | 2 | 3 | 4 | 5 |
| Ist immer unklar | | | Ist immer ersichtlich | | | | Ist bis ins letzte Detail ersichtlich und dadurch zu kompliziert | | | |

| Auf die Bedürfnisse unserer Kunden werden unsere Prozesse: | | | | | | | | | | |
| --- | --- | --- | --- | --- | --- | --- | --- | --- | --- | --- |
| −5 | −4 | −3 | −2 | −1 | 0 | 1 | 2 | 3 | 4 | 5 |
| Gar nicht ausgerichtet | | | Angemessen ausgerichtet | | | | In übertriebenem Maße ausgerichtet | | | |

## 2.2.5   Strukturen – starr oder lose?

Wie empfinden Sie die Struktur in Ihrer Organisation? Bietet diese den nötigen Freiraum für selbstgesteuertes Arbeiten, kritisches Denken, Feedback und Entscheidungsfreiheit? Bietet sie womöglich sogar zu viele Freiheiten, sodass Sie sich nicht immer über Zuständigkeiten, Rollen, Ansprechpartner und Kommunikationswege sicher sind? Oder herrschen in Ihrem Unternehmen hierarchische Strukturen mit formeller Führung, klaren Zuständigkeiten und wenig Mitarbeiterinitiative vor? Wird Ihre Organisation ausschließlich »top-down« geführt oder wird Mitarbeitern Verantwortung übertragen und Flexibilität gewährt?

Die Struktur eines Unternehmens beschreibt seinen Aufbau, seine Hierarchie und Zuständigkeiten und stellt damit das »Skelett« des Unternehmens dar, also den grundlegenden Aufbau der Organisation. Kränkelnde Organisationen zeichnen sich dabei oftmals durch zu lose oder zu starre Strukturen aus.

Lose Strukturen beschreiben einen Organisationsaufbau, der klare Rollenverteilungen, Zuständigkeiten und Hierarchien sowie Regelungen zu Kommunikationsrichtungen und -arten vermissen lässt. In einer lose strukturierten Organisation fehlt es an Orientierung und Klarheit. Oftmals ist dies in kleinen Unternehmen der Fall, doch auch größere Organisationen strukturieren sich teilweise zu lose. Entweder geschieht dies evolutionär und unbewusst, oder die Unternehmen planen gezielt, große Freiheiten und schwache Hierarchien zu bieten, um Kreativität und kritische Denkweisen zu fördern. Dabei widersprechen sich Strukturen und flache Hierarchien nicht automatisch. Denn auch in Organisationen mit flacher Hierarchie bedarf es einer Aufbaustruktur, die Rollen und Zuständigkeiten, Aufgabengebiete und Verantwortungsbereiche sowie Kommunikationsdynamiken und Entwicklungsmöglichkeiten zu Grunde legt. Eine lose Struktur kann daher zu Desorientierung, Unsicherheit, Redundanz, Diskussionen und Unzufriedenheit unter den Mitarbeitern führen. Sie verhindert oftmals zielführende Zusammenarbeit, optimale Leistungsfähigkeit und schließlich nachhaltigen Unternehmenserfolg.

Demgegenüber steht das Extrem starrer und hierarchischer Strukturen, die sich durch formelle und transaktionale Führung, geringe Freiheiten und eine hohe Machtdistanz auszeichnen. Sie verfügen über den Vorteil von kurzen Entscheidungsprozessen, klaren Abläufen und Zuständigkeiten sowie eindeutiger Kommunikation. Damit widersprechen sie allerdings jeder pluralistischen Kultur, in der kritisches und unabhängiges Denken die Kreativität von Mitarbeitern stimuliert, Angestellte durch Mitbestimmung einbezogen werden und sich Organisationsteilnehmer weiterentwickeln können. In Zeiten eines volatilen Unternehmensumfeldes können Unternehmen mit starren Strukturen oftmals nicht flexibel auf Veränderungen reagieren, geschweige denn durch eigene Innovation proaktiv agieren.

Im Folgenden führen wir einige Nachteile von typischen Unternehmensstrukturen auf, um Sie zur Modifizierung Ihrer möglicherweise starren oder losen organisationalen Struktur einzuladen und zu ermutigen.

1. **Funktionale Strukturen**   Unternehmen, die sich nach Funktionen (wie z. B. Produktion, Service, Finanzen etc.) aufteilen, leiden oftmals unter Silodenken, vermindern die Zusammenarbeit verschiedener Abteilungen und fördern Rivalitätsdenken. Außerdem liegt in funktionalen Strukturen die Verantwortung meist in den Händen der Unternehmensführung bzw. des Top-Managements. Demnach ist ein funktionaler Organisationsaufbau meist eher starr und eindimensional.

2. **Produktgruppenstrukturen**   Organisationen, die sich nach ihren einzelnen Produktlinien oder Dienstleistungen aufteilen, arbeiten häufig redundant, da identische Arbeiten in verschiedenen Abteilungen mehrfach erledigt werden. Damit verhindert eine Aufteilung nach Produktlinien in vielen Fällen eine synergetische Zusammenarbeit. Außerdem leiden diese Organisationen häufig unter einem hohen Bürokratie- und Verwaltungsaufwand sowie unter Rivalitätsdenken. Die Aufteilung nach Produktgruppen ist meistens weniger hierarchisch als eine funktionale Struktur und ermöglicht eine breitere Verteilung von Verantwortung.

3. **Geografische Strukturen**   Unternehmen, die sich nach geografischen Märkten aufteilen, leiden ebenfalls häufig unter Redundanz und hoher interner Rivalität. Diese Art der Aufteilung macht es mitunter schwer, eine gemeinschaftliche Unternehmensidentifikation und -kultur zu schaffen. Darüber hinaus benötigen geografisch strukturierte Organisationen häufig weitere hierarchische Ebenen.

4. **Matrix-Strukturen**   Einige Unternehmen kombinieren die oben genannten Ansätze und strukturieren sich nach gemeinsamen Charakteristika in verschiedenen Funktionen, Produktgruppen oder geografischen Märkten. Damit wird die Organisation zwar weniger starr, doch der Grad an Komplexität und Schnittstellenaufwand steigt enorm. Die Dauer von Entscheidungsprozessen wird in die Länge gezogen und Kompetenzen erscheinen häufig unklar oder redundant. Oftmals fehlen verantwortliche Ansprechpartner und bei Lösungsfindungen werden Kompromisse gemacht. Matrix-Strukturen vermindern damit die Agilität von Unternehmen.

Die Qualität von Organisationsstrukturen kann sich ebenfalls aus Kennzahlen ableiten lassen, die sich aus Mitarbeiterbefragungen ergeben. So kann zunächst nach der Zufriedenheit mit der organisationalen Struktur sowie der Klarheit von

Zuständigkeiten, Rollen und Ansprechpartnern gefragt werden. Des Weiteren sollten Mitarbeiter auch Kommunikationswege sowie deren Effizienz und Effektivität kritisch reflektieren und auf einer Skala bewerten. Weitere Fragen nach der Zufriedenheit mit Entscheidungsbefugnissen, Projektstrukturen, Restrukturierungen, dem Qualitätsmanagement, Hierarchien, dem organisationalem Aufbau sowie der Weitergabe von Wissen können weitere Aufschlüsse geben und sich in einer Kennzahl, wie zum Beispiel einem Struktur-Index, widerspiegeln.

---

**Auszug GO Gesundheits-Check Part 5: Strukturen**

**Definition**
Strukturen sind der Bauplan bzw. die Architektur des Unternehmens. Strukturen beinhalten dabei die Bausteine der Abläufe und Prozesse, ermöglichen also, basierend auf Strategie und Kultur, die Wertschöpfung.

**Fragen**

| Die Strukturen sind in unserem Unternehmen: | | | | | | | | | | |
|---|---|---|---|---|---|---|---|---|---|---|
| –5 | –4 | –3 | –2 | –1 | 0 | 1 | 2 | 3 | 4 | 5 |
| Unklar und lose definiert | | | | Klar definiert | | | | Bis ins letzte Detail definiert und starr | | |

| Unsere Strukturen sind an die Rahmenbedingungen: | | | | | | | | | | |
|---|---|---|---|---|---|---|---|---|---|---|
| –5 | –4 | –3 | –2 | –1 | 0 | 1 | 2 | 3 | 4 | 5 |
| Willkürlich angepasst | | | | Adaptiv angepasst | | | | Starr angepasst | | |

| Freiraum für selbstgesteuertes Arbeiten, kreatives Handeln und der Möglichkeit, Entscheidungen zu treffen, wird durch unsere Strukturen: | | | | | | | | | | |
|---|---|---|---|---|---|---|---|---|---|---|
| –5 | –4 | –3 | –2 | –1 | 0 | 1 | 2 | 3 | 4 | 5 |
| Nicht ermöglicht, da einengend, starr | | | | In angemessener Weise ermöglicht | | | | Prinzipiell ermöglicht, aber fehlende Orientierung | | |

---

## 2.2.6   Strategie – ausbeutend oder verschwenderisch?

Wie gesund ist die Strategie Ihres Unternehmens? Ist sie langfristig orientiert und eindeutig formuliert? Passt sie zu den grundlegenden Werten Ihrer Firma? Enthält sie eine inspirierende Vision, die das Unternehmen antreibt? Und ist sie bis auf jeden einzelnen Mitarbeiter heruntergebrochen, sodass jedes Organisationsmitglied versteht, wie er oder sie zum Erreichen der Vision beitragen kann? Oder ist Ihre Unternehmensstrategie kurzfristig ausgelegt und ändert sich regelmäßig wie das Fähnchen im Wind? Sind die grundlegenden Werte unklar? Ist die Vision weder verständlich noch greifbar oder womöglich purer Schein? Stimmt das eigentliche Handeln des Unternehmens mit der Kernstrategie und -vision überein? Wird als alleiniges Ziel Wachstum ausgegeben?

Tatsächlich kann man in vielen Kränkelnden Organisationen beobachten, wie ausbeutende oder verschwenderische Strategien das Unternehmen falsch ausrichten und es somit langfristig wettbewerbsunfähig machen.

Eine Strategie dient als langfristige Orientierung eines Unternehmens und basiert auf den Werten, der Vision und Mission, dem Leitbild oder dem Selbstverständnis, also den Grundsteinen einer jeden Organisation. Ihre Zielsetzung sollte sich im täglichen Handeln widerspiegeln und die gesamte Organisation langfristig verbessern und motivieren. Oftmals sieht man in der Praxis, dass strategische Entscheidungsträger sich mit der Formulierung und der kritischen Reflexion der eigenen Unternehmensstrategie schwertun. Die Lösung heißt deswegen häufig: Wachstum. Im Grunde ist Wachstum etwas Positives und sollte angestrebt werden, doch in vielen Organisationen herrscht noch immer der Grundsatz »Wachsen um jeden Preis«. Solche strategischen Ausrichtungen nennen wir ausbeutend, da sie auf Kosten der Mitarbeiter, der Beziehungen, Kultur, Prozesse, sozialer Verantwortung und der Natur den einzigen Fokus auf Gewinnmaximierung, beziehungsweise Unternehmenswachstum legen. Ausbeutende Strategien sind engstirnige, kurzfristig orientierte und unreflektierte Pseudo-Strategien, die mit einer nachhaltigen und wertebasierten strategischen Denkweise nichts zu tun haben. Weder werden interne und externe noch langfristige Konsequenzen bedacht. Daher zielen sie häufig an der Realität vorbei, orientieren sich nicht an ihrem Kontext und basieren auf dem selbst überschätzenden Planungsspiel von hochrangigen Entscheidern.

**AUS DER PRAXIS – FÜR DIE PRAXIS**

Eine ausbeutende Strategie konnte man in den letzten Jahren bei Volkswagen beobachten. Das Ziel, der größte Autohersteller der Welt zu werden, verstellte den Blick auf den eigentlichen Fokus des Unternehmens, »Das Auto« herzustellen, also ein qualitativ hochwertiges Fahrzeug für jedermann, basierend auf deutscher Ingenieurskunst. Die blinde Wachstumsstrategie mit der Vision, Toyota vom Thron des größten Fahrzeugfabrikanten zu stoßen, ist mit hoher Wahrscheinlichkeit auch für Abgasmanipulationen verantwortlich, folgt man den Aussagen von Mitarbeitern (Frankfurter Allgemeine, 2015). Ein hoher

Wachstumsdruck macht sich auch in Führungsverhältnissen und dem Verhalten aller Angestellten bemerkbar. Druck führt zu Unzufriedenheit, Überforderung und der Tendenz dazu, »Abkürzungen« zu nehmen. In diesem Fall bestand die »Abkürzung« daraus, die Abgaswerte zu manipulieren und so mehr Autos zu verkaufen, um weiter zu wachsen. Die Blindheit gegenüber internen und externen Symptomen sowie gegenüber der langfristigen Sinnhaftigkeit der Strategie wurde aufgrund von Starrsinn, Selbstüberschätzung und Wachstumsdruck verstärkt. Letztendlich muss man sich nicht wundern, dass die Strategie »Wachstum um jeden Preis« zu vielen Symptomen in jeder der Unternehmensdimensionen führt und die Gesundheit und Balance im Unternehmen stark darunter leiden.

Ein weiteres, sehr anschauliches Beispiel für eine ausbeutende Strategie, ist der derzeitige Trend zur Erdöl- und Erdgasförderung durch »Fracking«. Diese Methode garantiert eine relativ hohe Ausbeute und ist aufgrund der sinkenden Anzahl an konventionellen Erdölquellen für Ölkonzerne höchst relevant. Mithilfe von »Fracking« können unkonventionelle Erdölquellen wie zum Beispiel Ölsand ausgebeutet werden. Vor allem in den USA und Kanada führt diese neue Methode zu einem Anstieg der Erdölproduktion, aber auch zu einem Erdöl-Preisverfall. Rein wirtschaftlich gesehen ist das Fracking für den Umsatz der Erdölfirmen beider Länder positiv. Doch auch hier scheint der nötige Weitblick zu fehlen. Beim »Fracking« werden häufig Chemikalien und Biozide eingesetzt, die für Lebenswesen schädlich sind. Darüber hinaus besteht die Gefahr der Verseuchung von Trink- und Grundwasser und der Freisetzung von giftigen oder radioaktiven Tiefenwassern. Außerdem geht man davon aus, dass »Fracking« Erdbeben verursachen kann und Landschaften nachhaltig zerstört. Doch aufgrund kurzsichtiger und unsystemischer Denkweise, stufen Regierungen und Unternehmen den kurzfristigen Profit höher ein als die möglichen langfristigen Negativfolgen.

Ausbeutende Strategien können in der Praxis tatsächlich kurzfristigen Aufschwung verleihen und für ein enormes Wachstum sorgen. Doch über einen längeren Zeitraum hinweg, verbrauchen ausbeutende Strategien alle internen und externen sowie natürliche Ressourcen und lassen eine schwache und Kränkelnde Organisation zurück, der jegliche Energie und Orientierung fehlt, um langfristig erfolgreich zu sein. Häufig basieren ausbeutende Strategien darauf, natürliche Ressourcen, wie Wasser, Öl und Metalle möglichst kurzfristig gewinnbringend zu Geld zu machen, ohne langfristige Konsequenzen in Betracht zu ziehen. Strategien, die die Produktion eines Unternehmens in Billiglohnländer verschieben und dort weder die Gesundheit oder das Alter der Arbeiter noch die Arbeitszustände wie Sicherheit, Arbeitszeiten oder Entlohnung angemessen verantworten, definieren wir ebenfalls als ausbeutend. Wenn eine Strategie darauf beruht, den

Gewinn auf Kosten der eigenen Mitarbeiter, anderer »Stakeholder« oder der Umwelt zu maximieren, so denken die Unternehmensstrategen kurzfristig, verantwortungslos und profitorientiert. Sie gefährden damit den langfristigen Erfolg des Unternehmens sowie das Ansehen der eigenen Marke.

Demgegenüber sind die Strategien vieler anderer Unternehmen eher verschwenderisch orientiert. Unter verschwenderischen Strategien verstehen wir langfristige Ausrichtungen und Pläne, die allerdings leichtfertig mit Unternehmens- und natürlichen Ressourcen umgehen, diese nicht gezielt auf strategische Ziele bündeln und so durch die Verschwendung von Potenzialen, Geld, und Mitarbeitern sowie von Energie, Wasser und Rohstoffen ihre Vision verfehlen und unmoralisch agieren. In der westlichen Konsumgesellschaft, die ein Leben im Überfluss führt, ist Verschwendung allgegenwärtig. So verschwenden Unternehmen oftmals unnötig Arbeitsmaterialen, Energie und Wasser, achten nicht auf den Verbrauch von Ressourcen und unterstützen eine Unternehmenskultur der Verschwendung und des Überflusses. Teilweise verschwenden Unternehmen auch Unsummen an Geld für ineffiziente Prozesse, die aus reiner Gewohnheit oder aufgrund mangelnder Zeit nicht verbessert und effizient gestaltet werden. In vielen Unternehmen fallen extrem hohe Reisekosten an, ohne dass die Sinnhaftigkeit der Reisen tatsächlich kritisch hinterfragt und evaluiert wurde. Häufig passiert Verschwendung aus Gewohnheit und prägt die Denkweise von Führungskräften und Mitarbeitern. Dies wird auch häufig dadurch unterstützt, dass Angestellte durch eine Kultur der Verschwendung den Eindruck erhalten, mit Unternehmensressourcen freizügig umgehen zu können, da deren Einsparung nicht in ihrer Verantwortung liegt und deren Verbrauch keine persönlichen Kosten verursacht.

**AUS DER PRAXIS – FÜR DIE PRAXIS**

Entgegen aller Trends zu Nachhaltigkeit, Umweltbewusstsein und Gesundheit setzen viele Unternehmen falsche Anreizsysteme für Mitarbeiter, die eine Verschwendung von Unternehmensressourcen und natürlichen Rohstoffen zur Folge hat. Als anschauliches Beispiel hierfür dient die Bereitstellung eines Firmenwagens inklusive der Übernahme aller Tankkosten, und zwar unabhängig, ob diese aufgrund privater oder beruflicher Fahrten entstehen. Auf den ersten Blick erscheint dies sehr großzügig und mitarbeiterfreundlich, doch die weitreichenderen Konsequenzen zeigen, dass ein solcher Bonus Teil einer verschwenderischen Strategie ist. Anstatt die Nutzung alternativer Verkehrsmittel zu fördern, werden Unsummen für Tankkosten ausgegeben, die letztlich die Umweltbilanz belasten. Tatsächlich wären nachhaltigere Lösungen und Anreizsysteme nicht nur besser für die Umwelt, sondern häufig sogar günstiger.

Die Philosophie »Autofahren ohne Reue – der Arbeitgeber zahlt's« führt außerdem zu einer verschwenderischen und unkritischen Denkweise des Mitarbeiters. Dieser ist sich den Folgen seines überhöhten Spritverbrauchs zwar im Klaren, doch da der Arbeitgeber dies finanziell unterstützt, erscheint der Verzicht darauf persönlich nur wenig sinnvoll. Somit »degeneriert« der Mitarbeiter in seinem Bewusstsein für Nachhaltigkeit, was sich vermutlich auch in seiner Haltung gegenüber dem Unternehmen widerspiegeln wird.

Ein weiteres Beispiel für eine verschwenderische Strategie ist die exzessive Nutzung von Wasser in wasserarmen Gebieten. So wäre es bspw. in Kalifornien, das seit Jahren an Wasserknappheit leidet, an der Zeit, die Landwirtschaft zu verändern und vermehrt weniger wasserintensive Früchte und Gemüsesorten anzubauen. Oftmals bestehen aber keine Bestrafungssysteme für Verschwender oder Anreizsysteme für einen schonenden Umgang, weshalb diese auch nicht aus eigenem Antrieb ihre Strategien ändern.

Ebenso verschwenderisch ist oftmals der Umgang mit Mitarbeiterpotenzial im Unternehmen. Statt die eigenen Mitarbeiter möglichst gut zu entwickeln und sie in ihrer Potenzialentfaltung zu unterstützen, wird bei Neubesetzungen häufig eine kostspielige externe Rekrutierung durchgeführt, ohne das Potenzial von eigenen Mitarbeitern für diese Position zu berücksichtigen. In vielen Unternehmen werden Mitarbeiter teilweise »verheizt«, eine weitere Form der Verschwendung. So verschwenden Organisationen die Leistungsfähigkeit von Mitarbeitern, indem sie diesen einen ungenügenden Arbeitskontext bieten, strikt transaktionale Führungsverhältnisse etablieren oder durch schlechte Projekt- und Aufgabengestaltung Druck aufbauen. Wie bereits am Anfang dieses Kapitels erläutert, führt dies zu Stress und Überforderung und zu einer Abnahme der Leistungsfähigkeit.

Eine ausbeutende oder verschwenderische Strategie wird sich auf lange Sicht negativ in ökonomischen Kennzahlen wie Umsatz, »EBIT« oder Unternehmenswert niederschlagen. Sie zerstört nicht nur die interne Orientierung, Zielstrebigkeit, Motivation und das »Commitment«, sondern auch finanzielle Indikatoren und das Meinungsbild von Aktionären, Zulieferern, Kunden, Politikern und weiteren externen »Stakeholdern« und Institutionen. Dies geschieht auch durch das Verfehlen von Arbeits-, Sozial- und Umweltstandards, die aufgrund von ausbeuterischen und verschwenderischen Strategien außer Sichtweite geraten und nicht erreicht werden können. Demnach wirken sich sowohl ausbeutende sowie verschwenderische Strategien langfristig negativ auf die Arbeitgeberattraktivität und die Marke des Unternehmens aus.

**Auszug GO Gesundheits-Check Part 6: Strategie**

**Definition**

Die Strategie ist die Gesamtheit aller Aktivitäten im Unternehmen zur nachhaltigen Erreichung der langfristigen Ziele im Unternehmen. Die Strategie basiert auf dem Leitbild des Unternehmens, das Vision, Mission und Kernwerte beschreibt.

**Fragen**

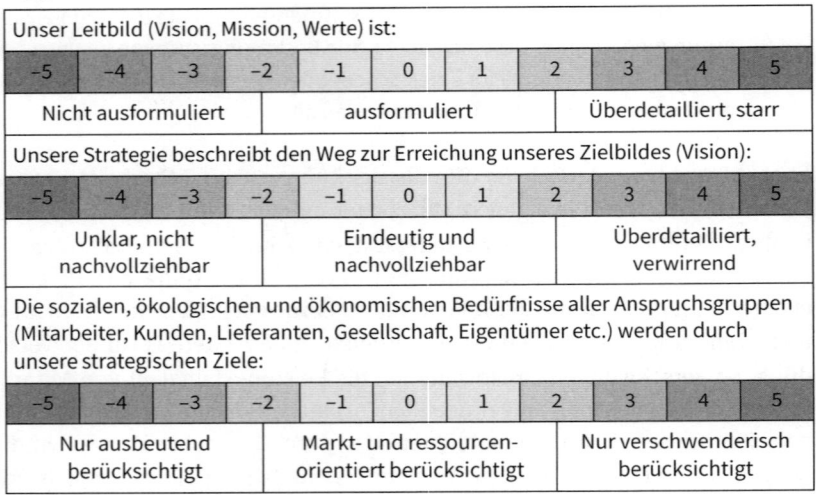

| Unser Leitbild (Vision, Mission, Werte) ist: | | | | | | | | | | |
|---|---|---|---|---|---|---|---|---|---|---|
| –5 | –4 | –3 | –2 | –1 | 0 | 1 | 2 | 3 | 4 | 5 |
| Nicht ausformuliert | | | | ausformuliert | | | | Überdetailliert, starr | | |

| Unsere Strategie beschreibt den Weg zur Erreichung unseres Zielbildes (Vision): | | | | | | | | | | |
|---|---|---|---|---|---|---|---|---|---|---|
| –5 | –4 | –3 | –2 | –1 | 0 | 1 | 2 | 3 | 4 | 5 |
| Unklar, nicht nachvollziehbar | | | | Eindeutig und nachvollziehbar | | | | Überdetailliert, verwirrend | | |

| Die sozialen, ökologischen und ökonomischen Bedürfnisse aller Anspruchsgruppen (Mitarbeiter, Kunden, Lieferanten, Gesellschaft, Eigentümer etc.) werden durch unsere strategischen Ziele: | | | | | | | | | | |
|---|---|---|---|---|---|---|---|---|---|---|
| –5 | –4 | –3 | –2 | –1 | 0 | 1 | 2 | 3 | 4 | 5 |
| Nur ausbeutend berücksichtigt | | | | Markt- und ressourcenorientiert berücksichtigt | | | | Nur verschwenderisch berücksichtigt | | |

## 2.2.7  »Kränkelnde« und »Kranke Organisationen« – Modelle zur Veranschaulichung

Dieses Kapitel hat die typischen Symptome einer Kränkelnden Organisation fokussiert und damit aufgezeigt, welche Schwachstellen in Unternehmen anzutreffen sind. In den meisten Organisationen treten selbstverständlich nicht alle Symptome gleichzeitig auf. Vielmehr haben Unternehmen oftmals Schwächen in einzelnen Teilbereichen. In diesem Falle sprechen wir von »Kränkelnden Organisationen«, da nicht die Gesamtorganisation, sondern nur einzelne Dimensionen betroffen sind (vgl. Abb. 24). Anhand der Metapher eines Organismus wird diese Logik deutlich. Menschen kränkeln hin und wieder und arbeiten dann nur eingeschränkt weiter. Sie müssen sich dann allerdings in Acht nehmen, sollten sich nicht überanstrengen und auf ihre Ernährung achten. Die Symptome können dann meist aus eigener Kraft kuriert werden. Der Organismus bringt sich selbst wieder in Balance. Wie zu Beginn dieses Kapitels bereits beschrieben, entspricht diese Fähigkeit, die eigene Gesundheit wieder auszugleichen, dem Konzept der Homöodynamik. Ein Symptom oder eine Ursache wird also mithilfe einer Gegenreaktion des Organismus bekämpft. Ähnliche Möglichkeiten bieten sich auch für Unternehmen. Oft sind diese mittelfristig sogar recht erfolgreich, sodass die Notwendigkeit, etwas zu verändern, nicht vorhanden ist. Wer rennt schon gleich zum Arzt, wenn er oder sie hin und wieder Rückenbeschwerden oder ein Unwohlsein verspürt? Wie der Organismus so kann sich auch die Organisation von solchen Symptomen erholen, beziehungsweise durch ihre homöodynamische Fähigkeit eine Gegenreaktion initiieren, um die gesundheitliche Balance wiederzufinden. In einigen Fällen ist das Auftreten von Symptomen daher auch ein positives Zeichen einer selbstgesteuerten Ausgleichsreaktion. Symptome können allerdings auch Phänomene einer tieferliegenden Krankheit sein, die schleunigst behandelt werden sollte.

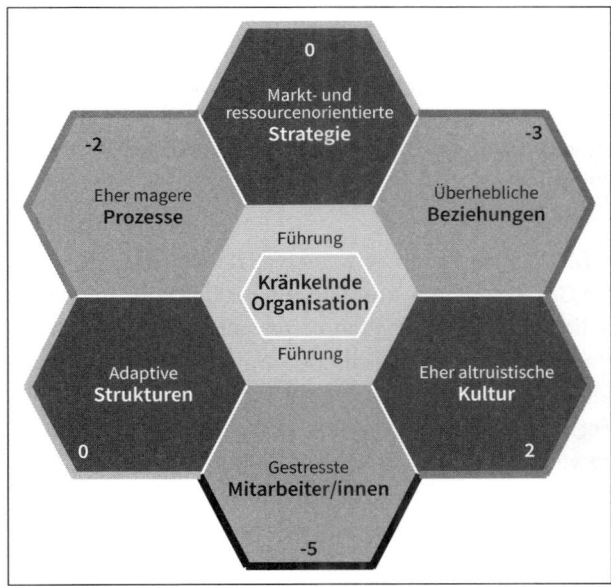

**Abb. 24:** Eine beispielhafte Kränkelnde Organisation (ohne Führungsdimensionen) (eigene Darstellung)

Die Darstellung einer Kränkelnden Organisation in Abbildung 24 zeigt ein Beispiel für eine solch Kränkelnde Organisation. Das Unternehmen hat in diesem Fall eine gesunde Strategie und adaptive Strukturen. Allerdings sind die Mitarbeiter im Dauerstress, worunter die Beziehungen leiden. Gründe hierfür können eventuell die mageren Prozesse sein oder auch die eher altruistische Kultur, in der sich die Mitarbeiter für ihre Organisation aufopfern.

Abbildung 24 liefert eine ganzheitliche Perspektive auf die Organisation. Die Darstellungsweise erlaubt sowohl einen Überblick über die Gesamtsituation wie auch einen Einblick in den Zustand der einzelnen Dimensionen. Die Dimensionen werden mit unterschiedlichen Zahlenwerten bemessen. Wir gehen davon aus, dass Balance einen meist optimalen Zustand für eine langfristig erfolgreiche Organisation darstellt. Schon frühere, organisationstheoretische Arbeiten, beispielsweise der »Contingency Approach« (Morgan, 1986), verfolgten Ansätze in dieser Richtung. Diese gingen jedoch von einem eher linearen Modell aus, das Kongruenz der einzelnen Subsysteme (wie Strategie, Technologie etc.) mit Effektivität und Inkongruenz mit Ineffektivität gleichsetzte.

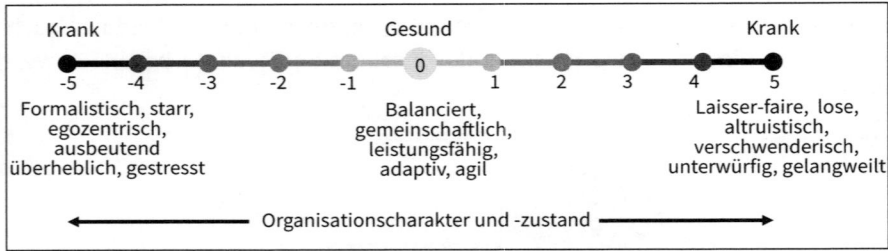

**Abb. 25:** Skala zur vereinfachten Messung von organisationaler Gesundheit und Balance (eigene Darstellung)

In dem hier entwickelten Modell verstehen wir unter Balance, dass einzelne Dimensionen, aber auch die Gesamtorganisation und die Art der Führung weder zu sehr in die eine noch in die andere Richtung tendieren sollten. Ein Extrem bilden demnach formalistische und starre Organisationen mit machtvollen Hierarchien, überheblichen Beziehungen und einer egozentrischen Kultur (s. Abb. 24). Das andere Extrem zeichnet sich durch eine Organisation mit losen Strukturen, mageren Prozessen, gelangweilten Mitarbeitenden und einer Laisser-Faire-Führung aus. Beide Extreme bezeichnen wir als krank. Eine balancierte Organisation steht für die »goldene Mitte«, da sie einen ausgeglichenen, konstruktiven Arbeitskontext bietet.

Bei einer »Kranken Organisation« sind nahezu alle oder alle Organisationsdimensionen von »kranken« Symptomen betroffen. Ist der Mensch tatsächlich krank, kann er nicht mehr arbeiten, muss sich ausruhen, benötigt Medizin und Behandlung, um wieder zu gesunden. Der Körper ist mit der Vielzahl an Symptomen überfordert und kann sich nicht eigenständig heilen, er benötigt Hilfe. Eine Kranke Organisation kommt ebenfalls aus dem Gleichgewicht und hat kaum eine

Chance, ihre Schwachstellen und Symptome durch Homöodynamik und Stärken in anderen Dimensionen auszugleichen. Auch sie benötigt externe Hilfe, wie beispielsweise durch Kapitalspritzen, neue Mitarbeiter, eine Restrukturierung oder völlige Neuorganisation. Dies zeigt, dass Kranke Organisationen nur noch eine geringe, selbstgesteuerte Ausgleichsfähigkeit (Homöodynamik) besitzen. Außerdem fehlt der Kranken Organisation das nötige Kohärenzgefühl, um Symptome und Ursachen zu verstehen und Kontrolle über die eigene Fehlentwicklung zu erlangen. In der Folge verliert sie das Gefühl der Sinnhaftigkeit und bewegt sich in eine Abwärtsspirale. Im schlimmsten Fall droht der Kranken Organisation das Aus, die Abkürzung »KO« kann also durchaus sinnbildlich verstanden werden. Abbildung 26 stellt eine Kranke Organisation dar. Die jeweils entgegengesetzten Extreme der einzelnen sechs Waben umschreiben die im Kapitel ausgeführten Symptome und Zustände, die letztendlich zu einer kranken und damit stark gefährdeten und nicht zukunftsfähigen Organisation führen. Wie gesagt, erkennbare Symptome im Sinne der Salutogenese und Homöodynamik können immer auch Zeichen einer internen Gegenreaktion sein. Das tatsächliche Verstehen von Symptomen ist daher nicht einfach, da die Systemik der organisationalen Gesundheit komplex und dynamisch ist.

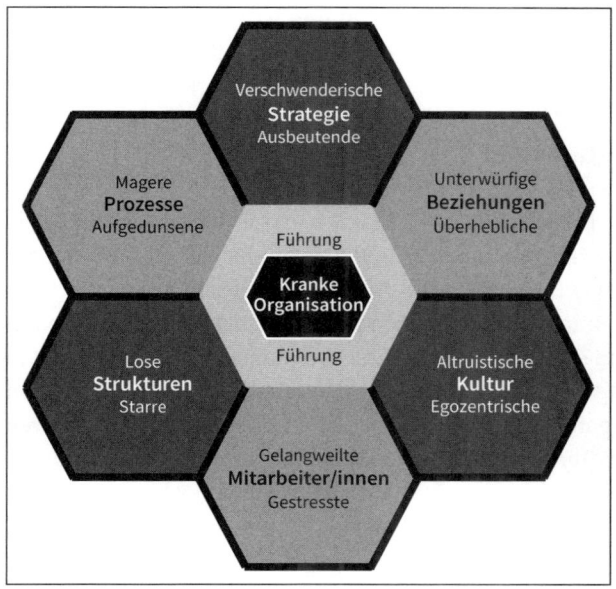

**Abb. 26:** Die Kranke Organisation (KO) (ohne Polarisierte Führung) (eigene Darstellung)

Zum tieferen Verständnis des Modells wird im Folgenden genauer auf die Bedeutung der intra- und interdimensionalen Balance eingegangen.

Sowohl innerhalb einer einzelnen Dimension wie auch innerhalb des Gesamtsystems gelten weiterhin die Regeln der Homöodynamik und Salutogenese. Die einzelnen Waben und das Gesamtsystem sind als Organismen zu verstehen, die auf äußere und innere Schwingungen mit einer Gegenreaktion antworten, die letztendlich ein Symptom darstellt, doch zum gesundheitlichen Ausgleich, also zur Wiederherstellung der Balance, benötigt wird. Intra- und interdimensionale Balance sind nicht nur theoretisch relevant, sondern bieten auch für den Praxisalltag wichtige Impulse. Reflektieren Sie deshalb, in welchem Ausmaß Ihre Organisationsdimensionen und Ihre Gesamtorganisation in einem optimalen Zustand sind.

**Was ist intradimensionale Balance?**

Unter einem optimalen Zustand verstehen wir einen balancierten und ausgeglichenen Status, der sukzessive weiterentwickelt werden kann. Balancierte Unternehmensdimensionen tendieren also nicht in Richtung eines der beiden entgegengesetzten Extreme (z. B. gelangweilt vs. gestresst, egozentrisch vs. altruistisch, lose vs. starr usw.). Es sollte daher das Ziel sein, eine intradimensionale Balance herzustellen. Im Falle der Mitarbeitenden würde dies bedeuten, dass diese weder gelangweilt noch gestresst, sondern vielmehr voll und ganz leistungsfähig sind. Auf einer Skala von -5 bis 5 würde daher, wie im GO Gesundheits-Check vereinfacht dargestellt, das Optimum bei 0 liegen, also dem balancierten Mittelpunkt.

**Was ist interdimensionale Balance?**

Selbstverständlich ist die intradimensionale Balance stark kontextabhängig, je nach aktueller Unternehmenssituation. Verliert der Ölpreis innerhalb weniger Monate extrem an Wert, wie Ende 2015 und Anfang 2016 geschehen, ändert das radikal den Profit ganzer Branchen. Dadurch verändert sich auch der Zustand in den anderen Dimensionen. Die sechs Unternehmensdimensionen stehen somit in ständiger Wechselwirkung und eine Veränderung in einer einzelnen Dimension beeinflusst die Gesamtorganisation und nimmt damit Einfluss auf die anderen Bereiche. Nehmen Sie an, Ihr Unternehmen erlebt eine schwere Krise und das Topmanagement entscheidet sich für Mitarbeiterentlassungen als bittere, aber notwendige schnelle und effektive Lösung. Selbstverständlich lösen diese Nachrichten große Betroffenheit, Angst, Unsicherheit und Stress unter den Arbeitnehmern und den Führungskräften aus. Doch das wird nicht das einzige Symptom bleiben. Die Entscheidung führt zu Veränderungen in allen Unternehmensdimensionen und kreiert damit einen Schneeballeffekt, dem man sich vielleicht nicht immer gänzlich bewusst ist. Beziehungen und Unternehmenskultur leiden unter der Mitarbeiterunzufriedenheit und deren Stress, der Glaube an die Unternehmensstrategie und das Management wird erschüttert, Strukturen und Prozesse müssen neu angepasst werden. Dieser systemische Charakter, der Organisationen innewohnt, wurde bereits im ersten Kapitel erläutert. Ihn zu verstehen ist wichtig, um Auswirkungen des eigenen Handelns und kontextbedingter Veränderungen einschätzen zu können. Das Ziel lautet daher nicht allein, intradimensionale Balance zu erreichen, da diese, isoliert betrachtet, kaum zu erreichen ist. Eine interdimensionale Balance ist die wichtigere und zugleich grundlegendere Herausforderung. Diese auf Wechselwirkungen ausgerichtete Balance wirkt nachhaltiger, sichert die intradimensionale Balance und ein insgesamt ausgeglichenes Unternehmen.

In Abbildung 27 werden die beiden verschiedenen Balancestufen bildlich dargestellt. Die intradimensionale Balance entspricht den wabeninternen Pfeilkreisen, während die interdimensionale Balance, also der äußere Pfeilkreis, die dynamischen Wechselbeziehungen zwischen den sechs Dimensionen darstellt. In der Mitte der Darstellung befindet sich darüber hinaus ein weiterer Pfeil, der für die Balancierte Führung als zentralen Einflussfaktor in der Organisation steht. Das Prinzip der Balancierten Führung wird in Kapitel 5 erläutert. Die Pfeile stehen außerdem für den ständigen Wandel und die kontinuierliche Anpassung an neue, kontextuelle Einflüsse, sowohl in den einzelnen Unternehmensdimensionen wie auch in der Gesamtorganisation.

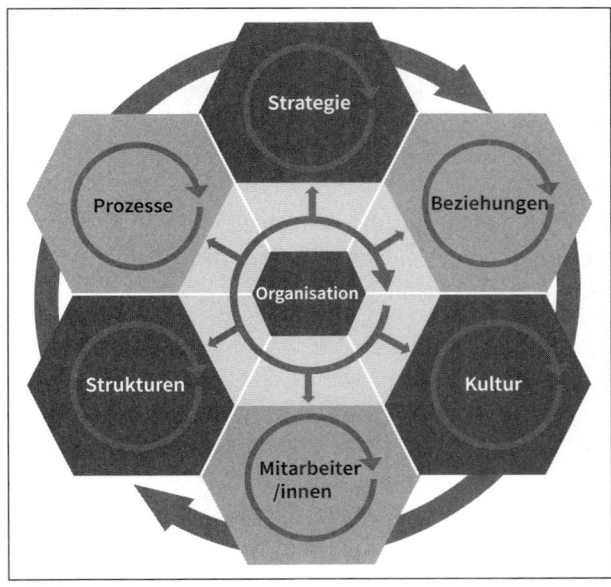

**Abb. 27:** Intra- und interdimensionale Balance (eigene Darstellung)

Im nächsten Kapitel wird erläutert, mit welchen Maßnahmen und Lösungsansätzen Kränkelnde Organisationen und deren Führungskräfte für gewöhnlich auf die in diesem Kapitel aufgeführten Symptome reagieren und warum solche Lösungsversuche nur selten eine nachhaltige Verbesserung erzielen.

## 2.3   Zusammenfassung Kapitel 2: Das müssen Sie wissen

- Als Führungskraft nehmen Sie eine Vorbildrolle ein und sind für die psychische und physische Gesundheit Ihrer Mitarbeiter mitverantwortlich.
- In vielen Unternehmen arbeiten Mitarbeiter unter Stressbedingungen und sind daher nicht nachhaltig leistungsfähig.
- Unterwürfige oder überhebliche Beziehungsdynamiken erschweren Zusammenarbeit und interne Kommunikation. Sie schaden damit Ihrer gesamten Organisation.
- Viele Unternehmenskulturen fördern egozentrische oder aufopfernde Mitarbeiter und verhindern so eine gesunde und gemeinschaftliche Organisationskultur.
- Prozesse sind oftmals zu mager oder zu aufgedunsen und verfehlen damit entweder die praktische Anwendbarkeit oder unterbinden jegliche Entscheidungsfreiheit seitens der Mitarbeiter.
- Unternehmensstrukturen sind häufig lose, damit orientierungslos und unklar oder zu starr, also zu hierarchisch und kreativitätsverhindernd.
- Strategien können ausbeutend oder verschwenderisch ausgerichtet sein. Sie nutzen dann interne und externe Ressourcen kurzfristig profitorientiert aus oder verbrauchen sie gedankenlos.
- Das Ziel einer Organisation sollte eine gesunde Balance innerhalb der einzelnen Organisationsdimensionen sowie ein balancierter Ausgleich zwischen den sechs Organisationsdimensionen sein.

# 3 Wieso bekomme ich das Problem nicht in den Griff? – Typische »Wrong Turns«

In diesem Kapitel finden Sie Antworten auf die folgenden Fragen:
- **Was sind »Wrong Turns«?**
- **Wie reagieren Führungskräfte typischerweise auf Symptome?**
- **Wieso entscheiden sich Führungskräfte für diese Lösungsversuche?**
- **Warum sind die typischen Lösungsversuche oft die Falschen?**

Nachdem sich das letzte Kapitel stark verbreiteten Symptomen in Organisationen gewidmet hat, wird dieses Kapitel Einblicke in die typischen Lösungsversuche von Führungskräften geben, wenn diese mit solchen Symptomen konfrontiert werden. Wir wollen aufzeigen, warum Verantwortliche sich für bestimmte Lösungsansätze entscheiden, was sie damit bewirken können und warum diese Ansätze oft nicht den erwünschten, nachhaltig positiven Einfluss ausüben.

**DEFINITION**

**»Wrong Turns«** sind einfach gesagt: Falsche Entscheidungen, Abkürzungen oder unüberlegte Reaktionen, die sich mittelfristig als Fehler herausstellen. Sinnbildlich zeigen sie, dass man bei einer Entscheidung vor einer Weggabelung steht und sich für die Abzweigung entscheidet, sie sich später als die Schlechtere entpuppt. Oftmals entscheidet man sich für einen »Wrong Turn«, weil dieser kurzfristigen Erfolg verspricht und die realistische Sicht auf die Zukunft versperrt.

Zum besseren Verständnis des Konzepts, stellt Abbildung 28 einen typischen »Wrong Turn« grafisch und vereinfacht dar.

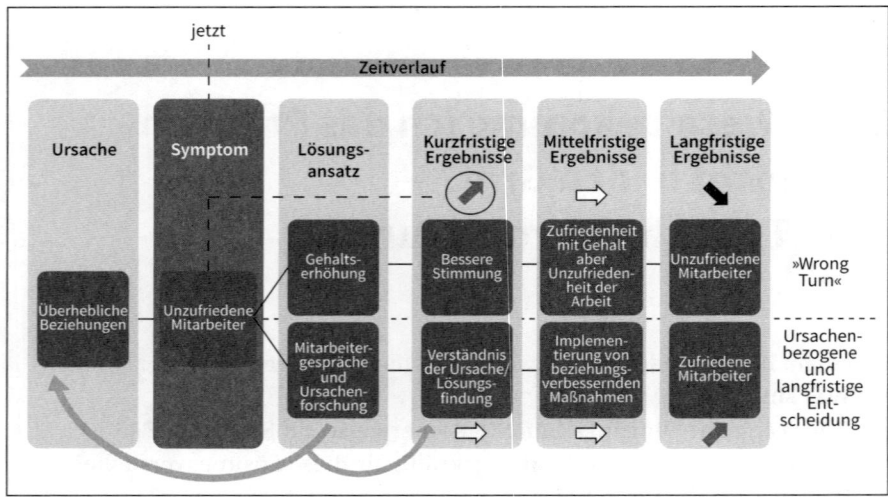

**Abb. 28:** Beispielhafter »Wrong Turn« (eigene Darstellung)

Die Abbildung präsentiert den vereinfachten Ablauf einer Entscheidung und deren Folgen. Begeben wir uns in die beschriebene Situation: Ein Manager stellt fest, dass Unzufriedenheit unter den Mitarbeitern herrscht, die Ursache für die unzufriedene Stimmung kennt er jedoch nicht.

**Lösungsansatz 1:**
Der Manager nimmt die Unzufriedenheit wahr und möchte etwas dagegen unternehmen, da er ja weiß, dass nur zufriedene Mitarbeitende entsprechende Leistungen zeigen. Deshalb stellt er sich die Frage: »Wie kann ich möglichst schnell zu einer größeren Zufriedenheit bei meinen Mitarbeitenden beitragen?«

Die scheinbar logische Antwort: eine Gehaltserhöhung. Selbstverständlich ist es nicht einfach, alle Gehälter zu erhöhen, doch nach einer Absprache mit seiner Vorgesetzten wird den beiden schnell klar: »Wir müssen etwas gegen die Unzufriedenheit unternehmen.« Also gibt die Vorgesetzte die nötigen Gelder frei und die Gehälter der Mitarbeiter werden erhöht. Diese freuen sich natürlich, dass ihre Arbeit nun besser entlohnt wird. Für den Manager ist die Aktion ein voller Erfolg. Zwei Wochen später stellt er aber einen schwindenden Enthusiasmus bei den Angestellten fest. Die Freude über die Gehaltserhöhung ist verpufft, aber noch scheint eine allgemeine Zufriedenheit zu herrschen. Einen Monat danach ist die Stimmung gekippt. Die Unzufriedenheit bei den Mitarbeitern macht sich wieder bemerkbar, sie streiten sich häufig, arbeiten ineffizient und vermeiden eine effektive Zusammenarbeit. Resigniert muss der Manager feststellen, dass alles wieder beim Alten ist, trotz des höheren Gehalts. Aber er hat schon die nächste Idee, um die Unzufriedenheit zu bekämpfen: eine Betriebsfeier.

**Lösungsansatz 2:**
Der Manager nimmt die Unzufriedenheit wahr und stellt sich die Frage: »Wieso sind meine Mitarbeiter unzufrieden?«

Er vermutet, dass die Unzufriedenheit das Symptom eines tieferliegenden Problems ist. Um zu verstehen, was die Wurzel der Unzufriedenheit ist, spricht er mit den Mitarbeitern, analysiert deren Verhalten und Kommunikation, spricht mit anderen Abteilungsleitenden und Vorständen. Bei dieser Ursachenforschung stellt er fest, dass Mitarbeiter sich über die Arroganz ihrer Kollegen beschweren, dass ihnen die Zusammenarbeit keinen Spaß macht und dass in anderen Abteilungen deutlich mehr Kollegialität herrscht. Die Ursache müssten demnach die Beziehungsdynamiken und -hierarchien unter den Mitarbeitern sein. Das Gesamtbild wird nun schon klarer: Die Unzufriedenheit ist unter anderem eine Folge überheblicher Beziehungen. Mit dieser Erkenntnis beginnt der Manager, nach einer Lösung zu suchen, die die Beziehungen langfristig verbessern kann. Hier ergeben sich zahlreiche unterschiedliche und sich ergänzende Möglichkeiten. So zum Beispiel das intensivere Vorleben wertschätzender Beziehungen, das Stimulieren offener Gespräche, die öffentliche Ansprache überheblichen Verhaltens, die Stärkung des Gemeinschaftsgefühls durch das Formulieren gemeinsamer Werte, Regeln und Ziele sowie einer gemeinsamen Vision, eine intensivierte Zusammenarbeit mit anderen Abteilungen oder sogar die Kündigung arroganter Einzelkämpfer. Langfristig gesehen sind diese Alternativen deutlich erfolgreicher und kosteneffizienter als der erste Lösungsansatz.

Es zeigt sich, dass ein »Wrong Turn« sehr verlockend wirken kann, da er häufig kurzfristigen Erfolg verspricht. Allerdings ist er eben falsch, weil er die Lage langfristig nicht verbessert, sondern verschlechtert. Häufig sind »Wrong Turns« die Folge aktionistischen Handelns und geschehen aus Zeitmangel, fehlendem Bewusstsein oder instinktivem Verhalten. Demgegenüber benötigt eine ursachenbezogene, ganzheitliche Entscheidung Zeit für Ursachenforschung und Lösungsfindung. Ihr Vorteil besteht aber in der Bekämpfung der Wurzel des Problems, was häufig zur Vermeidung mehrerer Symptome führt. Damit ist Lösungsansatz 2 langfristig effektiver.

## 3.1    Fallbeispiele für »Wrong Turns«

Im Folgenden werden weitere prototypische Problemstellungen für Führungs-kräfte beschrieben, um aufzuzeigen, wie Manager auf Symptome reagieren. Reflektieren Sie beim Lesen Ihre eigenen Erfahrungen mit solchen Problemstel-lungen und denken Sie darüber nach, wie Sie das Problem lösen würden.

**Situation 1:** *»Ihre Wettbewerber wachsen – Ihr Unternehmen nicht. Was kön-nen Sie tun?«*
Sie sind im Management eines Online-Modehandels tätig. In den letzten Monaten haben Sie konsequent die Geschäftsentwicklung analysiert und festgestellt, dass andere Webseiten deutlich stärker frequentiert werden und ihren Marktanteil erhöhen, während Ihre Firma stagniert.

**Der typische Lösungsansatz: Sie müssen Ihr Angebot verbessern!**
Wenn andere besser sind, liegt das meistens daran, dass sie eine breitere Produkt-palette, günstigere Preise oder exklusivere Artikel anbieten. Der logische Schritt ist demnach, ein »Benchmarking« durchzuführen und sich mit den anderen Unternehmen zu vergleichen. Sie stellen fest, dass andere Online-Händler attrak-tivere Webseiten haben und modernere Marken anbieten. Sie besprechen sich mit Ihren Kollegen und entscheiden, Teile Ihres Umsatzes in die Gestaltung einer bes-seren Webseite und in die Integration neuer Marken zu investieren.

**Stopp!**
Andere Unternehmen haben bessere Webseiten und moderne Marken. Sie wissen also einiges über Ihre Wettbewerber. Aber was wissen Sie über sich selbst? Haben Sie versucht, erst einmal das eigene Unternehmen zu verstehen? Vielleicht mögen Ihre Kunden die Webseite und Ihr Angebot ja. Haben Sie versucht, die Kunden zu verstehen? Bevor Sie investieren, reflektieren Sie!

Alleine der Vergleich mit Wettbewerbern reicht nicht aus, um ein Symptom zu begreifen. Sie müssen das Problem aus verschiedenen Blickwinkeln betrachten, um Ursachen identifizieren zu können. Im genannten Fall ist es ebenso möglich, dass Ihr Unternehmen einen ungenügenden Kundenservice anbietet. Die Kunden könnten festgestellt haben, dass Sie zwar eine attraktive Webseite und ein gutes Angebot haben, aber dass ihre Bestellungen oft verzögert geliefert werden, Ihre Mitarbeiter am Telefon unfreundlich sind und Sie keine Hilfestellung für Rücksen-dungen anbieten. Wenn Sie also die Kunden nicht verstehen, können Sie auch das Problem nicht verstehen. Dasselbe gilt für Ihr Unternehmen. Wenn Sie nicht ver-stehen, welche Rolle Kundenservice in Ihrer Unternehmenskultur spielt und wie Sie diesen verbessern können, haben Sie auch keine Chance, die Ursache zu begreifen. Versuchen Sie gezielt, unterschiedliche Perspektiven einzunehmen, um die systemischen Zusammenhänge zwischen Symptom und Ursache verstehen und nutzen zu können.

**Situation 2: »*Ein Mitarbeiter redet nach außen hin schlecht über Ihr Unternehmen. Wie reagieren Sie?*«**
Sie arbeiten auf der Führungsebene eines mittelständischen Unternehmens. Eine Abteilungsleiterin klärt Sie darüber auf, dass einer Ihrer Mitarbeiter gegenüber Geschäftspartnern schlecht über Ihr Unternehmen gesprochen hat.

**Der typische Lösungsansatz: Das lassen Sie sich nicht bieten!**
Gemeinsam mit der Abteilungsleiterin stellen Sie den »Störenfried« zur Rede. Er gibt zu, außerhalb über die Firma gelästert zu haben. Gegenüber einem wichtigen Geschäftspartner hat er tatsächlich die Arbeitsverhältnisse in Ihrem Unternehmen schlechtgeredet. Sie sind verärgert und es gibt für Sie nur eine Lösung: Dieses Verhalten kann nicht geduldet werden, es muss Sanktionen nach sich ziehen. Der Mitarbeiter hat den Verlust eines strategischen Partners des Unternehmens riskiert und identifiziert sich offensichtlich nicht mit Ihrer Organisation.

**Stopp!**
Schlecht über das eigene Unternehmen reden gehört sich nicht, noch weniger gegenüber Geschäftspartnern, da haben Sie Recht. Aber wieso ist es so weit gekommen? Erforschen Sie immer das Warum!
   Negative Kommunikation nach außen ist ein Symptom. Es ist vermutlich Teil eines größeren Symptoms: Unzufriedenheit. Unzufriedenheit ist die Folge einer tieferliegenden Ursache. Und diese müssen Sie erforschen. Der unzufriedene Mitarbeiter ist hierfür die wichtigste Quelle. Zwar ist er der Verursacher eines Problems, er ist aber genauso der Schlüssel zur Verbesserung. Versuchen Sie, ihn zu verstehen und nachzuvollziehen, warum er unzufrieden ist. Geht es nur ihm so oder sind mehrere Mitarbeiter und bestimmte Abteilungen unzufrieden? Liegt es an den Arbeitsverhältnissen, den Beziehungen, der Kultur, den Prozessen, den Strukturen oder der Führung? Wenn Sie den Mitarbeiter kündigen, verlieren Sie die Möglichkeit, die Ursache zu erkennen und entsprechend entgegen zu wirken. »Aus den Augen – aus dem Sinn« funktioniert in diesem Fall nicht. Zwar ist der »Störenfried« weg, doch die Ursache bleibt bestehen.

**Situation 3: »*Ihre Mitarbeiter kommen sich häufig in die Quere. Die Strukturen scheinen unklar zu sein. Was unternehmen Sie?*«**
Ihre Firma ist erfolgreich, die Gewinne wachsen und die Mitarbeiter sind engagiert. Allerdings fällt Ihnen immer wieder auf, dass Kompetenzen und Rollen

nicht klar zugeschrieben sind. Sie haben das Gefühl, dass Ihre Mitarbeiter Aufgaben teilweise mehrfach bearbeiten und sich in den Zuständigkeitsbereich anderer Mitarbeiter einmischen.

**Der typische Lösungsansatz: Sie bringen Ordnung in das Chaos!**
Mit der Unordnung ist jetzt Schluss. Gemeinsam mit Ihren Kollegen auf der Führungsebene analysieren Sie Organigramme, Prozesspläne und Arbeitsplatzbeschreibungen Ihrer Mitarbeiter. Über mehrere Wochen hinweg entwickeln Sie ein Konzept für eine klarere Struktur. Sie definieren Rollen, Kompetenzen und Zuständigkeiten, beschreiben die standardmäßigen Abläufe und Kommunikationswege und berücksichtigen dabei, Ihren Mitarbeitern den nötigen Freiraum für Entscheidungen und Kreativität zu bieten.

**Stopp!**
Im Prinzip ist Ihre Idee gut! Strukturen zu schaffen und das gefühlte Durcheinander zu organisieren, ist ein Schritt in die richtige Richtung. Aber bevor Sie entsprechende Maßnahmen durchführen, sollten Sie die Beteiligten einbeziehen. Sich in der Führungsetage ein neues Konzept auszudenken, klingt zwar nett, aber die Wahrscheinlichkeit, dass die geplante Struktur an der Realität vorbeigeht, ist durchaus gegeben. Stülpen Sie Ihren Mitarbeitern keine fremde Struktur über! Das hat nichts mit reiner Nächstenliebe und Wohlfühlatmosphäre zu tun, sondern vor allem damit, dass Mitarbeiter »näher dran« sind und dadurch gute Impulse für sinnvolle Strukturen beisteuern können. Darüber hinaus entsteht durch Partizipation Engagement und das Bewusstsein, Teil des Ganzen zu sein und nicht nur das unbedeutende Rad am Wagen. Je nach Organisationsdesign kann der Grad der Partizipation natürlich variieren: In kleineren Netzwerkstrukturen, denken Sie bspw. an die »nested teams« von Laloux (Laloux, 2014), geschieht das ohnehin originär, wogegen in eher hierarchischen Strukturen ein gutes Maß zwischen den Vorgaben »von oben« und dem Mitwirken »von unten« gefunden werden muss.

In einer nur wenig passenden (viablen) Struktur ist es jedenfalls wahrscheinlich, dass sich die Mitarbeiter nicht wohl fühlen und ihr Engagement und ihre Produktivität reduzieren. Deshalb: Beziehen Sie Ihre Mitarbeiter ein und involvieren Sie diese so gut wie möglich bei der Neustrukturierung. Ihre Mitarbeiter sind mitunter die wichtigste Quelle, um zu erfahren, wie eine Struktur aussehen müsste, um die derzeitigen Abläufe effizienter zu organisieren. Versuchen Sie daher, einen neuen Organisationsaufbau gemeinsam mit Ihren Mitarbeitern zu entwickeln und deren Erfahrungen, Feedback und Ideen einzubeziehen. Nur so passt die Struktur am Ende auch zu den tatsächlichen Abläufen und wird von den Beteiligten akzeptiert und genutzt. Oft können Mitarbeiter sich erfolgreich selbst organisieren, wenn man sie lässt. Sie verfügen meist über ausreichend Wissen und Ideen in Bezug auf eine effektivere Arbeitsorganisation. Hierzu werden wir in Kapitel 5.3 das Konzept »Job Crafting« als Technik zur individuellen Arbeitsgestaltung vorstellen.

**Situation 4: »Keiner sieht das Ganze. Jeder nur seine Abteilung. Wie können Sie das durchbrechen?«**
In Ihrem Unternehmen herrscht Silodenken. Über die Jahre hinweg haben sich die Abteilungen immer stärker auseinander dividiert anstatt zusammen zu wachsen. Kein bewusster Prozess, sondern schleichend und sukzessive. Die Überschneidungen und die gemeinsamen Projekte mit anderen Abteilungen sind minimal. Daher identifizieren sich die Mitarbeiter auch stärker mit ihrer Abteilung als mit der Gesamtorganisation. Sie persönlich empfinden dies als destruktiv, da Sie in der Kooperation verschiedener Abteilungen ein großes, bisher ungenutztes Potenzial erkennen.

**Der typische Lösungsansatz: Sie entwickeln abteilungsübergreifende Prozesse!**
Sie entwerfen neue Prozesse und Abläufe, die eine abteilungsübergreifende Zusammenarbeit erfordern. Sie unterhalten sich mit Mitarbeitern und Managern verschiedener Abteilungen und analysieren, ob es Überschneidungen und Synergien gibt und an welchen Stellen noch Potenzial für eine Effizienzsteigerung liegt. Nach einigen Monaten haben Sie Prozesspläne entwickelt, bei denen die Kernkompetenzen der einzelnen Abteilungen perfekt aufeinander abgestimmt sind und alle Abteilungen am selben Wertschöpfungsprozess mitwirken können.

**Stopp!**
Sie haben Silodenken als Ursache für einige Probleme im Unternehmen identifiziert. Das ist bereits ein erster Schritt. Nun kommt es darauf an, wie Sie diese Ursache angehen. Und mit neuen Prozessplänen, seien sie noch so detailliert und mit Hilfe von Mitarbeitern entstanden, wird es allein nicht getan sein. Denken Sie weiter! Selbstverständlich funktionieren Prozesse in einer Silokultur nicht perfekt. Deshalb reflektieren Sie ebenfalls die zugrundeliegenden Werte, Emotionen und Verhaltensmuster. Wenn Sie vor einem organisationsweiten Symptom stehen oder eine Ursache bekämpfen wollen, ist Aktionismus fehl am Platz. Kratzen Sie nicht nur an der Oberfläche des Problems! Graben Sie tiefer. Wenn wir über Menschen und über Unternehmenskultur reden, geht es um Werte, Beziehungen, Emotionen, Ziele, Identifikation, Selbstverständnis, Traditionen, Symbole, Grundannahmen, mentale Modelle usw. Denken Sie nur auf der Ebene von »Prozessen«, ignorieren Sie den Rest des »Eisbergs«, der unter der Oberfläche wabert, aber den Kern der Problematik ausmacht. Silodenken als Symptom wird nicht allein durch die Generierung neuer Prozesse gelöst, sondern durch das Verstehen und das Einbeziehen

tieferliegender Faktoren. Eine Lösung muss deshalb langfristig das Selbstverständnis der Abteilungen verändern und die Identifikation mit dem Gesamtunternehmen stärken. Denken Sie intensiv darüber nach, warum sich Ihre Mitarbeiter so verhalten. Aus deren Sicht macht ihr Verhalten nämlich absolut Sinn. So könnte man beispielsweise vermuten, dass die Ziel- und Belohnungssysteme Ihres Unternehmens Silodenken begünstigen. Wenn ich meinen Bonus am Ende des Jahres dafür erhalte, dass ich »das Beste« für meine Abteilung tue – was aber nicht das Beste für das gesamte Unternehmen ist – dann werde ich mein Verhalten entsprechend dieser Ziele ausrichten. Schaffen Sie deshalb eine »Systemlandschaft«, die sinnvolles Verhalten im Rahmen der Gesamtorganisation ermöglicht. Kreieren Sie darüber hinaus gemeinsame Erlebnisse, Symbole und übergreifende Interaktionsmöglichkeiten, dann stehen die Chancen deutlich besser, dass auch die neuen Prozesse von allen Abteilungen akzeptiert und gemeinsam konstruktiv bearbeitet werden.

Die hier beschriebenen Situationen zeigen typische Problemstellungen im Unternehmenskontext auf. Oftmals wird man als Entscheider dazu verleitet, kausal zu denken und aktionistisch zu handeln. Durch eine solch kurzfristige Denkweise entstehen »Wrong Turns«, die im Endeffekt weder das Problem noch die Ursache beheben, aber häufig einen hohen Zeit- und Kostenaufwand bedeuten.

---

UNSER TIPP:

Lassen Sie sich nicht zu Aktionismus verleiten. Trotz eines engen Zeitrahmens hinterfragen Sie Probleme und identifizieren Sie mögliche Ursachen. Wollen Sie »Wrong Turns« vermeiden, müssen Sie systemisch denken und alle Quellen nutzen, die Ihnen zur Verfügung stehen, um mehr über das Symptom und seine Ursache zu erfahren. Sobald Sie mögliche Ursachen erkannt haben, kommt es darauf an, eine Lösung zu entwickeln, die eben nicht nur oberflächlich wirkt, sondern Ursache und Symptom im Kern verändert. Oftmals besteht dieser Kern nicht aus Kennzahlen, Prozessplänen oder Strukturen, sondern aus impliziten, ungreifbaren Faktoren, wie Emotionen, Werten, Kultur, Identifikation, Gesundheit und Beziehungen. Diese Faktoren bilden die Grundsteine menschlichen Handelns und dienen als Antrieb. Schaffen Sie es, auf diese Grundsteine einzugehen, kreieren Sie Potenziale und begeistern Ihre Mitarbeiter für eine Veränderung und für die Organisation.

---

### Wie erforsche ich Ursachen?

Symptome sind häufig sehr offensichtlich. Sie bedürfen keiner Erforschung, um sie zu erkennen. Sie zeigen sich und weisen damit auf eine tieferliegende Ursache hin. Doch wie identifiziert man diese? Zugegebenermaßen ist die Ursachenerforschung

nicht immer einfach. Cay von Fournier (2005) zeigt, dass jedes Symptom auf drei
Ebenen beobachtbar ist. Auf jeder dieser Ebenen können Sie nach einer Ursache
suchen. Abbildung 29 veranschaulicht die drei Ebenen eines Problems, zeigt die
typischen Faktoren, die die jeweilige Ebene bestimmt und empfiehlt grundlegende
Lösungsansätze für die entsprechende Problemebene. Die erste Ebene beschreibt
Probleme der Umsetzung und des Handelns, also Probleme, die daran scheitern,
dass die nötige Vorgehensweise oder Technik unklar oder nicht vorhanden ist. In
diesem Fall bedarf es einer Lösung, die die nötigen Werkzeuge zur Verfügung stellt,
um das Problem und seine Ursache zu bearbeiten. Die zweite Problemebene
beschreibt methodische Symptome, die mit dem Wissen und den Fähigkeiten von
Mitarbeitern zusammenhängen. Probleme auf dieser Ebene bedeuten, dass Mitarbeitern und Verantwortlichen die nötigen Kompetenzen fehlen, was zu Problemen
in der Gesamtorganisation führt. Diese Schwächen können relativ einfach erkannt
werden. Durch eine gezielte Mitarbeiterentwicklung können methodische Probleme
gemildert und Stärken verbessert werden. Die dritte Ebene von Symptomen bezieht
sich auf das Bewusstsein und ist nicht greif-, mess- oder sichtbar. Hierbei handelt es
sich um Symptome, die aus kontroversen Grundsätzen, destruktiven Einstellungen
oder negativen Wertesystemen entstehen. Lösungsansätze auf dieser Ebene sind
deutlich komplexer und erfordern ein systemisches Verständnis, emotionale Intelligenz sowie die Toleranz anderer Werte und anderer Wahrnehmungen. Damit setzen
sie auf einem tieferliegenden Niveau an als Lösungsansätze der ersten beiden Pro-
blemebenen. Das macht Symptome der dritten Ebene auch besonders kompliziert,
da sie nicht nur schwierig zu erkennen, sondern auch zu bearbeiten sind.

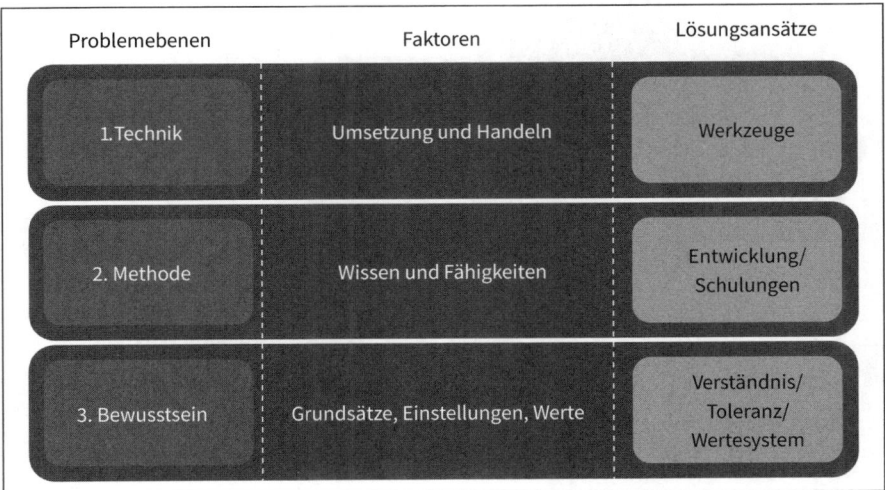

**Abb. 29:** Die drei Ebenen eines Problems (in Anlehnung an von Fournier, 2005)

## 3.2    Polarisierte Führung in der »Kränkelnden Organisation«

Dieses Kapitel deckt mit seinem Fokus auf »Wrong Turns« die Schwächen vieler Führungsansätze auf. Häufig münden bestimmte Führungsweisen in falschen Entscheidungen, die dann das gesamte Unternehmen schwächen. Diese Führungsstile werden im Folgenden näher beleuchtet, um deren Fallstricke aufzuzeigen und Sie, als Leser, vor deren Anwendung zu sensibilisieren. Abbildung 30 erweitert das im vorherigen Kapitel vorgestellte Modell der »Kranken Organisation« (KO) um die Führungsdimension in der mittleren Wabe. Sie stellt dar, wie typische Führungsstile in symptombehafteten Organisationen funktionieren und zu welchen (Fehl-) Entscheidungen sie führen können. Jede der sechs Unternehmensdimensionen bedarf für gewöhnlich einer angepassten Führungsdimension. Bei der KO zeigt sich, dass die jeweiligen typischen Führungsstile die Symptome in den Unternehmensdimensionen, also den äußeren Waben, verstärken oder auch mitverursachen können.

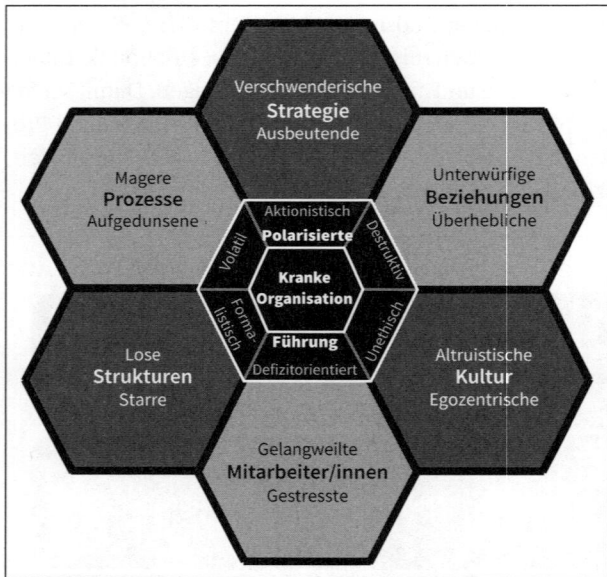

**Abb. 30:** Die Kranke Organisation (KO) und ihre Polarisierte Führung (eigene Darstellung)

### 3.2.1   Aktionistische Führung

Die Abbildung zeigt, dass ausbeutende und verschwenderische Strategien oftmals durch einen aktionistischen Führungsstil geprägt werden. Anders als strategische und nachhaltige Führung, legt aktionistische Führung Wert auf kurzfristige Profitsteigerung, spontane Projektvergabe und Handeln frei von systemischem Denken. Damit fördern aktionistische Führungskräfte die Kurzsichtigkeit der Organisation und der Mitarbeiter und gefährden die langfristige Gesundheit des Unternehmens, dessen Wirtschaftlichkeit, soziale Verantwortung und interne Balance.

---
UNSER TIPP:

Strategische Führung bedeutet nicht »planerische Führung«. Ganz im Gegenteil, Strategie und Planung sind zwei gegensätzliche Konzepte, die oftmals verwechselt werden. Strategie entsteht jederzeit und im kollektiven Miteinander. Dies bedeutet jedoch nicht, dass aktionistisch gehandelt werden muss. Strategische Entscheidungen bedürfen systemischen Denkens, um »Wrong Turns« zu vermeiden. Überdenken Sie daher Ihre Optionen aus einer zirkulären, lösungs- und auswirkungsorientierten Perspektive. Sie machen sich und Ihrem Unternehmen keinen Gefallen, wenn sie jede Möglichkeit zur schnellen Gewinnsteigerung ergreifen, ohne an die Konsequenzen Ihres Handelns zu denken.

Bezüglich verantwortlichem Handeln ist es essenziell, dass Sie Nachhaltigkeit nicht als Option oder Kompromiss verstehen. »Corporate Social Responsibility« (CSR) muss strategisch verflochten sein. So können Sie synergetische Werte zwischen Wirtschaftlichkeit sowie ökologischer und sozialer Verantwortung schaffen. CSR darf daher nicht initiativ oder losgelöst von der Unternehmensstrategie passieren. Vielmehr sollten Sie innerhalb Ihrer Strategie, Ihrer Liefer- und Wertschöpfungskette nach sogenannten »Shared Values« (Porter & Kramer, 2011) streben, also nach Vorteilen für alle beteiligten »Stakeholder«. Wie können Ihre Zulieferer, Dienstleister, Kunden, Mitarbeiter und Eigentümer vom Handeln Ihres Unternehmens sowohl finanziell wie auch nichtfinanziell profitieren?

Laden Sie alle Beteiligten und Betroffenen zu einem gemeinsamen Diskurs ein und treffen Sie gemeinsam strategische Entscheidungen, die Werte für Gesellschaft, Natur und Unternehmen schaffen. Auf diese Weise kann die »Triple Bottom Line« als Entscheidungsgrundlage für strategisch nachhaltiges Handeln genutzt werden.

---

## 3.2.2     Destruktive Führung

Die Unternehmensdimension »Beziehungen« macht sich in der Kranken Organisation durch Unterwürfigkeit und Überheblichkeit negativ bemerkbar und wird oftmals durch destruktive Führungsweisen verursacht. Legen Führende keinen Wert auf Teamwork, abteilungsübergreifende Zusammenarbeit und respektvolles Miteinander, nehmen sie den Beziehungsdynamiken in der Organisation jegliches positives Potenzial und fördern Arroganz, Rivalitätsdenken und negative Stimmungen.

---
UNSER TIPP:

Um Silodenken, Egozentrismus oder hierarchischen Beziehungen ein Ende zu bereiten, empfehlen wir Ihnen folgende Handlungsweisen:

1. Fördern Sie multidisziplinäre und abteilungsübergreifende Zusammenarbeit, um Synergien zu nutzen und Denkweisen zu dynamisieren.
2. Gehen Sie in Ihrem Führungsverhältnis mit positivem Beispiel voran und zeigen Sie Wertschätzung, Empathie und Offenheit.
3. Bewerben Sie gesunde Beziehungen im Unternehmen und gestalten Sie den Arbeitskontext offener, um Mitarbeiter verschiedener Teams einander näherzubringen und zum Austausch zu motivieren.
4. Unterrichten Sie Führungskräfte in Ihrem Unternehmen über gesunde Führungsverhältnisse und gewinnen Sie diese als Mitstreitende für die nachhaltige Verbesserung von Beziehungsdynamiken in der Organisation.
5. Tauschen Sie sich mit Mitarbeitern auf informellen und formellen Wegen aus und identifizieren Sie deren Ansichten über die Beziehungsqualität innerhalb der Organisation.
6. Legen Sie weniger Fokus auf internen Wettbewerb und versuchen Sie, die Konzentration auf den externen Wettbewerb zu legen, um ein stärkeres »Wir-Gefühl« und eine höhere Unternehmensidentifikation zu etablieren.
7. Kommunizieren Sie die gemeinsame Unternehmenskultur stärker, sodass Mitarbeiter sich neben ihrer Team- und Abteilungskultur auch mit der Gesamtorganisation identifizieren. So schaffen Sie eine gute Basis für respektvollen Umgang.

---

## 3.2.3     Unethische Führung

Ähnliches gilt für die Führung der Dimension »Kultur«. Handelt die Führungskraft unethisch und trifft unmoralische Entscheidungen, so fördert sie möglicherweise eine Kultur des Betrugs, der Bevorzugung und der Rivalität. Die Führungsrolle als unethisches Vorbild wirkt sich auf die Mitarbeiter negativ aus, da die Möglichkeit besteht, dass sie ein solches Verhalten übernehmen und als akzeptiert betrachten. So kann eine egozentrische Kultur entstehen, die das Handeln des Gesamtunternehmens stark beeinflussen kann. Aber auch das gegenteilige Phänomen kann der Fall sein: Insbesondere wenn Vorbilder besonders unethisch handeln, können Andere dazu veranlasst werden, in hohem Maße sich aufzuopfern und »Gutes« zu tun, um die entstandene Mißlage wieder ins Lot zu bringen und zu kompensieren.

---

UNSER TIPP:

Reflektieren Sie Ihre Einflussmechanismen auf die Organisationskultur bewusst und werden Sie sich Ihrer wichtigen Rolle in der kulturellen Gestaltung des Unternehmens bewusst. Bei der Ausführung dieser Mechanismen sollten Sie daher auf Ihren Einfluss achten, um die Unternehmenskultur nachhaltig positiv zu prägen. So können Sie Kreativität, kritisches Denken, Innovation, Flexibilität, Respekt, Empathie und Zusammenarbeit durch die Kultur Ihrer Organisation kommunizieren.

---

### 3.2.4   Defizitorientierte Führung

Das vorherige Kapitel hat Aufschluss über die psychischen und körperlichen Symptome gelangweilter oder gestresster Mitarbeiter gegeben. Beide Symptome können durch einen eher defizitorientierten Führungsstil zustande kommen. Wird zu viel Aufmerksamkeit auf die Entwicklungsbereiche des Mitarbeiters gelegt, kann der Mitarbeiter nicht das tun, was seinen Talenten und Stärken am ehesten entspricht. Das kann zu erheblicher Anstrengung oder auch Desinteresse führen – je nach individuellem Leistungsmotiv und Engagement. Oft bleiben die damit einhergehenden Symptome des sogenannten »Bore out« oder »Burn out« zu lange unbeachtet. Registrieren Führungskräfte diese jedoch, neigen sie häufig ebenfalls zu defizitorientiertem Verhalten. Anstatt den Fokus auf die Stärken und Potenziale des Mitarbeiters zu legen, konzentrieren sie sich reflexartig auf die Defizite und entscheiden sich dadurch für Lösungen, die den Druck auf den Mitarbeiter nur noch erhöhen. »Mehr desselben« führt aber nur dann zu sinnvollen Lösungen, wenn diese schon vorher einen positiven Effekt evoziert haben. Ansonsten verstärken sie die ursprünglichen Symptome leider noch mehr.

---

UNSER TIPP:

Als Führungskraft müssen Sie zunächst auf Ihre eigene psychische und physische Gesundheit achten und mit einem gesunden Verhältnis zu Ihrer Arbeit als Vorbild für alle Mitarbeiter voranschreiten. Es ist Ihre Aufgabe, einen gesunden Arbeitskontext zu entfalten, in dem eine Balance zwischen Leistungsanspruch und

Leistungsfähigkeit gefunden werden kann und in dem Erholungsphasen und -prozesse ausdrücklich unterstützt werden. Dies gilt insbesondere für Stressphasen, in denen es wichtig ist, besonders achtsam und verantwortungsvoll zu führen. Sie tragen dafür Sorge, dass Berufs- und Privatleben Ihrer Mitarbeiter sinnvoll vereinbart werden können und verstehen, dass nur gesunde Mitarbeiter nachhaltig leistungsfähig sein können. Daher müssen Sie auch frühzeitig auf Ursachen und Symptome psychischer Erkrankungen achten, diesen entgegensteuern und sie in Zukunft vermeiden. Der offene Austausch mit Ihren Mitarbeitern ist essenziell, um ein Verständnis für das Wohlbefinden und die Atmosphäre zu erhalten sowie Herausforderungen und Chancen im Arbeitskontext zu erkennen. Hilfreich ist auch die quantitative Aufarbeitung von Gesundheitsinitiativen und gesunder Führung, um die Vorteile von nachhaltig leistungsfähigen Mitarbeitern in einem positiven Arbeitskontext eindrücklich zu vermitteln und im Unternehmen langfristig zu etablieren.

---

### 3.2.5   Formalistische Führung

Unternehmen mit starren Strukturen werden oftmals auf allen hierarchischen Ebenen sehr formal bzw. formalistisch geführt. Der Fokus liegt auf Rollen, Zuständigkeiten, Zielvereinbarungen, Administration und der genauen Einhaltung von Regeln. Emotionen, Stimmungen, persönliche Bedürfnisse sowie Potenziale der Mitarbeiter werden weniger zur Kenntnis genommen, da schlicht die Aufmerksamkeit dafür fehlt. Kontrolle kann ein vorherrschendes Motiv für einen solchen Führungsstil sein sowie die Angst vor Misserfolg. Dieser Führungsstil kontrolliert gerne, was dazu führen kann, dass Mitarbeitende alles dafür tun, um Fehler zu vermeiden. Kreativität und Innovationskraft können in der Folge maßgeblich eingeschränkt werden. Im schlimmsten Fall entsteht eine Angstkultur, die sich deutlich leistungsmindernd auswirken wird (Ariely, 2015).

Auf der anderen Seite kann ein solcher Führungsstil unter nur wenig strukturierten Bedingungen dazu neigen, nichts zu verändern, da die vorherrschenden Bedingungen einfach übernommen werden, ohne dass aktiv an einer Verbesserung gearbeitet wird. Formalistisch bedeutet in diesem Sinne eben auch, dass sich jemand entsprechend den Formalien und Regularien der Organisation verhält. Fehler vermeiden, Misserfolg vermeiden, möglichst nicht auffallen. Und wenn Strukturen nur sehr lose vorhanden beziehungsweise nicht vorhanden sind, dann besteht für eine solche Führungskraft auch nicht der Anlass, etwas daran verändern zu müssen.

In der Gestaltung von Strukturen ist eine Balance zwischen Regulation und Freiheit zu bevorzugen, in der zum Beispiel flache Hierarchien vorherrschen, doch Zuständigkeiten, Entscheidungsprozesse und Kommunikationswege klar formuliert sind. Damit fördern sie die Orientierung für Mitarbeiter und bieten diesen einen klaren Rahmen, in welchem sie frei handeln können. So können Sie Potenziale strukturiert nutzen und eine nachhaltig starke Unternehmensleistung begünstigen.

## 3.2.6   Volatile Führung

Wir sprechen von »volatiler« Führung, wenn das Führungsverhalten eher als sprunghaft und unbeständig – vor allem in Bezug auf Prozesse – bezeichnet werden kann. Die Folge einer volatilen Ausrichtung kann sein, dass Prozesse nicht konsequent effizient und kundenorientiert ausgerichtet werden, sondern realiter eher mager oder stark aufgedunsen ausgeprägt sind. In Ermangelung einer klaren, kontinuierlichen Führung fehlt es an Konstanz und konsequenter Prozessgestaltung im Sinne des Kunden und der Wertschöpfungskette. In der Folge werden Prozesse pausenlos geändert und können so ihr Effizienz- und Orientierungspotenzial nicht entfalten.

Letztendlich ist es auch bei Prozessen entscheidend, dass Sie die entsprechende Balance zwischen Regulierung und Freiheit finden, die einen Mitarbeiter durch einen Ablauf führt, aber ihm entsprechende Entscheidungs- und Gestaltungsfreiheit einräumt. Solche balancierten Prozesse sind agiler und im Falle von Krisen oder außerordentlichen Umständen flexibler in ihrer Anwendung. Das gesamte Unternehmen profitiert von ausgewogenen Prozessen durch selbstständigere Mitarbeiter, höhere Innovationskraft sowie größere Effizienz, Effektivität und Agilität. Reflektieren Sie deswegen die Prozesse in Ihrer Organisation kritisch und achten Sie darauf, dass diese weder zu mager noch zu aufgedunsen oder starr sind.

Nachdem die typischen Lösungsansätze und Führungsstile beschrieben wurden, legen wir den Fokus im Folgenden auf Entscheidungen und deren Auswirkungen.

**Wie sollten Entscheidungen getroffen werden – und sollten sie das Symptom oder die Ursache behandeln?**

Allgemein anerkannt und immer wieder zitiert wird die folgende Unternehmer-weisheit:

> *Irgendeine Entscheidung ist immer besser als gar keine Entscheidung!*
> *– Stimmt das?*

Grundsätzlich stimmen wir dieser Aussage zu. Wird überhaupt keine Entscheidung getroffen, kann man davon ausgehen, dass sich das Problem nicht von selbst lösen wird, sondern sich weiter intensiviert. Allerdings zeigt dieses Kapitel auch auf, dass manche Lösungsansätze das Symptom langfristig verschlimmern oder zusätzliche Symptome kreieren. Daher sollte auch eine schnelle Entscheidung, die unter Zeitdruck gefällt werden muss, einen durchdachten und systemisch orientierten Ansatzpunkt haben, um zumindest das Symptom nicht zu verstärken oder neue Symptome als Nebeneffekte zu kreieren. Systemische Auswirkungen müssen bedacht, emotionale Reaktionen verstanden und organisationale und externe Effekte berücksichtigt werden. Die Aussage oben würden wir daher folgendermaßen erweitern:

> *Eine reflektierte Entscheidung,*
> *auch wenn sie das Symptom nur kurzfristig behandelt,*
> *ist besser als eine spontane Kausalentscheidung*
> *oder gar keine Entscheidung.*

Selbstverständlich bietet der Unternehmensalltag nicht immer genügend Zeit, um alle Entscheidungsfaktoren zu erforschen und Auswirkungen kalkulieren zu können. Spätestens seit den Arbeiten des Nobelpreisträgers Kahnemann (2012) wissen wir, dass unser Gehirn mentale Anstrengung gerne meidet und eher den Weg des geringsten Widerstandes geht. Das bringt jedoch Fehler und falsche Entscheidungen mit sich. Nur allzu oft entscheiden wir intuitiv und auf der Grundlage unbewusster Heuristiken. Meistens lenken unsere Emotionen und nicht die Ratio unsere Entscheidungen. Bei grundlegenden Entscheidungen lohnt es sich deshalb, auch wenn es anstrengend sein mag (Kahnemann nennt das »langsames Denken«), nochmals über Ihre intuitiv getroffene Entscheidung nachzudenken. In unserer Expertenperspektive zum Abschluss dieses Kapitels wird Prof. Dr. Wüthrich die sogenannte »aufgeschobene, emotionale Entscheidung« vorstellen, die eben jenen intuitiven Entscheidungen überlegen ist.

Bereits im ersten Kapitel haben wir angedeutet, dass sich so manche Verantwortliche lediglich auf Symptome konzentrieren, statt Ursachen zu identifizieren und zu vermeiden. Im folgenden Abschnitt wird aufgezeigt, welche Lösungsansätze sich auf Symptome beziehen und wie Lösungsansätze aussehen, die auf die Ursachen abzielen.

### 3.2.7   Lösungsansätze – Soll ich systemisch oder isoliert entscheiden?

Im Unternehmensalltag stehen Sie vor zahlreichen Entscheidungen. Sie können sich für kurzfristige oder langfristige Lösungen entscheiden, Sie können auch bewerten, ob Sie eher ganzheitlich oder isoliert Maßnahmen im Unternehmen implementieren wollen. Um darzustellen, wie verschiedene Lösungsansätze oder Instrumente sich auf Ihre Organisation auswirken, eignet sich ein Interventionsportfolio. Zugrunde liegt die Annahme, dass Sie vor einem Problem stehen und sich für eine der vier Interventionsalternativen entscheiden müssen. Auch hier spielt das Verständnis der Organisation als System, also als Organismus, eine grundlegende Rolle. Da Sie stets eine Gesunde Organisation als Ziel haben, werden die verschiedenen Interventionen oder Lösungsansätze in Abbildung 31 als Wege zur Genesung der Organisation beschrieben. Sie unterscheiden sich in ihrem zeitlichen Fokus und in ihrem Lösungsfokus.

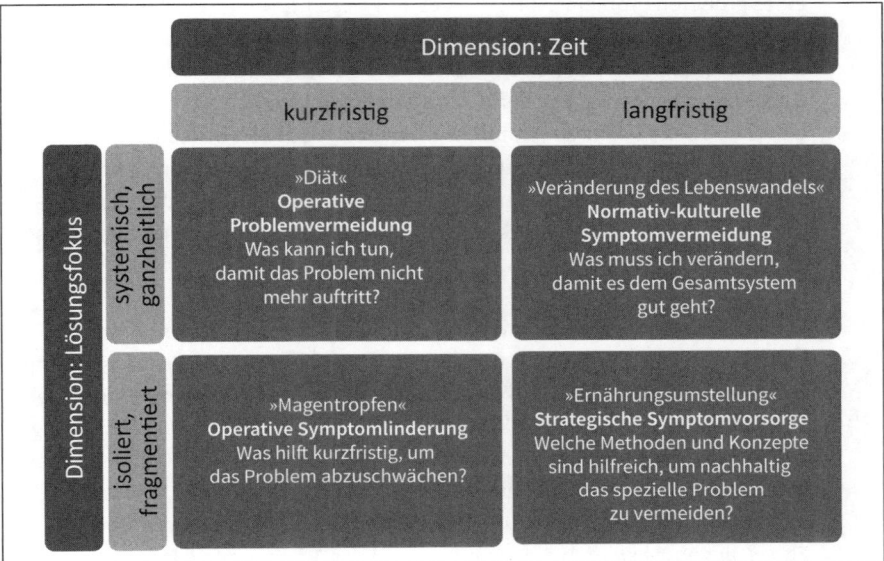

**Abb. 31:** Interventionsportfolio (Widmayer, 2015)

Um die Überlegungen der einzelnen Interventionsalternativen zu verstehen, lohnt sich der Blick auf die Praxis und ein spezielles Beispiel eines Problems in der Organisation. Hier wird schnell klar, wie sich systemische Lösungen von isolierten Lösungsansätzen unterscheiden.

---

**AUS DER PRAXIS – FÜR DIE PRAXIS**

Stellen Sie sich vor, Sie stehen vor dem Problem, das bereits weiter vorne im Kapitel behandelt wurde: schlechte Mitarbeiterstimmung. Als Entscheider und Führungskraft haben Sie die Herausforderung, dieses Problem »in den Griff« zu bekommen und zu lösen. Im Folgenden werden beispielhafte Lösungsansätze für alle vier Interventionsalternativen gegeben:

**Operative Symptomlinderung:** Sie fokussieren sich auf das spezielle Problem der schlechten Mitarbeiterstimmung und hoffen auf eine möglichst schnelle Lösung. Damit Ihre Mitarbeiter wieder besser gelaunt zur Arbeit erscheinen, entscheiden Sie sich dafür, einen Betriebsausflug zu machen, die Mitarbeiter für Ihre Arbeit zu loben und gute Laune zu verbreiten. Dies wird zwar langfristig nicht das Problem vermeiden, aber hilft dabei, die Stimmung kurzfristig zu heben, also das Symptom zu lindern.

**Operative Problemvermeidung:** Sie sehen die schlechte Stimmung als Teil eines größeren Problems. Ihr Ziel ist es, das Gesamtproblem zu bekämpfen. Sie stellen fest, dass Ihre Mitarbeiter aufgrund der vielen Überstunden gestresst sind und die negative Stimmung sich auf die gesamte Organisation ausbreitet. Daher entscheiden Sie sich dafür, die administrative Arbeit zu vermindern, kleinere Arbeitspakete zu schnüren, arbeitstechnisch als Vorbild voranzuschreiten und die Mitarbeiter dazu zu ermuntern, pünktlich Feierabend zu machen. Mit dieser Entscheidung greifen Sie das Problem der schlechten Stimmung direkt bei der Wurzel und bekämpfen die eigentliche Ursache: Überstunden.

**Strategische Symptomvorsorge:** Ähnlich wie bei der operativen Symptomlinderung ist es Ihr Ziel, das Symptom, also die schlechte Mitarbeiterstimmung zu bekämpfen. Anders als vorhin, entscheiden Sie sich hier allerdings für eine langfristige, eine strategische Lösung. Statt einem einmaligen Betriebsausflug wollen Sie das Arbeitsumfeld der Mitarbeiter angenehmer gestalten und attraktive Zulagen anbieten. Eine bessere Büroausstattung, eine neue Beleuchtung und eine natürlichere Raumaufteilung sowie Boni für Firmenwagen und Fitnessangebote werden die Stimmung und das Arbeitsumfeld langfristig verbessern. Zwar lösen Sie das Problem nicht im Ansatz, also bei der hohen

Arbeitsbelastung, doch mit den Verbesserungen sorgen Sie strategisch dafür vor, dass sich die Stimmung aufhellt.

**Normativ-kulturelle Symptomvermeidung**: Sie erkennen, dass die schlechte Stimmung Teil eines umfassenden Unternehmensproblems ist. Statt nur das Symptom zu bekämpfen, suchen Sie nach Ursachen und streben eine ganzheitliche, langfristige Lösung an. Sie arbeiten nun nicht mehr operativ an dem Symptom, sondern verändern den Arbeitskontext und restrukturieren die Organisation, passen Ihre Mission und Vision stärker an das Wohlbefinden Ihrer Mitarbeiter an und läuten eine Kulturveränderung ein. Ihre Strategie schneiden Sie stärker auf Ihre Mitarbeiter zu, in der hierarchischen Struktur achten Sie auf stärkere Mitarbeiterbeteiligung und größere Aufstiegschancen. Sie definieren Prozesse neu und verbessern die ganzheitliche Unternehmensausrichtung. Dieser ganzheitliche, systemische Veränderungsprozess ist aufwendig und verlangt nach kompetenter Veränderungsbegleitung, doch Sie wissen, dass dies die einzige Möglichkeit ist, das Symptom und dessen Ursache aus dem Unternehmen zu verbannen.

Wie Sie sehen, unterscheiden sich die Lösungsansätze stark in ihrem Fokus. Für welche Interventionsalternative Sie sich letztendlich im Praxisalltag entscheiden, hängt stark von Ihrer speziellen Situation ab. Auch eine kurzfristige oder isolierte Lösung kann in manchen Situationen Sinn machen. Eine wirklich nachhaltige Lösung kann aber nur durch ganzheitliche und systemische Maßnahmen realisiert werden.

---

**Expertenperspektive mit Prof. Dr. Hans A. Wüthrich, Managementforscher und Professor für Internationales Management an der Universität der Bundeswehr München**

Im Rahmen dieses Buches hatten wir die Gelegenheit, ein Interview mit Prof. Dr. Hans A. Wüthrich zu führen. Herr Wüthrich ist Schweizer Managementforscher und Autor, der an der Universität St. Gallen promovierte. Seit 1993 lehrt er Internationales Management an der Universität der Bundeswehr in München. Außerdem war er von 2003 bis 2006 Dekan der School of Economics and Business Administration der Volkswagen AutoUni in Wolfsburg. Er setzt sich intensiv mit der gestiegenen Dynamik und Komplexität des heutigen Unternehmensumfelds auseinander und erforscht, wie Führende dysfunktionale Muster brechen können und Experimente nutzen, um agilere Organisationen zu schaffen. Wir haben uns daher mit ihm über »Wrong Turns« unterhalten, um zu erkunden, wieso »alte Logiken« in neuen Kontexten nicht mehr nachhaltig erfolgreich sein können.

Zunächst wurde im Gespräch deutlich, dass die aktuellen Herausforderungen im Unternehmensumfeld häufig mit den Begriffen »Komplexität«, »Vernetzungsdichte« und »Ungewissheit«, oder durch das Schlagwort »VUCA« (Volatility, Uncertainty, Complexity, Ambiguity) umschrieben werden. In immer kürzeren Zeitabständen müssen Entscheidungen mit stark wachsenden Auswirkungen getroffen werden, die ohne ein ganzheitliches Verständnis des komplexen Gesamtsystems erfolgen. Zu keinem Zeitpunkt sind alle Variablen bekannt. Digitale Transformation, schnellere Innovationszyklen und disruptive Technologien erhöhen die Unsicherheit und Ungewissheit zusätzlich.

Prof. Wüthrich weist darauf hin, dass die zentrale Herausforderung letztlich das Leben und der Umgang mit Paradoxien, also mit Widersprüchlichkeiten, ist. Führungskräfte können daher oftmals die an sie gestellten Erwartungen nicht mehr erfüllen, da sie mit widersprüchlichen Anforderungen konfrontiert sind. So sollen Führende das System der Organisation beispielsweise gleichzeitig stabilisieren und doch auch verändern, das Unplanbare planen und Vorgänge steuern, die linear-kausal nicht steuerbar sind. Mit der klassischen Führungslogik können Organisationen diesen Paradoxien daher nicht mehr entgegentreten. Deshalb versucht das Management, Paradoxien über herkömmliche Instrumente aufzulösen. Dieser Ansatz beruht aber auf dem grundlegenden Missverständnis, dass ein Paradoxon auflösbar sei. Für Prof. Wüthrich liegt die Antwort im Hinblick auf den Umgang mit Paradoxien jedoch in der Entwicklung einer Haltung von Bescheidenheit und spezifischer Metakompetenzen. Diese Metakompetenzen entsprechen nicht den typischen Fähigkeiten einer Führungskraft, sondern beziehen sich vielmehr auf die Frage: Wie können Führende Rahmenbedingungen schaffen, um die Intelligenz im Kollektiv zu nutzen? Führungskräfte sollten demnach weniger im System über direkte Einflussnahme innerhalb der Organisation und über Ressourcenoptimierung, sondern vielmehr am System arbeiten, indem sie indirekt führen und Potenziale entfalten, um letztendlich eine deutlich größere Hebelkraft zu erreichen. Daher muss das grundsätzliche Rollenverständnis von Führungskräften hinterfragt werden. Die Herausforderung lautet: weniger direktiv führen und systemischer denken.

In Bezug auf »Wrong Turns« konstatiert der Managementforscher, dass auf der Symptomebene vor allem der falsche Umgang mit Paradoxien zum Problem wird. So gehen Manager häufig davon aus, diese auflösen und beherrschen, sie mess-, steuer- und kontrollierbar machen zu können. Die Suche nach klaren und eindeutigen Lösungen wirkt limitierend. Er fordert daher eine bescheidenere Haltung von Führungskräften gegenüber Paradoxien, eine Akzeptanz der Widersprüchlichkeit und damit einhergehend, einen systemischen und intelligenteren Umgang mit Komplexität, der die naive Vorstellung der Beeinflussbarkeit und Beherrschung des Kontexts eindämmt.

*»Führungskräfte tun gut daran, ihre Mitarbeitenden darauf vorzubereiten,*
*dass sie von der Führung nicht mehr die Dinge erwarten,*
*die diese vermeintlich in der Vergangenheit erfüllen konnte.«*

Prof. Dr. Hans A. Wüthrich

Der Anspruch an Führungskräfte kann daher nicht lauten, Strategien und
Strukturen eindeutig zu definieren, vielmehr muss die Erwartungshaltung
den gestiegenen Herausforderungen gerecht werden. Unternehmen sollten
die Vorläufigkeit des Wissens erkennen, akzeptieren und ihre Organisation als
Prototypen verstehen. Mehrjährige Strategien und idealtypische Strukturen
funktionieren nicht mehr, Unternehmen müssen sich permanent anpassen und
experimentieren, um mit Veränderungen Schritt zu halten. Somit verändert
sich die Führungsrolle und der Führungsanspruch sowie die Erwartungshaltung an Manager dramatisch.

»Wrong Turns« sind laut Prof. Wüthrich oftmals eine Folge davon, dass viel zu
wenig Zeit darauf verwendet wird, zu verstehen. Die ausgeprägte Lösungsorientierung führt oftmals dazu, dass wir Symptome, nicht aber Ursachen
bekämpfen. Hier bezieht er sich auf Albert Einstein, der einmal sagte, dass er
bei einer Problemstellung 95 Prozent der verfügbaren Zeit zum Verstehen und
5 Prozent der Zeit zum Lösen nutzen würde. Das heutige Management geht
aber häufig in die entgegengesetzte Richtung und sucht nach einer kurzen
Lagebeurteilung nach Routinelösungen. Es fehlt die Zeit zum Reflektieren und
Verstehen der Systemzusammenhänge und ihrer Ursachen.

Woher kommt dieser Zeitmangel? Hans Wüthrich geht davon aus, dass Manager selbst Teil des Problems sind, da erstens, Überlastung Teil des Rollenbilds
einer Führungskraft geworden ist und Manager, zweitens, häufig narzisstisch
veranlagt seien und die permanente Inanspruchnahme fördern und erwarten.
Manager sind letztlich selbst dafür verantwortlich, diese Logik zu durchbrechen, indem sie sich Zeit für Entscheidungen nehmen und sich nicht unersetzlich machen, da letztlich nur ein Teil des Zeitdrucks tatsächlich exogen verursacht wird. Die Antwort auf den Umgang mit Komplexität darf daher nicht
lauten, mehr und schneller arbeiten zu müssen (Stichwort »Beschleunigungsfalle«). Natürlich dürfen Führende während der Reflexion nicht in der Analyse
erstarren. Das Entschleunigen im richtigen Moment kann beschleunigend
wirken.

Als zweiten Grund für »Wrong Turns« wird von Prof. Wüthrich das Unterschätzen, Ignorieren oder Ausblenden von dysfunktionalen Nebeneffekten und
Folgekosten gut gemeinter Managementinitiativen aufgeführt. So führt das
klassische »Management by Objectives«, also das zielorientierte Führen, häufig dazu, dass Opportunitäten ungenutzt bleiben. Ziele erzeugen Druck und
Ängste und provozieren oft eine Dienst-nach-Vorschrift-Haltung.

Im Einklang mit aktuellen Forschungsergebnissen (Kahnemann, 2012) stellt
der Schweizer Managementforscher fest, dass die besten Entscheidungen
aufgeschobene, emotionale Entscheidungen sind. Sowohl Entscheidungen
nach Bauchgefühl sowie Entscheidungen auf der Grundlage von Rationalität
erscheinen daher nicht allein sinnvoll. Vielmehr geschehen gute Entscheidungen dadurch, sich inspirieren zu lassen, die Inspiration zu reflektieren, sich
auszuruhen und das Gehirn an der Lösung arbeiten zu lassen und schließlich
nach einiger Zeit eine aufgeschobene, emotionale Entscheidung zu treffen
(s. Abb. 32). Außerdem benötigen gute Entscheidungen Perspektivenvielfalt,
weshalb eine einzelne Führungskraft oftmals überfordert ist und die kollektive
Intelligenz und das verfügbare Wissen der Organisation als Inspiration nutzen
sollte.

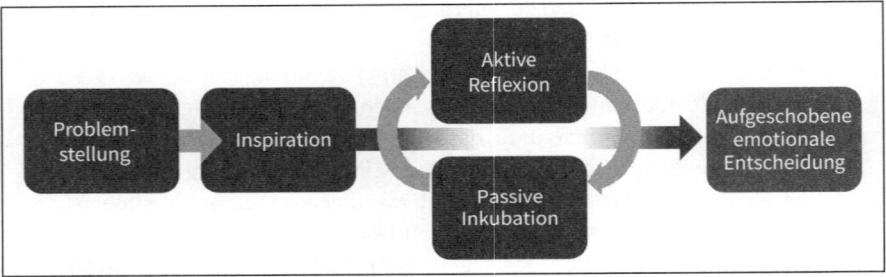

**Abb. 32:** Entstehungsprozess aufgeschobener, emotionaler Entscheidungen
(eigene Darstellung)

Um die Qualität von Entscheidungen zu verbessern, ist es darüber hinaus wichtig zu erkennen, bei welchen Entscheidungen eine Entschleunigung sinnvoll
ist. Hilfreich ist der Blick auf Komplexität, Dynamik, bestehende Zusammenhänge sowie ein iteratives Entscheidungsverhalten, also ein wiederholendes
Neuentscheiden während eines Prozesses. Manager müssen daher den Gedanken ablegen, dass sorgfältige Analysen und spezifische Messinstrumente den
Ausgang einer Entscheidung langfristig vorhersagen können.
Insbesondere der letzte Aspekt berührt die Bedeutung agiler Prozesse, ein
Thema, auf das wir in Kapitel 4 Bezug nehmen werden, da dieser Aspekt auch
im Rahmen der Gesunden Organisation einen zentralen Punkt darstellt.
Wie also müssen Führungskräfte in einem komplexen Unternehmensumfeld
handeln? Wüthrich ortet kein Erkenntnisproblem, sondern ein Umsetzungs-
problem. Viele Führungskräfte haben ungute Gefühle. Sie erkennen den Handlungsbedarf und suchen in ihrer Erfahrungswelt nach Lösungen. Als tragfähig
erweisen sich aber oft Lösungen, die außerhalb dieser liegen. Ein geeignetes
Mittel, um neue Erfahrungswelten zu schaffen, stellen gezielte Führungsexperi-
mente dar. Nach Wüthrich handelt es sich dabei um ergebnisoffene Vorhaben,

die in der Organisation ausprobiert werden. Mit Hilfe von Experimenten können Führungskräfte die Gültigkeit ihres Wissens überprüfen und eigenes Pseudowissen entlarven.

Doch wie kann eine Gesamtorganisation ihre Logik und ihr Selbstverständnis verändern?

Hans Wüthrich sieht, ähnlich wie der Hirnforscher Gerald Hüther (2016), den Schlüssel in den Verhaltensmustern. So müssen »Change«- oder Organisationsentwicklungsprojekte eine Veränderung der Verhaltensmuster bewirken. Verhalten kann allerdings nicht extern zielgerichtet verändert werden. Klassische Appelle zur Veränderung (»Sense of Urgency«) stoßen daher oft an ihre Grenzen, da Menschen durch eine Aufforderung zur Veränderung auf ihre bestehende Erfahrungswelt zurückgreifen. Denn Erfahrung determiniert Haltung und Haltung bestimmt Verhalten. Aufrufe zur Veränderung, die nicht mit der eigenen Erfahrungswelt korrespondieren, können nicht funktionieren.

Daher müssen Organisationen und Führungskräfte auf der Musterebene, also der Erfahrungswelt, ansetzen, um über Veränderungsprojekte eine Haltungsänderung zu erreichen. Und dies geschieht über Experimente, da diese neue Erfahrungen generieren, alte Muster hinterfragen und dadurch eine neue Erfahrungswelt schaffen. Diese Haltungsänderung durch Experimente kann sowohl auf der individuellen, wie auf der Team- und Organisationsebene gelingen. Allerdings müssen solche Experimente mit großer Sorgfalt und Verantwortung durchgeführt werden, um eine Gefährdung der Gesamtorganisation und ihres Überlebens zu vermeiden. Daher machen Impuls-Vorträge oder Initiativ-Experimente in einem kleineren Rahmen mit einzelnen freiwilligen Führungskräften oder Teams bzw. Abteilungen durchaus Sinn, um deren neu erlerntes Wissen und deren Erfahrungen mit der Gesamtorganisation zu vernetzen und ein Momentum zu erzeugen. So werden Budgets geschont und ein organisationsweiter Lernprozess angestoßen.

# 3.3   Zusammenfassung Kapitel 3: Das müssen Sie wissen

- »Wrong Turns« sind falsche Entscheidungen, die häufig kurzfristigen Erfolg versprechen, aber langfristig ineffektiv sind.
- »Wrong Turns« sind oft die Folge aktionistischer Denkweise und Führung.
- Jedes Symptom hat drei Ebenen: Technik, Methode und Bewusstsein.
- Aktionistische Führung kann ausbeutende und verschwenderische Strategien verursachen.
- Häufig verhindert destruktive Führung gesunde Beziehungsdynamiken.

- Unethische Führung verdirbt die Unternehmenskultur durch ihre falsche Vorbildrolle.
- Defizitorientierte Führung kann Mitarbeiterpotenziale hemmen und zu Stress führen.
- Formalistische Führung führt zur Bildung starrer Strukturen.
- Volatile Führung verhindert den Aufbau effizienter und schlanker Prozesse.
- Eine reflektierte Entscheidung ist besser als eine Kausalentscheidung oder keine Entscheidung.
- Lösungsansätze unterscheiden sich in ihrem zeitlichen und in ihrem Lösungsfokus.
- Kurzfristige oder isolierte Lösungen können in manchen Situationen Sinn machen. Nachhaltige Lösungen können aber nur durch ganzheitliche und systemische Maßnahmen realisiert werden.

# 4 Wie schaffe ich einen gesunden Arbeitskontext? – Die Gesunde Organisation als ganzheitliches Erfolgsmodell

In diesem Kapitel finden Sie Antworten auf die folgenden Fragen:
- **Was bedeutet Gesundheit im organisationalen Kontext?**
- **Wie ist das Konzept der Gesunden Organisation entstanden?**
- **Wie sieht ein Organisationsmodell aus, das Leistung und Gesundheit vereinbart?**
- **Wieso ist die Gesunde Organisation überhaupt relevant?**
- **Was bedeutet Gesundheit in Bezug auf nichtmenschliche Faktoren, wie Strukturen, Prozesse oder Strategie?**
- **Wie müssen die einzelnen Unternehmensdimensionen in der Gesunden Organisation gestaltet werden?**
- **In welchem Verhältnis stehen die Unternehmensdimensionen zueinander und wie beeinflussen sie sich?**
- **Wie ist die Gesunde Organisation aufgebaut und wie funktioniert sie?**
- **Welche Strategie verfolgt die Gesunde Organisation?**

Nachdem die vorherigen Kapitel die typischen Problemstellungen in Unternehmen veranschaulicht haben und erläutert wurde, warum viele Lösungsansätze zu kurz greifen, wendet sich dieses Kapitel einer Lösung zu, die Antworten bereithält, um Symptome und Ursachen einer »Kränkelnden Organisation« bzw. »Kranken Organisation« zu vermeiden. Dabei möchten wir nicht nur aufzeigen, wie Sie Probleme vermeiden können, sondern auch zahlreiche Ansätze aufzeigen, um Potenziale zu erkennen und zu entfalten, lösungsorientiert zu denken, Zusammenhänge zu verstehen und Synergien zu nutzen.

Im Prinzip sollte jedes Unternehmen, um langfristig erfolgreich zu sein, nach einer maximalen Leistung bei maximaler Gesundheit streben. Dieses Kapitel zeigt mit dem Konzept der Gesunden Organisation (GO), dass Unternehmen, die gesund arbeiten, deutlich leistungsstärker sind als rein profitorientierte Firmen. Bevor wir uns dem Ursprung des Modells zuwenden, soll definiert werden, was wir unter Gesundheit verstehen.

### Was bedeutet menschliche Gesundheit?

Zunächst richten wir den Blick auf die Beschreibung menschlicher Gesundheit. Diese soll als Basis dienen, um ein vertieftes Verständnis der Gesunden Organisation zu erhalten. Schon im ersten Kapitel wurde darauf verwiesen, dass eine Organisation wie ein Organismus aufgebaut ist und ähnlich funktioniert. Daher soll nun zunächst erläutert werden, was Gesundheit in Bezug auf den Organismus Mensch bedeutet.

**DEFINITION DER WHO**

**Menschliche Gesundheit** – Nach der Weltgesundheitsorganisation (WHO) kann unter Gesundheit ein »Zustand des vollständigen körperlichen, geistigen und sozialen Wohlergehens und nicht nur das Fehlen von Krankheit oder Gebrechen« (Weltgesundheitsorganisation WHO, 2014) verstanden werden. Und weiter: »Der Besitz des bestmöglichen Gesundheitszustandes bildet eines der Grundrechte jedes menschlichen Wesens, ohne Unterschied der Rasse, der Religion, der politischen Anschauung und der wirtschaftlichen oder sozialen Stellung« (Weltgesundheitsorganisation WHO, 2014).

Damit versteht die WHO unter Gesundheit den Optimalzustand eines Menschen und bezieht sich dabei nicht nur auf physische Gesundheit, sondern auch auf psychisches und gesellschaftliches Wohlbefinden. Allerdings wurde diese Definition mehrfach kritisiert und als zu statisch und unrealistisch befunden (Saracci, 1997). Jadad und O'Grady (2008) kommen nach Reflexion des aktuellen Forschungsstandes zu dem Schluss, dass jeder Versuch, Gesundheit zu definieren, am Ende sinnlos ist, da es immer eine Frage des Betrachters sei – keine Definition könne die Komplexität von Gesundheit beschreiben. Tatsächlich ist Gesundheit ein komplexes Konstrukt und wird von jedem Menschen unterschiedlich wahrgenommen (vgl. Kap. 4.4 Leistungsfähige Mitarbeiter). Dennoch benötigen wir für den Rahmen dieses Buches eine eindeutige Definition für menschliche Gesundheit, die uns später auch als Grundlage für das Verständnis der Gesunden Organisation dienen kann. Daher greifen wir auf eine Definition menschlicher Gesundheit zurück, die deutlich flexibler ist und Gesundheit nicht als Zustand, sondern als Fähigkeit versteht.

> **DEFINITION IM RAHMEN DIESES BUCHES**
>
> Im Rahmen dieses Buches definieren wir **menschliche Gesundheit** gemeinsam mit Badura, Münch und Ritter als »einen nicht statischen Zustand, sondern als die Fähigkeit zur Problemlösung und Gefühlsregulierung, durch die ein positives, seelisches und körperliches Befinden und ein unterstützendes Netzwerk sozialer Beziehungen erhalten und wieder hergestellt wird« (Badura, Münch & Ritter, 2001)

### Was hat die menschliche Gesundheit mit Organisationen gemeinsam?

Gesundheit ist laut der Definition kein statisches Konzept. Dies gilt sowohl für die Gesundheit von Menschen wie auch von Organisationen. Verfügen Unternehmen über die Fähigkeit zur Problemlösung und Selbstregulierung und bieten sie einen balancierten Arbeitskontext, können sie bewusst und ganzheitlich gesund arbeiten. Abbildung 33 zeigt die Verknüpfung zwischen menschlicher und organisationaler Gesundheit grafisch auf. Hier wird bewusst, dass die einzelnen Komponenten menschlicher Gesundheit auf Organisationen übertragen werden können und sich ein übereinstimmendes Bild ergibt. Die körperliche Gesundheit des Menschen entspricht einem gesunden und regenerativen organisationalen Aufbau mit einer flexiblen Struktur und sinnvollen Abläufen. Das psychische Wohlbefinden des Menschen spiegelt sich, auf die Organisation übertragen, in der Psyche des Unternehmens wider, also in einem gesunden und fairen Miteinander, einer gemeinschaftlichen und wertebasierten Kultur und psychischer Ausgeglichenheit. Außerdem zeigt sich, dass das soziale Netzwerk des Menschen, also sein

**Abb. 33:** Von menschlicher zu organisationaler Gesundheit (eigene Darstellung)

Kontext, im Konstrukt der organisationalen Gesundheit ebenfalls eine essenzielle Rolle einnimmt. Die Beziehung der Organisation zu ihrer Umwelt sollte demnach klar orientiert, langfristig und verantwortlich sein.

Wie beim Menschen ist es auch bei Organisationen essenziell, eine ganzheitliche, nachhaltige und langfristige Gesundheit zu erreichen. Der Fokus der Gesunden Organisation liegt daher auf Nachhaltigkeit und langfristiger Leistungsfähigkeit in allen Dimensionen. Damit unterscheidet sich dieser Ansatz von der Denkweise mancher kurzfristig und profitorientierter Manager und Unternehmen. Diese fokussieren sich häufig auf isolierte Lösungen und Strategien, die systemische Zusammenhänge und dauerhafte Leistungsfähigkeit verhindern. Im Endeffekt ist es im Interesse aller Beteiligten, wenn Organisationen langfristig erfolgreich sind und Leistungsfähigkeit auf der Basis von Gesundheit erreichen. Die Matrix in Abbildung 34 veranschaulicht den Unterschied zwischen einer kurzfristigen und einer langfristigen Unternehmensausrichtung. Sie basiert auf den sechs Unternehmensdimensionen, die die Basis jeder Organisation bilden. So kann aufgezeigt werden, wie sich kurzfristig und langfristig orientierte Organisationen in ihren einzelnen Dimensionen differenzieren.

| Organisations-dimensionen | Isoliert, kurzfristige Orientierung | Ganzheitlich, langfristige Orientierung |
|---|---|---|
| Strategie | Ausbeutend und verschwenderisch, Profit um jeden Preis | Nachhaltiges, markt- und ressourcenorientiertes Wachstum, wirtschaftliche und organisationale Gesundheit |
| Strukturen | Funktional und hierarchisch | Flexibel und adaptiv, klarer Aufbau mit Platz für Freiheiten |
| Kultur | Silodenken, egozentrisch und leistungsorientiert | Gemeinschaftlich und positiv, geteilte Vision und Teamwork |
| Mitarbeiter | Extrinsisch motiviert, über-/unterfordert, karrieristisch und egoistisch | Leistungsfähig, gesund, sinnorientiert und ausgeglichen |
| Beziehungen | Überheblich und unterwürfig, ausnutzungsorientiert, »win-lose« | Positiv und gleichrangig, auf Augenhöhe, konstruktiv |
| Prozesse | »Output«-orientiert, straff und eng | Agil und realitätsorientiert, klar strukturiert mit Entscheidungsfreiräumen |

**Abb. 34:** Matrix: kurzfristige vs. langfristige Orientierung (eigene Darstellung)

Eine isolierte und kurzfristige Orientierung kann in einem Unternehmen, bei dem es nicht um eine über Jahrzehnte währende Existenz geht, für kurzzeitigen Erfolg sorgen. Allerdings kann man in der Mehrheit der Fälle davon ausgehen, dass ein kurzfristiges Unternehmensmodell nach wenigen Jahren scheitern wird. Dies beschreibt unter anderem Simon (2007), der zeigt, dass sich viele Unternehmen ein Beispiel an den sogenannten »Hidden Champions«, äußerst erfolgreichen, aber unbekannten Mittelstands- und Familienunternehmen nehmen sollten, die deutlich langfristiger und nachhaltiger orientiert und aufgestellt sind. Diese – weitgehend unbekannten – Weltmarktführer vermeiden typische Fehler kurzfristig ausgerichteter Unternehmen. Die folgende Liste stellt eine Auswahl typischer Fehler dar (Simon, 2007), die auch als »Wrong Turns« gesehen werden können:

- kurzfristige Gewinnmaximierung, z. B. durch Kürzung der F & E-Ausgaben
- häufige strategische Richtungswechsel, keine Konstanz
- Diversifikationen, die das Portfolio vom Kerngeschäft distanzieren
- gewagte Finanzierungsmethoden als Mittel zum schnellen Wachstum
- übereilte oder zu große Anzahl an Akquisitionen
- voreiliges Outsourcing

Haben Sie also ein Interesse am langfristigen Bestand Ihres Unternehmens und einem nachhaltigen Wachstum, müssen Sie Ihre Priorität auf die Entwicklung einer langfristig orientierten Organisation setzen. Diese Denkweise spiegelt sich auch im »Shareholder-Value«-Ansatz wider, der seit einigen Jahren an Popularität gewinnt und im Folgenden erläutert wird.

### AUS DER PRAXIS – FÜR DIE PRAXIS

Dass Unternehmen häufig mehr Wert auf kurzfristige Gewinnmaximierung statt auf langfristige Wertmaximierung legen, ist ein bekanntes und stets aktuelles Problem. Besonders in den neunziger Jahren wurden falsche Anreizsysteme eingesetzt, die den Fokus auf kurzfristige Aktienkursanstiege legten (Schredelseker, 2003). Diese Orientierung wurde durch Anteilseignervertreter stark forciert, da deren Denkweise darauf basierte, möglichst schnell hohe Gewinne über Anteilskäufe zu generieren (Prangenberg, Müller & Aldenhoff, 2005). Diese Bewegung wird daher gerne als »Shareholder-Value«-Ansatz umschrieben, also die Ausrichtung der Unternehmensstrategie auf die alleinige Wertsteigerung für Aktionäre. Der »Shareholder-Value«-Ansatz geht auf Alfred Rappaport (1999) zurück. Strategien, die die Steigerung des »Shareholder Values« als leitendes Ziel betrachten, führen in Organisationen häufig zu einer kurzfristigen Orientierung und erfahren seit Jahren Kritik, da sie nicht auf nachhaltige und verantwortliche Wertsteigerung abzielen (eine Ausnahme zu dieser Ansicht

bildet z. B. Schredelseker (2003), der aufzeigt, dass der »Shareholder-Value«-Ansatz meist falsch interpretiert und umgesetzt wird).
Daher wurde der »Stakeholder-Value«-Ansatz als Gegenentwurf propagiert. Diese neue Denkrichtung integrierte nun alle Interessengruppen eines Unternehmens (Mitarbeiter, Kunden, Lieferanten, Eigentümer, Kommune, Staat etc.) und legte Wert auf ein symbiotisches Zusammenspiel der verschiedenen »Stakeholder«. Unterstützer des »Stakeholder-Value«-Ansatzes gehen davon aus, dass das nachhaltig gesunde Zusammenspiel der verschiedenen Interessengruppen letztlich den Bestand des Unternehmens sichert und das erfolgreiche Management der verschiedenen Interessen ebenfalls den Unternehmenswert steigert (Prangenberg, Müller & Aldenhoff, 2005).

Damit ist der »Stakeholder-Value«-Ansatz deutlich systemischer ausgerichtet und bezieht den Unternehmenskontext stärker mit ein. Er legt theoretisch auch einen höheren Wert auf Langfristigkeit und nachhaltige Beziehungen mit allen Interessengruppen. Daher entspricht der »Stakeholder-Value«-Ansatz grundsätzlich der Orientierung einer Gesunden Organisation, deren Konzeptualisierung in Kapitel 4.2 ausgeführt wird. Bevor wir jedoch unser Modell der Gesunden Organisation vorstellen, wollen wir zunächst aufzeigen, warum die Entwicklung einer Gesunden Organisation heutzutage und in Zukunft relevant ist.

## 4.1   Relevanz der Gesunden Organisation – Wettbewerbsvorteile in der Praxis

Dieses Buch würde nicht existieren, wenn wir nicht fest davon überzeugt wären, dass die Gesunde Organisation das Unternehmensmodell der Zukunft ist. In zahlreichen Studien sowie im Praxisalltag und in der Analyse vieler Unternehmen bestätigt sich immer wieder, dass Organisationen an Symptomen leiden, für die sie selbst verantwortlich sind. Auf kurzfristiger, engstirniger und voreiliger Basis werden Entscheidungen getroffen, Strukturen aufgebaut und Unternehmensausrichtungen formuliert und verändert, welche den Organisationen langfristig mehr schaden als helfen. Das Prinzip der Gesunden Organisation ist für jedes Unternehmen hilfreich, um sich sinnvoller zu orientieren, verantwortungsvoller zu handeln und nachhaltig erfolgreicher zu werden. In diesem Unterkapitel möchten wir daher Studien und Praxisbeobachtungen vorstellen, die aufzeigen, dass an einem Umdenken kein Weg vorbeiführt.

### 4.1.1   Mitarbeitergesundheit

Bereits im zweiten Kapitel wurde auf wichtige und interessante Indikatoren und Folgen psychischer und physischer Leistungsunfähigkeit hingewiesen. Im Folgenden sollen daher repräsentativ einige Studien und Ergebnisse aufgeführt werden, die zeigen, dass ein strategisches Umdenken in Richtung Gesunder Organisation klare Wettbewerbsvorteile schafft.

Die DEGS-Studie zur »Gesundheit Erwachsener in Deutschland« untersuchte die Häufigkeit von psychischen Störungen in Deutschland und deren Folgen für Unternehmen (Bundesgesundheitsblatt, 2013). Die Ergebnisse zeigen, dass etwa ein Drittel der Deutschen an einer oder mehreren psychischen Störungen leiden und dass Personen mit psychischen Störungen, verglichen mit Personen ohne psychische Störung, die dreifache Anzahl an Einschränkungstagen haben. Außerdem, so die Studie, führen psychische Störungen auch zu einer erhöhten Anzahl an körperlich bedingten Einschränkungstagen. Insgesamt leiden darunter dann selbstverständlich Leistungsfähigkeit und Produktivität der betroffenen Arbeitnehmer.

Laut einer Studie der FOM Hochschule für Ökonomie und Management gaben interessanterweise fast 60 Prozent der befragten Arbeitnehmer an, kein betriebliches Gesundheitsmanagement im Unternehmen zu haben oder davon zumindest nichts zu wissen. Außerdem zeigt die Studie, dass Mitarbeiter in Unternehmen mit betrieblichem Gesundheitsmanagement deutlich stärker an ihr Unternehmen gebunden sind (Gansser & Linke, 2013). Insgesamt besteht also deutlicher Verbesserungsbedarf im Aufbau eines betrieblichen Gesundheitsmanagements. Doch dass institutionalisiertes Gesundheitsmanagement nicht ausreichend ist, zeigen Linnenschmidt, Lümkemann und Lippke (2015). Sie sehen Führungskräfte in der Verantwortung, das Gesundheitsverhalten von Mitarbeitern zu verbessern. Die Förderung von Eigenverantwortung spielt dabei eine grundlegende Rolle. Laut Autoren müssen Unternehmen und Führungskräfte ihre Vorbildrolle nutzen, um Mitarbeiter und deren Gesundheit individuell und nachhaltig zu fördern.

Auch die »Top Job«-Trendstudie »Gesunde Führung« zeigt: Mental gesunde Mitarbeiter sind zufriedener, identifizieren sich stärker mit ihrem Unternehmen und binden sich an dieses. Außerdem und besonders beeindruckt: Die Unternehmensleistung steigt um 15 Prozent, wenn Mitarbeiter psychisch gesund sind (vgl. Abb. 35). Die Autoren zeigen auf, dass gerade die Stärkung von Eigenverantwortung, ein zentrales Konzept der Gesunden Organisation, einen großen Beitrag zu Mitarbeitergesundheit leistet. So verbessert »Empowerment« die mentale Gesundheit um über 30 Prozent. Auch eine gesunde Selbstführung von Verantwortlichen wirkt sich positiv auf Mitarbeiter aus. Führende müssen daher zunächst sich selbst gesund führen, um eine Vorbildrolle einnehmen zu können

(Bruch & Kowalevski, 2013). In der Tat spielt Selbstführung, wie sich in Kapitel 5 zeigen wird, eine zentrale Rolle im Führungsverständnis der Gesunden Organisation.

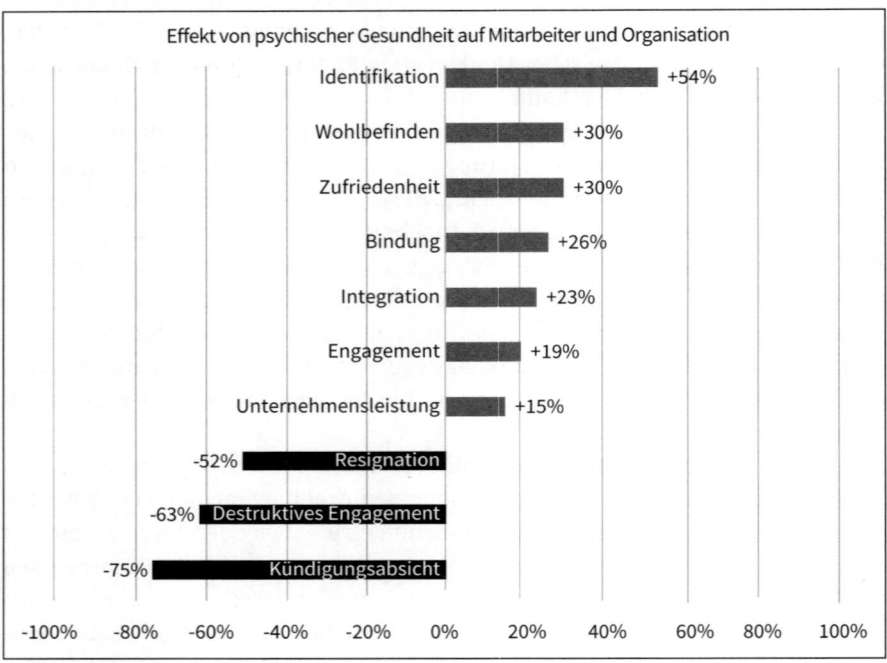

**Abb. 35:** Effekt von psychischer Gesundheit auf Mitarbeiter und Organisation (Bruch & Kowalevski, 2013)

SAP indes ist der praktische Beweis, dass Mitarbeitergesundheit die Unternehmensleistug positiv beeinflusst. Daher erstellt das Unternehmen einen integrierten Jahresbericht, in welchem gesundheitliche Faktoren (Stress, »Work-Life-Balance« etc.) sowie Indikatoren zu Frauenförderung, Vertrauen in Verantwortliche und Mitarbeiterzufriedenheit, -bindung sowie -engagement einfließen. Darüber hinaus gibt SAP auch umweltbezogene Faktoren an (Treibhausgasemissionen, Energieverbrauch, Anteil erneuerbarer Energien), um seinen Interessengruppen größtmögliche Transparenz über das Handeln der Organisation zu bieten (SAP, 2016). Verantwortliche des Unternehmens schätzen, dass die gezielte Entwicklung dieser Indikatoren das Unternehmensergebnis um etwa 200 Millionen Euro verbessert (Kerkmann, 2016).

## 4.1.2   Mitarbeiterleistung und -engagement

Weitere Studien und Veröffentlichungen zeigen auf, dass auch Mitarbeiterleistungskennzahlen und Engagement-Indikatoren in vielen Unternehmen suboptimal sind.

Der Fürstenberg Performance Index 2011 weist darauf hin, dass vier von fünf Arbeitnehmern in Deutschland sich aufgrund von körperlichen Beschwerden, psychischen Symptomen, privaten Sorgen oder beruflichen Problemen leistungsgemindert fühlen. Probleme am Arbeitsplatz sind laut Index der Hauptgrund für eine verminderte Leistungsfähigkeit. Insgesamt wird in Deutschland von Leistungseinbußen von 20 Prozent ausgegangen, was laut der Studie, einer nicht realisierten Produktion von über 360 Milliarden Euro entspricht. Gesundheit, Gerechtigkeit und Vertrauen am Arbeitsplatz sind laut des Fürstenberg Performance Index grundlegende Faktoren, die die Leistung am Arbeitsplatz erhöhen (Berger, Fürstenberg & Brauck, 2011). Diese drei Faktoren spiegeln sich auch in den Dimensionen der Gesunden Organisation wider, wie z. B. respektvollen Beziehungen und einer gemeinschaftlichen Unternehmenskultur.

Mitarbeiterleistung hängt ebenfalls stark mit Engagement zusammen. Der Gallup Engagement Index untersucht seit 2001 das Engagement von Mitarbeitern in Deutschland. Dabei werden Mitarbeiter nach ihrer emotionalen Bindung an das Unternehmen in drei Typen klassifiziert. 15 Prozent der Arbeitnehmer haben demnach eine hohe emotionale Bindung an ihr Unternehmen. 70 Prozent der Mitarbeiter jedoch machen lediglich »Dienst nach Vorschrift« und haben nur eine geringe emotionale Bindung. Die übrigen 15 Prozent aller Arbeitnehmer haben bereits »innerlich gekündigt«, haben demnach keinerlei emotionale Bindung, zeigen keine Eigeninitiative, Leistungsbereitschaft und Verantwortungsbewusstsein und arbeiten oftmals sogar eher destruktiv gegen das eigene Unternehmen. Sie haben auch deutlich höhere Fehlzeiten. Laut Gallup-Studie spielen direkte Vorgesetzte die wichtigste Rolle, um das Engagement von Mitarbeitern zu beeinflussen (Nink, 2014). Demnach müssen Organisationen ihre Führungskräfte sorgfältig auswählen und ganzheitlich ausbilden, sodass diese verantwortungs- und respektvoll sowie reflexiv und nachhaltig agieren.

## 4.1.3   Arbeitsklima

Auch das Arbeitsklima hat großen Einfluss auf Unternehmenskennzahlen. Goleman, Boyatzis und McKee (2003) argumentieren, dass ein gesundes und positives Arbeitsklima zu erhöhter Mitarbeiterzufriedenheit und Umsatzsteigerung führt. Hauptverantwortlich für das Arbeitsklima ist die Führungskraft, die durch emotional intelligente Führung die Stimmung und das Miteinander verstehen und verbessern kann.

Auch Ramlall (2008) stellt fest, dass ein positives Arbeitsklima, beziehungsweise eine positive Organisationskultur, zu einer höheren Mitarbeiterzufriedenheit und einer stärkeren Unternehmensleistung beiträgt. In Kapitel 5.3 zeigen wir in den praktischen Vorgehensweisen auf, wie Verantwortliche zu einer positiven Unternehmenskultur beitragen können.

Abschließend zeigt das Praxisbeispiel der ec4u expert consulting ag, dass sich die Auseinandersetzung mit der Gesunden Organisation und die Umsetzung des Konzepts in der Praxis auch wirtschaftlich lohnt. Der CEO David Laux schätzt das Verhältnis zwischen Investitionsaufwand und Ertrag auf 1:5. Er sieht nach bereits zwei Jahren die Erreichung der Investitionsrentabilität (ROI) als realistisch an und auf lange Sicht entsprechende Skaleneffekte bei nachhaltiger Umsetzung der Gesunden Organisation. Mehr zu dieser Einschätzung finden Sie in unserer Expertenperspektive zum Abschluss des vierten Kapitels.

In den oben aufgeführten Studien und Veröffentlichungen zeigt sich:
- Ein großer Teil von Mitarbeitern leidet an psychischen Störungen und gesundheitlichen Beschwerden.
- Betriebliches Gesundheitsmanagement erhöht die Mitarbeiterbindung.
- In vielen Unternehmen arbeiten Mitarbeiter nicht engagiert, in einigen Organisationen sogar destruktiv.
- Das Arbeitsklima hat großen Einfluss auf die Mitarbeiter- und Unternehmensleistung.
- Führung spielt eine zentrale Rolle in Bezug auf Mitarbeiterleistung, Engagement und Gesundheit.

## 4.2    Ursprung des Konzepts – Warum das Ganze?

Die Gesunde Organisation ist ein Konzept, das über Jahre hinweg entwickelt und erweitert wurde. In den folgenden Abschnitten wird diese Entwicklung dargestellt, um aufzuzeigen, auf welcher Basis das Konzept gründet und wie diverse Einflüsse das Modell und die Grundidee verbessert haben.

Das Gallup-Institut beschäftigt sich seit knapp drei Jahrzehnten mit der Frage, worauf erfolgreiche Führung beruht und wie Mitarbeiterzufriedenheit zustande kommt. Kern der Gallup-Organisation ist seit Gründung in den 1930er-Jahren zwar die Meinungsforschung, später wurde aber zusätzlich ein Forschungsbereich zu Führung, Mitarbeiter- und Kundenzufriedenheit aufgesetzt. 1999 veröffentlichte Gallup dann ein bahnbrechendes Fachbuch, das mit der bisherigen Vorstellung von transaktionaler und leistungsorientierter Führung als Nonplusultra brach und einen neuen Fokus in die Führungspraxis integrierte. Buckingham & Coffmann (1999), zwei Mitarbeiter des Gallup-Instituts, zeigten in dem Buch auf, wie verantwortliche Führung und nachhaltige Mitarbeiterbindung und -entwicklung stattfinden kann, ohne auf wirtschaftlichen Erfolg verzichten zu müssen. Das Buch war damit Wegbereiter zum heute weltweit bekannten und erforschten Engagement-Index (Gallup, Inc., 2015). Und für uns war es schon damals der grundlegende Impuls für das Konzept der Gesunden Organisation: Unternehmen dabei zu unterstützen, wirtschaftlich dauerhaft erfolgreich zu sein mit Mitarbeitern, die Spaß bei der Arbeit haben, gerne Leistung zeigen und langfristig gesund bleiben. Eine faszinierende Vision für die es sich lohnen sollte, jeden Morgen aufzustehen, oder? Von Beginn an lag unser Fokus nicht allein auf Aspekten der Mitarbeiterführung und -bindung, sondern insbesondere auf dem Bereich der Unternehmensführung und Organisationsentwicklung und damit einem ganzheitlichen Ansatz zur Entwicklung des gesamten Unternehmens.

Die Idee war also schlicht, Leistung und Mitarbeitergesundheit in Organisationen symbiotisch zu realisieren und zu entwickeln. Die Gallup-Studien zeigten auf, dass es für Unternehmen durchaus realistisch war, wirtschaftlich erfolgreich zu sein und gleichzeitig engagierte Mitarbeiter zu beschäftigten (Harter, Schmidt, Kilham & Asplund, 2006). In den Gallup-Studien hatte Mitarbeitergesundheit aber eher einen Nebeneffekt, sie wurde eher indirekt untersucht, beispielsweise durch die Zahl der Fehl- und Krankentage. Dennoch zeigten die Studien auf, dass die grundlegende Idee in der Unternehmensrealität funktionierte. Die Belege waren eindeutig: Gesunde Mitarbeiter sind deutlich leistungsfähiger und können dadurch stärker zum Gesamtunternehmenserfolg beitragen. Mitarbeitergesundheit geht also mit einer höheren Organisationsleistung einher. Damit wurden die Theorien und Praktiken tayloristischer und rein profitorientierter Manager und Unternehmen widerlegt, insbesondere dann, wenn man nachhaltigen Erfolg als wichtiges Kriterium hinterlegt.

Doch diese Erkenntnis allein war uns noch nicht ausreichend. Angetrieben von dem Erfolg der Grundidee, sollte das Konzept nicht nur Mitarbeitergesundheit und Unternehmenserfolg in Relation setzen, sondern systemischer und ganzheitlicher aufgebaut werden. Wir stellten fest, dass Unternehmen nur wirklich gesund sein können, wenn alle Bereiche und Dimensionen einer Organisation Gesundheit als Grundlage und Ziel definieren. Damit weitete sich der Fokus vom einzelnen Mitarbeiter auf die Gesamtorganisation. Da die Gesunde Organisation damit zu einem ganzheitlichen Konzept zur Organisationsentwicklung avancierte, war es zunächst wichtig, ein grundlegendes Verständnis über die Dimensionen eines Unternehmens zu erhalten. Basierend auf theoretischen Konzepten und praktischen Eindrücken, wurde schrittweise ein Modell entwickelt, welches eine Organisation mit ihren wichtigsten Faktoren darstellen konnte und dennoch nicht zu komplex in der Anwendung war.

Das GO-Modell basierte von Beginn an auf dem Organisationsentwicklungs-Dreieck, welches bereits in Kapitel 1 vorgestellt wurde (vgl. Abb. 10: Dreieck der Organisationsentwicklung). Das Dreieck setzt sich aus Strategie, Kultur und Struktur zusammen, also den Eckpfeilern jedes Unternehmens. Dies wird in Abbildung 36 nochmals grafisch dargestellt, um die Basis des späteren Wabenmodells zu veranschaulichen.

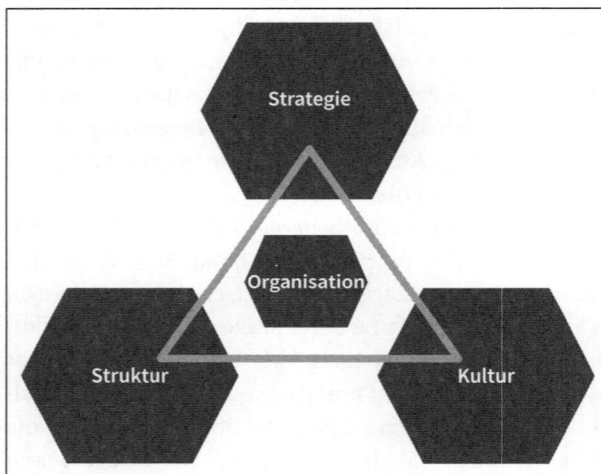

**Abb. 36:** Die drei Eckpfeiler der Organisationsentwicklung als Basis der Gesunden Organisation (eigene Darstellung)

Diese drei Dimensionen eines Unternehmens beschreiben dessen Eckpfeiler, die auf einem abstrakten Niveau funktionieren und nicht physisch greifbar sind. Daher sind sie auch fest in der Organisation verankert und nicht einfach zu verändern. Sie sollen in einer Gesunden Organisation Halt und Orientierung bieten, das Zusammenleben, den Aufbau des Unternehmens sowie die Ziele und Werte festlegen und damit als solide Basis für eine nachhaltige Organisationsentwicklung dienen.

Dennoch, allein diese Faktoren reichten nicht aus, um ein Unternehmen zu definieren und als System zu begreifen. Daher wurden die Dimensionen Beziehungen, Mitarbeiter und Prozesse integriert, die nicht abstrakt, sondern auf der Erlebens-, Gefühls- und Verhaltensebene wahrnehmbar sind. Sie bringen Leben und Abläufe in das Unternehmen, beeinflussen seinen Charakter und spiegeln die in Organisationen vorherrschende Komplexität. Diese drei Dimensionen orientieren sich an den ersten drei Dimensionen und komplettieren das Wabenmodell zur Organisationsbeschreibung (s. Abb. 37).

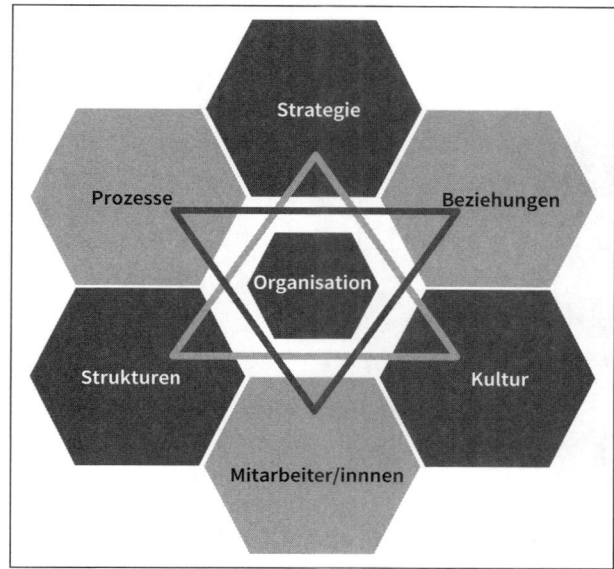

**Abb. 37:** Aufbau des Wabenmodells mit 2 x 3 Dimensionen (eigene Darstellung)

Das Wabenmodell der Gesunden Organisation beinhaltete zum einen also die drei Eckpfeiler der Organisationsentwicklung sowie die drei offensichtlichen Dimensionen der Abläufe, der Individuen und ihrer Interaktionen. Damit war ein grundlegendes Schema gefunden, um Organisationen analysieren und deren Leistung und Gesundheitszustand in unterschiedlichen Dimensionen verstehen und bewerten zu können.

Ein essenzieller Faktor fehlte allerdings noch in der Darstellung: Von Beginn an lag ein starker Fokus auf dem Aspekt Führung. Diese nahm einen zentralen Platz in der Unternehmensbewertung und -analyse ein, da wir von Beginn an davon ausgingen, dass Führung ein Schlüsselfaktor ist, um Potenziale in den sechs Unternehmensdimensionen entfalten zu können. Führung bildete damit eine zentrale Variable, die über die Leistungsfähigkeit und Gesundheit des Gesamtunternehmens entscheidet. Scheitert es bereits in der Führung an Nachhaltigkeit, Balance und Gesundheitsorientierung, so wirkt sich dies fatal auf jede einzelne der sechs Organisationsdimensionen aus (vgl. Kap. 3). Daher wurde Führung zentral in das Modell der Gesunden Organisation integriert, um den Einfluss, die Vernetzung und Interdependenz der Führungsqualität auf die Dimensionen zu veranschaulichen (s. Abb. 38).

**Abb. 38:** Das Waben-modell als Schema einer Organisation (eigene Darstellung)

Das Wabenmodell bewies sich als theoretisch standfest und praktisch anwendbar, um Organisationen und deren verschiedene Dimensionen auf deren Gesundheit und Leistungsfähigkeit überprüfen zu können.

Da Unternehmen niemals isoliert vom Kontext bestehen, entwickelten wir das Verständnis von Gesundheit und Nachhaltigkeit weiter und integrierten wichtige exogene Einflussfaktoren. Eine wirklich Gesunde Organisation musste unserer Meinung nach auch einen positiven und gesunden Effekt auf ihren jeweiligen Kontext haben und mit diesem in einer gesunden Balance stehen. Demnach müssen gesunde Unternehmen auch einen nachhaltig positiven Einfluss auf die Gesellschaft, Wirtschaft und Natur ausüben. »Corporate Social Responsibility« (CSR) ist deshalb ein zentraler Faktor in einem wirklich nachhaltig orientierten und gesunden Unternehmen. Der Aspekt der gesellschaftlichen und ökologischen Verantwortung wird in Kapitel 4.4 näher beleuchtet.

Darüber hinaus werden Organisationen in ihrer Strategie, Kultur und Struktur stark von ihrem Kontext beeinflusst. Aus systemischer Sicht besteht eine aktive Interaktion zwischen Organisation und Kontext, diese beeinflussen sich wechselseitig. Die Integration des Kontexts in das Modell war auch aus diesem Grund ein nächster logischer Schritt. Im Verlauf des Buches werden wir das Wabenmodell allerdings meist ohne Kontext darstellen, um die Komplexität zu vermindern. Wir sollten diesen aber stets und bei jeder Entscheidung im Hinterkopf mitdenken.

Abbildung 39 veranschaulicht das Wabenmodell als Organisationsschema, umgeben von seinem Kontext. Das Unternehmensumfeld setzt sich aus den sechs sogenannten PESTEL-Faktoren zusammen, welche ins Deutsche übersetzt wurden. PESTEL ist eine Abkürzung und ein allgemein anerkannter Begriff, um die Kontextfaktoren zu umschreiben. Das Konzept geht auf Francis Aguilar zurück, einen Harvard-Professor, der den Begriff »ETPS« 1965 prägte. Aus »ETPS« entwickelte sich dann »PEST«, welches auch heute noch ein angewandtes Konzept ist. Dieses wird teilweise mit zwei weiteren Faktoren ergänzt und ergibt somit die Abkürzung PESTEL. Der Begriff steht für:

1.  »**P**olitics« (Politik)
2.  »**E**conomy« (Wirtschaft)
3.  »**S**ociety« (Gesellschaft)
4.  »**T**echnology« (Technologie)
5.  »**E**cology« (Ökologie)
6.  »**L**egal« (Gesetzeslage)

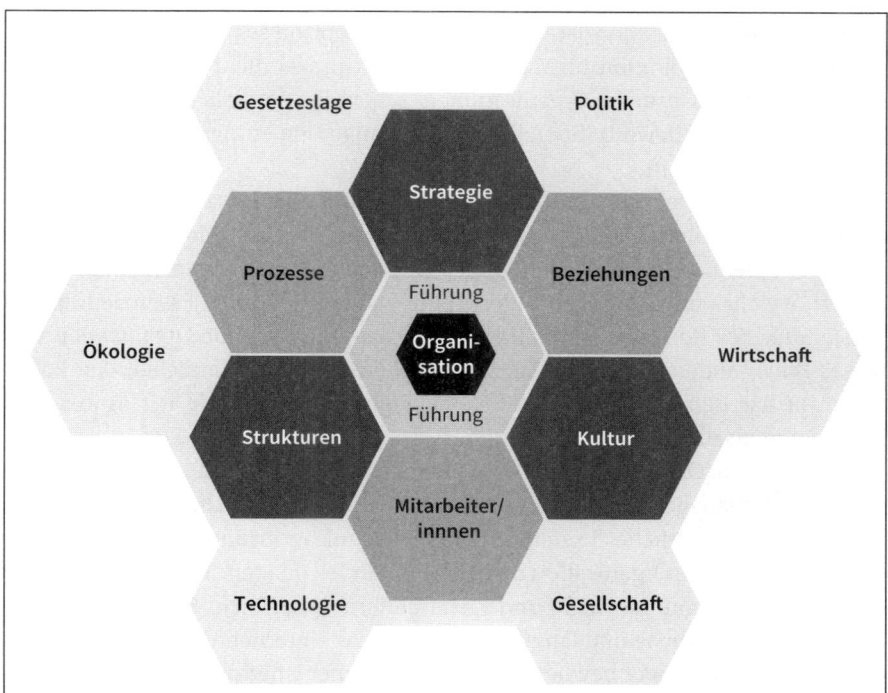

**Abb. 39:** Das Wabenmodell im Unternehmenskontext (eigene Darstellung)

Damit stand das grundlegende Schema fest, um Organisationen differenziert darstellen zu können. Das Wabenmodell bot von Beginn an den Vorteil, Zusammenhänge deutlich machen und unterschiedliche Hebel zur Veränderung identifizieren zu können. Es erwies sich als praxisrelevant und wurde daher die Basis für das heutige Modell der »Gesunden Organisation«, welches im nächsten Unterkapitel dargestellt und erläutert wird. Andererseits dient das Modell aber auch zur Darstellung einer »Kränkelnden Organisation« und einer »Kranken Organisation« (KO), wie Sie diese bereits in Kapitel 2 und 3 kennengelernt haben. Das Modell kann daher als neutrale Grundlage gesehen werden, die es Ihnen und uns ermöglicht, einzelne Organisationsdimensionen, Führungsstile sowie den Unternehmenskontext zu analysieren und zu bewerten, um dadurch Ursachen und Symptome zu identifizieren und passende Lösungen implementieren zu können.


## 4.3   Definition, Modell und Leitgedanken – Wieso »Gesunde« Organisation?

Die Gesunde Organisation ist das zentrale Konzept dieses Buches und soll als Anregung und Inspiration für die Unternehmenspraxis dienen. Wir sind davon überzeugt, dass Gesunde Organisationen zahlreiche Vorteile haben, schneller lernen als der Wettbewerb (Stiefel, 2010) und langfristig erfolgreicher sind als der Branchendurchschnitt.

Bevor wir die Relevanz und Praxistauglichkeit dieses Ansatzes untermauern, fokussiert das Unterkapitel den Blick zunächst auf die Gesunde Organisation an sich. Außerdem wird das Modell vorgestellt, das auf dem Organisationsschema basiert, welches im vorherigen Unterkapitel vorgestellt wurde. Essenziell für das Verständnis des Konzepts ist die Erkenntnis, dass die Gesunde Organisation und dieses Buch, anders als andere Gesundheitsansätze und Fachbücher, den Fokus nicht auf das Betriebliche Gesundheitsmanagement legen, wie wir es aus dem Unternehmensalltag kennen.

Die Gesunde Organisation ist mehr als ein Unternehmen mit ausgezeichnetem Gesundheitsmanagement. Sie beschreibt ein ganzheitlich balanciertes Unternehmen mit gesundheitlicher Exzellenz in allen Organisationsdimensionen. Tatsächlich ist die Gesunde Organisation mehr als ein Modell oder ein Trend. Die Gesunde Organisation ist eine Ideologie und Zielorientierung zugleich. Sie zeigt den Weg in eine verantwortliche und langfristig erfolgreiche Unternehmenszukunft. Sie ist das Resultat jahrelanger bewusster und systemischer Unternehmensführung und beschreibt den Idealzustand einer Organisation, die intern sowie extern verantwortlich, balanciert und nachhaltig agiert, von diesem Verhalten auf lange Sicht profitiert und so auf gesunder Basis wächst.

**Wie definiert und erkennt man eine Gesunde Organisation?**

**DEFINITION**

**Gesunde Organisation (GO)** – Eine Gesunde Organisation agiert nachhaltig, verantwortungsvoll und balanciert, lernt schnell, funktioniert auf einer soliden wirtschaftlichen Basis, ermöglicht Mitarbeitern, ihre eigenen Ziele zu verwirklichen und herausragende Werte für die Organisation und den Kunden zu schaffen, und hat ein langfristiges, klares Zukunftsbild, für das sich alle in einem positiven Miteinander engagieren.

Demnach ist eine Gesunde Organisation ein Unternehmen mit
1. einer langfristigen, ganzheitlichen Orientierung,
2. nachhaltiger Wirtschaftlichkeit,
3. Balancierter Führung,
4. leistungsfähigen und engagierten Mitarbeitern,
5. authentischen Beziehungen auf Augenhöhe,
6. einer gemeinschaftlichen und wertebasierten Kultur,
7. ausgewogenen und agilen Prozessen,
8. adaptiven Strukturen, die Freiraum bieten und
9. einer sinnvollen markt- und ressourcenorientierten Strategie.

Abbildung 40 zeigt das entsprechend erweiterte Modell nach heutigem Stand der Erkenntnis, ohne den Unternehmenskontext – wie im vorigen Kapitel erwähnt – explizit mit einzubeziehen. Die Begriffe spiegeln dabei wichtige Aspekte der jeweiligen Dimension wider, sollten aber nicht als die alleinigen Determinanten betrachtet werden. Dazu sind die Dimensionen zu facettenreich. Eine Strategie sollte beispielsweise nicht nur markt- und ressourcenorientiert sein, sondern auch dem »Corporate Governance Kodex« entsprechen oder eben auch eine zukunftsweisende Vision enthalten. Wir sind uns damit der Gefahr bewusst, zu »kurz zu greifen« oder auch falsch verstanden zu werden, haben uns aber bewusst für diese Begriffe entschieden, da sie aus unserer Sicht prägnant, verständlich, aussagekräftig und passend zu der jeweiligen Dimension sind. Sie als Führungskraft sollten sich nicht einschränken, eigene, Ihnen wichtige, Kriterien zu den jeweiligen Waben hinzuzufügen.

   Die Dimension »Führung« ist in der Abbildung noch nicht integriert, da sie erst im nächsten Kapitel ausgefaltet wird. Die sechs Dimensionen beinhalten eine

Beschreibung ihres optimalen Zustands, um das Modell zum Vorbild für Organisationen zu machen. Unserer Auffassung nach sollte jedes Unternehmen danach streben, einzelne Dimensionen entsprechend zu entwickeln und zu fördern. Das GO-Modell kann Ihnen dabei als Steuerungsinstrument dienen, um das eigene Unternehmen nachhaltig erfolgreich und gesund auszurichten.

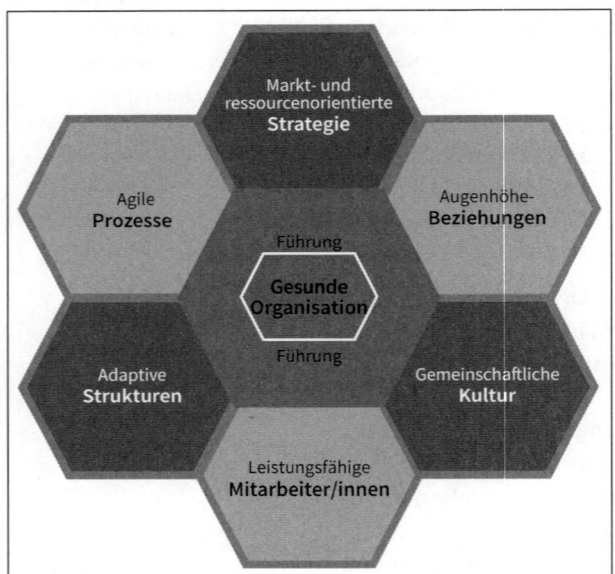

**Abb. 40:** Das Modell der Gesunden Organisation – GO-Modell (eigene Darstellung)

Die sechs Waben stehen in einem systemischen Zusammenhang und beeinflussen sich wechselseitig. Eine Veränderung in der Leistungsfähigkeit der Mitarbeiter wirkt sich auf die Beziehungen aus, welche wiederum einen Einfluss auf die Kultur haben. Aufgrund des systemischen Charakters einer Organisation herrscht eine starke Abhängigkeit zwischen den Faktoren. Allerdings, wie im ersten Kapitel erläutert, haben die Faktoren keinen kausalen Einfluss aufeinander. Durch zirkuläres und lösungsorientiertes Denken sowie das Denken in Auswirkungen können Zusammenhänge identifiziert und verstanden werden. Darüber hinaus steht selbstverständlich auch der Unternehmenskontext in gegenseitiger Verbundenheit mit dem System der Organisation, aber auch mit den einzelnen Unternehmensdimensionen. Das Ziel, wie bereits im zweiten Kapitel erläutert, lautet intra- und interdimensionale Balance, die schlussendlich Grundlage einer ausgeglichenen Organisation ist.

Gesunde Organisationen unterscheiden sich außerdem durch eine hohe Aktivität bzw. organisationale Energie von anderen Unternehmen. Diese Energie bringt hohe, individuelle Leistungsfähigkeit ihrer Mitarbeiter in Einklang. Daher arbeiten Gesunde Organisationen deutlich flexibler, sie charakterisieren sich durch proaktive Agilität, intern wie auch extern. Marktbezogen wird dadurch ein klarer Wettbewerbsvorteil erzeugt, da Gesunde Organisationen innovationsfähiger sind und schneller agieren. Intern bedeutet dies, dass sich eine solche Organisation durch kontinuierliches Lernen, ein niedriges Maß an Bürokratie und offene und interfunktionale Kooperationen auszeichnen.

Dieses Phänomen wird in Abbildung 39 veranschaulicht. Wie im oberen, rechten Quadranten dargestellt wird, ist die »Gesunde Organisation« intern und extern aktiv. Die Mitarbeitenden sind leistungsfähig.

Demgegenüber ist eine, wie in Kapitel 2 vorgestellte, Kranke Organisation deutlich träger. Ihre innere Zerrüttung, ihre Negativität und jahrelanges Missmanagement rauben der Kranken Organisationen jegliche Energie. Dies spiegelt sich auch in ihren Mitarbeitern wieder, die aufgrund schlechter Beziehungen, einer ungesunden Kultur und Polarisierter Führung nur wenig leistungsfähig bzw. leistungsunfähig sind. Die Mitarbeitenden haben nur geringe Chancen, ihr Talent und Potenzial zu entfalten, da sie in einem kranken Arbeitskontext weder motiviert noch lernagil sind.

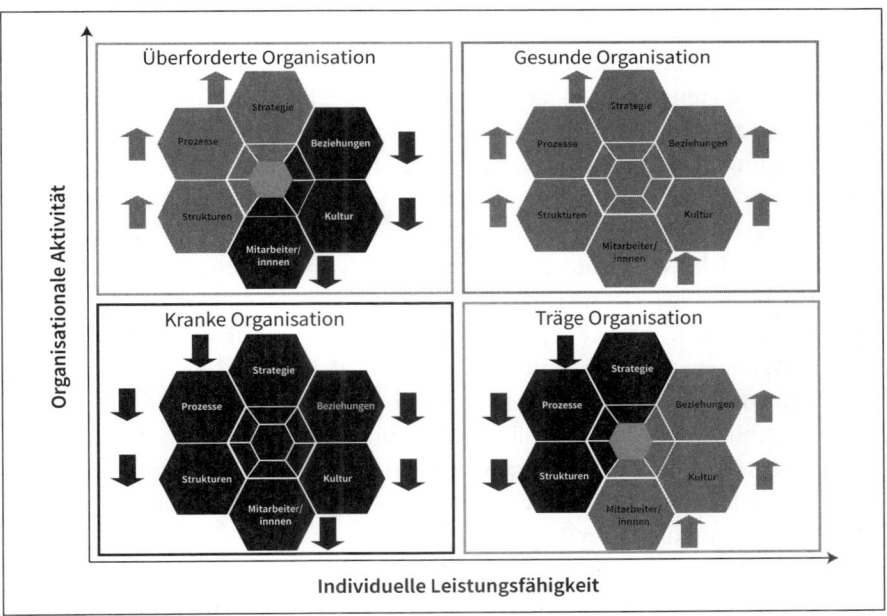

**Abb. 41:** Aktivitäts-Leistungs-Quadrant (eigene Darstellung)

Die Abbildung zeigt außerdem überforderte sowie träge Organisationen. Überforderte Organisationen im linken oberen Quadranten haben ein hohes Maß an Aktivität und Energie, sie verfolgen ambitionierte Ziele, wollen sich schnell entwickeln, schaffen agile Prozesse und adaptive Strukturen, um den ständigen Wandel mit einer anpassungsfähigen Basis zu unterstützen. Allerdings schießen sie dabei über das Ziel hinaus, da sie es nicht schaffen, sich auf ihre Kernelemente und wichtigsten Ziele zu konzentrieren. Ihr aktionistisches Verhalten und ihre Inkonsistenz kreieren Überforderung und Stress bei den Mitarbeitern. Dies wirkt sich negativ auf die zwischenmenschlichen Beziehungen aus. Auch die Unternehmenskultur hat nur eingeschränkt Möglichkeiten, klare, konstante Werte und Orientierungspunkte zu bieten, da sich die Organisation in einem ständigen Selbstfindungs- und Veränderungsprozess befindet. Während das Unternehmen also hochaktiv ist, leidet die Leistungsfähigkeit der Mitarbeiter am organisationsweiten Aktionismus und Stress.

Demgegenüber stellt eine träge Organisation im unteren, rechten Quadranten das Gegenteil dar. »Behördengleich« und relativ energielos, ohne großen Antrieb und Ehrgeiz, treiben träge Organisation vor sich hin. Sich zu wandeln oder an veränderte Umweltbedingungen anzupassen, liegt nicht in ihrem Interesse. Über Jahre hinweg hat sich ein bürokratisches und undurchsichtiges Netz aufgebaut, in dem jegliche innovative Energie versickert und letztlich erstickt. Die Strategie solcher Organisationen ist oftmals obsolet und basiert auf einem Erfolgsrezept, das vor Jahren einmal den Aufstieg der Firma ermöglicht hat. Die Mitarbeiter verstehen sich untereinander allerdings gut, die Kultur zeugt von Respekt und gegenseitiger Achtung. Es herrscht ein kollegialer Umgang und eine Wohlfühlatmosphäre. Man ist zufrieden und möchte den Status quo gerne beibehalten. Der Arbeitsplatz wird als täglicher sozialer Austausch mit Kollegen wahrgenommen. Prinzipiell sind die Mitarbeiter leistungsfähig, sie verfügen über Talente und Energie, doch fehlen inspirierende Leistungsträger, die Potenziale erkennen, entwickeln und entfalten, Motivation entfachen und die Lernagilität ihrer Mitarbeiter fördern. Auch eine emotional attraktive Vision ist oftmals nicht vorhanden oder wird nicht wirklich ernst genommen; genauso wenig wie eine zukunftsorientierte Strategie, ambitionierte Ziele, agile Prozesse und anpassungsfähige Strukturen.

Nun liegt es an Ihnen, Ihre Organisation einzuordnen. Sind Ihre Kollegen und Mitarbeiter leistungsfähig? Wie schätzen Sie die organisationale Energie und Aktivität Ihres Unternehmens ein?

Im nächsten Unterkapitel wird beschrieben, wie die einzelnen Dimensionen in ihrem gesundheitlich und balanciert bestmöglichen Zustand aussehen und welche Eigenschaften sie auszeichnen.

## 4.4   Die Drei Perspektiven eines Unternehmens – So schaffen Sie eine Gesunde Organisation

In Kapitel 2 hatten wir erläutert, wie sich die sechs Unternehmensdimensionen in einer Kränkelnden Organisation charakterisieren und an welchen typischen Symptomen sie häufig leiden. Kapitel 4.4 wird aufzeigen, wie die Dimensionen in ihrem bestmöglichen Zustand aussehen und funktionieren.

Erreichen Sie einen sehr guten Zustand in jeder der einzelnen Dimensionen, so gestalten Sie Ihre Organisation gesund, verantwortungsvoll und nachhaltig. Zu berücksichtigen ist auch in diesem Fall, dass das Modell der Gesunden Organisation zwar Adjektive zur Beschreibung der Dimensionen zur Verfügung stellt, dass diese Adjektive jedoch nicht die Gesamtheit der einzelnen Dimensionen umfassen kann. Vielmehr stellen die gewählten Beschreibungen einen Teilaspekt eines größeren Gesamtcharakters dar. Sprechen wir also im GO-Modell von »leistungsfähigen Mitarbeitern«, so soll deutlich werden, dass Leistungsfähigkeit zwar ein zentraler Aspekt in dieser Unternehmensdimension ist, dass aber weitere Faktoren, wie Gesundheit, Zufriedenheit, Moral oder Optimismus ebenfalls wichtige Rollen einnehmen. In der praktischen Anwendung des Modells ist es letztendlich Ihre Aufgabe, den Optimalzustand jeder Dimension zu umschreiben und auf Ihre jeweilige Unternehmenssituation und Ihren Arbeitskontext anzupassen. Das heißt, dass auch Ihre Einschätzung von Qualität (Welcher Zustand ist ungenügend/befriedigend/gut/ausgezeichnet?) dabei helfen wird, das Modell auf Ihr Unternehmen anwendbar und praxistauglich zu machen.

Linear gedacht, können Leistungsindikatoren dabei helfen, die Dimensionen auf kleinere Teilaspekte abzuleiten und Zielwerte für diese zu formulieren. Dies kann Praktikern bei der Anwendung helfen, um sich eine klar messbare Orientierungshilfe zu schaffen und Zielvorgaben formulieren zu können. Allerdings entspricht diese Herangehensweise einer Vereinfachung der tatsächlichen Komplexität in Organisationen. Sollten Sie Leistungsindikatoren zur Zielformulierung und zur Messung des Status quo nutzen wollen, müssen diese gut überlegt und unter Einbezug systemischer Einflussfaktoren definiert werden. Das Übersetzen von komplexen Faktoren in Zahlen führt häufig zu einer »Ursache-Wirkungs-Denkweise«, welche wir bereits in Kapitel 1 angesprochen und als zu vereinfachend dargestellt haben. Aus theoretischer Sicht stellen KPIs daher nicht immer eine realitätsadäquate Messung von Leistung, Zufriedenheit oder Wissen dar. Doch für die Praxis, wenn reflektiert und in kontinuierlicher Verfeinerung, können solche Messwerte natürlich eine schnelle und einfache Übersicht zur aktuellen Lage bieten.

Beim Lesen dieses Unterkapitels möchten wir Sie dazu einladen, Ihre Organisation mit den Beschreibungen der einzelnen Dimensionen im Bestzustand zu vergleichen und mögliche Schwachpunkte, Stärken und Hebel zu identifizieren. Den tatsächlich optimalen Zustand in einer Dimension oder sogar im Gesamtunternehmen wird man in der Praxis nie erreichen. Dennoch sind die folgenden Definitionen und Beschreibungen keine Träumerei, sondern dienen als Anreiz zur Verbesserung. Sie stellen einerseits bewusst einen Idealzustand dar, der nie erreicht werden kann, gleichzeitig jedoch zur ständigen Reflexion und Verfeinerung motivieren soll.

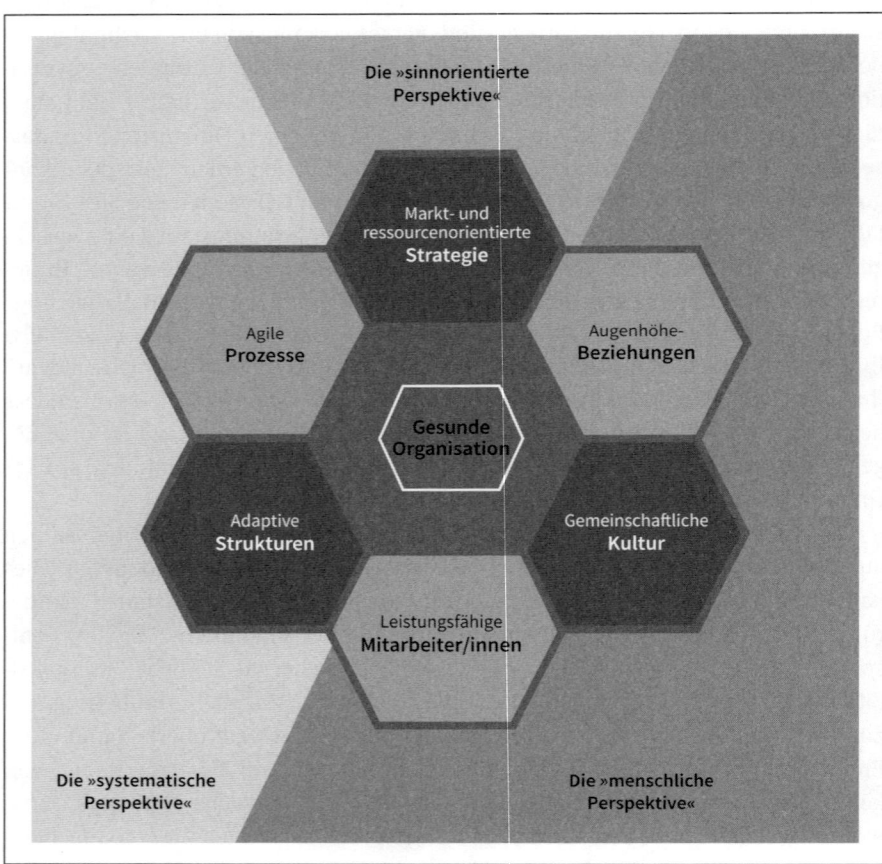

**Abb. 42:** Die drei Perspektiven einer Organisation (eigene Darstellung)

Dieses Unterkapitel setzt sich aus drei ergänzenden Teilen zusammen (vgl. Abb. 42). Zunächst werden die Unternehmensdimensionen Mitarbeiter, Beziehungen und Kultur beleuchtet, da diese Elemente, im Zusammenspiel betrachtet und analysiert, Synergien ergeben. Die drei Dimensionen befassen sich mit der »menschlichen« Perspektive einer Organisation. Mitarbeiter, zwischenmenschliche Beziehungen und eine auf Gemeinschaft basierende Kultur zeigen emotionale, soziale und psychologische Faktoren auf, die Führungskräfte in ihrer Organisation mit emotionaler Intelligenz, psychologischem Verständnis und Feingefühl beachten, deuten und integrieren sollten.

Der zweite Teil dieses Unterkapitels befasst sich mit der systematischen, prozeduralen und strukturellen Perspektive einer Organisation. Prozesse und Strukturen stehen für die Abläufe und den Aufbau eines Unternehmens und bilden die Basis für die Funktiontüchtigkeit desselben. Wie können adaptive Strukturen und agile Prozesse aufgebaut werden, damit Unternehmen im heutigen Marktumfeld schnell und flexibel genug auf Veränderungen reagieren können? Im Vordergrund steht dabei nicht die isolierte Beschreibung einzelner Dimensionen, sondern deren Wechselwirkungen und die Rolle für die Gesamtorganisation.

Im dritten Teil des Unterkapitels werden die bisherigen Erkenntnisse zusammengeführt, um das Thema »Strategie« zu beschreiben. Wie entwickeln Gesunde Organisationen eine sinnvolle Strategie, wie managen sie bestehende Ressourcen, wie verbessern sie ihre Marktposition und wie formulieren sie Ziele und Aufgaben? Die »sinnorientierte Perspektive« der Organisation bringt demnach die »menschlichen« und »systematischen« Aspekte zusammen und nutzt deren Synergie, um den Sinn des Unternehmens zu erfüllen.

### 4.4.1   Die »menschliche Perspektive« der Gesunden Organisation – leistungsfähige Mitarbeiter, Beziehungen auf Augenhöhe und gemeinschaftliche Kultur

Rufen wir uns die Zielsetzung für die »menschliche Perspektive« der Gesunden Organisation ins Gedächtnis: In der Gesunden Organisation …
1. … arbeiten **leistungsfähige Mitarbeiter,**
2. basieren die **Beziehungen auf Augenhöhe** und
3. das Zusammenleben und -arbeiten wird durch eine **gemeinschaftliche Kultur** bestimmt.

Zunächst fokussieren wir uns auf die Mitarbeiter, bilden diese doch die Basis für die Beziehungen und die Kultur in einer Organisation.

In jedem Unternehmen sollten Mitarbeiter die zentrale Rolle spielen, gefordert, gefördert und nicht als Produktionsfaktoren angesehen werden. Leistungsfähige Mitarbeiter stellen die Grundlage einer Gesunden Organisation dar. Im ersten Kapitel wurde bereits dargelegt, wie Leistung und Gesundheit sich gegenseitig verstärken und wie wichtig Potenzialentfaltung ist, um Höchstleistungen zu erzielen.

**DEFINITION**

**Leistungsfähige Mitarbeiter** – Die Gesunde Organisation zeichnet sich dadurch aus, dass sie die Potenziale (Talent, Motivation und Lernagilität) ihrer Mitarbeiter entfaltet und deren Qualifikation (Wissen und Können) und Wohlbefinden durch einen konstruktiven und gesunden Arbeitskontext fördert.

Wie in der Definition deutlich wird, führen Potenzialentfaltung, Qualifikationsförderung und Verbesserung des Wohlbefindens zu einer Steigerung der Leistungsfähigkeit von Mitarbeitern und Teams.

Fokussieren wir zunächst Wohlbefinden als Schlüssel zur Leistungsfähigkeit. Bereits im vorherigen Unterkapitel haben wir das Konzept »menschlicher Gesundheit« näher betrachtet. Die Unterscheidung zwischen Gesundheit und Wohlbefinden ist hilfreich, um zu erfassen, wie Sie Ihre Mitarbeiter unterstützen können, um deren Potenziale zu entfalten und das subjektive Wohlbefinden im Team und im Unternehmen zu steigern.

**DEFINITION**

**»Subjective Well-Being« / subjektives Wohlbefinden (SWB)** – Auch der Begriff des subjektiven Wohlbefindens lässt sich inhaltlich nur schwer abgrenzen von verwandten Konstrukten wie Glück, Lebenszufriedenheit, Lebensqualität oder Gesundheit (Daig & Lehmann, 2007). Für Diener sind drei Komponenten für SWB entscheidend: 1) Lebenszufriedenheit im Sinne einer kognitiven Evaluation der allgemeinen Lebenssituation, 2) die Anwesenheit positiv valenter Emotionen und 3) die Abwesenheit negativ valenter Emotionen (Diener, 1986). Nach Asendorpf kann Wohlbefinden als Teilbereich der psychischen Gesundheit verstanden werden. Psychische Gesundheit hat nach diesem Modell eine objektive Seite, die Menschen in die Lage versetzt, Belastungen aufgrund ihrer vorhandenen, individuellen Kompetenzen zu bewältigen. Und eine subjektive Seite, die dem Wohlbefinden inhärent ist (Asendorpf, 2012). Man spricht deshalb auch von subjektivem Wohlbefinden (siehe Abb. 43).

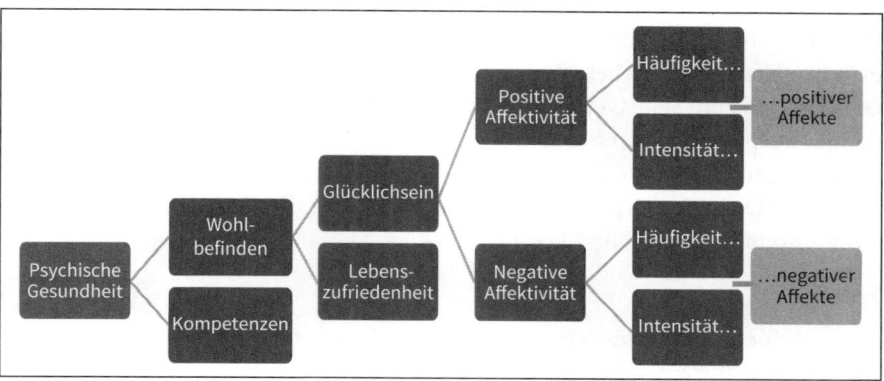

**Abb. 43:** Dispositionshierarchie für psychische Gesundheit (in Anlehnung an Asendorpf, 2012, S. 220)

Die Unterscheidung zwischen Gesundheit und Wohlbefinden ist sinnvoll, da Menschen objektiv betrachtet »*krank*« sein mögen – z. B. durch eine körperliche oder geistige Behinderung – ihr Wohlbefinden aber dennoch *positiv* sein kann (Diener & Diener, 1996; Diener, Suh, Lucas & Smith, 1999; Sprangers & Schwarz, 1999). Subjektives Wohlbefinden untersucht demnach, wie Menschen ihr Leben einschätzen und bewerten. Diese Bewertungen beinhalten Reaktionen von Personen auf bestimmte Ereignisse, ihre damit verbundenen Stimmungen und Urteile, oft bezogen auf Faktoren der Lebenszufriedenheit, der Erfüllung und des Glücks (Diener, Oishi & Lucas, 2003). Das Ziel für die Dimension »Mitarbeiter« lautet daher, SWB zu erreichen. Dies kann sowohl durch Führungs- wie auch durch Kontextfaktoren beeinflusst werden. Grundsätzlich wichtig für Wohlbefinden am Arbeitsplatz sind zwischenmenschliche Beziehungen. In der Gesunden Organisation sind diese Beziehungen stets auf Augenhöhe.

---

**DEFINITION**

**Augenhöhe-Beziehungen** – Die Gesunde Organisation zeichnet sich sowohl innerhalb wie auch nach außen durch konstruktive, faire und authentische Beziehungen aus, die auf gegenseitigem Respekt und Vertrauen basieren.

---

Beziehungen prägen das Miteinander, das Zusammenleben und -arbeiten im Unternehmen. Wenn wir von Beziehungen sprechen, meinen wir aber nicht nur die Beziehung mit eigenen Teammitgliedern, sondern auch abteilungsübergreifende Beziehungen, Führungsverhältnisse sowie Beziehungen zu Kunden, Partnern und Lieferanten. Wie Beziehungen gestaltet werden, spielt nicht nur innerhalb einer Organisation eine Rolle, sondern trifft auf alle Beziehungen der

Organisation auch nach außen zu. Für alle Beziehungen, egal ob intern oder extern, gelten die gleichen Grundlagen und Annahmen, die in der Gesunden Organisation zum Selbstverständnis gehören. Positivität, Wertschätzung, Authentizität, Respekt, Fairness und Ehrlichkeit prägen die zwischenmenschlichen Beziehungen innerhalb und außerhalb des Unternehmens. Diese Grundwerte spiegeln sich in der Organisationskultur wider, die die Grundlage für Gemeinschaft, Kommunikation und Lernen bildet.

**DEFINITION**

**Gemeinschaftliche Kultur** – Die Gesunde Organisation zeichnet sich durch eine Kultur aus, die auf gemeinsamen praktizierten Werten, offener Kommunikation und konsequentem Lernen basiert, eine konstruktive Diversität schafft, das »Wir-Gefühl« stärkt und eine ethische Orientierung bietet.

Eine gemeinschaftliche Kultur und Beziehungen auf Augenhöhe schaffen einen konstruktiven und gesunden Arbeitskontext, der für das Wohlbefinden und die Leistungsfähigkeit von Mitarbeitern essenziell ist. Schafft es eine Organisation, diese kontextuellen Faktoren entsprechend zu gestalten, bietet sie eine optimale Basis für die Potenzialentfaltung der Mitarbeiter, Teams und der Gesamtorganisation.

**Wie kann ein konstruktiver und gesunder Arbeitskontext, und damit subjektives Wohlbefinden geschaffen werden?**

Wie Sie dem Modell in Abbildung 43 und der SWB-Definition entnehmen können, trägt zu Wohlbefinden die allgemeine Lebenszufriedenheit bei. Als Führungskraft haben Sie auf die private Situation des Mitarbeiters natürlich nur wenig Einfluss. Was Sie allerdings tun können, ist gerade in schwierigen privaten Situationen Unterstützung anzubieten, soweit Ihnen das möglich ist.

Darüber hinaus ist die Relation zwischen positiver und negativer Affektivität wesentlich: Vereinfacht könnte man sagen, je häufiger und intensiver positive Affektivität beim Mitarbeiter entsteht, desto besser für das Wohlbefinden. Hier können Sie durchaus Einfluss nehmen. Einmal, in dem Sie in der direkten Interaktion mit dem Mitarbeiter darauf achten, was positive Affekte auslöst, wie beispielsweise der Austausch von Ideen, aber auch, wie der Umgang der Mitarbeiter untereinander ist. Auf der anderen Seite können sehr intensive negative Affekte langfristige Auswirkungen haben, die sich auch durch spätere positive Affekte nicht mehr in ein Gleichgewicht bringen lassen. So können Äußerungen, die vielleicht gar nicht so gemeint waren, in der subjektiven Wahrnehmung des Mitarbeiters verletzend ankommen. Genauso kann das Dulden einer Führungskraft von nicht akzeptablem Verhalten auf Mitarbeiterseite zu negativen Affekten bei Mitarbeitern führen. Für den Umgang mit solchen Situationen gibt es natürlich keine Patentrezepte. Man kann jedoch durch Achtsamkeit und dem Wissen, dass Verhalten und die subjektive Bewertung dessen, zu völlig unterschiedlichen Affekten führen kann, versuchen, intensive negative Affekte zu vermeiden.

Mitarbeitende sollten darüber hinaus Rollen innehaben, in welchen sie die Möglichkeit erhalten, ihre Kompetenzen, Stärken und Charakteristika voll einbringen zu können. Einerseits muss der Mitarbeiter zu seiner Rolle in der Organisation passen. Andererseits sollte der Arbeitskontext für die Mitarbeiter förderlich und positiv sein. Forscher gehen davon aus, dass ein hoher »Fit« zwischen Mitarbeiter und Arbeitskontext zu einem besonders hohen Engagement und Wohlbefinden sowie zu einer größeren Zufriedenheit mit dem Job und der eigenen Organisation führt (vgl. u. a. Kristof-Brown, Zimmerman & Johnson, 2005). Dabei kann man unterschiedliche »Fits« definieren, die alle eine möglichst hohe Übereinstimmung zwischen der Persönlichkeit, den Kompetenzen sowie Werten eines Mitarbeiters und der Atmosphäre, Struktur und Begebenheit seines Arbeitsumfelds zum Ziel haben.

Im Folgenden finden Sie die differenzierenden »Fits«, deren Beschreibungen im Wesentlichen auf den Forschungsarbeiten und der Meta-Analyse von Kristof-Brown et al. (2005) basieren:

**»Person-Job Fit«:** Dieser »Fit« ist der wohl populärste unter Organisationspsychologen und -forschern. Der »Person-Job Fit« beschreibt zum einen, inwiefern die Fähigkeiten und Kompetenzen eines Mitarbeiters mit den Aufgabenstellungen, Herausforderungen und der Arbeitsweise einer Rolle oder Arbeitsstelle übereinstimmen; andererseits, inwiefern der Job die Möglichkeit bietet, Wünsche, Bedürfnisse und Vorlieben des Mitarbeiters zu erfüllen. Demnach müssen sowohl Qualifikation wie auch Motivation eines Mitarbeiters mit den Charakteristika eines Jobs übereinstimmen, um eine hohe Zufriedenheit zu erreichen. Gefällt einem Mitarbeiter grundsätzlich die Rollenbeschreibung und die damit verbundenen Anforderungen seiner Arbeitsstelle nicht oder besitzt er oder sie nicht die nötigen Potenziale und Kompetenzen, ist der »Person-Job Fit« niedrig und Konflikte sind vorprogrammiert. Diese werden sich vor allem in Unzufriedenheit, Überforderung und niedrigem Engagement widerspiegeln.

Die zentralen Fragen, die sich Führungskräfte, Personaler und Mitarbeiter stellen müssen, lautet daher:

• Passt der Mitarbeitende mit seinen Fähigkeiten zur gewünschten Stelle?
• Passt die Stelle mit ihren Herausforderungen, Möglichkeiten und Arbeitscharakteristika zum Mitarbeiter?

Effiziente Personalentwicklungssysteme können eine positive Antwort auf diese Fragen gewährleisten. Dazu zählen neben einer professionellen Auswahlmethodik auch geeignete Lern- und Entwicklungssysteme. Für einen optimalen »Person-Job-Fit« sind folgende Faktoren förderlich:

1. **Sinn**   Kann ich als Mitarbeiter meine Potenziale in vielfältigen Tätigkeiten entfalten oder weiterentwickeln? Habe ich die Möglichkeit, ganzheitliche Aufgaben zu übernehmen (von Planung bis Kontrolle)? Sehe ich meinen Beitrag am großen Ganzen? (Baue ich einfach nur Autoteile zusammen oder die besten Autos der Welt?)
2. **Autonomie**   Habe ich ausreichend Gestaltungsmöglichkeiten (weniger Fremdkontrolle, mehr Selbstorganisation)?
3. **Anerkennung und Rückmeldung**   Erhalte ich Rückmeldung zu meiner Arbeit? Werden meine Ideen und Vorschläge gehört und anerkannt?

**»Person-Organisation Fit«:** Beim »Person-Organisation Fit« wird der Fokus vergrößert und genauer untersucht, inwieweit das Gesamtunternehmen und der Mitarbeiter zusammenpassen. Hierbei wird vor allem auf die Kongruenz der Wertsysteme geachtet. Das bedeutet, dass Mitarbeiter in Unternehmen am leistungsfähigsten und engagiertesten sind, wenn deren Werte und Grundeinstellungen mit den eigenen Werten übereinstimmen. Eine Mitarbeiterin, die die Werte des eigenen Unternehmens nicht teilt, ist höchstwahrscheinlich weniger engagiert und vermittelt nach außen nicht unbedingt ein gutes Bild ihres Arbeitgebers. Daher sollte bereits in der Bewerbungsphase von beiden Seiten darauf geachtet werden, dass das eigene Wertesystem mit dem des jeweils anderen übereinstimmt bzw. kombinierbar ist. Ist dies nicht der Fall, sollte man von einer Zusammenarbeit absehen, da durch Wertedifferenzen Potenziale verschwendet werden.

Die zentralen Fragen, die sich Führungskräfte, Personaler und Mitarbeiter stellen müssen, lauten:

- Passt der Mitarbeitende mit seinen Werten, Vorstellungen und Zielen zu unserer Organisation?
- Passt unsere Organisation mit ihrer Kultur und ihrem Selbstverständnis, ihren Werten und Normen zum Mitarbeiter?

**»Person-Group Fit«:** Mindestens genauso wichtig wie der »Person-Organisation-Fit« ist die Frage, inwieweit ein Mitarbeiter in ein bestimmtes Team passt. Schließlich sind Teammitglieder die Mitarbeiter, mit denen man die meiste Arbeitszeit verbringt und mit denen man gemeinsam effektiv, effizient und auch zufrieden zusammenarbeiten sollte. Das persönliche Kennenlernen mit neuen Teammitgliedern ist daher von Vorteil, am besten noch vor der Besetzung der vakanten Position. Wichtiger jedoch ist die Einschätzung, inwiefern ein neuer

Mitarbeiter ein Team ergänzen kann. Hier sollte das Ziel nicht die größtmögliche Homogenität der Teammitglieder sein, selbst wenn durch eine solche Homogenität Teamkonflikte vermieden werden könnten. Vielmehr ist eine gewisse Heterogenität über einen längeren Zeitraum von Vorteil, da Meinungsunterschiede eine höhere Leistung stimulieren (Kellermanns & Eddleston, 2004). Außerdem kann der Gefahr des Gruppendenkens (»Group Thinking«) – also dem Treffen schlechterer Entscheidungen, da sich jedes Teammitglied der erwarteten Gruppenmeinung anpasst – begegnet werden.

Bei der Auswahl von neuen Teammitgliedern sollte sowohl die Qualifikation (v. a. persönliche und soziale Kompetenz, aber auch Fach- und Methodenkompetenz) und Motivation sowie Charakter, Erfahrung und Verhaltenspräferenzen berücksichtigt werden. Auch heute noch finden Besetzungen sehr häufig mit einem relativ einseitigen Blick auf die Qualifikation des Bewerbers hinsichtlich Wissen und Kompetenzen statt, aber viel zu wenig auf die individuellen Motive und Verhaltenspräferenzen.

Im Endeffekt werden die meisten Teams dennoch durch die klassische »Storming«-Phase gehen, um sich im Anschluss eigenständig zu organisieren und Normen zu setzen (vgl. hierzu Tuckman's klassische Entwicklungsschritte für Gruppen – Tuckman & Jensen, 1977). Das Zusammensetzen von Teams sollte also vor allem hinsichtlich einer guten Mischung unter den Mitgliedern gewählt werden.

Die zentralen Fragen, die sich Führungskräfte, Personaler, Kollegen und Mitarbeiter stellen müssen, lauten:

- Passt der Mitarbeitende mit seinen Verhaltenspräferenzen, Kompetenzen und Arbeitsweisen zu diesem Team?
- Passt dieses Team mit seiner Kultur und Rolle sowie mit seinem Aufgabenfeld, Interaktionsmuster und Potenzial zum Mitarbeiter?

Damit sich ein Mitarbeiter in ein Team integrieren kann und alle Mitglieder des Teams sich in der gemeinsamen Zusammenarbeit wohlfühlen, bedarf es dreier elementarer Faktoren:

- Respekt auf der Verhaltensebene
- Achtung auf der Einstellungsebene
- Wertschätzung auf der Empfindungsebene

Diese drei Faktoren sind Teil der »Akzeptanztreppe«, einem von Wedekind & Georgi (2014) entwickelten Modell, das die identitätsbezogene Positionierung im Team sowie den Bedarf nach Sicherheit in einer Gruppe veranschaulicht. Abbildung 44 stellt die »Akzeptanztreppe« dar, bei der die Akzeptanzwerdung auf drei Stufen beschrieben wird.

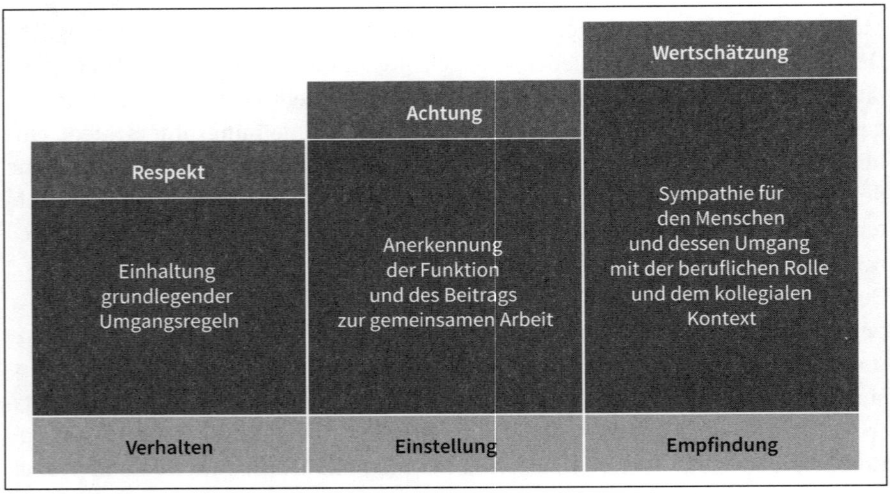

**Abb. 44:** Die Akzeptanztreppe (in Anlehnung an Wedekind & Georgi, 2014)

Die folgenden Beschreibungen basieren auf Wedekind & Georgi (2014):

Die unterste Ebene, also die Verhaltensebene, definiert den grundlegenden gegenseitigen Respekt im Team, der am Umgang miteinander erkennbar wird. Basis für eine nachhaltig gute Zusammenarbeit ist die Einhaltung von Normen und Umgangsformen, wie bspw. in der verbalen und nonverbalen Kommunikation.

Auf der mittleren Ebene der »Akzeptanztreppe« steht die Anerkennung des individuellen Arbeitsbeitrages zur gemeinsamen Aufgabenbearbeitung und Zielerreichung im Vordergrund. Mitarbeiter und Teammitglieder erwarten von Kollegen und Führungskräften eine angemessene Anerkennung ihrer Kompetenzen, welche an der grundlegenden Einstellung in der Gruppe beobachtbar und verständlich wird.

Die dritte und höchste Stufe der Akzeptanz im Team entspricht der empfundenen Wertschätzung für die Person sowie der Rolle im Team und im Unternehmen. Fühlt man sich in einer Organisation und in einer Gruppe als Mensch und als Teammitglied wertgeschätzt, so steigert dies das Wohlbefinden erheblich, da man sich authentisch und offen verhalten kann. Zwar schlussfolgern Wedekind & Georgi (2014, S. 30), dass »die Arbeitsfähigkeit des Teams oder der Arbeitsgruppe [...] nicht davon abhängig [ist]«, doch wir können davon ausgehen, dass Wertschätzung die persönliche Leistungsfähigkeit und Arbeitseinstellung erhöht und damit wahrscheinlich auch den Beitrag zur Gruppenarbeit steigert.

UNSER TIPP:

Sie sind Teamleiter oder Teammitglied, arbeiten in Projektgruppen oder in einer Abteilung mit einem festen Kollegenkreis? Versuchen Sie, die »Akzeptanztreppe« einmal auf Ihre Situation anzuwenden und zu analysieren, in welchem Ausmaß Sie Respekt im Umgang miteinander erleben, Ihr persönlicher Arbeitsbeitrag anerkannt wird und wie Sie sich als Mensch und als Teammitglied wertgeschätzt fühlen. Gerade für Sie als Führungskraft halten wir es für grundlegend, dass Sie die Akzeptanz in der Gruppe kritisch hinterfragen und gegebenenfalls gezielt Verbesserungen anstreben. Ein Gespräch mit Ihren Mitarbeitern und Kollegen kann Ihnen dabei helfen, deren Positionierung und Sicherheitsbedarf zu erkennen. Klare Umgangsregeln, ein respektvolles Miteinander, offene Gespräche, Lob für erreichte Ziele und Wertschätzung der Teammitglieder sind wertvolle Methoden. Bei verpassten Zielen ist es sinnvoll, Kritik konstruktiv und aufgabenbezogen zu gestalten und diese nicht auf eine persönliche Ebene zu ziehen. Dies zeigt den grundlegenden Respekt und die Achtung füreinander.

**»Person-Supervisor Fit«:** Kristof-Brown et al. (2005) weisen außerdem auf den »Fit« zwischen Mitarbeiter und Führungskraft hin, der ebenfalls eine entscheidende Rolle für das Wohlbefinden am Arbeitsplatz einnimmt. Diese Beziehung und ihre Auswirkungen sind vielfach erforscht worden und spiegeln sich auch in dem großen Interesse an Führungsforschung und -literatur wider. Letztendlich wäre der beste »Fit« in diesem Falle natürlich eine Konstellation zweier Menschen, die eine produktive und positive Zusammenarbeit auf der Basis gemeinsamer Werte und in gegenseitigem Respekt und Vertrauen erreichen. Wie ein solches Führungsverhältnis erreicht werden kann, werden wir in Kapitel 5 erläutern.

Die zentralen Fragen, die sich Führungskräfte, Personaler und Mitarbeiter stellen müssen, lauten:
• Passt der Mitarbeitende mit seinen Werten, Zielen und Verhalten zu dieser Führungskraft?
• Passt diese Führungskraft mit ihrem Führungsstil, Charakter und Kommunikationsverhalten zum Mitarbeiter?

Kann eine Organisation sicherstellen, dass die oben aufgeführten »Fits« bestmöglich erfüllt werden, bietet sich eine vielversprechende Ausgangssituation für einen gesunden Arbeitskontext und damit für das subjektive Wohlbefinden aller Mitarbeiter. Gleichzeitig müssen Organisationen darauf achten, keine Monokulturen zu entwickeln, also Unternehmenskulturen, in denen ausschließlich ähnlich denkende Menschen zusammenarbeiten. Vielmehr, wie bereits beim »Person-Group Fit« erwähnt, ist es von Vorteil, eine konstruktive Heterogenität zu erreichen, die eine Kultur des kritischen Denkens, des Hinterfragens etablierter Herangehensweisen, der alternativen Lösungswege, der Kreativität und des offenen Dialogs schafft. Eine solche Kultur stimuliert unternehmerisches Denken der Mitarbeiter und führt zu kontinuierlichem organisationalen Lernen, einer verstärkten Agilität und höherem Innovationspotenzial. Auf diesen spannenden Zusammenhang gehen wir später nochmals in Bezug auf die Bedeutung einer gesunden Organisationskultur ein.

Neben der Analyse der »Fits« gibt es gut belegte Konzepte, die zu einem gesunden und leistungsfähigen Mitarbeiter beitragen können und die wir Ihnen deshalb im Folgenden vorstellen werden.

Ein wichtiges Konzept geht auf das wahrgenommene Verhältnis zwischen Aufwand und Belohnung am Arbeitsplatz ein. Eine Art von Belohnung wurde bereits im Modell der »Akzeptanztreppe« (Wedekind & Georgi, 2014) eingeführt: Wertschätzung. Wertschätzung im Team, im Führungsverhältnis und in der Gesamtorganisation führt zu höherer Motivation und Identifikation mit dem Unternehmen. Weitere Arten der Belohnung können typische Anreize für Mitarbeiter sein: Gehalt, Boni, Karriereoptionen, Arbeitsplatzsicherheit sowie Status und Ansehen. Diese Belohnungen müssen in einem gesunden Verhältnis zum Arbeitsaufwand stehen, um die Motivation nachhaltig zu erhalten und damit auch Leistung und Leistungsfähigkeit zu garantieren.

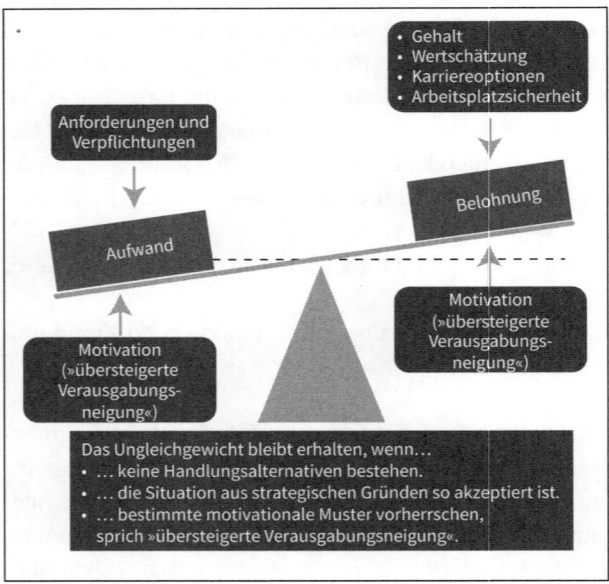

**Abb. 45:** Effort-Reward Imbalance Modell (in Anlehnung an Siegrist, 2012)

Johannes Siegrist geht darauf in seinen Veröffentlichungen zum Thema »Effort-Reward Imbalance« ein. Das »ERI-Modell« (Siegrist, 2012) in Abbildung 45 dient dazu, Führungskräfte und Personaler zur Reflexion zu stimulieren und sich nachhaltig Gedanken über die Balance von Aufwand und Belohnung in der eigenen Organisation zu machen.

Das Modell stellt eine Waage dar, die das Ungleichgewicht zwischen den Anforderungen und Verpflichtungen am Arbeitsplatz und der dafür erhaltenen Belohnung aufzeigt. Besteht dieses Ungleichgewicht in der Praxis, kann es zu Distress führen. Zahlreiche empirische Studien belegen diesen Zusammenhang mit Auswirkungen auf Arbeitszufriedenheit und Leistung (Janssen, 2001), Burn-out (Unterbrink, 2007), der Zunahme von Krankheitstagen (Ala-Murula, Vahtera, Linna, Pentti & Kivimäki, 2005) sowie der Entstehung von mentalen Krankheiten (Stansfeld & Candy, 2006).

Siegrist (2012) beschreibt weiterhin, dass das Ungleichgewicht durch bestimmte Faktoren stimuliert und erhalten wird. So zum Beispiel, wenn für Mitarbeiter keine Handlungsalternativen bestehen, da Arbeitsverträge unzureichend definiert sind oder sie nur geringe Chancen auf einen Arbeitsplatzwechsel haben. Teilweise akzeptieren Mitarbeiter dieses Ungleichgewicht auch, um sich für zukünftige Beförderungen zu positionieren.

Manche Menschen leiden aber auch an einer übersteigerten Verausgabungsneigung und können sowohl den Arbeitsaufwand, wie auch ihre eigenen Grenzen nicht richtig einschätzen. Dieses übersteigerte »Commitment« wirkt sich, genau wie die beiden eben beschriebenen Faktoren, nachhaltig negativ auf die individuelle Gesundheit aus. Bei einer übersteigerten Verausgabungsneigung sowie einem offensichtlichen Ungleichgewicht ist es die Aufgabe der Kollegen und Führungskräfte, dies festzustellen und der Ursache entgegenzuwirken. Da das Empfinden von Belohnung bei jedem Menschen unterschiedlich interpretiert wird, helfen auch hier keine Patentrezepte, sondern allein Interesse und Zuhören.

Doch nicht nur Aufwand und Belohnung sind entscheidende Job-Faktoren. Auch die Kontrolle über den eigenen Arbeitsplatz, also das Ausmaß der Selbstbestimmung durch Entscheidungsfreiräume, spielt eine wichtige Rolle, um das Wohlbefinden und damit die Leistungsfähigkeit von Mitarbeitern zu erhöhen. Veranschaulicht wird dies im »Job Strain Modell« von Karasek, einem etablierten Konzept, das davon ausgeht, dass es einen Zusammenhang zwischen dem Ausmaß des individuellen Kontroll- und Entscheidungsspielraums sowie den Arbeitsanforderungen auf der einen Seite, und der Gesundheit auf der anderen Seite gibt. Je höher das Ausmaß der Kontrolle über den eigenen Arbeitsplatz, desto weniger wird die Arbeitsanforderung als Belastung empfunden, desto geringer die

Gesundheitsgefährdung. Unter »Job Strain« wird die gegenteilige Korrelation verstanden, also hohe Anforderungen bei gleichzeitig geringem Kontroll- und Entscheidungsspielraum (Karasek & Theorell, 1990).

Abbildung 46 veranschaulicht diesen Zusammenhang, basierend auf Karaseks ursprünglichem Modell (Karasek, 1979):

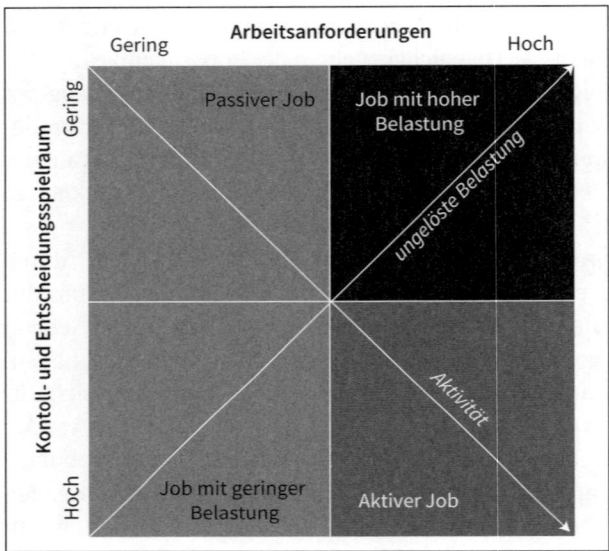

**Abb. 46:** Job Strain Modell basierend auf Karasek, 1979

Das Modell zeigt, dass Mitarbeitende im optimalen Fall einen aktiven Job haben sollten, also hohe Arbeitsanforderungen gestellt bekommen, im Zuge dessen aber auch die Möglichkeit von Eigenverantwortung, Selbstbestimmung und Entscheidungsfreiheit erhalten. Bei geringem Kontrollspielraum engagieren sich Mitarbeiter weniger, da ihr Interesse an der eigenen Arbeit durch ein Gefühl der Fremdbestimmung abnimmt. Sind die Anforderungen im Job dann darüber hinaus noch sehr hoch, führt dies zu einer Überbelastung und letztendlich zu geringerer Produktivität und Leistungsfähigkeit sowie zu Krankheiten und Fehlzeiten.

Achten Sie daher darauf, Ihren Mitarbeitern und Kollegen entsprechende Freiräume zu bieten, vor allem, wenn die Arbeitsanforderungen hoch sind. Vertrauen zu schaffen und Verantwortung zu übergeben sind wichtige erste Schritte, um die Arbeitsbedingungen zu verbessern und damit Leistung zu steigern. Dies steht auch in direkter Verbindung mit dem Konzept des »Empowerment«, das großen Wert auf die Steigerung von Autonomie, Selbstbestimmung und Verantwortung für Mitarbeiter legt.

Das ERI-Modell und das »Job Strain Modell« zeigen, wie Mitarbeitende ihre Arbeit und ihre Entlohnung wahrnehmen und ob sie dieses Verhältnis als fair empfinden.

Der Wunsch nach Fairness spielt auch im gesamtorganisationalen Kontext eine entscheidende Rolle. Mitarbeitende bewerten nicht nur ihren Job, sondern auch ihr Unternehmen nach dessen Fairness. Erleben Angestellte ungerechte Ereignisse in ihrem Arbeitskontext (z. B. ungerechtfertigte Entlassungen oder Beförderungen, Vetternwirtschaft, Respektlosigkeit, Exklusion), so kann dies zu konterproduktivem oder deviantem Verhalten führen (Devonish & Greenidge, 2010). Unter deviantem Verhalten versteht man, dass Mitarbeitende absichtlich Handlungen ausführen, die den Interessen, aus Sicht der Organisation, entgegenlaufen (Sackett & DeVore, 2001). Konterproduktivität durch Mitarbeiter ist wohl eines der negativsten Symptome, denen sich eine Organisation ausgesetzt sehen kann. Doch die Ursachen dafür haben Unternehmen meist selbst zu verantworten. Daher ist es von grundlegender Bedeutung, organisationale Gerechtigkeit zu etablieren, zu kommunizieren und zu leben.

Organisationale Gerechtigkeit ist ein populäres Forschungsfeld und Ergebnisse zeigen den hohen Einfluss von organisationaler Gerechtigkeit auf Mitarbeiterleistung (Karriker & Williams, 2009) und -zufriedenheit (Al-Zu‹ubi, 2010) sowie »Commitment« (Bakhshi, Kumar & Rani, 2009) und Vertrauen (DeConick, 2010). Nehmen Mitarbeiter ihre Organisation als gerecht wahr, erhöhen sich signifikant Leistungs- und Arbeitsplatzqualitätsindikatoren. Dadurch kommt organisationaler Gerechtigkeit eine Schlüsselrolle in der Unternehmensdimension »Mitarbeiter« zu. Auch auf die beiden Unternehmensdimensionen »Beziehungen« und »Kultur« hat organisationale Gerechtigkeit durch ihren ganzheitlichen und gesamtorganisationalen Anspruch großen Einfluss.

Colquitt & Shaw (2005) unterteilen organisationale Gerechtigkeit in drei Dimensionen:

1. **Distributive Gerechtigkeit**   Diese Dimension ist sehr ähnlich dem ERI-Modell, das vorher beschrieben wurde. Distributive Gerechtigkeit beschreibt, inwiefern eine Leistung fair und gerecht belohnt wird und inwiefern diese Belohnung jederzeit und für jeden Mitarbeiter gleich angewandt wird.

2. **Prozedurale Gerechtigkeit**   Prozedural bezieht sich auf den Verlauf eines Prozesses. Demnach definiert diese Dimension die Gerechtigkeit, Genauigkeit, Ethik und Konsistenz von Prozessen und darüber hinaus, inwiefern Mitarbeiter konsequent und fair in diese miteingebunden werden.

3. **Interaktionale Gerechtigkeit**   Zum einen bezieht sich interaktionale Gerechtigkeit auf den fairen und respektvollen Umgang miteinander (vgl. auch die »Akzeptanztreppe«) und nimmt daher eine wichtige Rolle in den zwischen-

menschlichen Beziehungen ein. Zum anderen beschreibt diese Dimension aber auch die Genauigkeit, Pünktlichkeit und den Wahrheitsgehalt der Informationen und Erklärungen, die Mitarbeiter tagtäglich erhalten.

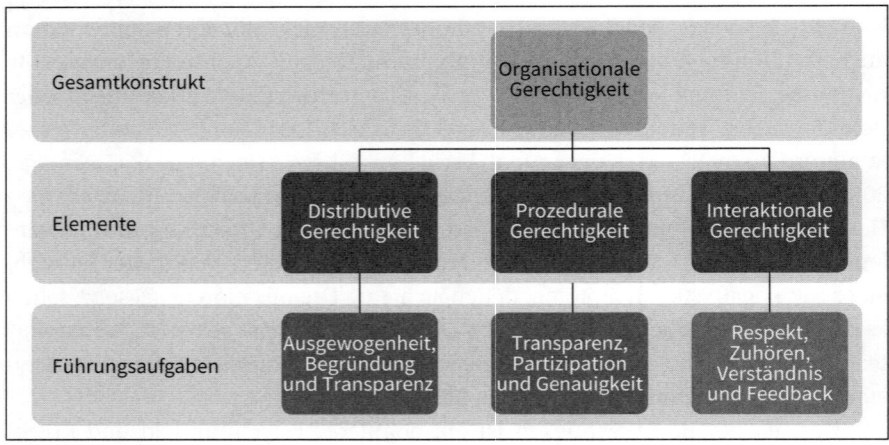

**Abb. 47:** Organisationale Gerechtigkeit (eigene Darstellung in Anlehnung an Colquitt & Shaw, 2005)

Abbildung 47 stellt »organisationale Gerechtigkeit« mit ihren drei Elementen dar. Zusätzlich finden Sie in der untersten Zeile die typischen Führungsaufgaben, die Sie angehen können, um ein gerechtes Unternehmen und damit die Grundlage für subjektives Wohlbefinden und Leistungsfähigkeit zu schaffen. Im Folgenden »Tipp« werden diese Aufgaben skizziert.

---

UNSER TIPP:

Versuchen Sie, in Ihrer Organisation Gerechtigkeit und Fairness zu schaffen. Bei Belohnungen oder Lob für erreichte Aufgaben (distributive Gerechtigkeit), aber auch bei Kritik ist es wichtig, auf der Sachebene zu sprechen, klar zu argumentieren, Gleichbehandlung durchzusetzen und angemessen zu reagieren. Bringen Sie Lob oder Kritik auf eine persönliche Ebene, behandeln Sie Mitarbeiter unterschiedlich oder loben bzw. kritisieren Sie zu stark oder ohne eindeutige Begründung, riskieren Sie, die Balance in Ihrem Unternehmen oder Ihrer Abteilung zu verlieren.

Bei allen Arbeitsabläufen (prozedurale Gerechtigkeit) in der Organisation ist es außerdem vorteilhaft, alle Mitarbeiter stets auf dem neuesten Stand zu halten, wahrheitsgetreu und detailliert zu berichten und die Einbindung der Mitarbeiter zu verstärken (vgl. hierzu auch Studien zu »Empowerment«, also Mitarbeitern zu vertrauen und ihnen verantwortungsvolle Aufgaben und Entscheidungen zu übergeben). Dabei können wöchentliche Meetings, regelmäßige Informationen (»Mail«, »Newsletter«, Memos etc.) und Diskussionsforen helfen.

Zur Erreichung interaktionaler Gerechtigkeit ist ebenfalls Kommunikation ein zentrales Instrument. Ermutigen Sie Ihre Mitarbeiter zu offenen Gesprächen, hören Sie ihnen zu, geben Sie ihnen Feedback und zeigen Sie Respekt und Verständnis für deren Bedürfnisse, Kritik, Anregungen, Ideen und Feedback. Gehen Sie beispielhaft voran und informieren Sie Ihre Mitarbeiter über Entscheidungsabläufe, Unternehmenszahlen und -strategien, aktuelle und zukünftige Projekte und Herausforderungen. Damit fördern Sie gleichzeitig auch unternehmerisches Denken und die Identifikation Ihrer Mitarbeiter.

---

## Wie spiegelt sich ein positiver und gesunder Arbeitskontext in der Unternehmenskultur wider?

Gelingt es Ihnen, in Ihrem Unternehmen organisationale Gerechtigkeit zu entfalten, legen Sie bereits den Grundstein für eine positive und konstruktive Unternehmenskultur.

Das Modell der Gesunden Organisation beschreibt die optimale Kultur als »gemeinschaftlich«. Damit eine Gemeinschaft entstehen kann, sind zwei Aspekte wichtig. Zunächst basieren Gemeinschaften auf einem respektvollen Miteinander, Augenhöhe-Beziehungen und klaren Umgangsregeln und -formen. Diese Basis haben wir durch die eben erläuterten Themen bereits gebildet. Die Realisierung der »Akzeptanztreppe«, die Integration von »Fits«, das Beachten des »ERI-Modells« und das Schaffen organisationaler Gerechtigkeit bilden die Grundlage für eine gemeinschaftliche Kultur. Der zweite Aspekt, der Gemeinschaften auszeichnet, ist der gemeinsame Sinn als Grundlage des Zusammenseins sowie die angestrebte Vision bzw. die daraus resultierenden Ziele. Dies wird im Rahmen der Unternehmensstrategie formuliert, welche wir im übernächsten Unterkapitel diskutieren werden. Eine Gemeinschaft basiert also auf zwischenmenschlichem Respekt und vereint sich, um Sinn zu schaffen und Ziele zu erreichen. Um genauer zu verstehen, wie sich die Unternehmenskultur in einer Gesunden Organisation manifestiert, wollen wir zunächst grundsätzlich klären, was Organisationskultur im Rahmen dieses Buches bedeutet.

In dem klassischen Kulturebenen-Modell von Edgar H. Schein (2004) setzt sich Kultur aus den drei Ebenen der Grundannahmen, der kollektiven Werte sowie den Artefakten zusammen. Auch wenn es zahlreiche weitere Modelle zur Beschreibung von Unternehmenskulturen gibt, beziehen sich die meisten Autoren seit über 30 Jahren auf Scheins anerkanntes und einprägsames Kulturebenen-Modell. Da wir mit diesem Buch neue Impulse setzen wollen, erscheint uns die klassische Aufteilung von Organisationskulturen in die drei Ebenen Grundannahmen, Werte und Artefakte nicht gänzlich ausreichend. Schein legt in seiner Beschreibung von Unternehmenskulturen großen Wert auf Geschichte und organisationales Lernen. Diese Idee greift Winfried Berner auf und definiert, eher praxisorientiert, die drei Kernelemente einer Unternehmenskultur (2012):

1. Geschichte/Erfahrung
2. Lernen/Entscheidungen
3. Überzeugungen/Gewohnheiten/Charakter

Diese Elemente stehen in Einklang mit dem Verständnis einer Organisation als Organismus und einer Unternehmenskultur als Gemeinschaft. So macht eine Organisation über den Lauf ihrer Existenz Erfahrungen, sie erlebt ihre Geschichte, ihre Gründung, ihr Wachstum, ihre Krisen und ihre Auseinandersetzung mit der Umwelt. Genau wie der Mensch, analysiert und verarbeitet sie diese Erfahrungen und basiert ihre Entscheidungen auf diesem Erfahrungsschatz. Die Organisation lernt aus ihren Fehlern und ihren Erfolgen, sie sammelt Wissen und bildet dadurch spezifische Überzeugen, Grundannahmen und Ansichten, die ihr aktuelles und zukünftiges Verhalten leiten. Hierdurch entwickelt sie bestimmte Gewohnheiten und Eigenschaften, die letztendlich ihren Charakter formen. Mit Berner (2012) verstehen wir daher den durch Erfahrungen erlernten und gebildeten Charakter als die Kultur eines sozialen Systems.

Organisationales Lernen ist also maßgeblich an der Gestaltung einer Unternehmenskultur beteiligt. Daher werfen wir einen genaueren Blick auf organisationales Lernen, um zu verstehen, wie Unternehmen schneller und nachhaltiger lernen können als ihre Konkurrenz. Wissenschaftler belegen, dass organisationales Lernen zu einem entsprechenden Wettbewerbsvorteil führt (vgl. Salmador & Florín, 2013; Camisón & Villar-López, 2011). Interessanterweise stellen Camisón und Villar-López (2011) außerdem fest, dass der Erfahrungsschatz sowie die Lernfähigkeit eines Unternehmens zu Organisations- und Marketinginnovationen führt. Salmador und Florín (2013) sind ähnlicher Meinung, heben jedoch hervor, dass Wissen allein keinen Wettbewerbsvorteil schafft. Vielmehr geht ein nachhaltiger Wettbewerbsvorteil mit kontinuierlichem organisationalen Lernen und konsequentem Wissensaufbau einher.

Doch welche Faktoren zeichnen eine Lernende Organisation aus? Peter Senge, Vordenker der Lernenden Organisation, geht davon aus, dass Unternehmen ihre Mitarbeiter dabei unterstützen müssen, nach neuem Wissen zu streben, reflektierte Gespräche zu führen und Komplexität zu verstehen. In der Gesunden Organisation sind diese Eigenschaften fester Bestandteil der Unternehmenskultur und des organisationalen Selbstverständnisses. Führungskräfte tragen maßgeblich Verantwortung, um eine solche Kultur zu fördern. Das Etablieren einer Lernenden

Organisation ist daher Führungsaufgabe, da Führungskräfte einen konstruktiven Kontext gestalten, der allen Mitarbeitern kontinuierliches Lernen ermöglichen soll. Senge beschreibt fünf Herangehensweisen, die organisationales Lernen fördern (Senge, 2006):

### Persönliche Reife

Voraussetzung für eine Lernende Organisation sind lernende Mitarbeiter. Darunter versteht Senge aber nicht nur, dass Mitarbeiter ihre Fähigkeiten und Kompetenzen kontinuierlich weiterentwickeln sollen. Vielmehr fordert er, dass Mitarbeiter ein klares Bewusstsein für sich selbst entwickeln und durch Reflexion ihrer eigenen Person ein vertieftes Verständnis darüber erlangen, was ihnen wirklich wichtig ist und wie sie ihre derzeitige Situation einschätzen. Sie versuchen deshalb, sich selbst zu verstehen und eine klare Vision zu erlangen, was sie erreichen wollen. Senge spricht hier von persönlicher Reife, man könnte es auch Selbstorientierung nennen. Dieser Vergleich zwischen Ist- und Soll-Zustand schafft eine »kreative Spannung«, die Mitarbeitern einen inneren und individuellen Antrieb verleiht und sie in einen kontinuierlichen Lernprozess versetzt.

*Wie können Führungskräfte die Entwicklung persönlicher Reife fördern?*
Führungskräfte können als Gestalter einen Arbeitskontext schaffen, in dem sich Mitarbeiter sicher fühlen, ihre eigenen Visionen kreieren und den Status quo hinterfragen. Ein solch unterstützendes Umfeld hilft Mitarbeitern dabei, zu erkennen, dass persönliche Weiterentwicklung wertgeschätzt wird und bietet die Möglichkeit, sich selbst zu entdecken und zu verwirklichen. Außerdem müssen sich Führungskräfte ihrer Vorbildrolle bewusst sein und selbst nach persönlicher Reife streben, um Mitarbeiter in deren Selbstentwicklung zu ermutigen. Die Unternehmenskultur in der Gesunden Organisation sollte daher Wert auf Freiräume, kreatives Denken und selbstkritische Reflexion legen.

### Mentale Modelle

Viele Ideen und mögliche Innovationen scheitern, da Unternehmen an Grundannahmen festhalten, die sich über Jahre als Orientierungspunkt und Unternehmensstütze erwiesen haben. Selbstverständlich ist es nicht einfach, solche »mentalen Modelle« von heute auf morgen zu ändern und die Ideologie und Glauben der Organisation zu revolutionieren. Doch Lernende Organisationen schaffen es, ihre Grundannahmen regelmäßig zu testen und anzupassen. Halten Unternehmen zu lange an ihren Annahmen über ihre Organisation und ihre Umwelt fest, kann es passieren, dass sie Kontextveränderungen ignorieren und in einem volatilen Marktumfeld nicht mehr konkurrieren können. Sie werden träge und stagnieren in ihrer Entwicklung.

*Wie können Führungskräfte dabei helfen, mentale Modelle kritisch zu reflektieren?* Grundannahmen einer Organisation sind oft nicht einfach artikulierbar. Die Herausforderung für Führungskräfte ist es, diese mentalen Modelle sichtbar und damit diskussionsfähig zu machen. Daher müssen sie hinterfragen, wie das Unternehmen über sich und seine Umwelt denkt und wie die Realität aussieht. Wo sind die Differenzen zwischen dem, was gesagt und dem, was getan wird? Wieso werden Herausforderungen immer auf dieselbe Weise gelöst? Weshalb wird nicht über andere, bisher ungetestete Möglichkeiten nachgedacht? Führungskräfte müssen versuchen, Grundannahmen transparent zu machen und aufzuzeigen, dass Unternehmenskulturen häufig eine einheitliche Denkweise fördern, die neue, radikalere Denkrichtungen verhindern. Ziel ist es, mentale Modelle zu beobachten und im organisationsweiten Diskurs neue Möglichkeiten zu erkunden, diese Grundannahmen anzupassen und weiterzuentwickeln.

**Gemeinsame Vision**

Eine gemeinsame Vision ist laut Senge wichtigster Orientierungspunkt für eine Gemeinschaft. In einer Organisation basiert diese auf den persönlichen Visionen ihrer Mitglieder. Dies bedeutet, dass persönliche Reife den Grundstein für eine größere, organisationale Vision darstellt. Daher können und sollten Visionen nicht durch das Topmanagement vorgegeben und in einem strategischen Planungsprozess erstellt werden. Vielmehr entstehen Visionen automatisch durch offenen Diskurs und dadurch, dass Mitarbeiter ihre persönlichen Visionen formulieren. Erst, wenn individuelle Visionen zusammenkommen und gemeinsame Nenner gefunden werden, kann eine Vision als gemeinschaftlich bezeichnet werden und Gültigkeit für das gesamte Unternehmen erlangen. Können sich Mitarbeiter nicht mit der Unternehmensvision identifizieren, fehlt bereits ein grundlegender Motivationsfaktor.

*Wie können Führungskräfte in der Kreation und Verbreitung einer Vision unterstützend agieren?*

Zunächst gilt auch hier wieder, dass man zunächst selbst eine individuelle Vision vor Augen hat und sich für die Unternehmensvision begeistern kann, da diese auch die persönliche Vision inkorporiert (Wir gehen davon aus, dass Sie als Führungskraft in einem Unternehmen arbeiten, von dessen Zielen und Orientierung Sie überzeugt sind). Führungskräfte können dabei helfen, diese Vision möglichst einfach, klar und transparent zu beschreiben und sie auf den täglichen Arbeitsablauf herunterzubrechen. Gleichzeitig dürfen Führende ihren Mitarbeitern eine Vision keinesfalls aufzwingen. Vielmehr sollten Mitarbeiter dabei unterstützt werden, frei zu wählen, die bestehende Vision zu kritisieren, sie konstruktiv weiterzuentwickeln und ihre eigenen Ziele in der Unternehmensvision wiederzuerkennen. Auch bei diesem kreativen Prozess spielt eine Unternehmenskultur des freien und kreativen Denkens eine essenzielle, unterstützende Rolle.

**Lernen in Teams**

Auch das Lernen in Teams basiert auf dem Prinzip der persönlichen Reife, da lernende Teams aus lernenden Individuen bestehen. Gruppen haben ein enormes Potenzial, wenn es darum geht, komplexe Zusammenhänge gemeinsam verständlich zu machen. Im koordinierten Miteinander können sich einzelne Mitarbeiter ergänzen und schaffen daher ein gemeinsames Wissen und Potenzial, das größer ist als die Summe ihrer Einzelteile. Offene Dialoge, kreative Diskussionen und Konzeptualisierungen neuer Ideen sind zugleich Grundlage wie auch Vorlage von Gruppenlernen. Wichtig ist dabei, das Wissen von Gruppen interaktiv durch die Gesamtorganisation zu streuen. So werden Teams zu »Hotspots« neuer Ideen. Durch das Teilen dieser Ideen werden weitere Teams stimuliert, sodass das Gesamtsystem lernt und sich letztendlich das Wissen der ganzen Organisation weiterentwickelt.

*Wie können Führungskräfte das Lernen in Teams ermöglichen und vereinfachen?*
Zunächst ist auf die sinnvolle Zusammensetzung von Teams zu achten (vgl. Anfang Kap. 4.4 »Person-Group-Fit«). Führungskräfte müssen alle Teammitglieder zusammenbringen und ein Umfeld bieten, in dem das Team sich kennenlernen kann. Das Team wird dabei selbstständig gemeinsame Umgangsregeln finden und einen offenen Dialog initiieren, in dem frei, kritisch und reflexiv über Herausforderungen diskutiert werden kann. Auch hier steht die Gestaltung eines konstruktiven Kontexts im Mittelpunkt. Teammitglieder müssen sich sicher und frei fühlen und sollten nicht durch massive strukturelle Regelungen oder aufgezwungene prozedurale Ablaufschemen in ihrem kreativen Potenzial gehindert werden.

**Systemisches Denken**

Senge erkannte bereits sehr früh, dass systemisches Denken die Grundlage für Lernende Organisationen bildet. Das Denken in Systemen – sowohl auf individuellem wie auch organisationalem Niveau – ist für die Realisierung der vier vorherigen Disziplinen maßgeblich. Nur systemisch denkende Organisationen können komplexe Wirkmechanismen verstehen und daraus Schlüsse für ihre Handlungsweise ziehen. So entsteht ein Unternehmen, das Zusammenhänge analysieren und dadurch kontinuierlich lernen kann. Bereits im ersten Kapitel haben wir systemisches Denken als einen zentralen Faktor der Gesunden Organisation definiert und erklärt, wie Führungskräfte und Mitarbeiter ihre Denkweise konsequent anpassen können (vgl. Kap. 1.1 »Systemisches Denken«). Um tatsächlich eine Lernende Organisation zu entwickeln, bedarf es aller fünf Disziplinen im wech-

selseitigen Entwicklungsprozess. Wie bereits erläutert, basieren Organisationskulturen auf diesen Lern- und Erfahrungsprozessen.

Die geschilderten Herangehensweisen sind im Rahmen einer Gesunden Organisation nützlich, um die organisationale Lernfähigkeit sicherzustellen. Ein weiterer wesentlicher Faktor kommt hinzu: Einerseits erhöht eine Organisation ihr
internes Wissen, zum anderen muss sie aber externes Wissen bewusst inkorporieren und strategisch nutzen. Der Grad, in welchem ein Unternehmen in der
Lage ist, externes Wissen zu erkennen, zu filtern, zu verarbeiten, anzupassen und
zu nutzen, wird im Englischen »Absorptive Capacity« genannt, Absorptionsfähigkeit. Tatsächlich ist es für Organisationen und für deren Unternehmenskulturen
hochrelevant, inwiefern sie externes oder kontextuelles Wissen absorbieren und
für sich nutzbar machen können. Zahra und George (2002) entwickelten ein
zweckdienliches Modell, das erklärt, wie Firmen durch die Absorption neuen
Wissens einen nachhaltigen Wettbewerbsvorteil bilden können. Dieses Modell
wurde von Todorova & Durisin (2007) überarbeitet und erweitert. Die folgende
Darstellung basiert auf beiden Publikationen und ist unserem Verständnis organisationalen Lernens entsprechend angepasst (vgl. Ab. 48).

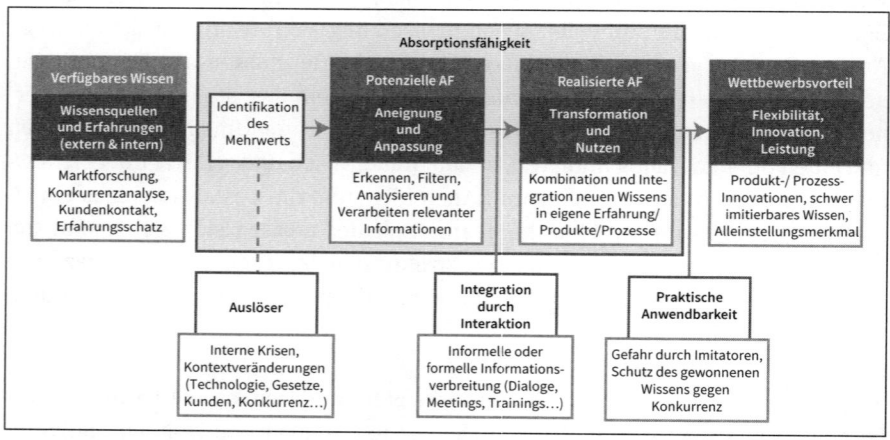

**Abb. 48:** Angepasste Darstellung zur Absorptionsfähigkeit (in Anlehnung
an Zahra & George, 2002 sowie Todorova & Durisin, 2007)

Ausgangspunkt einer lernenden und absorptionsfähigen Organisation bildet das
intern und extern verfügbare Wissen. Solche Organisationen sammeln kontinuierlich Wissen, entweder über das Analysieren und Verstehen des Kontexts und
bestimmter Marktfaktoren oder über das Erleben organisationaler Ereignisse, die
den eigenen Erfahrungsschatz erweitern. Der eigentliche Lernprozess wird dann
für gewöhnlich über einen Trigger ausgelöst. Ein solcher Trigger kann zum Bei-

spiel ein überraschendes Ereignis, eine Krise, eine Veränderung der Industrie- und Marktverhältnisse oder ein Wandel in den Kundenwünschen sein. Häufige Auslöser sind auch technologische Veränderungen, die die zukünftigen Industrieverhältnisse stark beeinflussen werden. Wir gehen allerdings, anders als Zahra & George (2002) sowie Todorova & Durisin (2007) davon aus, dass Organisationen durch die kontinuierliche Ausrichtung an Markttrends nicht unbedingt einen Auslöser benötigen, um wertvolle Informationen zu verinnerlichen. Gesunde Organisationen sind aufgrund ihrer kunden- und marktorientierten Ausrichtung »am Puls der Zeit« und lernen selbstständig, ohne Krisen oder Kontextveränderungen abzuwarten.

Im nächsten Schritt kommt es darauf an, dass Unternehmen aufgrund ihres verfügbaren Wissens realisierbare Chancen erkennen. Marktforschungs- und Konkurrenzanalysen können dazu ebenso beitragen wie die angesprochenen »Trigger«. Erkennt ein Unternehmen die sich bietenden Chancen nicht, wird es auch keine Möglichkeit bekommen, neue Potenziale auszuschöpfen. Intelligente Organisationen versuchen daher, auftretende Chancen zu analysieren, indem sie neue Informationen aufspüren, erkennen und nach Relevanz filtern. Relevante Informationen, wie z. B. Details über eine neue Technologie, werden dann analysiert und verarbeitet.

Zu diesem Zeitpunkt sprechen wir von einer potenziellen Absorptionsfähigkeit, da das Unternehmen relevante Informationen erkannt und verarbeitet hat, das neue Wissen aber noch nicht nutzbar ist. Um durch neue Informationen einen Mehrwert zu erhalten, müssen diese noch über soziale Interaktionen innerhalb der Organisation verteilt werden. So unterhalten sich Mitarbeiter über die neue Technologie, erlernen ihre Anwendung, erkunden ihre Vor- und Nachteile und etablieren damit einen neuen Wissensstand im Unternehmen. Diese Integration legt den Grundstein, um das frische Wissen mit bereits vorhandenem Wissen und eigenen Erfahrungen zu kombinieren.

Das Wissen über eine neue Technologie könnte zum Beispiel erst dann anwendbar gemacht werden, wenn es mit dem vorhandenen Produkt oder Service vereint und auf diesen angepasst wird. Zu diesem Zeitpunkt ist die Absorptionsfähigkeit der Organisation realisiert worden, da neues und vorhandenes Wissen erst im Zusammenspiel einen Mehrwert bilden. Nun ist entscheidend, inwiefern der neu erlernte Prozess oder das neu entwickelte Produkt gegenüber der Konkurrenz geschützt werden kann. Das Ziel ist natürlich, den eigenen Vorteil möglichst lange zu wahren. Das Anwendungswissen einer neuen Technologie in einem vorhandenen Produkt muss daher möglichst schwer imitierbar sein. Ist dies der Fall, kann das Unternehmen einen nachhaltigen Wettbewerbsvorteil entwickeln, der auf strategischer Flexibilität, Innovation und höherer Leistung basiert. Ist die Organisation die erste oder einzige, die diese bahnbrechende Technologie in einem ihrer Produkte anwenden kann, verfügt sie über ein Alleinstellungsmerkmal und einen zeitlichen Vorsprung gegenüber der Konkurrenz.

Da organisationales Lernen Kernelement der Unternehmenskultur ist, gehen wir davon aus, dass sich Organisationskulturen in ihrer Absorptionsfähigkeit unterscheiden. Unsere Annahme ist, dass Kulturen, die sich über unternehmerisches Denken und Kreativität definieren, einen klaren Vorteil haben, wenn es darum geht, neues Wissen für die eigene Organisation nutzbar zu machen.

Doch wie kann man als Führungskraft die Entwicklung einer unternehmerisch denkenden Organisationskultur unterstützen?

---

UNSER TIPP:

Wenn Sie unternehmerisches Denken als einen zentralen Aspekt in Ihrer Organisation etablieren wollen, müssen Sie den Kontext entsprechend gestalten. Mitarbeiter sollten erkennen, dass kritisches, kreatives und innovatives Denken entgegen der allgemeinen Strömung nicht nur toleriert, sondern vielmehr gefordert und anerkannt wird. Hierzu empfehlen wir einen offenen Dialog über Informationen, Ideen und Konzepte sowie eine intensive Auseinandersetzung mit den folgenden Aspekten:

- **Fehlertoleranz:** Als Führungskraft sollten Sie klarmachen, dass Fehler nicht bestraft, sondern toleriert werden. Menschen und Organisationen können nur lernen und Neues schaffen, wenn es ihnen erlaubt ist, Fehler zu machen. Ein Fehler bietet Lernpotenzial für Individuen wie auch für die gesamte Organisation. Inwiefern Sie und Ihre Organisation Fehler feiern (»Celebrating Failure«), wie es in manchen Organisationen gemacht und in derzeitigen Veröffentlichungen gepredigt wird, müssen Sie für sich selbst entscheiden. Wichtig ist, dass das Verfehlen eines Ziels nicht bestraft, sondern dass Einsatz, Idee und Lösungsweg zum einen anerkannt und zum anderen als Lernmöglichkeit für zukünftige Projekte verstanden wird. Identifizieren Sie deshalb die Art des Fehlers. Unterscheiden Sie zwischen vermeidbaren, unvermeidbaren und klugen Fehlern (Edmondson, 2011). Gerade unvermeidbare und kluge Fehler müssen toleriert, analysiert und als Stimuli zum unternehmensweiten Lernen genutzt werden.
- **Transparenz:** Ihre Mitarbeiter benötigen möglichst viele Informationen über die gesamte Organisation, um ihr unternehmerisches Denken anzuregen. Schaffen Sie Transparenz zu Abläufen, Kennzahlen, internen Projekten, Herausforderungen, Zielen und Erfolgen, um allen eine möglichst breite Informationsbasis zu bieten. Nur dann sind sie auch in der Lage, größere Zusammenhänge zu verstehen, Schwachstellen zu identifizieren, Projektvorschläge zu implementieren und letztlich unternehmerisch zu handeln.
- **Organisationale Durchlässigkeit:** Unter organisationaler Durchlässigkeit verstehen wir, dass Mitarbeiter zu jeder Zeit über den derzeitigen Unterneh-

menskontext informiert sind und über die Unternehmenssituation am Markt Bescheid wissen. Sie sollen nicht in einer Blase leben, sondern äußere Einflüsse und Veränderungen verstehen. Informieren Sie daher alle über unternehmensrelevante Trends, Veränderungen und den derzeitigen Status in den Bereichen Konkurrenz, Zulieferer, Kunden, Industrie, Gesetzgebung, Technologie, Gesellschaft und Umwelt.

- **Selbstmanagement:** Schenken Sie Ihren Mitarbeitern Vertrauen und übergeben Sie ihnen Verantwortung über deren eigene Ideen und Projekte. Schaffen Sie einen konstruktiven Rahmen, in dem Mitarbeiter selbstverantwortlich an Projekten arbeiten, andere Mitarbeiter anwerben und interdisziplinäre Lösungen finden können. Selbstmanagement ist ein wichtiger Bestandteil einer organischen Unternehmensstruktur und fördert die Eigenverantwortung, Selbstständigkeit, unternehmerische Orientierung und Leistungsfähigkeit von allen (mehr dazu auch im nächsten Kap. 5).

Schaffen Sie es, diese Aspekte in der Unternehmenskultur zu integrieren und zu etablieren, so entwickeln Sie mentale Modelle, die unternehmerisches Denken fördern, Sie erhöhen das Lernen in Teams, Sie unterstützen Mitarbeiter bei der Entwicklung persönlicher Reife und Sie ermöglichen ihnen systemisches Denken in größeren Zusammenhängen.

---

Organisationales Lernen erwirkt Wettbewerbsvorteile und darüber hinaus eine Entwicklungsplattform – wie Erwin Harsch, der Vorsitzende der Geschäftsführung von dm das nennen würde – für alle Mitarbeiter. Organisationales Lernen sollte zentraler Bestandteil einer jeden Unternehmenskultur sein. Solche Lernprozesse führen, wie schon durch Berner (2012) beschrieben, zu einem prägnanten Charakter der Organisationskultur. Dieser Charakter definiert die interne Empfindung wie auch das externe Image des Unternehmens positiv. Unternehmenskulturen bestimmen daher zum einen das Zusammenleben innerhalb von Organisationen, zum anderen wirken sie sich aber auch maßgeblich auf alle externen »Stakeholder« aus. Lieferanten, Kunden, Geschäftspartner und die Öffentlichkeit nehmen die nach außen getragenen Aspekte der Organisationskultur wahr und machen davon Kaufentscheidungen, Verträge oder Investitionen abhängig. Im direkten Kontakt mit diesen »Stakeholdern« wird sich der Charakter des Unternehmens bemerkbar machen, sei es beim Kundenservice oder bei den Vertragsverhandlungen mit Zulieferern. Unternehmenskulturen sind daher geschäftsrelevant und nicht kopierbar.

In der Gesunden Organisation beschreiben wir den Charakter der Unternehmenskultur als »gemeinschaftlich«. Wie bereits dargelegt, ist dies eine mögliche Beschreibung einer gesunden Unternehmenskultur. Sie sollte nicht als alleiniger

Maßstab zur Bewertung herangezogen werden. Jede Organisation kann für sich entscheiden, wie ihre Kultur im besten Falle geprägt sein sollte. Dies kann von »unternehmerisch« über »kreativ« bis »pluralistisch« oder »positiv/konstruktiv« reichen. Wichtig ist, dass Unternehmen ein klares Zielbild und einen bestmöglichen Zustand formulieren und dieses Ziel konsequent und nachhaltig verfolgen. Im Folgenden gehen wir darauf ein, was wir unter »gemeinschaftlich« verstehen und wie der Charakter der Unternehmenskultur in einer Gesunden Organisation aussehen kann.

Gemeinschaftliche Kultur heißt nicht konfliktfreie Kultur; vielmehr bedeutet gemeinschaftliche Kultur auf der Basis gegenseitigen Respekts und organisationaler Gerechtigkeit eine konstruktive Diversität zu fördern, in der Kreativität durch kritisches Denken und offenen Dialog stimuliert wird, jedoch alle Mitglieder nach derselben Vision streben und dadurch geeint sind. Wir halten also fest, dass sich eine gemeinschaftliche Kultur durch folgende drei Faktoren auszeichnet:

1. **Respekt und Gerechtigkeit**  Die »Akzeptanztreppe« und das Konzept der »organisationalen Gerechtigkeit« bilden die Basis für das nachhaltige Funktionieren einer Gemeinschaft.
2. **Gemeinsame Vision**  Das Prinzip einer gemeinsamen Vision wurde ebenfalls bereits in diesem Unterkapitel als Teildisziplin organisationalen Lernens behandelt.
3. **Konstruktive Diversität**  »Konstruktive Diversität« ist der noch verbliebene Faktor einer gemeinschaftlichen Unternehmenskultur, der nun erläutert wird.

Diversität ist für Organisationen im heutigen Kontext unerlässlich. In einem globalisierten Marktumfeld, das sich kontinuierlich und teilweise disruptiv verändert, präsentieren Mitarbeiter mit unterschiedlichen Hintergründen, Denk- und Arbeitsweisen einen enormen Vorteil. Das Zusammentreffen unterschiedlicher Charaktere erlaubt eine enorme Vielfalt an Ideen und Lösungsvorschlägen. Daher bietet Diversität ein enormes Potenzial, das es zu nutzen gilt.

Selbstverständlich führt Diversität zu Konflikten, da unterschiedlich geprägte Menschen gemeinsam auf dasselbe Ziel hinarbeiten sollen und der optimale Weg zu diesem Ziel von jedem Menschen anders eingeschätzt wird. Was jedoch klar sein muss, ist, dass Konflikte erwünscht sind, ja sogar unterstützt werden sollten. Selbstverständlich sind Harmonie, Konsens und Kooperation wichtige Grundlagen einer Unternehmenskultur, doch gleichzeitig bieten offene Diskussionen, Debatten und Spannungen ein kreatives Potenzial, das Unternehmen die Möglichkeit bietet, innovativer, agiler und proaktiver zu werden. In der Forschung spricht man von »Creative Abrasion«, also kreativer Reibung. Wissenschaftler gehen davon aus, dass diese kreative Reibung durch Diversität entsteht und ein hohes Innovationspotenzial in sich trägt (vgl. u. a. Morris, Kuratko & Covin, 2010). Die Herausforderung für Führungskräfte ist es, kreative Reibung entstehen zu lassen, den Konfliktlevel aber auf einem »mittleren Niveau«, sprich in einer Balance, zu halten. Wenn Mitarbeiter ausschließlich debattieren und sich uneinig sind, ist dies eine eher »destruktive Diversität« und letztendlich genau so unproduktiv wie »Monokulturen«, in denen immer einheitlich gedacht und agiert wird (vgl. Abb. 50).

Verantwortliche tun deshalb gut daran, die Grundlagen für Diversität zu schaffen, indem sie divergente Standpunkte erkennen und Mitarbeiter mit unterschiedlichen Ansichten zusammenbringen. Genau dann entsteht Potenzial für kreative Lösungen und konstruktive Diversität. Aufgabe aller verantwortlichen Personen ist deshalb, aus der Divergenz der unterschiedlichen Ansichten eine Konvergenz zu fördern, also diverse Ideen aufzugreifen und zu vereinen. Zum Zeitpunkt der Konvergenz der unterschiedlichen Ideen kann die grundlegende Diversität dann als konstruktiv bezeichnet werden.

Interessanterweise geht man davon aus, dass kreative Reibung nicht nur das Innovationspotenzial erhöht, sondern letztendlich auch die Sensibilität und Harmonie im Unternehmen verbessert, da Mitarbeiter sich kreativ mit ihrer eigenen Meinung einbringen können und Beiträge zu einer größeren, kollektiven Idee beisteuern (Morris, Kuratko & Covin, 2010). Auch bestimmte Strukturen fördern die Konvergenz einander gegenüberstehender Ansichten. Darauf werden wir im nächsten Unterkapitel genauer eingehen. Abbildung 49 illustriert die grundlegende Idee kreativer Reibung und zeigt, dass es an Führungskräften liegt, eine konstruktive Diversität zu schaffen, die sich letztendlich produktiv-kreativ auf das Gesamtunternehmen auswirkt. In der Praxis heißt das, einerseits Mitarbeiter mit einem guten »Fit« einzustellen, andererseits jedoch diesen »Fit« im Sinne einer Bereicherung für die Organisation zu verstehen. Potenzielle Mitarbeiter sollten sich also grundsätzlich mit dem Sinn und den Werten der neuen Organisation identifizieren können, gleichzeitig jedoch »anders« im Denken, Handeln und Arbeiten sein. Fördern Sie also Diversität und versuchen Sie, freie Meinungsäußerung zu stimulieren. Identifizieren Sie die verschiedenen Charaktere und bringen Sie unterschiedliche Ansichten zusammen, um auf der Basis gegenseitigen Respekts dann gemeinsam konstruktiv Neues zu erarbeiten. So stellen wir uns Balancierte Führung und eine gemeinschaftliche Unternehmenskultur vor.

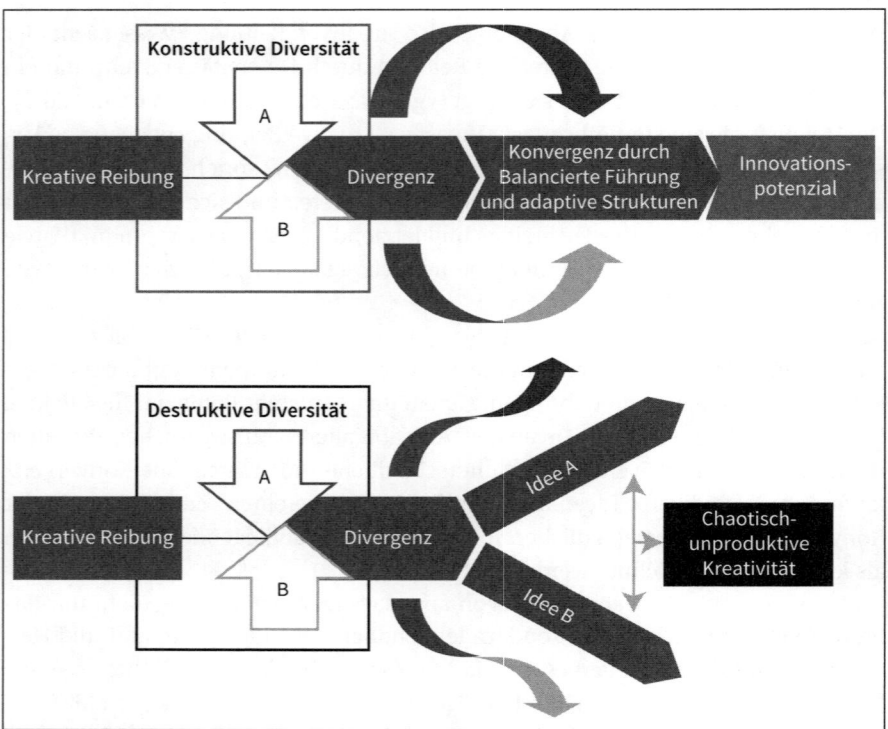

**Abb. 49:** Konstruktive/destruktive Diversität und kreative Reibung
(eigene Darstellung)

Wie bereits erwähnt, ist der Charakter einer Unternehmenskultur geschäftsrelevant. Unternehmenskulturen erzeugen daher klare Wettbewerbsvorteile. Dieser
Gedanke wird in Abbildung 50 zusammengefasst, eine Darstellung, die aufzeigt,
wie die Gesunde Organisation durch eine gemeinschaftliche Kultur klare Vorteile
gegenüber ihrer Konkurrenz nach sich zieht. Die Grafik zeigt, inwiefern sich
Organisationskultur und interner Konfliktlevel auf die Unternehmens- und Teamleistung auswirken. Dabei wird evident, dass Balance einmal mehr der entscheidende Faktor ist. Befinden sich Organisationskulturen in einem Extremzustand,
wirkt sich das negativ auf organisationale Potenziale und Leistungsindikatoren
aus. So können wir unser Beispiel der trägen und der überforderten Organisation
wieder aufgreifen, um zu beschreiben, wie deren »extreme« Kulturen aussehen.
Die gewählten Beispiele beschreiben stereotypische Organisationen. Wir vereinfachen damit bewusst das Verständnis der eigentlichen Komplexität einer Unternehmenskultur. Gerade dadurch bietet sich jedoch die Chance, die zugrunde liegenden Prinzipien zu verdeutlichen.

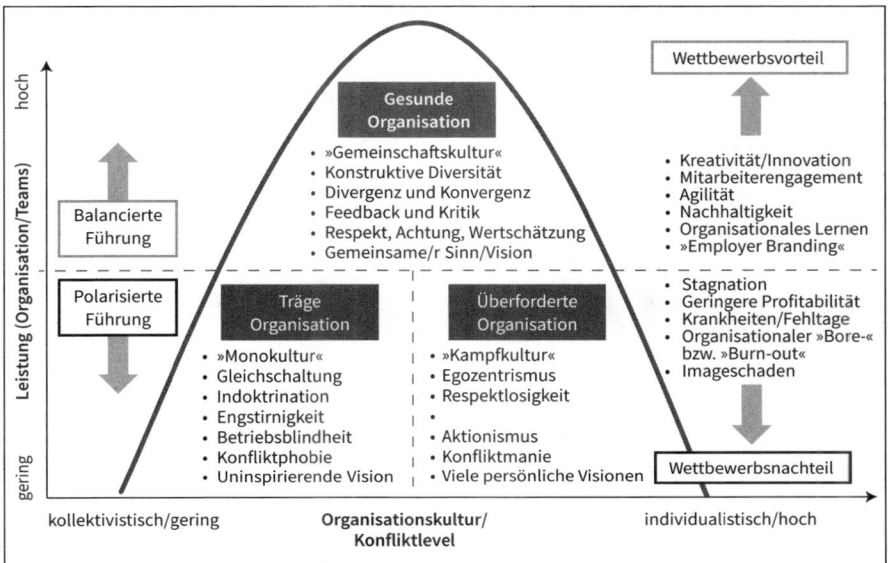

**Abb. 50:** Auswirkungen des Konfliktlevels auf die Leistung, den Charakter und die Wettbewerbsfähigkeit der Organisation (eigene Darstellung)

Träge Organisationen zeichnen sich häufig durch »Monokulturen« aus. Unter »Monokulturen« verstehen wir Unternehmenskulturen, die zwar Werte, Grundannahmen und Normen sowie Geschichten, Symbole und Rituale teilen, in der die Mitglieder allerdings in einer trägen und nur wenig produktiven Harmonie zusammenarbeiten. In diesen Kulturen wird eher synchron gedacht, geredet und entschieden, Konflikte eher vermieden, keiner »tanzt aus der Reihe«. Neue Mitarbeiter werden ausschließlich nach deren »Fit« analog zum Status quo gewählt und anschließend von der Unternehmenskultur assimiliert, sodass sie schon nach relativ kurzer Zeit Alternativlösungen gegenüber engstirnig und perspektivlos sind. Die organisationsweite »Gleichschaltung« wird schließlich ohne Widerspruch angenommen, Prozesse nicht mehr hinterfragt und aufkommenden Problemen wird mit traditionellen Lösungen begegnet (»Das haben wir schon immer erfolgreich so gemacht«). Führungskräfte in einer Monokultur genießen und fördern die organisationsweite Harmonie, isolieren – bewusst oder unbewusst – das Unternehmen und Mitarbeiter gegenüber externen Einflüssen und sorgen so dafür, dass Ideen, die das Unternehmen zu stark verändern könnten, gar nicht erst entstehen.

Demgegenüber stellen »Kampfkulturen« das Gegenteil dar. Sie zeichnen sich durch ein hohes Maß an Individualismus aus. Sie fördern ein Übermaß an Aktivität, sodass die verschiedenen Charaktere, deren Ideen und Ansichten, nicht gebündelt und nutzbar gemacht werden können, sondern sich im Gegeneinander auflösen. In einer überforderten Organisation herrscht eine Art Kampfkultur vor. Viele, oft narzisstische, Charaktere versuchen, ihre jeweils eigenen persönlichen Visionen zu verwirklichen, die Kultur ist egozentrisch. Beziehungen basieren nicht auf gegenseitigem Respekt, sondern auf Rivalität. Konflikte werden (unbewusst) aktiv gefördert. Gemeinsam Entscheidungen zu treffen dauert lange, da sich jeder individuell durchsetzen will und weder Wertschätzung für andere Ideen zeigt noch deren Potenzial für die Kombination mit den eigenen Ideen erkennt. Eine Kampfkultur gleicht daher eher einer vorzeitlichen Gesellschaft, in der derjenige, der seine Meinung am besten verbreiten kann, als Stärkster und daher als Anführer gilt. Nicht selten prägen solche Kulturen auch politische Spielchen, bei denen nach Verbündeten gesucht wird, um »feindliche« Ideen und Ansichten in ihrer Realisierung zu verhindern. Ein Beispiel hierfür sind die in vielen Unternehmen auftretenden Abteilungsrivalitäten, bei denen Teams destruktiv gegeneinander arbeiten und so der Gesamtorganisation eher schaden als diese nach vorne zu bringen. Führungskräfte sind in diesen Kontexten häufig kurzfristig orientiert, agieren politisch motiviert und handeln aktionistisch. Sie fördern neue Ideen und Mitarbeiterpotenziale nur, wenn sie sich davon einen eigenen Vorteil erhoffen. Der Blick ist häufig nach innen bzw. oben in Richtung Hierarchie gewandt, anstatt zum Markt und Kunden.

Sowohl Monokulturen wie auch Kampfkulturen führen zu Wettbewerbsnachteilen. Durch ihre Trägheit bzw. innere Zerrissenheit verhindern sie das Entstehen und aktive Realisieren von neuen, kreativen Vorgehensweisen. Sie sind unflexibel und können nicht zielgerichtet auf veränderte äußere Einflüsse reagieren. Sie stagnieren, da sie keine Innovationspotenziale entfalten und sich nicht von der Stelle bewegen. Im Vergleich zum Branchenschnitt haben sie eine geringere Profitabilität, da träge und überforderte Organisationen den Zukunftstrends nachhinken und anders als ihre Konkurrenz, ihren Kunden keine wirklichen Mehrwerte oder Neuheiten bieten können. Außerdem führen Monokulturen zu einem organisationalen »Bore-out«, während Kampfkulturen einen unternehmensweiten »Burnout« erleben (vgl. hierzu auch Kap. 2). Dies steigert gleichzeitig das Auftreten von psychischen und physischen Krankheiten und erhöht die Anzahl der Fehltage. Letztendlich leidet das Unternehmensimage in der Öffentlichkeit unter der schwachen Unternehmensleistung, den gelangweilten oder gestressten Mitarbeitern, den schlechten Kundenbeziehungen und den Arbeitszuständen. Daher haben »extreme« Organisationskulturen klare Wettbewerbsnachteile zur Folge.

Die gemeinschaftliche Kultur in der Gesunden Organisation zeichnet sich demgegenüber durch leistungsfähige Mitarbeiter, Augenhöhe-Beziehungen und konstruktive Diversität sowie einen gemeinsamen Sinn und eine gemeinsame Vision aus. Daraus resultieren erhöhtes Innovationspotenzial, stärkeres Mitarbeiterengagement, organisationale Energie und Agilität, strategische Nachhaltigkeit, schnelleres Lernen als die Konkurrenz sowie das »Branding« als attraktiver Arbeitgeber und dynamikrobustes Unternehmen. Führungskräfte in gemeinschaftlichen Kulturen agieren nach den Prinzipien Balancierter Führung, wie wir sie in Kapitel 5 detailliert erläutern werden.

Abschließend fassen wir die wichtigsten Aspekte in den Unternehmensdimensionen Mitarbeiter, Beziehungen und Kultur zusammen. Abbildung 51 zeigt, wie die »menschliche Perspektive« der Gesunden Organisation idealerweise gestaltet werden kann. Sie enthält typische Kennzeichen von leistungsfähigen Mitarbeitern, Beziehungen auf Augenhöhe und einer gemeinschaftlichen Kultur. Alle drei Dimensionen stehen in wechselseitiger Abhängigkeit und beeinflussen sich somit gegenseitig. Gleichzeitig werden die drei Dimensionen sehr stark durch Führung geprägt. In der Konsequenz ergibt die »menschliche Perspektive« der Gesunden Organisation im Zusammenspiel mit Balancierter Führung eindeutige Wettbewerbsvorteile für das Gesamtunternehmen, dessen Mitarbeiter und Kunden.

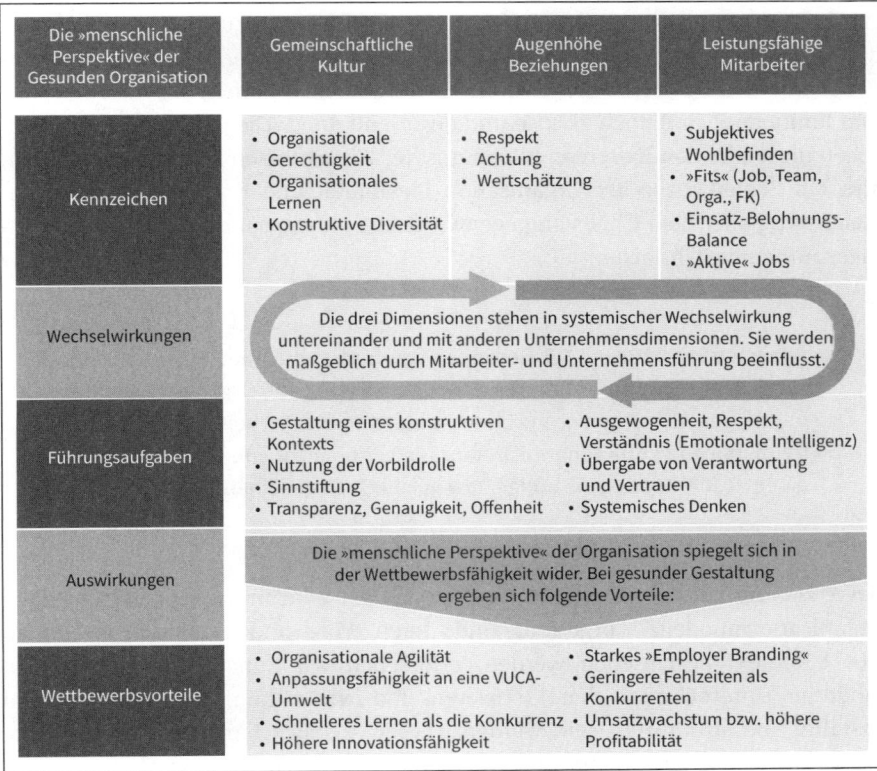

**Abb. 51:** Zusammenfassung der »menschlichen Perspektive« der Gesunden Organisation: Mitarbeiter, Beziehungen und Kultur (eigene Darstellung)

### 4.4.2   Die »systematische Perspektive« der Gesunden Organisation – adaptive Strukturen und agile Prozesse

Nachdem erläutert wurde, wie Mitarbeiter, Beziehungen und Kultur in einer Gesunden Organisation charakterisiert werden und wie eine gemeinschaftliche Kultur und Augenhöhe-Beziehungen zu leistungsfähigen Mitarbeitern führen, möchten wir in diesem Kapitel die systematische Seite der Gesunden Organisation ausfalten. Diese ergänzt die menschliche Seite um eine ordnende Kraft, die den menschlichen Potenzialen im Unternehmen eine grundlegende Struktur bieten soll, um diese zu entfalten.

Die Struktur einer Organisation steht in Wechselwirkung mit deren Kultur, beeinflusst diese und wird gleichzeitig maßgeblich von ihr geprägt. Im Zusammenspiel sind Organisationsstruktur und -kultur daher sehr stark für den Arbeitskontext verantwortlich. Wie im vorherigen Unterkapitel beschrieben, benötigen Mitarbeiter Freiräume, um Selbstverantwortung und Selbstführung zu entwickeln. Gleichzeitig benötigen Menschen aber auch Orientierungspunkte und Halt, damit sie gezielt produktiv und konstruktiv mit anderen Menschen zusammenarbeiten können. Das Ziel lautet deshalb, Strukturen zu schaffen, die weder zu starr und limitierend sind noch zu lose und desorientierend. Die richtige Balance zwischen diesen beiden Extremen bilden unserer Ansicht nach adaptive Strukturen, also ein Skelett, dass der Organisation Flexibilität und Kreativität ermöglicht, gleichzeitig aber dem Chaos entgegenwirkt und einen grundlegenden Unternehmensaufbau gewährleistet.

> **DEFINITION**
>
> **Adaptive Strukturen** – Die Gesunde Organisation zeichnet sich durch anpassungsfähige Strukturen aus, die einerseits einen klaren Organisationsaufbau mitbringen, der Orientierung bietet, andererseits Offenheit für Entscheidungsfreiräume und Entfaltung von Potenzialen ermöglicht, um der Organisation in einem VUCA-Kontext die nötige Beweglichkeit zu verleihen.

Bevor der Aufbau adaptiver Strukturen erläutert wird und bevor verschiedene Organisationsmodelle vorgestellt und deren Vor- und Nachteile in einem VUCA-Kontext beschrieben werden, erforschen wir zunächst, wodurch sich moderne Unternehmen charakterisieren und wie zukünftige Organisationen gestaltet und strukturiert sein werden. Dieser Ausblick bietet eine interessante Perspektive, wie sich Organisationen entwickeln, wie sie mit Komplexität umgehen und wie sie sich an veränderte Bedingungen und Ansprüche anpassen werden.

Frederic Laloux (2014) beleuchtet die Organisationsevolution auf interessante Weise und zeigt auf, wann und warum sich Organisationen weiterentwickeln. Dabei unterscheidet er zwischen verschiedenen Organisationstypen, die sich in ihren Paradigmen und ihrem Bewusstseinsgrad unterscheiden. Hier bezieht er sich vor allem auf die grundlegenden Arbeiten von Piaget (Piaget & Inhelder, 1969), Wilber (2000), Graves (2005) und Cook-Greuter (1985). Verändert sich das vorherrschende Paradigma, entwickelt sich in Folge eine neue Form der Organisation, die dieses Paradigma besser verkörpern kann. Laloux geht davon aus, dass der Bewusstseinsgrad einer Organisation mit jedem Paradigmenwechsel steigt. Unter Bewusstsein verstehen er in diesem Kontext, dass Menschen und Organisationen sich ihrer Umwelt und ihrer selbst bewusst sind, ihre Situation, ihr Selbst und ihren Kontext reflektieren und verstehen können sowie von diesem Verständnis überzeugt sind. Ein Paradigmenwechsel, also eine Veränderung dieses Bewusstseins, ist daher ein schwieriger Schritt für Individuen und Organisationen. Eine Steigerung des eigenen Bewusstseins geht immer mit einem kritischen Hinterfragen des aktuellen Selbst und einem Erkennen neuer, äußerlicher Umstände einher.

Die Frequenz der organisationalen Paradigmenwechsel hat sich in den letzten Jahrhunderten und insbesondere in den letzten Jahrzenten stark erhöht. Begründet werden kann dies durch die steigenden Lebensstandards, wissenschaftliche Errungenschaften, wirtschaftliche und gesellschaftliche Revolutionen und eine Bewusstseinserweiterung des Menschen. Heutzutage leben wir in einer vernetzten, globalen, interaktiven, komplexen, volatilen und ungewissen Welt, die sich in den letzten Jahrzenten rapide gewandelt hat und Organisationen ein Umdenken abverlangt. Betrachtet man allein die letzten 220 Jahre, so kann man mehrere organisationale Paradigmenwechsel erkennen, die in ihrer Frequenz steigen. Vereinfacht ausgedrückt, können wir einen Wechsel von der industriellen, effizienten, autoritären, leistungs- und »Shareholder«-orientierten Organisation zu einer internationalisierten, beziehungs- und »Stakeholder«-orientierten Organisation beobachten.

Selbstverständlich bedeutet das nicht, dass alle Organisationen diesen Paradigmenwechsel miterlebt und sich neuen Umständen auf dieselbe Weise angepasst haben. Auch heute existieren und funktionieren »tayloristische« Unternehmen (noch). Während einige Unternehmen also in ihrem alten Bewusstseinsgrad verharren oder den Paradigmenwechsel gerade miterleben, entwickelt sich bereits ein neues Paradigma, das die Organisationen der Zukunft beeinflussen und auszeichnen wird. Dieses Paradigma zeichnet sich durch Komplexität, Dynamik, Agilität, Selbstorganisation und -führung aus und versteht Organisationen als einen lebenden und evolutionären Organismus. Wir befinden uns zurzeit am Rande dieses Paradigmenwechsels und können ihn bereits erahnen, doch in seiner Gesamtheit noch nicht ganz umfassen. Organisationen mit den höchsten Bewusstseinsgraden wagen aktuell den Schritt zu einem neuen Selbst- und Kontextverständnis und passen ihre Führung, Strukturen, Prozesse, Kulturen und Strategien dementsprechend an.

Die Evolution von Organisationen wird in Anlehnung an Laloux in Abbildung 52 illustriert. Dabei können organisationale Paradigmen in einem Farbspektrum dargestellt werden, das bisher von Infrarot (überlebensorientierte Gruppen) über Magenta (Autorität der Ältesten), Rot (machtreguliertes Fürstentum) und Orange (formalistisch-hierarchisches Kommando), Gelb (leistungs- und kontrollorientiertes Unternehmen) zu Grün (pluralistisch-beziehungsorientierten Organisationen) reicht. Evolutionäre Organisationen, die den aufkommenden Paradigmenwechsel bereits inkorporieren, werden mit der Farbe Türkis beschrieben. Abbildung 52 zeigt außerdem, wie sich der Bewusstseinsgrad von Organisationen kontinuierlich steigert und wie sich dies auf das Führungsverhalten auswirkt. Wir verstehen Gesunde Organisationen in diesem Sinne als Organisationen mit hohem Bewusstseinsgrad, die entweder pluralistisch (Grün) oder bereits evolutionär (Türkis) organisiert sind.

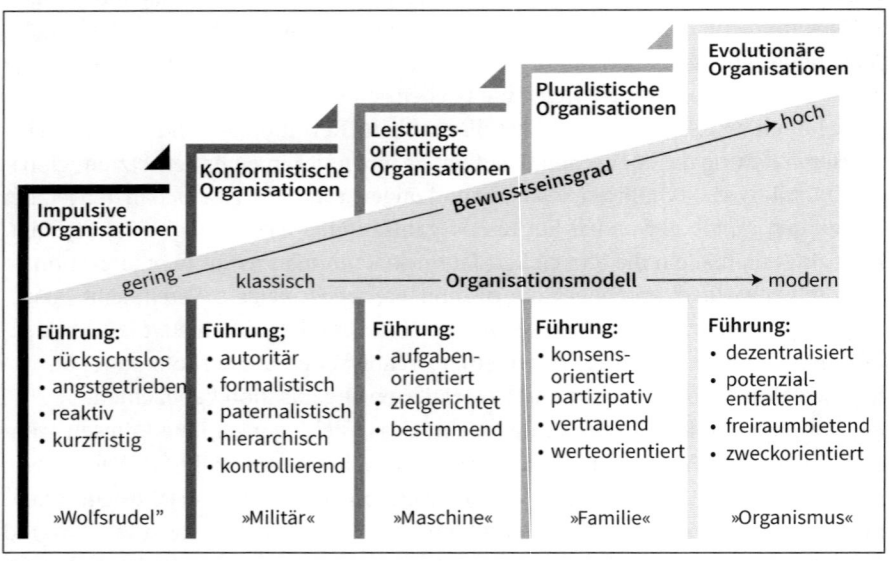

**Abb. 52:** Organisationsevolution (eigene Darstellung in Anlehnung an Laloux, 2014)

Wie bereits erwähnt, wird auch heute noch das gesamte Spektrum an Bewusstseinsgraden von verschiedenen Organisationen praktiziert und als selbstverständlich empfunden. Nur weil neue Paradigmen entstehen, heißt das nicht, dass alte Paradigmen nicht mehr existieren oder funktionieren. Anhand von Laloux's (2014) und unseren Beispielen wird diese Annahme deutlicher.

Im Folgenden werden einige Praxisbeispiele genannt, um das Spektrum der Organisationsevolution besser zu verstehen. Die genannten Beispiele und deren Bewertungen basieren lediglich auf unseren Eindrücken, nicht auf einer detaillierten Organisationsanalyse. Häufig können die Organisationen auch keiner klaren Farbe zugeordnet werden, da die Skala eher als ein Kontinuum gesehen werden muss. So stehen einige der folgenden Organisationen zwischen zwei Bewusstseinsgraden.

- Rote Organisationen:        Mafia, Gangs, einige Private Equity Firmen, Call Center, Zeitarbeitsfirmen, häufig auch Werbeagenturen und Strukturvertriebe
- Orangene Organisationen: katholische/orthodoxe Kirche, Bruderschaften, Sekten, Militär, häufig auch Behörden, Anwaltskanzleien, Arztpraxen, Restaurantküchen, aber auch Firmen wie Schlecker
- Gelbe Organisationen:       häufig Konzerne (VW, Deutsche Bank, Roche ...) und Beratungsfirmen (McKinsey, PwC, KPMG ...)
- Grüne Organisationen:      wert- und kulturgesteuerte Unternehmen (IKEA, Ben & Jerry's, GLS-Bank, Systelios Gesundheitsklinik, PSD-Bank, Südostbayernbahn, Unilever Deutschland), häufig auch Familienunternehmen
- Türkise Organisationen:    dynamisch-organische Unternehmen (Buurtzorg, dm, RWD Schlatter, allsafe Jungfalk, Gore & Associates, Premium Cola, Valve, Saint Gobain, Morning Star, Hema, Endenburg Elektrotechniek, frühere Semco Group)

**Wodurch zeichnen sich türkise Organisationen aus und worin unterscheiden sie sich von klassischen Organisationsmodellen?**

Laloux (2014) nennt drei Faktoren, die türkise Organisationen differenzieren und deren höheren Bewusstseinsgrad bewirken:
1. **Selbstmanagement**   Türkise Organisationen ermöglichen ihren Mitarbeitern Selbstführung, -organisation und -steuerung, und können effektiv arbeiten, ohne klassische Hierarchien zu benötigen.
2. **Ganzheitlichkeit**   In evolutionären Organisationen können Mitarbeiter ihr ganzheitliches »Selbst« sein und zeigen. Sie werden als Menschen anerkannt und nicht nur als Humankapital gesehen. Sie fühlen sich in der Organisation wohl, da sie komplett authentisch sein dürfen.

3. **Evolutionärer Zweck**   Laloux (2014) betont, dass türkise Organisationen ihren Sinn in sich selbst tragen. Dieser evolutionäre Zweck muss nicht kontrolliert oder gemanagt, sondern erkannt und verständlich gemacht werden. Das Ziel ist also nicht, die Zukunft möglichst gut zu antizipieren, um wettbewerbsfähig zu bleiben, sondern den Zweck des Unternehmens zu verstehen und sich von diesem leiten und entwickeln zu lassen.

---

**AUS DER PRAXIS, FÜR DIE PRAXIS**

Die drei Faktoren evolutionärer Organisationen am Beispiel dm-drogerie markt (vgl. Kap. 5):

1. Selbstmanagement: dm legt sehr starken Fokus auf Selbstorganisation-, -führung und -verantwortung. Mitarbeitern bieten sich Entscheidungsfreiheiten und ein Kontext, in dem eigenverantwortlich, unternehmerisch und authentisch gearbeitet werden kann. Auch internationale Tochterunternehmen, sowie Regionen, Ressorts und Märkte bekommen Verantwortung und Selbstmanagement übertragen und werden sehr stark von Konzernreglementierungen entkoppelt.
2. Ganzheitlichkeit: Bei dm liegt der Fokus auf dem Menschen an sich. Anders als in den meisten Unternehmen, werden Menschen nicht als Mittel zur Leistungssteigerung gesehen, sondern als eigentlicher Zweck. Produkte und Kapital werden als Mittel zur Entwicklung von Menschen gesehen. dm-Mitarbeiter werden als mündige und eigenverantwortliche, sowie bewusst und sinnvoll handelnde Menschen verstanden und dementsprechend behandelt. Bei dm dürfen Mitarbeiter Menschen sein und nicht nur Produktionsfaktoren oder professionelle Figuren ihrer selbst.
3. Evolutionärer Zweck: Wie eben beschrieben, verfolgt dm einen eigenen, ursprünglichen und selbstleitenden Zweck, der es ist, Menschen eine Entwicklungsplattform zu bieten. Demnach leiten sich alle Entscheidungen, Strategien und Ziele von diesem Sinn und Zweck ab.

---

Während der evolutionäre Zweck vor allem in der Unternehmensstrategie eine wichtige Rolle spielt und Ganzheitlichkeit vor allem in den Organisationsdimensionen Mitarbeiter, Beziehungen und Kultur, also auf der »menschlichen Seite« der Organisation relevant ist, umschreibt Selbstmanagement eine bestimmte strukturelle und prozedurale Ausrichtung. Da wir uns in diesem Unterkapitel auf Strukturen und Prozesse konzentrieren, werden wir den Aspekt des Selbstmanagements daher häufiger aufgreifen.

Den oben aufgeführten Organisationsmodellen können jeweils bestimmte Strukturen zugeordnet werden, die den Bewusstseinsgrad und das Selbstverständnis widerspiegeln. Daher werden wir im Folgenden typische Organisationsdesigns illustrieren und deren Fähigkeit zur Agilität und Komplexität bewerten. Zunächst soll aber grundlegend die Frage geklärt werden, wie starr oder lose, also bis zu welchem Grad eine Organisation strukturiert sein muss. Aufschluss darüber gibt Abbildung 53, die aufzeigt, inwiefern organisationale Leistung und strukturelle und prozedurale Einschränkungen zusammenhängen. Es zeigt sich auch hier, dass eine Balance zwischen sehr starren und sehr losen Strukturen und Prozessen zu Höchstleistung führt. Sind kaum Strukturen und Abläufe vorhanden, so herrscht häufig Chaos, Unklarheit und Desorientierung. Besonders in sehr flachen Organisationen, wie z. B. Start-ups, kann es an Ausrichtung fehlen, was zu einer verringerten Effizienz und Effektivität führen kann. Solche Organisationen neigen in der Folge zu Überforderung, agieren aktionistisch und handeln sprunghaft, ohne erkennbare Ziel- und Zweckorientierung.

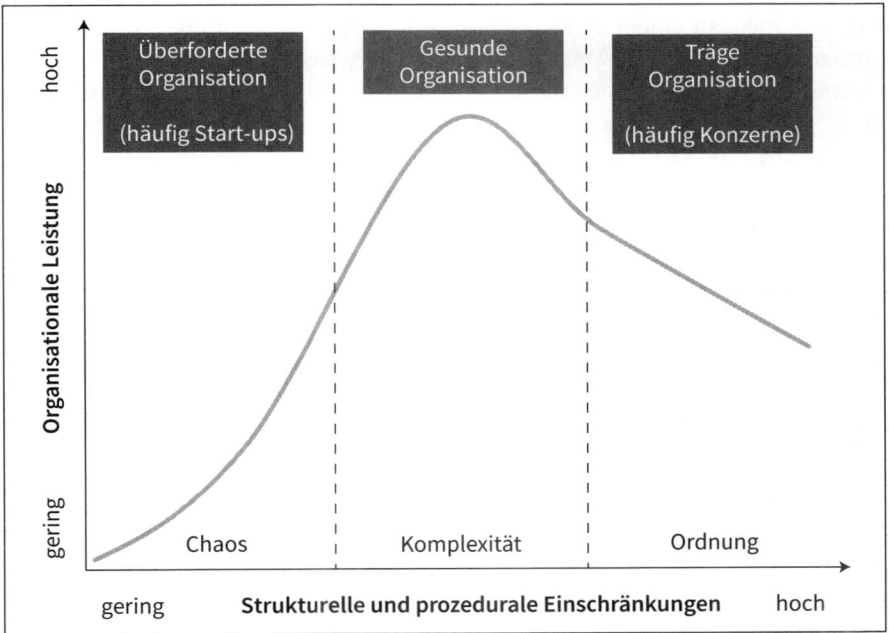

**Abb. 53:** Auswirkungen von strukturellen und prozeduralen Einschränkungen auf die organisationale Leistung (eigene Darstellung in Anlehnung an Gray & Vander Wal, 2014)

Wettbewerbsnachteile werden aber auch durch zu starre, hierarchische und bürokratische Strukturen bedingt. Besonders in Konzernen und Behörden gilt Ordnung und ein geregelter Ablauf als oberstes Gebot. Dass dabei häufig Kreativität, Selbstmanagement und Agilität verloren gehen, ist ein entscheidender Nachteil starrer Strukturen. Daher wirken überstrukturierte und -reglementierte Unternehmen häufig träge und können sich verändernden Umweltbedingungen nur mühevoll und langsam anpassen. In der Gesunden Organisation spiegelt sich die Komplexität des heutigen Unternehmensumfelds auch in der eigenen Organisation wider. Gesunde Organisationen schaffen so einen balancierten Ausgleich zwischen Über- und Unterregulierung, bieten klare Orientierung, ohne Kreativität einzuschränken und sind agil, ohne volatil zu werden. Für Organisationen aller Größen ist es möglich, sich adaptiver und agiler aufzustellen, hilfreiche Strukturen zu schaffen und Überflüssige abzubauen.

Im Verlauf eines Organisationslebens bleiben die Strukturen nicht gleich. Sie verändern sich mit der Organisation, passen sich neuen Bedingungen an, werden durch Optimierungsmaßnahmen getrimmt, bilden sich durch Firmenwachstum neu oder werden in Krisenzeiten restrukturiert. Strukturen wachsen also mit dem Unternehmen. In einem Start-up sind kaum geregelte Strukturen und Prozesse vorhanden. Doch sobald Unternehmen eine gewisse Größe erreichen, professionalisieren sie sich und bilden Strukturen, die den gehobenen Ansprüchen an die Organisation genügen. Entwickelt sich das Unternehmen weiter, so wachsen parallel auch die Strukturen und Prozesssysteme mit, bis die Organisation meist bürokratisch und hierarchisch aufgebaut, Prozesse klar definiert und Strukturen eindeutig festgehalten sind.

Dies ist jedoch nur ein Aspekt der kontinuierlichen Strukturveränderungen, der mit dem Wachstum eines Unternehmens zusammenhängt. Ein anderer Aspekt sind die oben angesprochenen Veränderungen nach einschneidenden Erlebnissen, wie bspw. veränderten Kontextbedingungen, Krisen oder eigenen Erfolgen (Stichwort »Wachstumsschmerzen«). Unternehmen verhalten sich dann wie Menschen oder Organismen und versuchen, auf die neuen Gegebenheiten adäquat zu reagieren. Genau wie Menschen neigen sie jedoch zu Überreaktionen.

Erlebt ein Unternehmen eine Krise, da es nicht mehr innovativ genug ist und die Strukturen in Anbetracht des neuen Umfelds zu starr sind, werden Strukturen wieder abgebaut, um kreative Potenziale freizusetzen und hoffentlich den »Turn Around« zu schaffen. Radikale Umbauten führen in der Folge allerdings häufig dazu, dass Unternehmen ihren Kern verändern und sich verbiegen. Das Unternehmen findet sich dann in einer Phase der Entfremdung und Desorientierung wieder, da die neuen, losen Strukturen zwar Potenziale mit sich bringen, doch die Führungskräfte und Mitarbeiter mit dem neuen System nicht wirklich zurechtkommen und sich in ihrer neuen Rolle und Umfeld nicht mehr wohlfühlen. Nach einiger Zeit gewöhnen sich Organisationen und Menschen meist an diesen Zustand und arbeiten wieder konstruktiver.

Dieser Zustand hält jedoch nicht lange an, da das Unternehmen noch erfolgreicher arbeiten will oder die nächste Krise erlebt und sich das Management deshalb dafür entscheidet, das Unternehmen weiter zu professionalisieren, zum Beispiel durch verstärkte Standardisierung, Zentralisierung und »Outsourcing«. Das Pendel schlägt wieder in die andere Richtung um.

Wie Sie leicht erkennen können, befinden sich Organisationen so oft in einem regelmäßigen, unendlichen Wandlungsprozess, von einem Extrem ins andere. Dieses typische Verhalten wird in Abbildung 54 dargestellt und zeigt anhand des Beispiels organisationaler Strukturen, wie sich Unternehmen in einem oszillierenden Muster zwischen losen und starren Strukturen hin und her bewegen.

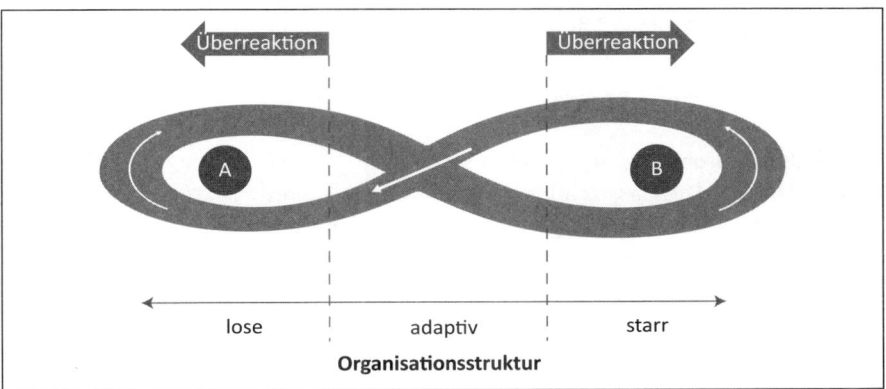

**Abb. 54:** Oszillierendes Muster struktureller Veränderungen (eigene Darstellung in Anlehnung an Gray & Vander Wal, 2014)

Dieses Oszillationsmuster gilt nicht nur für den strukturellen Bereich einer Organisation. Häufig werden in Unternehmen alle zwei bis drei Jahre neue Fokuspunkte gesetzt, bei denen sich das Gesamtunternehmen auf einen speziellen Organisationsaspekt (Struktur, Kultur, Prozesse, Führung etc.) konzentriert, um in diesem Bereich professioneller, effizienter, kreativer, gemeinschaftlicher oder leistungsorientierter zu werden. Die Fokussierung führt in der Folge zu einer einseitigen Aufmerksamkeit. Andere Unternehmensdimensionen werden weniger beachtet, sodass nach gewisser Zeit Schwachstellen in anderen Dimensionen auftreten und diese wiederum mit neuen Initiativen verbessert werden sollen. Von den Mitarbeitern hört man in solchen Fällen ein Stöhnen nach dem Motto: »Lasst uns einfach mal in Ruhe, damit wir unsere Arbeit machen können.«

Natürlich geschehen solche Veränderungsinitiativen in bester Absicht des Managements – sie sind meist ein Effekt des VUCA-Kontextes und Shareholder-Value-Ansatzes, der zu hohen Erwartungen bei den Anteilseignern in Form von hervorragenden Ergebnissen führt, die quartalsmäßig zu liefern sind. Langfristiges Denken und Handeln wird dadurch extrem erschwert. Deshalb fehlt es häufig an systemischem Denken, denn Überreaktionen werden oftmals durch kausales Denken und Aktionismus ausgelöst.

### Welche Organisationsstruktur ist in einem VUCA-Kontext am geeignetsten?

In Kapitel 2 sind wir bereits auf die Nachteile klassischer Organisationsstrukturen eingegangen, allerdings wurde bisher noch nicht aufgezeigt, inwiefern sich diese für eine VUCA-Umwelt eignen. Im Folgenden werden daher typische Organisationsstrukturen aufgezeigt und erläutert, in welchem Ausmaß diese in einem komplexen und volatilen Marktumfeld die nötige Agilität, Effizienz und Effektivität bieten. Ein eigenes Modell, das auf den neuesten Erkenntnissen von Organisationsdesigns und unseren praktischen Erfahrungen beruht, wagt einen Blick in die Zukunft.

### Klassisch-hierarchische Organisationsstruktur
**Beschreibung**    Die klassisch-hierarchische Organisationsstruktur ist wahrscheinlich die Mutter aller Aufbauorganisationen. Typischerweise spiegelt sie eine klare Hierarchie wieder, bei dem für gewöhnlich eine pyramidenförmige Struktur entsteht, mit einer Mehrheit der Mitarbeiter auf den unteren Ebenen und einer regierenden Minderheit auf der oberen Ebene. Ein solcher Organisationsaufbau bedeutet aber nicht zwingend, dass ein Unternehmen konservativ oder autoritär handelt. Diese Struktur kann auch ein demokratisches System widerspiegeln, in dem die Spitze der Pyramide von der breiten Masse kontrolliert und gewählt wird, um die unteren Ebenen zu vertreten. Die einzelnen Stränge der Organisation sind meist nach Funktionen, Regionen oder Produkten aufgeteilt. Klassisch-hierarchische Strukturen bieten eine relativ einfache Orientierung, klare Zuständigkeiten und Rollen sowie eine eindeutige Verantwortungszuweisung.

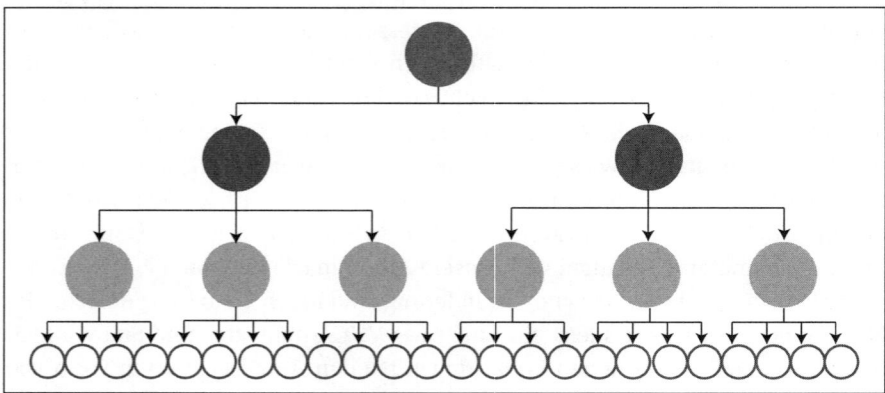

**Abb. 55:** Klassisch-hierarchische Organisationsstruktur (eigene Darstellung)

**Eignung in einem VUCA-Kontext**  Hierarchische Strukturen eignen sich besonders in trägen Massenmärkten oder Märkten mit geringer Volatilität (vgl. u. a. Morris, Kuratko & Covin, 2010). In ruhigen Fahrwassern führen diese Strukturen zu einer enormen Effizienz, weshalb sie bis zum Ende des 20. Jahrhunderts quasi unangefochten waren und fast durchgängig angewandt wurden. Mit dem Wandel der Märkte, in Zeiten von Globalisierung und Digitalisierung entpuppen sich aber immer deutlicher die Nachteile hierarchischer Strukturen in einem unruhigen Umfeld. Häufig führen Bürokratie und Hierarchie zu Trägheit, Betriebsblindheit, Veränderungsresistenz und Kontextignoranz. Die klassisch-hierarchische Organisationsstruktur wird daher heutzutage oftmals mit konservativen Unternehmen verbunden, die den Wandel der Zeit noch nicht erkannt haben und in alten Mustern feststecken.

**Potenziale**  Klassische Organisationsstrukturen bieten dennoch Potenziale in einer VUCA-Umwelt. Ihr Fokus auf Effizienz sollte allerdings mit einem Fokus auf »Bottom-up«-Ansätze und »Empowerment« der Mitarbeiter verbunden werden. In hierarchischen Strukturen sollten daher die Potenziale der großen Masse erkannt, deren Kreativität und unternehmerisches Denken stimuliert und deren Wissen genutzt werden. Dazu müssen Unternehmen lernen, auf intelligente Weise fehlertoleranter zu werden, Verantwortung zu übergeben, Vertrauen aufzubauen und Führung eher als Unterstützung denn als Kommando zu verstehen. Klassisch-hierarchische Organisationsstrukturen haben in einem VUCA-Umfeld nicht per se ausgedient, sie sollten aber den Weg zu einer modernen, potenzialfördernden Organisationsstruktur, also einer umgedrehten Pyramide mit dem Management als Dienstleister bzw. doppelseitigen Kommunikationspfeilen, verstehen und begehen.

### Matrix-Struktur

**Beschreibung**  Gegenüber dem klassisch-hierarchischen Modell, stellen Matrix-Strukturen ein deutlich komplexeres System dar, das Funktionen und Einheiten in einer Matrix zusammenbringt. Daher bieten Matrix-Strukturen eine größere Verantwortungsverteilung, stärkere abteilungsübergreifende Interaktion und Kommunikation sowie eine größere Perspektivenvielfalt für alle Mitarbeiter. Sie fördern dadurch Transparenz, »Empowerment«, Kreativität, unternehmerisches Denken und organisationales Lernen. Allerdings bedeutet dies auch einen höheren Schnittstellenaufwand, Bürokratie, langsamere Entscheidungsprozesse und Redundanzen in Verantwortlichkeiten und Rollen sowie in der Kommunikation. Matrix-Strukturen zwingen Mitarbeiter eher zur Kompromissfindung. Es entsteht eine scheinbar hohe Komplexität, die zu Unsicherheit und Desorientierung führen kann, da die Mitarbeiter nicht immer wissen, wer wofür zuständig ist.

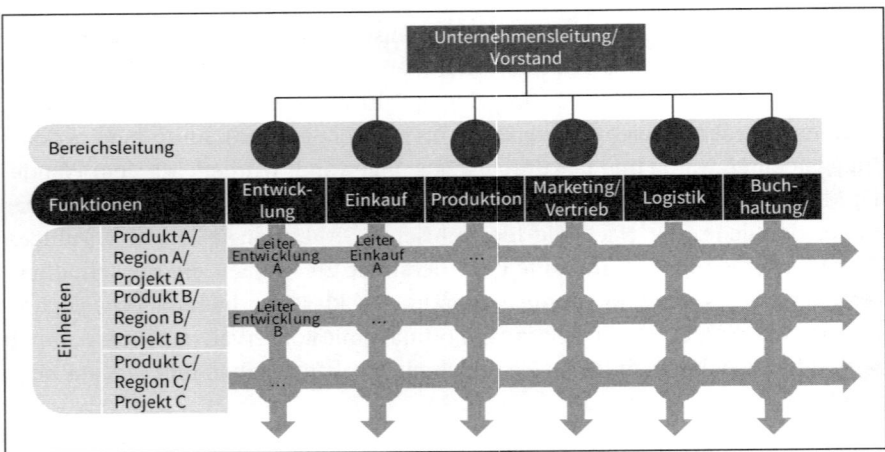

**Abb. 56:** Matrix-Struktur (eigene Darstellung)

**Eignung in einem VUCA-Kontext**    Matrix-Strukturen sind durchaus für einen volatilen und komplexen Kontext geeignet. Durch die Verantwortungsübertragung an Mitarbeiter, starke interfunktionale Kommunikation und höhere Transparenz fördern sie Mitarbeiterpotenziale und können daher in einem unsicheren Umfeld von proaktiv, kreativ und kritisch denkenden Mitarbeitern profitieren. Durch das Vermeiden klassischer Silo-Hierarchien erscheinen Matrix-Strukturen offener und aufnahmefähiger gegenüber neuen Umweltbedingungen und den damit einhergehenden Informationen. Sie werden flexibler und anpassungsfähiger. Der bürokratische Aufwand sowie die langen demokratischen Entscheidungsprozesse verhindern allerdings schnelle Reaktionen auf veränderte Kontextbedingungen und Proaktivität. In einem volatilen Umfeld sind Matrix-Strukturen zu langsam in ihrem strategischen Umdenken, da viele Mitarbeiter zugleich Betroffene und Beteiligte sind und die Konsensbildung daher zeitintensiv ist.

**Potenziale**    Matrix-Strukturen bieten durchaus Vorteile in ihrer vernetzten Organisation und der Stärkung von Mitarbeiterverantwortlichkeit. Unter unbeständigen Umweltbedingungen ist es für Organisationen mit Matrix-Strukturen essenziell, effiziente Entscheidungswege zu schaffen und agile Prozesse zu gestalten. Demokratische Entscheidungswege sollen zwar demokratisch bleiben, doch die Entscheidungen sollten letztlich vom kleinsten gemeinsamen Nenner der Betroffenen gefällt werden. Das bedeutet, dass in möglichst wenig Entscheidungsprozessen höhere Hierarchieebenen eingebunden werden sollten. Demgegenüber wird den tatsächlich Beteiligten Entscheidungsfreiheit gewährt (vgl. z. B. die Expertenperspektive mit Erich Harsch von dm drogerie-markt, wo großzügige

Entscheidungsfreiräume gewährt werden und Entscheidungen und Abläufe dadurch nicht übermäßig aufgeblasen werden.) Daher ist die Übertragung von Verantwortung auf allen Hierarchieebenen ein wichtiger Schritt, um Matrix-Strukturen effizienter zu gestalten. Außerdem sollten Zuständigkeiten und Verantwortlichkeiten eindeutig geklärt, aber nicht hochkompliziert definiert sein. Der Unternehmensleitung kommt daher die Aufgabe zu, Matrix-Strukturen nachhaltig in ihrer Effizienz, ihrer Einfachheit und ihrer Transparenz zu verbessern. Dann können Matrix-Strukturen in einem VUCA-Kontext auch die nötige Agilität bieten, um schnell erkennen, entscheiden und reagieren zu können.

**Netzwerkorganisation**

**Beschreibung**   Netzwerkorganisationen definieren sich durch einen dezentralisierten Organisationsaufbau und hohe Interaktion und Kommunikation. Intensive Vernetzung ist das Leitprinzip einer solchen Struktur. Mitarbeiter können sich einfach und schnell verbinden, effektiv partnerschaftlich zusammenarbeiten sowie Informationen und Wissen effizient austauschen. Mitarbeiter mit unterschiedlichen Aufgabengebieten können sich ergänzen und in gemeinsamer Zusammenarbeit komplexe Herausforderungen lösen. Häufig werden Netzwerkorganisationen ohne zentralen Steuerungspunkt dargestellt, doch gerade in einer vernetzten Organisation ist es essenziell, Aktivitäten abzustimmen, Kommunikation zu stimulieren, eine zentrale Vision zu verfolgen und organisationale Gesamtziele zu definieren. Der Mittelpunkt in Abbildung 57 muss daher nicht unbedingt das Führungsteam darstellen, sondern kann auch ein nicht personifizierter, ideologischer und regulierender, zentraler Steuerungs- und Ankerpunkt sein.

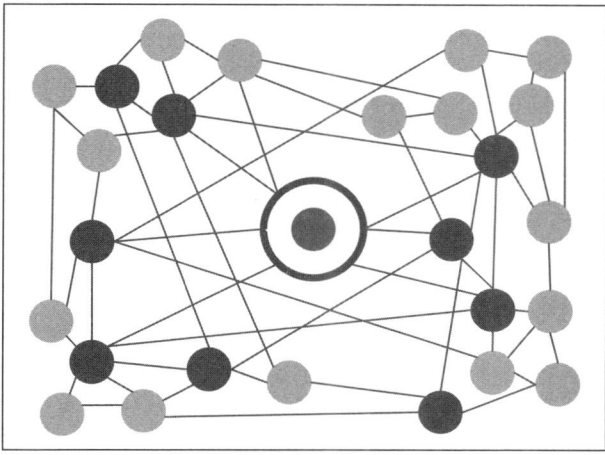

**Abb. 57:** Netzwerkorganisation (eigene Darstellung)

**Eignung in einem VUCA-Kontext**   Netzwerkorganisationen bieten eine höhere Agilität und Flexibilität und verstärken den internen Informationsaustausch. Die Organisation kann so schneller lernen, agieren und daher durch ihre Anpassungsfähigkeit Wettbewerbsvorteile erzielen. Allerdings kann sich die Koordination eines solchen Netzwerks als kompliziert und zeitaufwendig herausstellen. Auch der Kommunikationsaufwand kann um ein Vielfaches steigen. Die Gefahr einer Netzwerkorganisation besteht darin, Redundanzen durch Mehrfachbearbeitung zu entwickeln, also Situationen zu bewirken, in denen »die eine Hand nicht weiß, was die andere macht«.

**Potenziale**   Die Netzwerkstruktur bietet große Potenziale, die sich aus ihrer hohen Resilienz und Agilität ergeben. Grundlage für das Entfalten dieser Potenziale ist eine effiziente Koordination und eine transparente Regelung der Kollaboration, wie bspw. in der Holakratie. Dann können Netzwerkstrukturen einen Wettbewerbsvorteil schaffen.

### Holakratie (»Holacracy«)

**Beschreibung**   Holakratie ist ein relativ neues Konzept zur Organisationsstrukturierung, das von Brian Robertson, einem amerikanischen Unternehmer, entwickelt wurde. Es geht zurück auf den österreichisch-ungarischen Schriftsteller Arthur Koestler, der mit seinem Buch »Das Gespenst in der Maschine« (1968) das Holon-Konzept prägte. Ein Holon ist ein Ganzes, das wiederum Teil eines Ganzen ist. Das beste Beispiel für ein Holon ist die menschliche Zelle.

Theoretisch beruht Holakratie auf dem Konzept der Soziokratie, einer Organisationsform, in der Selbstorganisation sowie kollektive Verantwortung und Intelligenz tragende Säulen bilden. Soziokratie wurde vom Reformpädagogen Kees Boeke entwickelt und bedeutet in etwa »die Macht der Gruppe«. Tatsächlich beruht sie auf Partizipation und einer Entscheidungsfindung nach Konsens. Dies bedeutet, im Gegensatz zu Demokratie oder Konsens, dass bezüglich einer Entscheidung keine argumentierten Einwände bestehen dürfen. Gerard Endenburg, niederländischer Unternehmer und Autor, führte bereits Ende der 1960er-Jahre die soziokratische Kreisorganisationsmethode im mittelständischen Betrieb seiner Eltern ein, welche in ihren Grundprinzipien, wie zum Beispiel der Organisation in Kreisen, stark dem holakratischen Konzept entspricht (Endenburg, 1992).

Gegenüber herkömmlichen Organisationsstrukturen bietet Holakratie eine höhere Dynamik und Agilität, da das Konzept auf vier grundlegenden Faktoren beruht. Holakratisch organisierte Unternehmen definieren dynamische Rollen anhand der Arbeit und nicht anhand der Person. Menschen in der Organisation können daher mehrere Rollen einnehmen, statt in ihrer starren Jobbeschreibung festzusitzen. Entscheidungen werden lokal getroffen, da Autorität stark dezentralisiert ist und Teams dadurch eigenständig, eigenverantwortlich und selbststeuernd arbeiten können, ohne starre, bürokratische und langwierige Entscheidungsprozesse abwarten zu müssen. Dennoch agieren die einzelnen Personen und Teams nicht völlig unabhängig voneinander, sondern sind durch klare Verbindungen (»Lead Link«, »Rep Link«, »Cross Links«) miteinander vernetzt. Mitarbeitende und Teams arbeiten autonomer und Manager konzentrieren sich auf Strategie und Planung statt auf operatives Mikromanagement. Die Organisationsstruktur wird in regelmäßigen Teamsitzungen den aktuellen Herausforderungen angepasst (»Governance Meetings«), anstatt die gesamte Organisation in einem großen Aufwand alle zehn Jahre zu restrukturieren. Gestützt wird das System durch klare und transparente Regeln, die für alle in der sog. Holakratie-Verfassung (aktuelle Version 4.0) einsehbar und gültig sind. In Abbildung 58 zeigen die einzelnen kleinen Kreise die verschiedenen Rollen in der Organisation. Die Rollen können autonom handelnden Teams angehören (innere Ringe), die sich mit anderen Teams und der Gesamtorganisation koordinieren müssen. Mitarbeiter können verschiedene Rollen in unterschiedlichen Teams einnehmen, die dem täglichen Arbeitsbedarf dynamisch angepasst werden (HolacracyOne, LLC, 2016). Häufig wird das Holakratie-Konzept als non-hierarchisch beschrieben und angenommen, Manager wurden abgeschafft. Allerdings beruht Holakratie darauf, dass innere Kreise den äußeren Kreisen untergeordnet sind und dass auch Rollen existieren, die den Job eines Managers »umschreiben« und dadurch erfüllen. Letztlich wird in der Holakratie eine andere Form der Hierarchie genutzt als wir sie gewohnt sind und sie erfüllt auch eine andere Aufgabe. Holakratie macht jede Person im Unternehmen zu einer Führungskraft (Robertson, 2016).

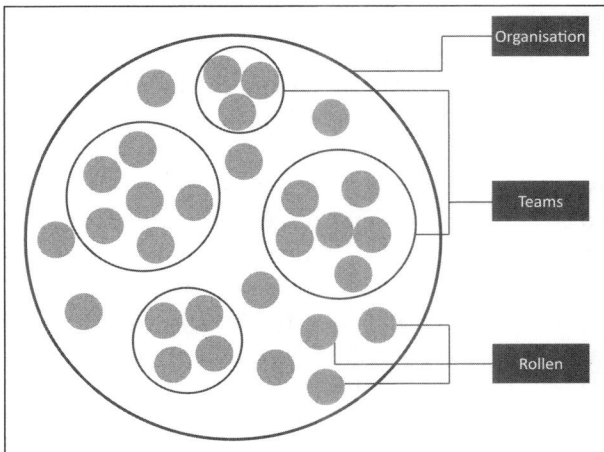

**Abb. 58:** Holakratisches Organisationsdesign (eigene Darstellung in Anlehnung an Holacracy-One, LLC, 2016)

**Eignung in einem VUCA-Kontext**   Das Holakratie-Konzept wurde bereits von über 300 Organisationen in den USA eingeführt. Das bekannteste und größte Unternehmen davon ist Zappos, ein Online-Schuh- und Mode-Versand mit rund 1500 Mitarbeitern, das als Vorlage für das deutsche Unternehmen Zalando der Samwer-Brüder diente. Gerade für Zappos, eine Organisation, die bereits vor der Holakratie-Einführung agil und kundenorientiert aufgestellt war, scheinen holakratische Strukturen einen Mehrwert durch verringerte administrative Tätigkeiten und geringere Bürokratie mit sich zu bringen. Daher kann ein holakratischer Organisationsaufbau durchaus Sinn machen, um dynamischer zu werden und Selbstmanagement zu fördern. Allerdings ignoriert das bisherige theoretische Modell holakratischer Strukturen den Unternehmenskontext und daher die in einem VUCA-Kontext essenzielle Fokussierung auf den Kunden (Denning, 2014). Holakratie bietet also Lösungen, um die interne Demokratie und gleichzeitig Effizienz zu steigern, integriert jedoch nicht die Interaktion zwischen Umwelt und Unternehmen, was in einem holakratisch strukturiertem Unternehmen zu Betriebsblindheit und fehlendem Markt- und Kundenverständnis sowie schwacher Dienstleistungskultur führen könnte.

**Potenziale**   Konsequenterweise kann daher gefolgert werden, dass Holakratie enorme Potenziale für die interne Restrukturierung und Optimierung bietet. Höhere Selbstverantwortung, steigende Agilität und effiziente Entscheidungsprozesse sind klare Vorteile für Organisationen in einem volatilen Umfeld. Gleichzeitig muss aber auch die Markt- und Kundenorientierung betont werden, da Einfluss und Macht von Kunden durch gestiegene Transparenz und stärkeren Wettbewerb größer sind als je zuvor.

### Zellen-Organisation (»Podular Organization«)
**Beschreibung**   Die »Podular Organization«, die, frei ins Deutsche übertragen, als Zellen-Organisation beschrieben werden kann, ist ein Organisationsmodell, das von Dave Gray entwickelt wurde und seinen Fokus auf die Natürlichkeit, Organik und Entstehung von organisationalen Strukturen legt. Im Prinzip ist die Idee eine ähnliche wie die des holakratischen Organisationsdesigns. Gray beschreibt Zellen-Organisationen als deutlich flexibler und anpassungsfähiger als hierarchische Strukturen und sieht sie daher im klaren Vorteil, wenn es darum geht, in einem schnell wechselnden und unsicheren Umfeld zu agieren (Gray & Vander Wal, 2014). Die Grundidee der »Podular Organization« ist das Entstehen sogenannter »Pods« (einzelne Zellen), also frei arbeitenden, interfunktionalen und selbstverantwortlichen und -steuernden Einheiten, die eine eigene Organisation in der Gesamtorganisation darstellen. Diese »Pods« können eigenständig arbeiten, eigene Prozesse entwickeln, autonom entscheiden und sich in größeren Netzwer-

ken zusammenschließen (gestrichelte Ovale). Auch hier gilt die Grundregel »Holarchie statt Hierarchie«. Ähnlich wie im holakratischen Prinzip, aber deutlicher herausgestellt, bietet die Zellen-Organisation eine zentrale Plattform, die unterstützende Dienstleistungen tätigt sowie Standards und gemeinsame Prinzipien definiert, welche die Kollaboration innerhalb der Organisation regulieren.

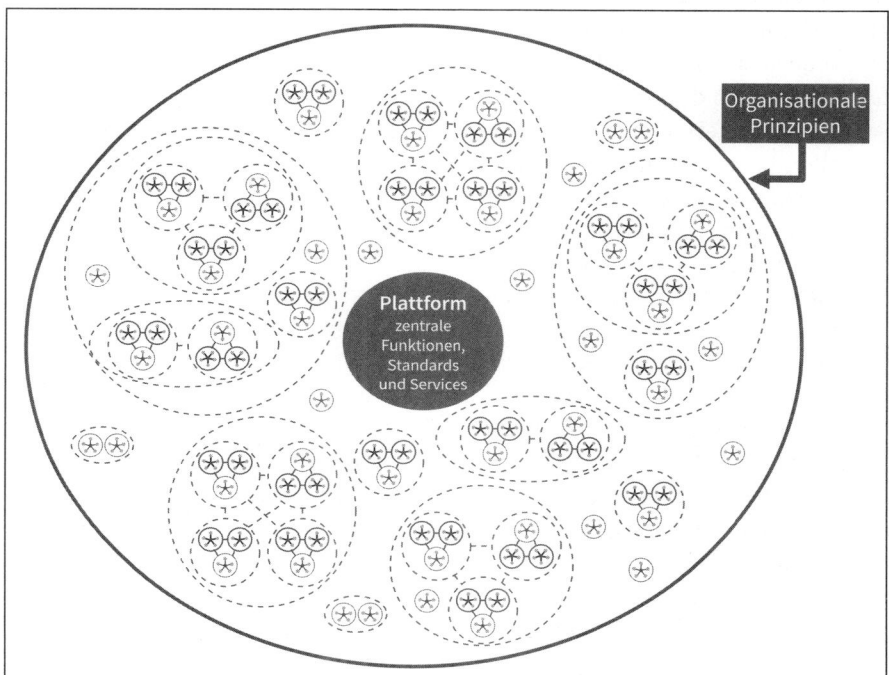

**Abb. 59:** Zellen-Organisation (»Podular Organization«)
(eigene Darstellung in Anlehnung an Gray & Vander Wal, 2014)

**Eignung in einem VUCA-Kontext**   Aufgrund ihrer Ähnlichkeit zur Holakratie, eignet sich die Zellen-Organisation ebenfalls für einen VUCA-Kontext, ignoriert aber, zumindest in ihrer Darstellungsweise, kontextuelle Kräfte.

**Potenziale**   Der extreme Grad an Selbstorganisation bietet zum einen natürliche Vorteile (vgl. Holakratie), birgt allerdings die Gefahr vieler unkoordiniert und redundant arbeitender Teams. Um diese Gefahr zu bannen, müssen organisationale Prinzipien eindeutig und transparent sein. Die Plattform muss als regulierende Kraft großen Wert auf effiziente Kollaboration und Kommunikation zwischen den einzelnen »Pods« legen.

**Adaptive Strukturen**

Zusammenfassend kann man feststellen, dass in den letzten Jahren einige neue und interessante Modelle zum Organisationsaufbau entstanden sind. An deren Fokus lässt sich bereits erkennen, dass heute mehr auf Dezentralisierung, Selbstmanagement, Agilität, Kollaboration und Vertrauen geachtet wird. Wir stimmen zu, dass diese Faktoren im Hinblick auf den heutigen Organisationskontext von grundlegender Wichtigkeit sind. Das bedeutet gleichzeitig, dass alle Organisationsmodelle, auch klassische Strukturen, in einem VUCA-Kontext Potenziale bieten, insofern auf die Umsetzung der oben genannten Faktoren geachtet wird. Wie schon angedeutet, scheint es von Vorteil zu sein, dass Organisationen über einen zentralen Kern verfügen. Dieser Kern oder diese Plattform ist dafür zuständig, Orientierung zu bieten, die Prinzipien für eine optimale Zusammenarbeit und Kommunikation immer wieder neu zu hinterfragen, »Governance«- und zentrale Dienstleistungsfunktionen den Zellen, die näher am Markt sind, anzubieten, Schwachstellen zu erkennen und das Gesamtsystem effizient zu halten.

Der Gedanke einer zentralen Instanz und agilen Teams in der Organisationsperipherie wird unter anderem von Wohland & Wiemeyer (2012) sowie von Pfläging & Hermann (2015) ausführlich erläutert und begründet. So ist der Erfolg eines Unternehmens von Konkurrenten und Kunden, also dem Markt sowie von Kapitalgebern abhängig. Früher, in einer Prä-VUCA-Welt, war das Zentrum eines Unternehmens für Kundenbeziehungen, Strategie, Marktforschung, Konkurrenzanalyse, Dienstleistungen und Produktentwicklung sowie zentrale Steuerung des Gesamtunternehmens zuständig. Die kundennahen Teams und Abteilungen folgten den Anweisungen der zentralen Plattform, da diese das träge, simple und vorhersehbare Umfeld kontrollieren und Marktanforderungen be- und verarbeiten konnte und waren daher reine Implementierungsinstrumente. Durch Dynamisierung, Vernetzung und Digitalisierung des Unternehmenskontexts verliert das Zentrum heutzutage aber durch Entfernung zu Kunden und Märkten und daraus resultierendem fehlendem operativen Wissen und Erfahrung, zunehmend seinen Kompetenzvorsprung und muss daher operative und strategische Kontrolle an die Peripherie abgeben. Die Plattform kann nicht mehr für Wertschöpfung zuständig sein, da dynamische Märkte und vernetzte Kunden eine schnellere Reaktion und Bearbeitung seitens der Organisation benötigen. Agile, kundennahe Teams entwickeln eine hohe Kompetenz und essenzielles Wissen zu externen Veränderungen, Verknüpfungen und Trends, weshalb sie die Zuständigkeit für Wertschöpfung übernehmen können (vgl. Abb. 60). Eine Dezentralisierung strategischer und kundenbezogener Fragen ist daher essenziell, um die Intelligenz der peripheren Mitarbeiter und Teams nutzbar zu machen und das Potenzial der Peripherie entfalten zu können. Das Zentrum setzt sich weiterhin mit den Interessen der Kapitalgeber, nicht aber mit Marktanforderungen und Wertschöpfung auseinander und muss daher die Steuerungsmacht abgeben. Notwendig bei diesem Konzept ist, dass das Zentrum die wichtige Rolle der Sammlung, Koordination und Verteilung von Wissen und Erfahrungen, aber auch Problemen übernehmen kann, sodass alle peripheren Teams von den Informationen und Erfahrungen der anderen Teams profitieren können, sich ein Diskurs über marktbezogene Herausforderungen bildet und organisationales Lernen ermöglicht wird.

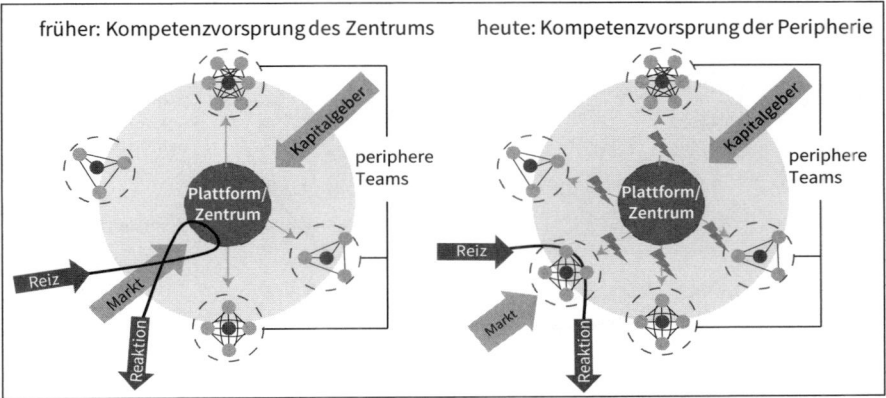

**Abb. 60:** Zentrum und periphere Teams in Anlehnung an Wohland & Wiemeyer, 2012

Gesunde Organisationen haben den Bedarf für adaptive Strukturen erkannt und entfalten die Potenziale ihres jeweiligen Organisationsaufbaus, indem sie zwischen autonomen Teams und koordinierten Abläufen balancieren.

Basierend auf den vorgestellten Modellen und praktischen Erfahrungen, finden Sie im Folgenden unser Organisationsmodell (s. Abb. 61), das die zentralen Aspekte für eine agile und adaptive Organisation in einem VUCA-Kontext anschaulich macht.

Das Modell verbindet die Vorzüge der vorausgegangenen Modelle. So stellt der Einbezug des Kontexts (PESTEL – politische, ökonomische, sozio-kulturelle, technologische ökologische und gesetzliche Einflüsse) einen wichtigen Aspekt dar. Dadurch werden »Stakeholder«-Beziehungen, wie z. B. Kundenkontakte, die Zusammenarbeit mit Partnerfirmen, Verhandlungen mit Dienstleistern und Investoren oder Verknüpfungen mit politischen Institutionen dargestellt.

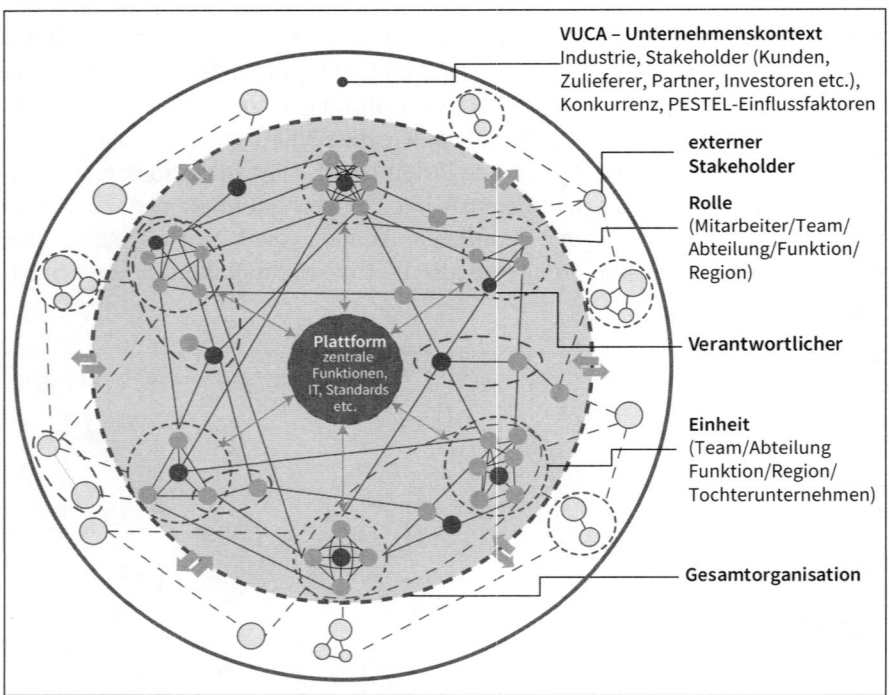

**Abb. 61:** Adaptive Strukturen anhand des Reflect-Modells für den Organisationsaufbau (eigene Darstellung)

Darüber hinaus wird auf die Verbindungen zwischen den einzelnen externen »Stakeholdern« (graue Kreise im Kontext) hingewiesen. In einem transparenten und digitalisierten Unternehmenskontext können sich Kunden über Unternehmen und deren Produkte austauschen, Investoren sich bei Zulieferern informieren oder Konkurrenten mit denselben Vertragspartnern kooperieren. Besonders Kunden und deren Meinungsaustausch sind in einer VUCA-Umwelt nicht kontrollier- oder steuerbar (wie z. B. Kundendiskussionen oder Meinungsverbreitung via Soziale Medien, s. soziale Netzwerke, Wikis, Blogs oder Mikroblogging-Dienste). Unternehmen vernetzen sich daher immer stärker mit einem ebenfalls vernetzten Umfeld, gleichzeitig können sie es aber immer weniger kontrollieren. Die gegenseitige Wechselwirkung zwischen den beiden Systemen »Kontext« und »Organisation« ist stärker denn je. Die Wechselwirkungspfeile in Abbildung 61 weisen auf diesen Aspekt hin. Aufgrund des volatilen und unsicheren Umfelds müssen Unternehmen sich daher intern agiler strukturieren, um anpassungsfähiger und proaktiver zu werden und den gestiegenen Ansprüchen in einer komplexen Welt gerecht zu werden. Daher sehen wir die grundsätzlichen

Ansätze der Holakratie und der Holarchie als geeignete Konzepte, um organisationale Strukturen zu revolutionieren.

Weiterhin zeigt die Darstellung einzelne Punkte innerhalb des Unternehmens. Diese Punkte stehen für Rollen, die von Mitarbeitern, Teams, Standorten, Ressorts oder anderen Einheiten ausgefüllt werden können. Das Organisationsmodell kann daher nicht nur zur Darstellung einer Einzelorganisation, bestehend aus einzelnen Mitarbeitern als Punkten dienen, sondern auch für Konzern- und Unternehmensstrukturen verwendet werden, in denen die einzelnen Punkte zum Beispiel die Rollen eines Vertriebsstandorts, einer Produktionseinheit oder eines agilen Teams einnehmen.

Die gestrichelten Ringe können als einheitliches Team, aber auch als Region oder Funktionsbereich verstanden werden, also als Überkategorie der individuellen Einheiten. Am Beispiel eines Konzerns würde das folgendermaßen aussehen: Die Plattform stünde in diesem Fall für die Konzernzentrale, die grundlegende Dienstleistungen und »Governance«-Funktionen übernimmt, je nach Anforderung der marktnahen Zellen. Die einzelnen »Teams«, also die Ringe, stehen für verschiedene Regionen und sind nah am Markt. Innerhalb dieser Regionen werden Funktionen (einzelne Punkte), wie zum Beispiel Vertrieb, Produktion, Forschung und Logistik unterschieden. Die Regionen stehen im kooperativen und kommunikativen Miteinander und sind stark vernetzt. Im Folgenden sprechen wir von Mitarbeitern und Teams, damit sind aber genauso andere Größeneinheiten gemeint, wie zum Beispiel Funktionen (Punkte bzw. Ringe) und Regionen (Punkte bzw. Ringe).

Innerhalb der Organisation sollte stark auf abteilungsübergreifende Teamarbeit, vernetzte Mitarbeiter, Selbstmanagement, Eigenverantwortung sowie eine zentrale Steuerungsplattform geachtet werden. Abbildung 61 zeigt, dass eine agile Organisation aus relativ autonomen und selbstmanagenden Einheiten (Ringen) besteht, die zwar ihre eigenen Aufgaben betreuen und in ihrem Bereich Entscheidungsfreiheit genießen, gleichzeitig aber auch stark mit anderen Einheiten (Ringen) und Rollen (Punkten) vernetzt sind. Ein hoher Grad an Informationsaustausch ist zur Erreichung organisationaler Transparenz und der Vermeidung von Redundanzen imperativ.

Die Darstellung zeigt außerdem, dass Mitarbeiter Mitglieder mehrerer Teams sein können, in denen sie unterschiedliche Rollen ausfüllen und gleichzeitig den Informationsfluss zwischen Teams erhöhen können. Die Teams stehen gleichzeitig im regen Austausch mit Kunden und anderen Stakeholdern. Sie arbeiten daher am Rand der Organisation, was bedeutet, dass sie durch die Nähe zu Kunden und »Stakeholdern«, exzellentes kontextuelles Wissen aufbauen, welches sie im Austausch mit anderen selbstmanagenden Teams über die gesamte Organisation verbreiten. Die Organisation wird so deutlich durchlässiger gegenüber ihrem

Kontext. Mitarbeitende erkennen externe Herausforderungen und Chancen selbstständig. Wir gehen davon aus, dass autonome, vernetzte und kunden- bzw. kontextzentrierte Teams einen deutlich höheren Grad an Unternehmertum aufweisen als Teams in hierarchischen Organisationen.

Abbildung 61 zeigt einzelne Punkte auf, die in keinem bestimmten Team arbeiten. Diese Menschen, Teams oder Teilorganisationen führen zum Beispiel eigene Projekte aus, leiten Funktionen, die nicht klar einem Team, Standort oder einer Funktion zugeordnet werden können oder die von diversen Teams regelmäßig genutzt werden oder die die Zusammenarbeit zwischen unterschiedlichen Teams koordinieren. Individuell Mitarbeitende in diesem Fall könnten bspw. eine Mitarbeiterin sein, die Aufgaben der Marktrecherche für zahlreiche Teams übernimmt. Oder ein Mitarbeiter, der die Öffentlichkeitsarbeit für diverse Projekte leitet. Oder ein interner Berater, der Prozessabläufe optimiert. Oder eine Personalerin, die aktuell nach Kandidaten für verschiedene Rollen in einem oder mehreren Teams sucht.

Grundlegend bei unserem Modell ist der Gedanke des ständigen Flusses, der permanenten Veränderung des Beziehungsgeflechts durch veränderte Rahmenbedingungen, wachsende Teams oder neue bzw. abgeschlossene Projekte. Mitarbeitende nehmen demnach keine festen Jobs in bestimmten Teams mehr ein, sondern arbeiten projektbezogen in mehreren Rollen auf ihrem Fachgebiet.

Die zentrale Plattform bietet den nötigen Grad an Koordination und gemeinsamer Ausrichtung. Diese Plattform dient als Servicestelle und nimmt zentrale Funktionen ein. Hierzu können zum Beispiel die organisationale IT, aber auch Controlling und Personalwesen gehören. Dadurch bietet die Plattform einen gemeinsamen Kern, der die Zusammenarbeit in und zwischen den Teams definiert und koordiniert. Außerdem können im Kern der Organisation strategische Manager arbeiten, welche die gesamtorganisationale Ausrichtung, Strategie, Kultur und das Selbstverständnis der Organisation mitdefinieren, unterstützen und kommunizieren. Allerdings, und darauf weisen zum Beispiel Pfläging und Hermann (2015) hin, bauen periphere Teams durch intensiven Kunden- und Marktkontakt einen Kompetenzvorsprung vor der Plattform auf, weshalb Marktdynamiken integrierbar werden und die selbstmanagenden Teams letztendlich »das Zentrum marktlich steuern und Ressourcenhoheit besitzen« (S. 24) müssen.

Die nötige Balance kann immer dann gefunden werden, wenn selbstmanagende Teams in gegenseitigem Austausch (Netzwerk) und im gemeinsamen Verständnis der gesamtorganisationalen Ausrichtung auf derselben Basis (Dienstleistungen der Plattform) zusammenarbeiten. Grundlage für eine Organisation, die selbstmanagende Strukturen implementiert, ist gegenseitiges Vertrauen. Wenn Unternehmen ihre Mitarbeiter als rechtschaffene, intelligente und verantwortliche Individuen verstehen und Zusammenarbeit auf Vertrauen basiert, können Organisationen enorme Potenziale entfalten und Energien abrufen (vgl. Laloux,

2014). Unternehmen müssen sich daher grundlegend mit ihrem Menschenbild und ihrem Selbstverständnis auseinandersetzen, um zu verstehen, wie die Organisation Menschen, deren Leben, Eigenschaften und Arbeit versteht und dieses Verständnis implementiert.

| Strukturen | Merkmale | Eignung in einem VUCA-Kontext | Potenzialentfaltung durch: |
|---|---|---|---|
| Klassisch-hierarchische Organisationsstruktur | • klare Hierarchie<br>• pyramidenförmig<br>• klare Zuständigkeiten und Rollen | + Effizienz<br>- Trägheit<br>- Veränderungsresistenz<br>- Betriebsblindheit | • »Empowerment« der »unteren Ebenen« um Kreativität und Unternehmertum zu steigern |
| Matrix-Struktur | • Vernetzung von Funktion und Einheit<br>• interfunktionale Interaktion | + hohe Transparenz<br>+ Verantwortungs-verteilung<br>- Bürokratie<br>- Langsame Entscheidungsprozesse | • Schaffung effizienter Entscheidungswege<br>• Übertragung von Verantwortung |
| Netzwerkorganisation | • dezentralisiert<br>• hohe Interaktion, Kommunikation und Vernetzung aller Mitarbeiter | + Agilität<br>+ Flexibilität<br>- Redundanzen<br>- komplizierte Koordination | • effiziente Koordination<br>• transparente Regelung der Kollaboration |
| Holakratie | • Organisation in Kreisen<br>• dynamische Rollen<br>• hohe Autonomie<br>• transparente Regeln | + geringe Bürokratie<br>+ Selbstmanagement<br>+ Dynamik und Agilität<br>- fehlende Markt- und Kundenorientierung | • Betonung und Integration von Markt- und Kundenorientierung |
| Zellen-Organisation | • Organisation in Zellen und Plattform<br>• organisch und flexibel<br>• Selbstverantwortung | + Adaptivität<br>+ Selbstführung<br>+ zentrale Dienstleistung<br>- Kontextignoranz | • Betonung und Integration von Markt- und Kundenorientierung |
| Adaptive Strukturen | • Organisation in Peripherie und zentraler Plattform<br>• Marktorientierung<br>• vernetzte dynamische Rollen<br>• Selbstverantwortung | + Adaptivität<br>+ Kundenorientierung<br>+ Selbstführung<br>+ Vernetzung<br>- Komplexität | • Vertrauen als Grundlage<br>• Sinnorientierung |

**Abb. 62:** Zusammenfassung und Vergleich der vorgestellten Organisationsstrukturen (eigene Darstellung)

Übertragen auf Laloux' (2014) Faktoren evolutionärer Organisationen bietet unser Organisationsmodell in Abbildung 61 eine grundlegende Struktur, um Unternehmen auf einen höheren »Bewusstseinsgrad« zu heben. Die autonomen

Teams steigern das Selbstmanagement in der Organisation um ein Vielfaches. Gleichzeitig können in diesen Teams Menschen ihre Ganzheitlichkeit stärker leben, da sie nicht nur einem (stark reglementiertem Job) nachgehen, sondern mehrere Rollen übernehmen und eigenverantwortlich arbeiten können. Die zentrale Plattform wäre demnach dafür verantwortlich, den evolutionären Zweck der Organisation zu erkennen und für alle Organisationsmitglieder verständlich zu machen und so die Organisation von innen heraus auszurichten und Orientierung zu bieten.

In Abbildung 62 werden die vorgestellten Organisationsstrukturen nochmals kurz tabellarisch zusammengefasst, um Ihnen einen einfachen Überblick zu ermöglichen.

Nachdem die verschiedenen Organisationsstrukturen beschrieben wurden und mit unserem Konzept der adaptiven Strukturen eine Möglichkeit zur Gestaltung agiler Organisationen aufgezeigt wurde, möchten wir darauf hinweisen, dass es nicht DIE eine ideale Organisation gibt, also ein ultimatives Vorbild, nach dem alle Unternehmen streben sollten. Diesen Aspekt haben wir bereits dadurch berücksichtigt, dass wir die Potenziale verschiedener Organisationsstrukturen in einem VUCA-Kontext aufgezeigt haben. So bietet jede Organisation und jeder Organisationsaufbau grundlegende Potenziale, um agiler und dynamikrobuster zu werden.

Gesunde Organisationen finden aber individuelle Lösungen auf die Frage, wie sie sich nachhaltig erfolgreich aufstellen können, um Kundenbedarfe zu wecken, möglichst zufriedenstellend bearbeiten zu können und gleichzeitig eigenverantwortliche und gesunde Mitarbeiter zu beschäftigen. Im Endeffekt müssen Organisationen und Strukturen um die Menschen herum gebaut werden. Gesunde Organisationen erkennen die Potenziale ihrer Mitarbeiter und passen ihre Struktur diesen an, während in den meisten Unternehmen, Mitarbeiter in ein System und eine Jobbeschreibung gezwungen werden. Daher ist auch der Fokus auf Rollen so hilfreich, da dieser es Mitarbeitern erlaubt, ihre Fähigkeiten, Kenntnisse und Motive möglichst ganzheitlich und in verschiedenen Funktionen einbringen zu können. Gesunde Organisationen unterscheiden sich deshalb in ihren Strukturen und der »eine Weg« zum perfekten Organisationsaufbau ist Illusion. Jede Organisation findet ihre individuelle Lösung, um Mitarbeiterpotenziale möglichst gut zu entfalten, ihren Kunden möglichst gerecht zu werden und eine hohe Wertschöpfung zu erreichen.

Allerdings sollten Organisationsstrukturen von Gesunden Organisationen immer auf denselben Prinzipien und Annahmen beruhen. Diese Prinzipien sind die Ermöglichung von Selbstmanagement, Eigenverantwortung und Entscheidungsfreiräumen, die Stärkung kundennaher Mitarbeiter und Teams, die dezentrale Verantwortung von operativen und strategischen Themen, die Vernetzung von Mitarbeitern und Wissen, die Zentrale und das Management als Dienstleistung sowie die Anpassungsfähigkeit an externe Veränderungen.

**Was ist organisationale Ambidextrie und warum ist sie so wichtig für Strukturen und Prozesse?**

Wie eingangs beschrieben, besteht die »systematische Perspektive« einer Gesunden Organisation aus den beiden Dimensionen adaptive Strukturen und agile Prozesse. Die beiden Unternehmensdimensionen stehen in starker Wechselwirkung und bedingen sich gegenseitig, da Prozesse letztendlich aus der Struktur heraus entstehen und die Struktur auf grundlegenden Prozessannahmen aufbaut. Einen Aspekt, der in beiden Dimensionen von höchster Wichtigkeit ist und als optimale Überleitung zwischen Strukturen und Prozessen dient, möchten wir näher erläutern: die organisationale Ambidextrie.

Ambidextrie bedeutet Beidhändigkeit, also die Fähigkeit, zwei Dinge gleichzeitig zu tun. Diese Fähigkeit ist für Unternehmen von Bedeutung, müssen sie zum einen den täglichen operativen Aufgaben gerecht werden und sich gleichzeitig strategisch auf zukünftige Herausforderungen vorbereiten. Die Fähigkeit, zwei Aspekte gleichzeitig zu beobachten, wurde bereits in der römischen Mythologie durch den Gott Janus personifiziert, der bekanntermaßen zwei Gesichter hatte, eines der Vergangenheit und eines der Zukunft zugewandt.

In der Organisationstheorie wird Ambidextrie bereits seit 1976 untersucht, meist versteht man darunter die strukturelle Aufteilung zwischen exploitativen und explorativen Funktionen. Ambidextere Organisationen optimieren einerseits bestehende Ressourcen, Fähigkeiten und Umstände und erkunden andererseits gleichzeitig neue Möglichkeiten, Domänen und Produkte. Die Vereinigung von Effizienz und Agilität innerhalb eines Unternehmens ist eine Königsdisziplin und fordert vertieftes, systemisches Verständnis. Oftmals wird in Unternehmen zum Beispiel die Produktion sehr effizient und tayloristisch aufgebaut, während das Marketing oder die Forschungsabteilung eher explorativ arbeitet.

John Kotter, Professor an der Harvard Business School, argumentiert, dass eine ambidextere Struktur, oder in seinen Worten, ein »duales Betriebssystem«, zu höherem Profit, schnellerem Wachstum, besseren Produkten und Dienstleistungen sowie einem außerordentlich guten Betriebsklima führt. Er zeigt auf, wie klassisch-hierarchische Organisationen auf organische Weise eine parallele Kreativstruktur aufbauen können, die exploitativ arbeitet und einer Netzwerkstruktur ähnelt (Kotter, 2015). Birkinshaw & Gibson (2004) wiesen allerdings schon deutlich früher darauf hin, dass eine solche »strukturelle Ambidextrie« häufig zur Isolation der explorativen Funktionen führen kann, da die Gegensätze in der grundlegenden Orientierung der verschiedenen Abteilungen extrem groß sind. Neue, explorative

Ideen treffen deshalb oftmals auf starken Widerstand innerhalb der exploitativen Funktionen. In manchen Unternehmen werden daher verschiedene Funktionen auf zeitlich limitierter Projektbasis zusammengeführt, um die beiden Ansprüche bewältigen zu können. Aber auch hier müssen wir Birkinshaw & Gibson (2004) zustimmen, die feststellen, dass die Verantwortung für eine solche Projektarbeit und die Aufteilung zwischen Exploitation und Exploration nicht unbedingt in den Händen von Managern liegen sollte. Vielmehr müssen Führende entsprechende Arbeitskontexte gestalten, die es Mitarbeitern erlauben, zwischen den verschiedenen Orientierungen zu wechseln und sich eigenständig »ambidexter« zu verhalten. Diese »kontextuelle Ambidextrie« kann in Gesunden Organisationen mit Balancierter Führung umgesetzt werden, da der Führungsfokus hier auf Kontextgestaltung und Selbstführung und nicht auf direktiver Arbeitsanweisung liegt.

Birkinshaw & Gibson (2004) stellen darüber hinaus fest, dass ambidextere Mitarbeitende sich durch einige Fähigkeiten auszeichnen, welche von Führungskräften gefördert und herausgebildet werden müssen. Ambidextere Menschen übernehmen Initiative und erkennen auch kontextuelle Herausforderungen außerhalb ihrer eigenen Rolle. Sie sind in dem hier verstandenen Sinn »Multitasker«, arbeiten kooperativ und versuchen, ihre Fähigkeiten mit denen von anderen Mitarbeitern zu kombinieren. Führungskräfte sollten das Bewusstsein von Mitarbeitern durch konstruktive Kontextgestaltung fördern, sodass diese eigenständig entscheiden können, ob sie in ihrer derzeitigen Rolle eher operativ und effizient oder eher strategisch und agil arbeiten müssen. Leistungsorientierung, gepaart mit Unterstützung und Vertrauen, führt laut Birkinshaw & Gibson (2004) zu einem hohen Leistungskontext, in dem Organisationen den Spagat zwischen Effizienz und Agilität meistern können.

In Bezug auf Strukturen und Prozesse ist organisationale Ambidextrie daher unerlässlich, da sie die unterschiedlichen Herausforderungen, vor denen Unternehmen stehen, aufzeigt. Durch adaptive Strukturen, in denen strukturell UND kontextuell gearbeitet werden kann, durch agile duale Prozesse, die effizient UND kreativ zugleich sein können, haben Unternehmen die Chance, aktuelle Herausforderungen bestmöglich zu meistern und zukünftige Chancen proaktiv zu erarbeiten. In unserer Darstellung adaptiver Strukturen in der Gesunden Organisation gehen wir deshalb davon aus, dass die zentrale Plattform eher exploitativ arbeitet, während die peripheren Teams kontextuell ambidexter arbeiten und explorative Erkenntnisse an die Plattform und andere Teams weitergeben. Organisationale Ambidextrie hat daher einen starken Einfluss auf die Entstehung von Strategien, wie sich im Unterkapitel der »sinnorientierten Perspektive« zeigen wird, wo die Zentrale eher für Sinnstiftung und die kundennahen Teams eher für dynamische Ziele zuständig sind. Vor allem auch in der Prozessgestaltung spielt Ambidextrie und duales Design eine zentrale Rolle.

**Agile Prozesse**

Adaptive Strukturen müssen durch agile Prozesse unterstützt und umgesetzt werden, um Projekte, Aufgaben, Koordination, Kommunikation, Routineabläufe und neue Herausforderungen wirksam und zielstrebig zu organisieren und zu bearbeiten. In der Gesunden Organisation wird in der Prozessgestaltung und -ausführung Wert auf Agilität gelegt. Damit sind jedoch nicht »magere« Prozesse gemeint, wie wir sie nennen, die durch übertriebenes »Lean-Management« keinerlei Halt und Orientierung mehr bieten. Genauso wenig sollten Prozesse zu aufgebläht und überreguliert sein, auf die daraus entstehenden Gefahren haben wir schon in Kapitel 2 hingewiesen.

---

**DEFINITION**

**Agile Prozesse** – Die Gesunde Organisation zeichnet sich durch flexible, transparente und zweckdienliche Prozesse aus, die sich an verändernde Umweltbedingungen anpassen und als hilfreiche Orientierung dienen, während sie gleichzeitig Freiräume für Entscheidungen und Kreativität bieten.

---

Tatsächlich stellt sich zunächst die Frage, warum herkömmliche Ablaufpläne und Prozessstrukturen im heutigen Unternehmenskontext nicht mehr anwendbar sein sollten. Um diese Frage zu klären und damit ein grundlegendes Umdenken in der Struktur- und Prozessgestaltung zu erreichen, ist es hilfreich, die Komplexität und Dynamik des heutigen Organisationsumfelds zu betonen, in welchem klassische Werkzeuge nicht mehr effektiv funktionieren.

Sinnvoll ist eine Differenzierung in der Prozessgestaltung, wie wir sie bei Wohland und Wiemeyer (2007) gefunden haben. Diese unterscheiden zwischen blauen und roten Prozessen bzw. Funktionen. Unter blauen Funktionen und Prozessen verstehen sie »tote«, formale, steuerbare, konstante und präzise-zuverlässige Funktionen und Prozesse. Rote Funktionen und Prozesse hingegen sind »lebendig«, dynamisch, überraschend und von außen unkontrollierbar. Rot wird daher oftmals mit dem Wort »dynamikrobust« (Wohland & Wiemeyer, 2007; Pfläging 2014) beschrieben, da rote Unternehmensfunktionen im Gegensatz zu herkömmlichen blauen Funktionen, die Marktdynamik aufnehmen und meistern können. Während blaue Funktionen also von Maschinen ausführbar sind, sind rote Herausforderungen nur von Menschen bearbeitbar, da Menschen durch Kreativität und situative Anpassungsfähigkeit komplex-dynamische Probleme erkennen und lösen können. Die von Laloux (2014) beschriebenen Aspekte der Ganzheitlichkeit und des Selbstmanagement rücken deshalb in einem dynamischen Kontext in den Mittelpunkt, da sie Menschen und deren Stellenwert im Unternehmen fördern und zur Entfaltung bringen.

In einem komplexen, also roten Marktumfeld, können blaue Prozesse nicht mehr wirksam arbeiten, da sie die Komplexität und Dynamik der Herausforderung durch ihre Standardisierung und Starrheit nicht bewältigen können – sie versagen. Dadurch trivialisieren sie rote Herausforderungen und passen nicht in einen VUCA-Kontext, der Unternehmen zu Flexibilität und Agilität zwingt. Pfläging & Hermann (2015) zeigen auf, dass viele Unternehmen versuchen, rote Problemstellungen mit blauen Methoden zu lösen. Funktioniert das nicht, werden blaue Prozesse häufig optimiert oder überarbeitet und schwellen dabei an. Sind Unternehmen also nicht dynamikrobust aufgestellt und optimieren blaue Prozesse bei roten Herausforderungen, ist das ein fatales Verhalten, da die Probleme bleiben und weiter wachsen, während die Prozesse aufquellen. Daher ist es essenziell, dass Unternehmen über genügend Agilität verfügen, um überraschende und komplexe Probleme zu lösen. Erst dann können Unternehmen ihre blauen Prozesse schützen und nachhaltig optimieren, um eine schlanke Produktion zu gewährleisten (Wohland & Wiemeyer, 2007). Organisationen müssen also über rote UND blaue Funktionen und Prozesse verfügen, um zum einen dynamische Herausforderungen und zum anderen iterative Standardabläufe effektiv und zweckdienlich bearbeiten zu können.

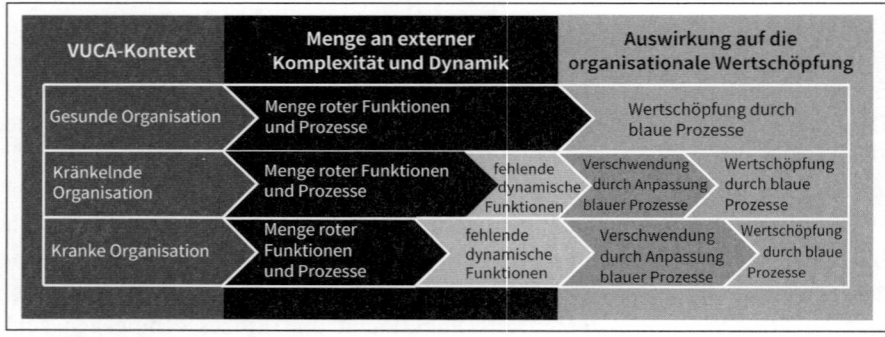

**Abb. 63:** Einfluss eines VUCA-Kontexts auf die organisationale Dynamik und Wertschöpfung (in Anlehnung an Wohland & Wiemeyer, 2007)

In Abbildung 63 wird illustriert, wie sich ein VUCA-Kontext auf Organisationen mit hohem, mittlerem und geringem Anteil roter Funktionen und Prozessen auswirkt. Dabei wird offensichtlich, dass Unternehmen mit genügend rotem Anteil früher in die Wertschöpfungsphase übergehen können. So sind in der Gesunden Organisation rote Funktionen, wie bspw. Führung, vorhanden, um die dynamische Herausforderung im volatilen Unternehmenskontext bewältigen zu können und in der die blauen Prozesse ausschließlich der Wertschöpfung dienen können. In Kränkelnden und Kranken Organisationen hingegen kann der komplexe Marktdruck nicht durch dynamische Funktionen bewältigt werden, weshalb blaue Prozesse optimiert werden müssen, um den neuen Anforderungen gerecht zu werden. Dabei werden Ressourcen auf diese Prozesse verschwendet sowie die Prozesse aufgebläht, weshalb diese Art des Umgangs mit dynamischem Kontext nicht nachhaltig ist und einen Ansatz mit den falschen Methoden darstellt.

Das Ziel muss daher lauten, ein Unternehmen mit genügend roten Anteilen zu entwickeln, indem man Freiräume für Menschen, deren Kreativität und Ideen schafft, um den Umgang mit einem dynamischen Umfeld zu meistern. Daher ist der Aufbau adaptiver Strukturen, wie sie vorhin beschrieben wurden, fundamental. Selbstmanagende Teams sind ein gutes Beispiel für den Aufbau roter Kompetenzen, da sie eng mit Kunden und »Stakeholdern« zusammenarbeiten und sich daher dem Marktdruck bewusst sind. Durch die enge, effiziente und kreative Zusammenarbeit können diese kleinen autonomen Teams dynamische und komplexe Probleme experimentell angehen, um passende Lösungen zu entwickeln. In klassisch-hierarchischen Strukturen werden neue Herausforderungen hingegen oftmals mit den organisationalen blauen Standardprozessen angegangen. Organisationen verhaken sich deshalb häufig in einer zeit- und ressourcenintensiven Neugestaltung bestehender (blauer) Prozesse, da diese den ständig wachsenden Herausforderungen eines komplexen Umfelds angepasst werden müssen.

### AUS DER PRAXIS – FÜR DIE PRAXIS

Nehmen wir als Beispiel ein Industrieunternehmen, welches seine Logistikkette hocheffizient organisiert hat (blaue Prozesse). Im normalen Alltag können diese Prozesse eingehalten werden – in einer Produktionsanlage würde man vom Regelbetrieb sprechen. Durch die Wiedereinführung von Grenzkontrollen im Zusammenhang mit den Flüchtlingsströmen im Winter 2015/16 geraten diese Standardabläufe jedoch völlig durcheinander. Der Güterverkehr stockt an der Grenze, manche Grenzübergänge werden völlig dicht gemacht, die Lieferkette verzögert sich. Der Kunde braucht seine Ware aber dennoch zum versprochenen Zeitpunkt, da wiederum seine Produktionsprozesse davon abhängig sind. Jetzt gilt es kreativ und agil zu handeln und neue Wege zu finden – »rotes Handeln« ist gefragt. In solch komplexen, wenn nicht gar chaotischen Situationen, benötigt es schnelles, kreatives und direktes Handeln. Oft gibt es zwar einen Plan B, der vielleicht nicht direkt in der Schublade liegt, den erfahrene Mitarbeiter aber dennoch schnell abrufen können. Aber auch Plan B funktioniert in solchen Situationen möglicherweise nicht, da die Ursachen unvorhersehbar waren und den typischen Plan B auch andere Unternehmen abrufen, was wiederum Verzögerungen an anderen Stellen nach sich ziehen wird. Auch andere Unternehmen, Urlauber, Pendler werden die typischen Umgehungen wählen, Transporte auf die Schiene verlagern usw. Je besser Organisationen auf solche unvorhersehbaren Einflüsse vorbereitet sind, je höher die organisationale Energie (s. Abb. 23) ist, je adaptiver die Strukturen und je agiler die Prozesse sind, desto leichter wird es dem Industrieunternehmen fallen, hier schnell Alternativen zu finden.

Rote Herausforderungen stehen daher auch für Projektarbeit, also für das Angehen eines Problems durch die Bildung eines Teams, das für die Dauer des Projekts zusammenarbeitet. Für rote Probleme können klassische Prozessbeschreibungen deshalb nicht herhalten. Stellen Organisationen fest, dass sie regelmäßig mit den gleichen roten Herausforderungen zu tun haben, können sie deren Bearbeitung in Prozesse umwandeln, also beschreiben. Dann muss die Arbeit an einer solchen Herausforderung nicht mehr über ein Projektteam geschehen, sondern kann in einen blauen Prozess übergehen und standardmäßig ablaufen.

Auf der anderen Seite sollen auch blaue Prozesse ständig angepasst werden, wenn sie die eigentliche Aufgabe nicht mehr lösen können. In diesem Fall muss das Arbeitsgebiet in eine Projektphase übergehen, um die wechselnden Herausforderungen effektiv zu bearbeiten anstatt den beschriebenen Prozess ständig neu zu definieren. Werden aus Projekten Prozesse, spricht man von »Rationalisierung«. Wenn blaue Prozesse in Projektarbeit umgewandelt werden, kann man dies »Individualisierung« nennen (Pfläging & Hermann, 2015). In selbstmanagenden Teams innerhalb adaptiver Strukturen können daher rote Probleme bearbeitet, bei mehrmaliger Durchführung derselben Arbeiten diese beschrieben und im Anschluss rationalisiert werden. Vice versa können diese Teams aber auch inadäquate Prozesse individualisieren und deren Aufgaben projektmäßig lösen.

**Worauf muss man bei der Gestaltung agiler Prozesse achten?**

Organisationen benötigen sowohl blaue wie auch rote Funktionen. Daher wird in agilen und Gesunden Organisationen duale Prozessgestaltung angewandt, also eine Mischung zwischen blau und rot. Laut Wohland & Wiemeyer (2007) führt eine duale Prozessgestaltung zu dynamikrobusten Organisationen. Dieses Konzept wird in Abbildung 64 dargestellt. Hier zeigt sich, dass Prozesse sich meist aus einem roten und einem blauen Anteil zusammensetzen. Je dynamischer die Herausforderung, desto höher der rote Anteil des entsprechenden Prozesses. Die Aufgabe von Projektteams ist, bei Störungen des blauen Prozesses zu intervenieren, das Problem zu bearbeiten und eine passende Entscheidung zu treffen. Dies macht den Prozess agil, da die Aufgabe bei Inadäquatheit schnell einem Expertenteam übergeben werden kann, welches Überraschungen kreativ und effektiv bearbeitet und die Aufgabe anschließend wieder in den blauen Prozess zurück überführt. Kommt es nochmals zur selben »Überraschung«, so ist diese nicht mehr überraschend und kann mit dem vorangegangenen Lösungsansatz bearbeitet werden. Die Aufgabe kann in der Folge rationalisiert und in einen blauen Prozess transferiert werden.

Bei geringer Dynamik wird der blaue Anteil wichtiger, da er Routineaufgaben standardmäßig und effizient lösen kann. Treten überraschende Probleme auf, muss der Prozess stärker individualisiert werden. Daher sollten Organisationen den blauen Anteil ihrer Prozesse beschreiben, festhalten und den Versuch vermeiden, den roten Anteil zu definieren. Wollen Unternehmen rote Abläufe definieren, so blähen sie ihre Prozesse auf, bis diese zwar hochkompliziert, aber noch lange nicht komplex sind. Die richtige Balance zwischen roten und blauen Funktionen im Hinblick auf den organisationalen Kontext bietet daher eine größtmögliche Prozess-Agilität.

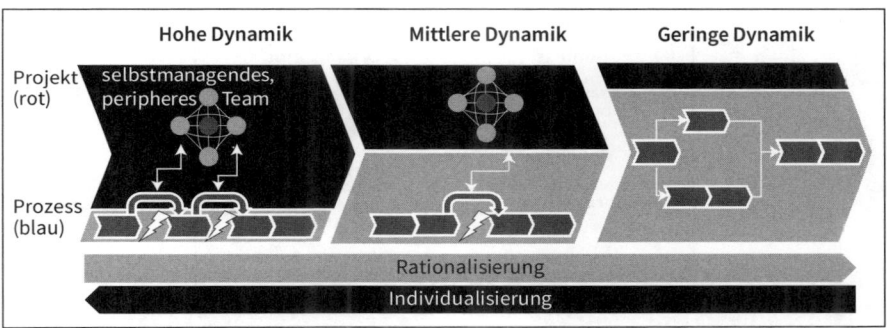

**Abb. 64:** Duale Prozessgestaltung (in Anlehnung an Wohland & Wiemeyer, 2007)

Die Grundlage für duale Prozessgestaltung ist, dass Unternehmen zwischen verschiedenen Arten der Herausforderungen und der Kontexte unterscheiden können. In variierenden Kontexten bedarf es situativen, den Kontexten angepassten Prozessen und Strukturen. Ein geeigneter Rahmen, um zwischen verschiedenen Herausforderungs- bzw. Kontextarten zu unterscheiden, ist das »Cynefin«-Modell (Snowden & Boone, 2007). Dieses differenziert zwischen simplen, komplizierten, komplexen, chaotischen und unwissenden Domänen:

- **simpel:** Alle Variablen sind bekannt, es gibt wenig Einflussfaktoren und Ereignisse sind vorhersehbar.
- **kompliziert:** Die meisten Variablen sind bekannt, es gibt viele, miteinander verbundene Einflussfaktoren und Ereignisse folgen nachvollziehbaren, kausalen Mustern.
- **komplex:** Die meisten Variablen sind unbekannt, Einflussfaktoren stehen in dynamischen Beziehungen, Ereignisse sind nicht vorhersehbar und stehen in keinen offensichtlichen Ursache-Wirkungs-Zusammenhängen, ergeben aber ein erkennbares Muster.

- **chaotisch:** Fast alle Variablen sind unbekannt, es gibt sehr viele Einflussfaktoren, die in keinem erkennbaren Zusammenhang stehen und kein nachvollziehbares Muster offenbaren.
- **unwissend:** Die existierenden Kausalitäten und Faktoren sind unbekannt und der Unternehmenskontext kann aktuell keiner der vier Domänen klar zugeordnet werden.

Abbildung 65 zeigt ein – auf der Basis von Snowden und Boone (2007) – von uns erweitertes Modell, welches neben der Darstellung der unterschiedlichen Domänen illustriert, inwiefern der Wechsel zwischen den Domänen auch einem Paradigmenwechsel entspricht.

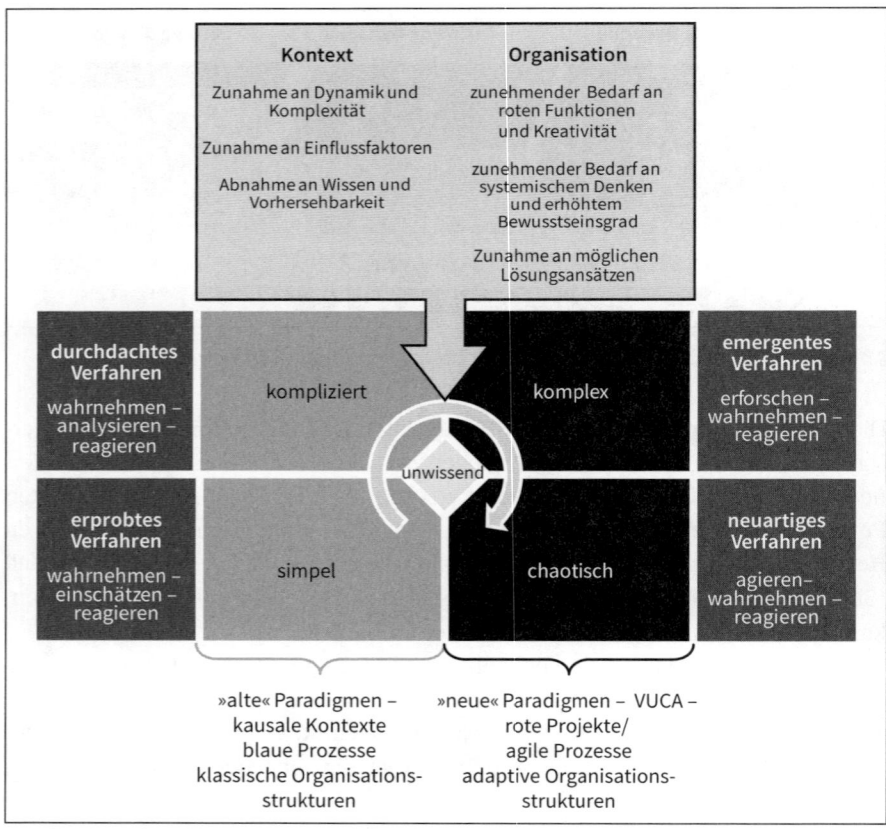

**Abb. 65:** Erweitertes Cynefin-Modell (eigene Darstellung in Anlehnung an Snowden & Boone, 2007)

In jeder Domäne sind unterschiedliche Verfahren notwendig, um mit den gegebenen Herausforderungen umzugehen. Simple und komplizierte Kontexte entsprechen den »alten« Paradigmen, also Kontexten, in denen kausale Zusammenhänge vorherrschen und Unternehmen klassisch zielorientiert arbeiten können. In diesen Domänen sind blaue Prozesse am effizientesten. Oftmals sind Unternehmen, die in einfachen Kontexten agieren, außerdem klassisch-hierarchisch strukturiert. Sie können Herausforderungen einschätzen und analysieren, um gezielt Lösungen zu implementieren. Vor allem im späten 19. und gesamten 20. Jahrhundert konnten Organisationen durch erprobte oder analytisch-durchdachte Verfahren typische Aufgaben meistern. Auch heute noch gibt es Märkte und Industrien, in denen Komplexität und Dynamik noch relativ irrelevant sind und Unternehmen nach klassischer Methodik arbeiten können. Hierzu zählen vor allem Nischenmärkte, die sich schrittweise und vorhersehbar verändern, in denen aber keine radikal neuen und unerwarteten Kräfte wirken. Daher liegt der Fokus in solchen Fällen auf effizienter Nutzung von Ressourcen. Wettbewerbsvorteile werden durch die schrittweise Erhöhung von Effizienz oder inkrementelle Verbesserungen erzielt. Dies ist auch der Kontext, der (noch) in der klassischen Betriebswirtschaftslehre als gegeben gilt.

Demgegenüber bedarf es in komplexen und chaotischen Kontexten, einem VUCA-Kontext, neuer aufstrebender bzw. innovativer Verfahren, um gegebene Herausforderungen zu meistern. Unternehmen in solchen Umweltbedingungen müssen systemisch denken, einen erhöhten Bewusstseinsgrad zeigen, Selbstmanagement stärken, über genügend rote Funktionen verfügen, kreativ und innovativ sein sowie adaptive Strukturen und agile Prozesse bieten. Vor allem durch Globalisierung und digitale Transformation hat sich die Komplexität und Dynamik in vielen Märkten radikal verändert und verlangt Unternehmen eine hohe Agilität und Anpassungsfähigkeit ab. Organisationen müssen erforschen und experimentieren, um ihren Kontext wahrnehmen und verändern zu können. »Best Practices« sind hier nicht anwendbar, da es keine erprobten Verfahren gibt, um volatile Aufgaben zu meistern. Daher kommen Standardprozesse an ihre Grenzen, da diese mit den täglich neuen und veränderten Herausforderungen nicht effizient funktionieren können. Eine dauerhafte Anpassung solcher Prozesse ist unwirtschaftlich und reaktiv, weswegen rote Anteile wichtiger werden. In solchen Domänen verlieren konservative Organisationen ihren Halt, da an ihren Paradigmen kräftig gerüttelt wird und agilere Konkurrenten Märkte und Kunden neu definieren.

Organisationen müssen daher verstehen, in welchen Domänen sie sich mit ihren Produkten und Dienstleistungen bewegen. Sie müssen ihre Strategien, Strukturen und Prozesse entsprechend anpassen. Unternehmen können so durchaus in unterschiedlichen Kontexten gleichzeitig agieren. Außerdem können innerhalb eines Unternehmens verschiedene Domänen in unterschiedlichen Funktionen vorherrschend sein. So könnte der Vertrieb in einer komplexen Domäne agieren, während die Logistik sich in einer komplizierten Domäne befindet und die Produktion relativ simple Herausforderungen meistern muss. Aber auch innerhalb von Bereichen können unterschiedliche Prozessformen hilfreich sein. Betrachten wir die Bereiche Forschung und Produktion eines Chemieunternehmens, dann wird deutlich, dass in der Forschung sicherlich innovativ (»rot«) gearbeitet werden muss und ein entsprechendes Klima vorherrschen sollte, es andererseits aber gerade hier standardisierte Prozesse in Laborabläufen gibt (»blau«), die zwecks Vergleichbarkeit und Skalierbarkeit eingehalten werden sollten. In der Produktion ist es ähnlich: Hier gibt es zahlreiche Standardabläufe, die sicherstellen, wie die Anlage gefahren werden muss (»blau«), aber genauso »rote« Prozesse, bspw. bei Umstellungen oder Ausfällen.

Den Mittelpunkt des Cynefin-Modells bildet die »unwissende« Domäne, in der Organisationen ideenlos gegenüber den existierenden Kausalitäten sind und ihren Kontext aktuell keiner der vier Domänen zuordnen können. In der Regel müssen Informationen dann gesammelt, analysiert sowie das Bewusstsein gesteigert werden, um die Domäne zuordnen zu können. In einer unwissenden Domäne agieren Unternehmen oftmals mit gewohnten Methoden, da sie sich unsicher sind, welche Herangehensweisen besser geeignet zu sein scheinen.

Snowden & Boone (2007) beschreiben, dass in jeder der Domänen unterschiedliche Führungsstile typisch bzw. von Vorteil sind. In simplen Domänen finden sich oft delegierende, kontrollierende und wenig kommunikativ Führende, während in einem komplizierten Kontext Führende eher Experten und Fachkräfte sein müssen. Komplexe Domänen verlangen nach fehlertoleranten Verantwortlichen, die experimentierfreudig sind und einen konstruktiven Arbeitskontext gestalten, in dem kreativ gearbeitet werden kann. In chaotischen Domänen bedarf es Krisenmanagern, die direktiv führen und schnell agieren, um die Organisation zurück in einen komplexen Kontext bringen zu können, der »einfacher« zu bearbeiten ist.

**Wie werden agile Prozesse gestaltet?**

Wir konstatieren: In komplexen Kontexten bedarf es agiler Prozesse, die in adaptiven Strukturen angewandt werden. Das Thema »agile Prozessgestaltung« ist seit Jahren eines der wichtigsten Themen in vielen Organisationen, die flexibler und proaktiver agieren möchten.

Ein aktueller und effektiver Ansatz zur Gestaltung agiler Prozesse ist Scrum, »ein Rahmenwerk, innerhalb dessen Menschen komplexe adaptive Aufgabenstellungen angehen können, und zudem in die Lage versetzt werden, produktiv und kreativ Produkte mit dem höchstmöglichen Wert auszuliefern« (Schwaber & Sutherland, 2013, S. 2). Scrum dient als Rahmen, innerhalb dessen mit verschiedenen Prozessen und Methoden gearbeitet werden kann und der zum einen Prognosemöglichkeiten und Risikokontrolle erhöht, zum anderen eine schnelle und anpassungsfähige Bearbeitung von Aufgaben garantiert. Damit ist der Scrum-Ansatz eine geeignete Vorgehensweise der Projektarbeit, die wunderbar zu unserem Ansatz der Gesunden Organisation passt, da sie großen Wert auf Potenzialentfaltung, Selbstmanagement, Agilität und erhöhte Leistungsfähigkeit legt. Im Folgenden werden die Grundprinzipien nach Schwaber & Sutherlands (2013) Leitfaden vereinfacht vorgestellt.

In Scrum gibt es klar definierte Abläufe und Ereignisse innerhalb eines Entwicklungsvorhabens. Zentrales Ereignis ist der sogenannte Sprint, eine Zeitperiode von maximal einem Monat, innerhalb derer ein Produkt erstellt oder verbessert wird und an deren Ende ein theoretisch fertiges, also ein »potenziell auslieferbares« Produkt steht. Das gesamte Vorhaben setzt sich aus mehreren, direkt aufeinander folgenden Sprints zusammen. Jeder Sprint hat ein klar formuliertes Ziel und einen Qualitätsanspruch. Beide Faktoren dürfen während des Sprints nicht verändert oder gefährdet werden, der Sprint kann aber vom Verantwortlichen abgebrochen werden, wenn sein Zielvorhaben nicht mehr sinnvoll für die Gesamtorganisation erscheint. In der Sprint-Planung wird innerhalb weniger Stunden definiert, was das nächste Produkt-Inkrement enthalten soll und wie die Arbeit, um zu diesem verbesserten Produkt zu gelangen, erreicht werden kann. In einem täglichen, fünfzehnminütigen Treffen (»Daily Scrum«) bespricht das Team seine Aktivitäten, identifiziert Hindernisse und plant die nächsten 24 Stunden. Am Ende eines Sprints wird in einem Überprüfungsmeeting (»Sprint Review«), einem kurzen, informellen Treffen, analysiert, inwiefern das Sprint-Ziel erreicht wurde, welche Probleme sich gestellt haben, wie diese gelöst wurden, wie das aktuelle Produkt aussieht und wie diese Informationen die Sprint-Planung für den nächsten Sprint beeinflussen.

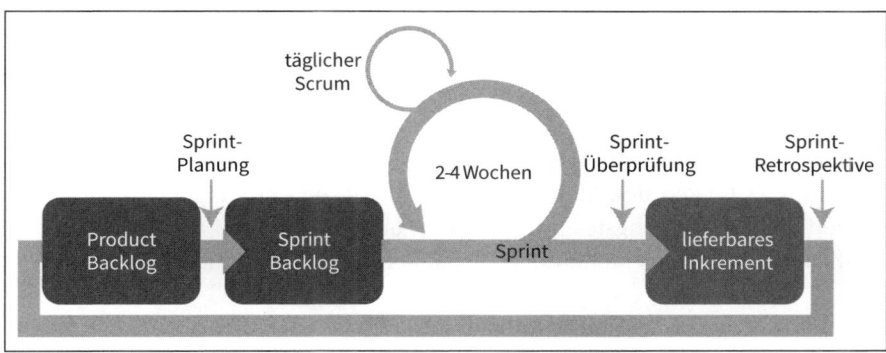

**Abb. 66:** Scrum-Prozess (eigene Darstellung)

Dieses Treffen ist stark aufgaben- und produktfokussiert, es geht darum, WAS erreicht wurde. Zwischen dem Überprüfungsmeeting und der nächsten Sprint-Planung liegt die sogennante »Sprint Retrospective«, in welcher vor allem das WIE der Zusammenarbeit beleuchtet wird. Der Fokus liegt auf den beteiligten Personen, den Beziehungen untereinander, der Gestaltung der Prozesse und der verwendeten Werkzeuge. Während des gesamten Entwicklungsvorhabens dient das sogenannte »Product Backlog«, eine Liste von Anforderungen und Veränderungen am Produkt, als Orientierungspunkt, um eine Wertmaximierung zu garantieren. In Abbildung 66 wird ein vereinfachter Scrum-Prozessablauf dargestellt.

Die sogenannten »Scrum Teams« sind interdisziplinäre und selbstmanagende Mitarbeitergruppen, wie sie in unserem Modell der adaptiven Organisationsstrukturen (Abb. 61) vorhin beschrieben wurden. Sie arbeiten autonom an eigenen Aufgaben, steuern und organisieren sich eigenständig und verfügen über Menschen mit unterschiedlichen Kompetenzen, die den Gesamtkompetenzbedarf eines Projekts oder Prozesses abdecken. Innerhalb des Teams werden verschiedene Rollen definiert:

1. Der **Produktverantwortliche** (»Product Owner«) (entspricht den dunklen Punkten in Abb. 61) ist für das Team und die Aufgabenbearbeitung verantwortlich. Er oder sie ist dafür zuständig, das »Product Backlog«, zu formulieren, zu kommunizieren und zu kontrollieren. Außerdem ist der Produktverantwortliche für die Eigenschaften und die Wertmaximierung des Produkts sowie die Interaktion mit Kunden und anderen »Stakeholdern« verantwortlich. Damit übernimmt er oder sie die Teamleiterrolle und führt die Mitarbeitergruppe während der Phase der Zusammenarbeit.

2. Das selbstmanagende **Entwicklungsteam** besteht aus Experten und Spezialisten, die innerhalb eines Sprints am Produkt arbeiten und am Ende eines Sprints eine inkrementell überarbeitete Version des Produkts erstellen. Dieses Produkt-Inkrement hat das Potenzial eines fertigen Produkts und könnte theoretisch so an den Kunden übergeben werden.

3. Der »**Scrum Master**« ist dafür zuständig, die Einhaltung von Praktiken und Regeln zu überwachen, Synergien zu erkennen und die Kollaboration im Entwicklungsteam zu optimieren. Damit ist der »Scrum Master« ebenfalls dafür verantwortlich, Hindernisse zu beseitigen, allen Beteiligten die nötigen Scrum-Techniken und Methoden zu erläutern, den Produktverantwortlichen und das Entwicklungsteam jederzeit zu unterstützen und als Scrum-Experte die organisationsweite Einführung von Scrum mitzugestalten.

Scrum bietet durch die kurzen Projektphasen und die selbstmanagenden Teams einen äußerst agilen Ansatz, der klare Vorteile gegenüber langfristigen Projektplanungen besitzt. In dynamischen und komplexen Kontexten können Projektarbeiten nicht mehr vom Start hinweg über mehrere Monate definiert werden. Die Vielzahl an volatilen Variablen sowie häufige Veränderungen von Zielsetzungen, Produkteigenschaften oder Kundenwünschen verhindern den Erfolg klassischer Projektansätze. Der Fokus auf inkrementelle Produktverbesserungen und deren potenzielle Auslieferbarkeit ist außerdem hilfreich, um sich nicht während des Projekts zu »verlaufen« und nicht erst nach langer Zeit ein fertiges, aber möglicherweise nicht mehr adäquates Produkt, zu präsentieren. Außerdem kann die Produktivität, auch großer Projekte, deutlich gesteigert werden. Jeff Sutherland, einer der beiden Erfinder der Scrum-Methode, spricht von bis zu 300–400 Prozent Steigerungsrate und führt eine Vielzahl von Projekten auf, bei denen dieser Produktivitätsschub erreicht werden konnte (Sutherland, 2015). Natürlich müssen Unternehmen nicht mit Scrum arbeiten, um agile Prozesse zu gestalten, doch die grundsätzlichen Prinzipien der kurzen Sprint-Phasen und der selbstmanagenden Teams sind vielversprechende Voraussetzungen.

**Wie werden in agilen Prozessen Entscheidungen getroffen?**

In Scrum-Teams obliegt die Entscheidungsgewalt letztlich beim Projektverantwortlichen, doch viele Unternehmen arbeiten nicht mit Scrum oder auch nicht in Projektgruppen. Eine zentrale Frage in der Prozessgestaltung ist also: »Wie können Mitarbeiter, Teams und Organisationen Entscheidungsprozesse beschleunigen?« In klassisch-hierarchischen Unternehmen wurden und werden Entscheidungen oben getroffen und unten befolgt. Dieser Entscheidungsprozess ist zwar schnell, doch die Entscheidung liegt oftmals nicht bei den Betroffenen und ebenfalls nicht bei den Experten, sondern bei Top-Managern, die weder von der Entscheidung betroffen sind noch ihre Implikation im Detail kennen.

In pluralistischen Unternehmen wird versucht, jeden Betroffenen zum Beteiligten zu machen und nach demokratischen Grundprinzipien zu handeln. Der Ansatz ist zwar aus menschlicher Sicht sinnvoll, doch demokratische Entscheidungen dauern bekanntermaßen sehr lange und enden in bürokratischen Zuständen.

In evolutionären und agilen Unternehmen hingegen wurde ein sinnvolles System erkannt, um Entscheidungen schnell UND fair zu treffen. Die bisher beste Lösung zu Entscheidungsprozessen scheint dezentralisiert zu sein. Dezentralisiere Entscheidungen können nicht nur in organisch strukturierten Unternehmen, sondern auch in klassisch-hierarchischen oder Matrix-Strukturen funktionieren. Demnach sollten am besten die direkt Betroffenen eine Entscheidung fällen.

Entscheidungen sind Teil jeder Rolle. Mitarbeiter müssen und dürfen wichtige Entscheidungen, die ihren Arbeitskontext betreffen, fällen. Daher wird von Mitarbeitern unternehmerisches Denken verlangt und gleichzeitig Fehlertoleranz garantiert. Doch wie können Organisationen Entscheidungen dezentralisieren, ohne ins Chaos zu stürzen?

Hierbei kann der konsultative Einzelentscheid für Effizienz und Ordnungsmäßigkeit sorgen. Wie bereits von Laloux (2014) und Pfläging (2009) beschrieben, ist in konsultativen Einzelentscheiden eine einzelne Person für die zu treffende Entscheidung verantwortlich, allerdings ist diese zur Konsultation eines oder mehrerer Experten verpflichtet. In Kapitel 5.3 werden wir die Methode des konsultativen Einzelentscheids als gesamthafte, praktische Vorgehensweise erläutern.

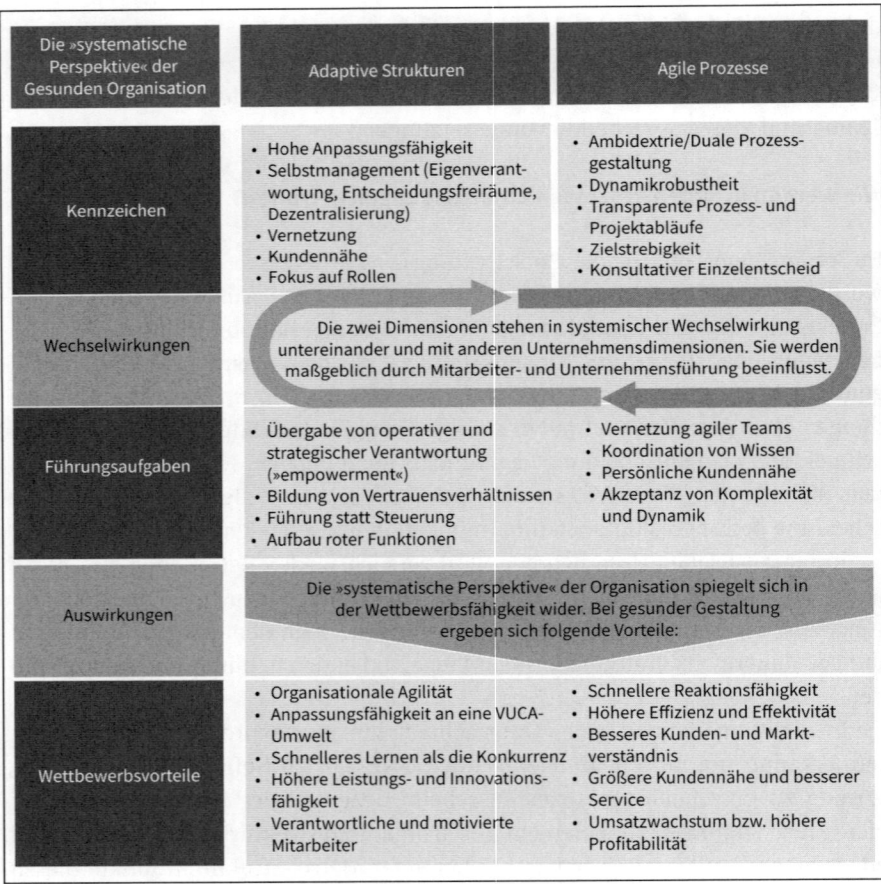

**Abb. 67:** Zusammenfassung der »systematischen Perspektive« der Gesunden Organisation (eigene Darstellung)

Abschließend finden Sie in Abbildung 67, wie bereits bei der »menschlichen Perspektive« in Abbildung 51 geschehen, eine grafische Zusammenfassung, welche die wichtigsten Aspekte des Unterkapitels aufzeigt. Die Darstellung beschreibt die Kennzeichen adaptiver Strukturen und agiler Prozesse und verbindet diese mit passenden Führungsaufgaben. Letztendlich generiert eine solche Gesunde Organisation durch den Aufbau adaptiver Strukturen und die Entwicklung agiler Prozesse, unterstützt durch Balancierte Führung, Wettbewerbsvorteile.

### 4.4.3   Die »sinnorientierte Perspektive« der Gesunden Organisation – Markt- und ressourcenorientierte Strategie

Nachdem die »menschliche« Perspektive der Gesunden Organisation mit ihrem Fokus auf leistungsfähigen Mitarbeitern, Augenhöhe-Beziehungen und gemeinschaftlicher Kultur und die »systematische« Perspektive, mit ihren Prinzipien der adaptiven Strukturen und agilen Prozesse erläutert wurde, wenden wir uns nun der Strategie der Gesunden Organisation zu. Hier möchten wir zunächst ausfalten, was wir unter einer Strategie verstehen, woraus sich eine Strategie zusammensetzt und welche Aspekte in heutigen Paradigmen und volatilen Marktumfeldern besonders wichtig sind.

Es gibt meterweise Literatur über strategisches Management und Unternehmensstrategien, die eine Strategie klassischerweise als einen Plan oder eine Vision mit klaren Zielen beschreibt, die vom Topmanagement formuliert und dann auf die einzelnen Mitarbeiter heruntergebrochen wird. Zu den klassischen Strategieansätzen gehören unter anderem die vielfach verwendeten Modelle von Porter (»Five Forces«, U-Kurve), die Marktanteil-Marktwachstums-Matrix (Vier-Felder-Portfolio) der Boston Consulting Group, die Produkt-Markt-Matrix nach Ansoff, die Ressourcenorientierung (»Resource-based View«), die Marktorientierung (»Market-based View«), die wissensbasierte Unternehmenssicht (»Knowledge-based View«), die Balanced Scorecard oder auch die Matrix der Kernkompetenzen nach Hamel & Prahalad.

Die meisten dieser strategischen Ansätze gehen von simplen oder komplizierten Unternehmenskontexten aus, zielen auf die Bildung eines nachhaltigen Wettbewerbsvorteils und entsprechen den Vorstellungen strategischen Managements. Strategisches Management bedeutet dann eben auch, dass die Umstände relativ klar und Kausalitäten einigermaßen eindeutig und »managebar« sind. Doch kann Strategie in einem VUCA-Kontext überhaupt gemanagt werden? Kann Strategie noch als ein steuerbares Instrument mit eindeutigem Zweck und klaren Effekten gesehen werden? Kann Strategie geplant und von oben nach unten heruntergebrochen werden? Die Antwort auf diese drei Fragen lautet wohl eher »Nein«. Das klassische Strategieverständnis scheint zu vereinfacht, zu kalkulierbar und letztlich zu ignorant im Angesicht von Disruption, Komplexität, Dynamik und Paradoxien. Es zeigt sich relativ blind gegenüber systemischen Zusammenhängen, fördert damit kausales, mechanistisches Denken und eine niedrige organisationale Agilität.

Wir verstehen Strategie nicht als ein steuerbares Instrument oder einen linearen Prozess, sondern als die organisationsweite Bildung einer ganzheitlichen Sinnstiftung, gepaart mit einer konsequenten Anpassung an neues Wissen durch dynamische, markt- und ressourcenorientierte Ziele, die auf vereinbarten Praktiken basiert und mit einer sinn- und zweckorientierten, emotional attraktiven Vision beschrieben ist.

Im Folgenden möchten wir anhand zweier Beispiele aufzeigen, warum klassische Strategieansätze in einer VUCA-Welt oftmals zu kurz greifen. Hierfür werden wir die Marktanteils-Marktwachstums-Matrix der Boston Consulting Group sowie das »Five Forces«-Modell von Porter, zwei sehr populäre Strategiekonzepte, genauer unter die Lupe nehmen.

Zunächst blicken wir in Abbildung 68 auf die klassische Marktanteils-Marktwachstums-Matrix (Henderson, 2016) aus dem Jahr 1970, die eine Analyse des Produktportfolios bietet. Zum besseren Verständnis der grundlegenden Annahme des Modells haben wir rechts einen typischen Produktlebenszyklus illustriert. Traditionell wird eine Balance zwischen den verschiedenen Produkten empfohlen, sodass sich die Produkte im Portfolio gegenseitig finanzieren können.

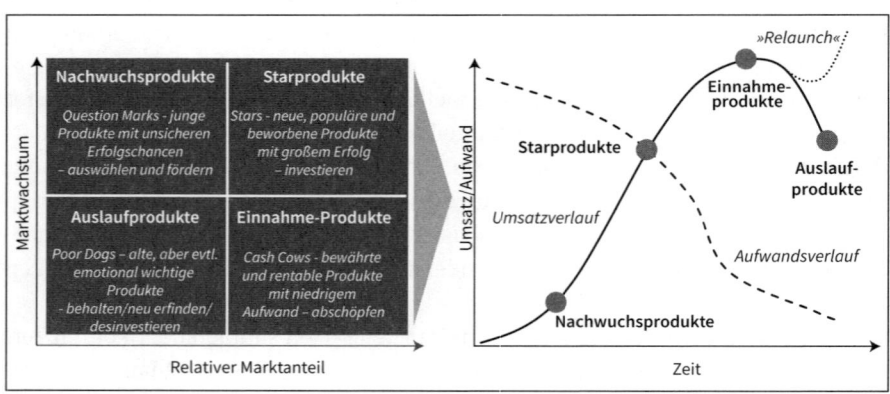

**Abb. 68:** Marktanteils-Marktwachstums-Matrix und Darstellung eines klassischen Produktlebenszyklus (eigene Darstellung in Anlehnung an die Boston Consulting Group)

Für viele Jahre erwies diese Matrix dem strategischen Management einen großen Dienst, auch wenn bereits früh gewisse Schwächen, wie zum Beispiel die Ignoranz rückläufiger Märkte, bemängelt wurden. Gerade in einem komplexen Umfeld zeigen sich aber erst die tatsächlichen Schwachstellen des Modells. Zunächst sehen wir die BCG-Matrix als eine reine Momentaufnahme, also lediglich ein strategisches Analysetool, ohne tatsächliche Prognosefähigkeit. Folgt man dem klassischen Produktlebenszyklus, kann man davon ausgehen, dass sich die Nachwuchs- in Starprodukte entwickeln, welche dann zu Einnahme-Produkten und schließlich zu Auslaufprodukten werden. Allerdings ist die Grundannahme eines solch »idealen« Produktlebenslaufes im heutigen Markt nicht mehr valide. Volatile Märkte, steigende Kundenmacht, schnellere Produktzyklen, Disruption durch neue Technologien sowie Digitalisierung verhindern den typischen Erfolgsverlauf eines Produkts, zerstören und bilden plötzlich Produktpotenziale, verändern Kundenwünsche und grundsätzliche Marktannahmen, definieren Konkurrenz neu und bieten Möglichkeiten, Märkte zu kreieren, virtuelle Unternehmen mit andersartigen Wertschöpfungsketten zu entwickeln, durch »Crowdfunding« innovative Projekte zu verwirklichen, oder schnell und ohne großen Ressourcenaufwand, wettbewerbsfähige Produkte zu schaffen, die direkt zu Stars oder Einnahme-Produkten werden. Selbstverständlich existieren auch heute noch träge Märkte, in denen die klassische Produktportfolioanalyse aufschlussreich sein kann, doch gerade in komplexen und dynamischen Märkten erscheint die Annahme klassischer Produktlebenszyklen als gefährlich und obsolet.

Das Analyse-Instrument fokussiert außerdem sehr auf Produkte, weshalb Unternehmen die Matrix in einer immer stärkeren Dienstleistungswirtschaft kaum noch nutzen können, da sich heute viele Produkte in Dienstleistungen transformieren (»Product Services«, vgl. Tukker, 2015) oder zumindest an einen Service gekoppelt werden. So werden aus klassisch-produktfokussierten Unternehmen dienstleistungsorientierte Firmen, die einen Großteil ihrer Umsätze über »Services« generieren. Denken Sie an IBM, General Electric, Toyota Industries oder ABB (Xu & Ilic, 2014). Aus strategischer Sicht wird es daher komplexer, Produktlebenszyklen zu prognostizieren, da diese stärker vernetzt und digitalisiert sind und deren Erfolg von einer größeren Vielfalt an Faktoren abhängig ist als den typischen Variablen Marktanteil, Marktwachstum und Investition. Die Bewegung hin zu einer Dienstleistungs- und Wissensgesellschaft bedeutet auch, dass das klassische Produzent-Konsument-Verhältnis beeinflusst wird und Kunden durch Vernetzung und Digitalisierung an Macht und Einfluss gewonnen haben. Sie dürfen daher nicht mehr als naive Konsumenten aller produzierten Dinge gesehen werden, sondern als informierte Kunden, die die Möglichkeit besitzen, durchdachte und informierte Kaufentscheidungen zu treffen. Denken Sie nur an die Bedeutung des Nachweises nachhaltiger Lieferketten in der Textil- oder Ernährungsindustrie.

Ein weiterer Schwachpunkt der Matrix: Gerade für Unternehmen mit einem kleinen Produkt- und Dienstleistungsportfolio oder möglicherweise nur einem

einzelnen Produkt/Service bietet die BCG-Matrix keine Hilfestellung, was besonders in Zeiten wachsender Start-up-Zahlen mit deren Fokus auf EINE spezielle
Dienstleistung für strategische Unklarheit sorgen kann. Diese Erkenntnisse zeigen, dass die Markwachstums-Marktanteils-Matrix in einem VUCA-Kontext weder
als strategisches Prognoseinstrument noch als Analyseinstrument eine große Hilfestellung bietet. Damit wollen wir keineswegs ihre Bedeutung für die historische
Entwicklung des strategischen Managements noch ihre Validität in trägeren Märkten schmälern.

Das zweite Strategie-Instrument, das wir näher betrachten wollen, um die
Hilflosigkeit klassischer strategischer Instrumente in einem VUCA-Kontext zu
beleuchten, ist Michael Porters Konzept der »Five Forces« (Porter, 2008). Das 1979
erstmals veröffentlichte Modell der fünf Wettbewerbskräfte revolutionierte und
prägte das strategische Management und wird auch heute noch angewandt, um
einen klaren Überblick über Wettbewerbsverhältnisse zu schaffen. Dabei geht das
Instrument davon aus, dass der Wettbewerb von fünf treibenden Kräften bestimmt
wird: der Bedrohung durch neue Wettbewerber, der Bedrohung durch potenzielle
Substitutionsprodukte, der Verhandlungsstärke von Kunden sowie der Verhandlungsstärke von Lieferanten und Dienstleistern. Zusammen bestimmen diese
Kräfte die Wettbewerbsintensität, der sich ein Unternehmen ausgesetzt sieht (vgl.
Abb. 69).

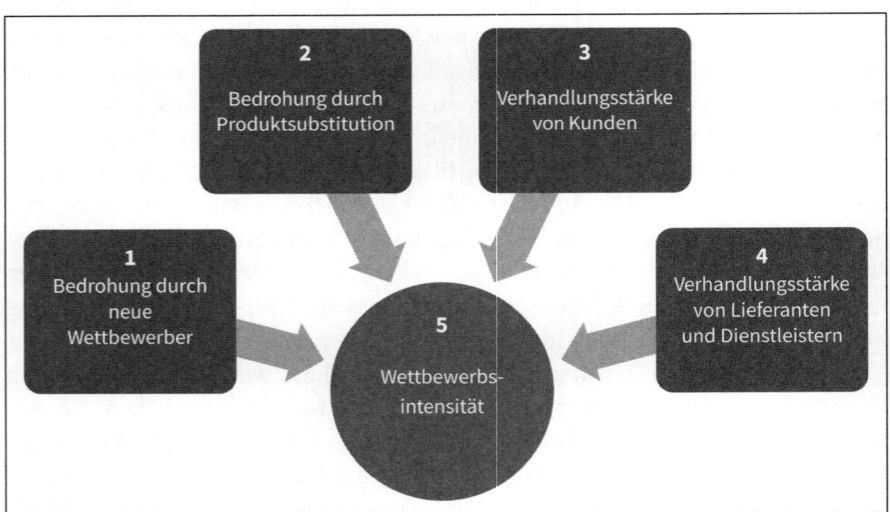

**Abb. 69:** Porters Five Forces (eigene Darstellung in Anlehnung an Porter, 2008)

Auch bei diesem Modell fanden sich bereits früh Kritiker, die vor allem Porters theoretische Annahme eines perfekten Marktes bemängelten. Gerade in einem VUCA-Kontext wird diese Kritik noch relevanter. Viele heutige Märkte sind eben nicht perfekt, sondern werden stark durch Marktregulierung oder Informationsungleichheit bestimmt. Im Zeitalter der Digitalisierung und der Macht von Daten und Technologie spielt Wissen eine enorm wichtige Rolle, die im Modell nicht widergespiegelt wird. Auch der reine Fokus auf ein analytisches Meso-Level und die Ignoranz wichtiger Mikro- und Makro-Level-Faktoren tragen zur starren Sicht auf den Wettbewerb ein.

Porter geht im Prinzip davon aus, dass sich alle Wettbewerber strategisch ähneln, da sein Modell die Ressourcen und Strategien von Wettbewerbern nicht miteinbezieht. Daher ergibt die Analyse der fünf Kräfte ein stark selbstbezogenes Ergebnis, das das eigene Unternehmen im Mittelpunkt des Wettbewerbs und als Maß für Mitbewerber sieht. In einem VUCA-Kontext können dadurch besonders wichtige Marktentwicklungen, Manöver von Konkurrenten oder Kreationen neuer Domänen und Produkte verpasst werden. Zudem funktioniert das Konzept der fünf Kräfte tatsächlich nur in einer relativ simplen und statischen Domäne, nicht aber in den heutigen dynamisierten und komplexen Unternehmenskontexten, in denen Markt- und Industriegrenzen verschwimmen, Konkurrenten nicht eindeutig zu definieren sind und technologische Disruption das Marktumfeld dramatisch verändern kann. Auch die Grundannahme von Wettbewerb trifft in modernen Kontexten häufig nicht mehr zu, da Unternehmen sich vernetzen, projektbezogen kollaborieren und doch gleichzeitig konkurrieren können (»Coopetition«).

Porters Modell scheint daher in Zeiten von steigender Dynamik und Komplexität sowie Globalisierung und Deregulierung nicht mehr angemessen zu sein, um Unternehmen einen strategisch wertvollen Blick auf den Wettbewerb zu ermöglichen. Dennoch kann das Konzept natürlich, unter Rücksichtnahme seiner Schwachstellen, für eine grundlegende Momentaufnahme und Wettbewerbsanalyse genutzt werden, die dann aber durch Reflexion, systemisches Denken und Einbezug weiterer wettbewerbsbestimmender Faktoren erweitert werden muss.

Viele Unternehmen befinden sich heute in einem Hyper-Wettbewerb, in dem Wettbewerbsvorteile immer nur temporär sind und regelmäßig zerstört werden, um neue, kurzfristige Wettbewerbsvorteile zu schaffen. Durch kreative Marktdisruption, so stellte Richard D'Aveni, Begründer der »Hypercompetition«-Theorie bereits 1994 fest, können strategisch adaptive Unternehmen regelmäßig temporäre Wettbewerbsvorteile erzielen und die Wettbewerbsfähigkeit von Konkurrenten gefährden (D'Aveni, 1994). In einem solchen Wettbewerb ist die Zukunft stets ungewiss und künftige Konkurrenten möglicherweise noch unbekannt, weshalb in diesem Kontext oftmals auch eher strategische Manöver als eine langfristige Strategie zielführend sind. D'Avenis Konzept ist eines von vielen Beispielen dafür, dass sich das breite Strategieverständnis bereits seit einiger Zeit verändert und dass klassische Strategieansätze, -instrumente und -annahmen an Gültigkeit verlieren, da sie in komplexen Märkten nicht mehr sinnvoll erscheinen.

Um zu erläutern, wie Strategie im Rahmen dieses Buches verstanden wird, entwickeln wir ein Modell, das das Bewusstsein für die Entstehung von Strategien in einem VUCA-Kontext erklären soll. Dieses Modell und das zugehörige Unterkapitel werden aber kein neues strategisches Instrument aufzeigen, da wir davon ausgehen, dass die Zeiten des strategischen Managements, also der mess-, kalkulier- und prognostizierbaren Steuerung von Strategie, im traditionellen Sinne größtenteils vorbei sind. Vielmehr möchten wir dazu beitragen, dass Strategie weniger als Planung und Steuerung verstanden wird, sondern mehr als ein stabiles, sinnorientiertes und leitendes Bewusstsein, kombiniert mit einer dynamischen Manövrierbarkeit.

**Markt- und ressourcenorientierte Strategie**

Gerade in den letzten Jahren haben sich neue Strategieansätze etabliert, angefangen vom »bottom-up«-Ansatz zur Strategieformulierung über experimentelle und emergente Strategien bis hin zu Strategien, die eigentlich keine Strategien mehr sind, sondern eher einem passiven, von einem inneren, evolutionären Zweck geführten Ansatz, entsprechen.

Die neuen Perspektiven auf Strategie haben eines gemeinsam: Sie sehen Strategie nicht mehr isoliert-hierarchisch, sondern eher holistisch-sinnorientiert. Tatsächlich müssen Organisationen ihre Wege der Strategiefindung und -formulierung hinterfragen und die Potenziale einer Strategie erörtern, die nicht allein in der Führungsetage formuliert und dann den Mitarbeitern »aufoktroyiert« wird, sondern die im gemeinsamen Diskurs und Handeln entsteht, verbindet, inspiriert und sich am Unternehmenszweck und sinnvollen Praktiken orientiert.

Ein Grundprinzip, das in vielen Unternehmen über Jahrzehnte gängige Praxis war und auch heute noch ist, besteht in der Annahme, dass Strategie ein durchstrukturierter Planungsprozess ist. Strategien werden für die nächsten fünf bis zehn Jahre entworfen und mit entsprechenden Planzielen und Kennzahlen versehen. An sich kein schlechtes Vorgehen, das ja auch in trägen Märkten immer ganz gut funktioniert hat, nur haben sich die Zeiten eben verändert. Nokia, Motorola, Microsoft – um nur einige Beispiele aus der Mobiltelekommunikation zu nehmen – lassen grüßen. Dass sich in Zeiträumen von fünf bis zehn Jahren vieles ändert und die Planung damit zur Makulatur wird, wurde schon hinreichend erörtert.

Insgesamt widerspricht dieses Vorgehen dem Grundgedanken, dass eine Strategie auch natürlich, organisch und sinnorientiert entstehen kann. Einmal mehr zeigt sich genau an dieser Stelle der Paradigmenwechsel an, der schon im Unterkapitel zur »systematischen Perspektive« angesprochen wurde.

Aus unserer Sicht sind für die Strategieentstehung deshalb drei Fragen elementar:

### 1. Warum?

Warum existiert unser Unternehmen? Was ist der Sinn dieser Organisation, was ist der innere Antrieb, der dieses Unternehmen zu dem macht, was es ist?

Unternehmen sollten ihren ursprünglichen Sinn erkennen oder zumindest einschätzen können. Das »Know-why« ist die wichtigste Priorität, nicht nur in der Strategieentstehung, sondern auch in der täglichen Arbeit. Wieso machen wir die Dinge, die wir machen? Der Sinn eines Unternehmens ist der bedeutendste Faktor mit Abstand überhaupt, da er die Existenz des Unternehmens begründet.

Kleiner Tipp: Die richtige Antwort auf das »Warum?« muss nicht Gewinnmaximierung, Wohlstand, Überleben oder Verkaufen bestimmter Produkte und Dienstleistungen lauten. Bei dm-drogerie markt zum Beispiel besteht der Unternehmenssinn nicht darin, möglichst viel Profit einzufahren oder Zahnpasta und Shampoo zu verkaufen, sondern Menschen eine Entwicklungsplattform zu bieten (vgl. Expertenperspektive mit Erich Harsch, Kapitel 5).

Im Falle von IKEA wird der Unternehmenssinn explizit formuliert und kommuniziert. Dieser soll durch bestimmte Praktiken, die in der Geschäftsidee verankert sind, erreicht werden. So lautet der Sinn von IKEA: »Einen besseren Alltag für die vielen Menschen schaffen« (IKEA, 2016). Dieses inspirierende Statement präsentiert den Sinn IKEAs, das Leben von Menschen zu verbessern, und nicht einfach nur günstige Möbel zu produzieren. Der Mensch und dessen Lebensqualität stehen im Mittelpunkt des Unternehmenssinns. IKEAs Sinn beschränkt sich nicht auf Produkte oder auf einen bestimmten Zeitrahmen. Für Außenstehende mag dieser Sinn übertrieben oder unklar erscheinen, doch innerhalb des Unternehmens kann eine solche Sinnformulierung zur Orientierung, Ausrichtung und kontinuierlichen Verbesserung beitragen sowie als Entscheidungsgrundlage genutzt werden. Auf Team- und individueller Ebene bietet der explizite Unternehmenssinn die nötige Freiheit, um agil und flexibel auf verschiedenen Wegen nach der Zielerfüllung zu streben.

In der Geschäftsidee, also den Praktiken, wird dann verdeutlicht, wie IKEA Sinn erfüllen will: »Ein breites Sortiment formschöner und funktionsgerechter Einrichtungsgegenstände zu Preisen anzubieten, die so günstig sind, dass möglichst viele Menschen sie sich leisten können« (IKEA, 2016). So beantwortet das Unternehmen die Frage nach dem »Wie?«

## 2. Wohin?

Würde man strikt bspw. nach Laloux (2014) gehen, so bräuchten Unternehmen gar kein »Wohin?« – also keine formulierte Vision, da sie ihr evolutionärer Zweck leiten würde und ihr Ziel das Ergebnis der konsequenten Anwendung des unternehmerischen Sinns wäre. Auch andere Autoren und Unternehmen sehen das Formulieren von Vision und Zielen als Beeinträchtigung, da Strategie das Ergebnis von Experimenten und kontinuierlicher Entdeckung sein sollte und klare Ziele die Flexibilität von Unternehmen einschränken können (vgl. z. B. »strategy by discovery« in Gray & Vander Wal, 2014).

Dennoch halten wir die Formulierung einer Vision für einen wichtigen Eckpfeiler einer Strategie. Einerseits wollen bestimmte Anspruchsgruppen – denken Sie nur an Investoren – die Ziele des Unternehmens kennen, um einschätzen zu können, wohin das Unternehmen strebt und welche Rendite sich damit erzielen lässt. Andererseits entspricht eine Vision einem Zukunftsbild, das zwar idealisiert ist und möglicherweise nicht zu 100 Prozent erreicht werden kann, das im besten Falle aber inspiriert, motiviert, emotional attraktiv und nachvollziehbar ist. Eine solche Vision ist keine Einschränkung, da es auf dem Weg zu diesem Zukunftsbild unzählige Möglichkeiten gibt, mit den Unternehmenspraktiken den tieferen Sinn zu verfolgen. Leitbilder dieser Art bieten vielmehr Orientierung, schaffen eine organisationale Ausrichtung und führen so zu einer höheren Unternehmensidentifikation und Transparenz.

Auch die Unternehmensvision leitet sich aus dem Unternehmenssinn ab. Bevor also ein Unternehmensziel oder eine Vision gemeinschaftlich erarbeitet und formuliert werden kann, sollten Organisationen das »Warum?« und das »Wohin?« ergründen.

Interessanterweise erwies es sich als Herausforderung, eine inspirierende Unternehmensvision zu finden. »Türkise« und auch viele »grüne« Unternehmen formulieren oftmals keine explizite Vision. Auf deren Websites findet man Werte oder Leitbilder, die den Unternehmenssinn umschreiben. Dennoch möchten wir im Folgenden eine explizite Unternehmensvision präsentieren, um den Mehrwert eines sinngeleiteten Zukunftsbilds zu demonstrieren und aufzuzeigen, was man bei der Formulierung einer Vision beachten muss.

In der Unternehmensvision von Audi wird ein eindeutiges Ziel beschrieben, welches durch bestimmte Praktiken, die in der Unternehmensmission verankert sind, erreicht werden soll. So möchte Audi bis 2020 die weltweit führende Marke im Premiumsegment werden. Erreicht werden soll dies durch Innovation, das Schaffen von Erlebnissen, durch Gestaltung sowie Verantwortung. Hierbei soll der Kunde im Mittelpunkt stehen (AUDI AG, 2016). Die Vision ist relativ breit formuliert, weshalb sie nicht einschränkend auf das Handeln der Organisation wirkt, aber dennoch die organisationalen Kräfte auf ein gemeinsames großes Ziel bündeln kann. Auch für einzelne Mitarbeiter und Teams bietet die Vision genügend Freiräume, um auf unterschiedlichen Wegen nach deren Realisierung zu streben.

Allerdings leidet dieses Zukunftsbild unter ihrer deutschen Kühlheit. Ob sich Mitarbeiter wirklich davon inspiriert fühlen, dass Audi in einigen Jahren im Premiumsegment führend ist? Ob sie an der Formulierung der Vision teilhaben durften? Schwer zu sagen, wir glauben eher nicht. Eine solche Vision schafft Bündelung und eine klare Ausrichtung, aber wohl weniger, ihre Mitarbeiter dadurch zu inspirieren und zu begeistern. Sie formuliert auch nicht Audis Beitrag zu etwas Größerem. Wie profitieren Menschheit, Gesellschaft, Natur, Mitarbeiter oder Kunden von Audis Existenz?

Wie Sie sehen, sollte eine Vision nicht allein selbstbezogen, zeitlich limitiert, funktional und kalkuliert sein. Sie sollte vielmehr auf inspirierende Weise zeigen, wie die Organisation durch ihr Handeln, ihre Existenz, ihre Produkte und Dienstleistungen eine bessere Zukunft mitgestalten kann.

### 3. Wie?

Wie wollen wir handeln, um Sinn und Zweck zu kreieren? Mit welchen Praktiken und Methoden wollen wir unsere Ziele erreichen?

Organisationen sollten sich damit befassen, wie sie agieren möchten. Diese Praktiken leiten sich im besten Fall aus dem Sinn und der unternehmerischen Vision ab. Das bedeutet, dass nicht nur das Ziel, sondern auch der Weg dorthin, wichtig für das Selbstverständnis eines Unternehmens ist. Der Zweck heiligt nicht die Mittel, vielmehr beeinflusst er sie, sodass die angewandten Praktiken auch die Eigenschaften des tieferen Sinns und der erstrebenswerten Vision widerspiegeln. Daher sollte hinterfragt werden, inwiefern die angewandten Praktiken das Verhältnis der Organisation gegenüber Mensch, Gesellschaft und Umwelt vertreten.

Der dritte Pfeiler einer Strategie steht für das »Know-how« des Unternehmens, der Anwendung des Wissens in praktischem Vorgehen. Hier sollten auch die Werte der Organisation reflektiert werden, denn Werte bieten die Grundlage für das Handeln eines Unternehmens.

Am Beispiel der BASF wird der Bezug zwischen Sinn, Vision und Praktiken deutlich. So formuliert der Chemiekonzern seinen Unternehmenssinn mit »We create chemistry for a sustainable future«, also »Wir schaffen Chemie für eine nachhaltige Zukunft«. Aus diesem Sinn leitet die BASF drei Praktiken ab: verantwortungsvolles Handeln in Einkauf und Produktion, faire und verlässliche Partnerschaften sowie das Zusammenbringen kreativer Köpfe. Die Praktiken werden mit unterschiedlichen Werten definiert, die das Handeln des Unternehmens beschreiben: kreativ, offen, verantwortungsvoll und unternehmerisch. Diese Praktiken beeinflussen wiederum drei Bereiche, in denen die BASF wichtige Beiträge für eine nachhaltige Zukunft leisten möchte. Die Lösungen in diesen drei

Bereiche entsprechen dem »Wohin?«, also den Visionen des Unternehmens in den Feldern Rohstoffe, Umwelt und Klima; Nahrungsmittel und Ernährung; Lebensqualität (BASF, 2016).

Inwiefern Organisationen ihren formulierten Praktiken auch tatsächlich Taten folgen lassen, ist häufig undurchsichtig und leider nicht immer konsequent. In einer Gesunden Organisation gehen wir davon aus, dass Praktiken, die sinngeleitet formuliert werden, auch das tatsächliche Vorgehen des Unternehmens unbeirrt widerspiegeln. Die Gesunde Organisation setzt auf Sein, nicht auf Schein.

Aus einer solchen Vision können konkrete Ziele abgeleitet werden, die qualitativ und quantitativ bewertbar sind und die sich sowohl an internen Ressourcen, wie auch am Markt und an den »Stakeholdern« (Kunden, Investoren, Lieferanten etc.) orientieren. Solche Ziele sind organisch in ihrer Entstehung, relativ kurz in ihrem Zeithorizont und flexibel in ihrem Umsetzungsweg. Sie entstehen auf unterschiedlichen Ebenen (Individuum, Team, Organisation) und spiegeln die Orientierung und Zielsetzung der jeweiligen Einheit wider. Sie ermöglichen Agilität und Effizienz, ohne dabei den Sinn, die Vision und die Praktiken aus den Augen zu verlieren.

Ziele werden nicht klassischerweise von oben nach unten heruntergebrochen, sondern individuell innerhalb eines organisationsumspannenden Rahmens (Sinn, Vision, Praktiken) formuliert und in gegenseitigem Einverständnis aller Beteiligten verfolgt. Sich selbstmanagende Teams können sich so ihre eigenen Ziele setzen, da sie sehr stark marktorientiert arbeiten und über eigene Ressourcen verfügen. Diese Ziele können nach eigener Einschätzung des Teams ohne Absprache mit einer hierarchischen Instanz formuliert werden, solange sie dem Unternehmenssinn und der Vision entsprechen und die organisationalen Praktiken berücksichtigen. Ein solches Vorgehen unterstützt eine klare Orientierung der Organisation selbst (interne Perspektive) und ermöglicht es gleichzeitig, den Blick nach außen zum Kunden in den Fokus der täglichen Arbeit zu rücken. Die dynamischen Taktiken und Manöver innerhalb der selbstmanagenden Teams oder Organisationen entsprechen somit immer der übergeordneten strategischen Intention des Gesamtunternehmens, erlauben aber gleichzeitig die individuelle und agile Bearbeitung von Kunden.

Der aufmerksamen Leserin und dem aufgerksamen Leser wird hier die Verknüpfung zu organisationaler Ambidextrie aufgefallen sein, die im Unterkapitel der »systematischen Perspektive« eingeführt wurde. Auch in der Strategie zeigt sich eine starke Dualität, da zum einen der existenzielle Sinn einer Organisation ergründet wird und zum anderen dynamische und zukünftige Herausforderungen des Marktes erkannt werden. Wir können also in diesem Zusammenhang von einer »strategischen Ambidextrie« sprechen, denn Gesunde Organisationen schaffen den Spagat zwischen intern fokussierter Bewusstseinsbildung und extern fokussiertem Verständnis kontextueller Entwicklungen. Wir halten strategische Ambidextrie für eminent wichtig, da ein reiner Fokus auf das Selbst, also die Unternehmensidentität, zu Betriebsblindheit und einem Verpassen von Marktentwicklungen führen kann. Selbstbezogene Unternehmen verstehen zwar sich selbst, nicht aber ihren Kontext. Demgegenüber zeigen extern fokussierte Unternehmen häufig Schwächen in ihrem Selbstverständnis und entwickeln so eine schwache Unternehmenskultur und niedrige Identifikation, da sie sich über ihren Ursprung, ihren Sinn und ihren Charakter nicht im Klaren sind. Abbildung 70 zeigt deshalb nicht nur unser Verständnis einer Strategieevolution, sondern auch die Balance zwischen interner und externer Orientierung und wie diese beiden Foki synergetisch zusammenwirken. Ambidextrie spielt nicht nur im Organisationsaufbau und in der Prozessgestaltung eine wichtige Rolle, sondern auch in der Strategieentstehung und der Mitarbeiterentwicklung.

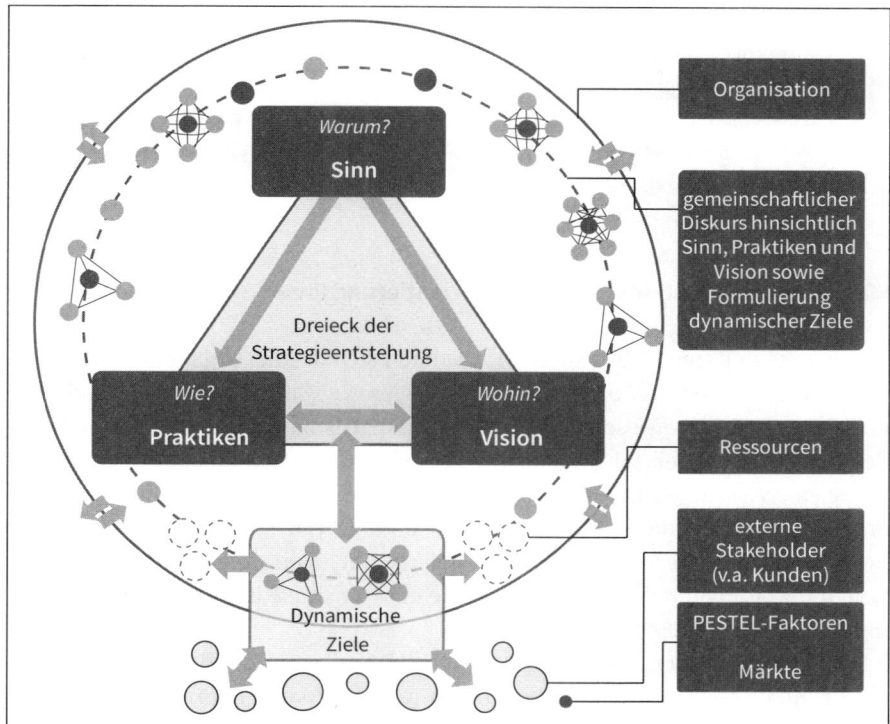

**Abb. 70:** Evolution einer Strategie (eigene Darstellung)

Die drei oben genannten zentralen Fragen werden von Unternehmen meist sehr unterschiedlich ausgelegt. Häufig wird deutlich, dass Organisationen sich stark auf ihre Ziele konzentrieren und diese als ihre gesamte Strategie verstehen. Der Unternehmenssinn wird dadurch vernachlässigt. Wir sind der Ansicht, dass eine individuelle Ausprägung der einzelnen Faktoren in der formulierten Unternehmensstrategie nachvollziehbar ist. Gleichzeitig sollten aber alle drei Faktoren integriert werden und Praktiken sowie die Vision und die Ziele auf dem tieferliegenden Unternehmenssinn basieren. Auch deswegen heißt dieses Unterkapitel nicht »die planerische oder zielorientierte Perspektive«, sondern die »sinnorientierte Perspektive«.

Basierend auf diesen Erkenntnissen können wir eine Definition für die markt- und ressourcenorientierte Strategie der Gesunden Organisation im Rahmen dieses Buches ableiten.

**DEFINITION**

**Markt- und ressourcenorientierte Strategie** – Die Gesunde Organisation zeichnet sich durch eine sinngeleitete Strategie aus, die auf einer emotional attraktiven und nachvollziehbaren Vision sowie verantwortungsvollen, nachhaltigen und humanen Praktiken beruht, welche sich in dynamischen, individuellen, markt- und ressourcenorientierten Zielen widerspiegelt und die so Wert für ihre Anspruchsgruppen, die Gesamtorganisation und deren Mitarbeiter sowie die Gesellschaft bildet.

### Was bedeuten Markt- und Ressourcenorientierung für eine Organisation?

Wie bereits in Kapitel 2 beschrieben, zeichnen sich Kranke Organisationen durch verschwenderische oder ausbeutende Strategien aus. Sie verbrauchen Ressourcen oder nutzen diese gewissenlos aus, ohne an langfristige Effekte zu denken. Unter Ressourcen verstehen wir finanzielle Ressourcen, Produktionsressourcen, Technologien, Wissen, menschliche Leistung und Gesundheit, psychische und emotionale Ressourcen, natürliche Ressourcen und Energie. Ressourcenorientierung bedeutet also das Bewusstsein für und den nachhaltigen Umgang mit allen materiellen und immateriellen Ressourcen, die eine Organisation direkt oder indirekt nutzt beziehungsweise beansprucht.

In einer Gesunden Organisation ist diese Ressourcenorientierung wichtig, da ein nachhaltiger Umgang mit Ressourcen nicht nur verantwortlich ist, sondern sich positiv auf Menschen und deren Leistungsfähigkeit auswirkt sowie eine intakte Umwelt, die Verfügbarkeit von Ressourcen und damit langfristige Wirtschaftlichkeit ermöglicht. Dynamische Ziele haben daher die Verfügbarkeit von Ressourcen im Blick und garantieren deren nachhaltige Nutzung. Periphere Teams stellen sich die Frage, ob die Bearbeitung eines Projekts, eines Prozesses oder einer Aufgabe, mit den zur Verfügung stehenden Ressourcen möglich ist und ob und wie die Aufgabenbearbeitung die Ressourcen nachhaltig beeinflusst.

Aus langfristiger Sicht nutzt es einer Organisation wenig, die verfügbaren Ressourcen dauerhaft zu überlasten, um regelmäßig kurzfristige Ziele zu erreichen, da die Ressourcenausbeutung die langfristige Leistungsfähigkeit des Gesamtunternehmens beeinträchtigt. Sind die für eine Aufgabe benötigten Ressourcen nicht verfügbar, muss die Aufgabenbearbeitung abgelehnt, zusätzliche Ressourcen akquiriert oder die vorhandene Kapazität, im Notfall, für einen sehr kurzen Zeitraum überlastet werden. Solche Notfälle sollten vermieden und anschließend durch ausreichende Regeneration ausgeglichen werden. Das bedeutet auch, dass ein Unternehmen in manchen Fällen nicht jeden Auftrag bearbeiten kann und Verantwortliche lernen müssen, im Zweifel zu Angeboten »Nein« zu sagen, wenn sie die Ressourcenverfügbarkeit nicht längerfristig garantieren können. Denn unter Ressourcenüberlastung, gerade wenn wir an die Leistungsfähigkeit von Mitarbeitern denken, leidet eben oftmals auch die Arbeits- und Ergebnisqualität. Ressourcenorientierung bezieht sich demnach in der Formulierung dynamischer Ziele und deren Erreichung überwiegend auf den internen Fokus der Peripherie (vgl. Abb. 70).

Demgegenüber steht die Marktorientierung für den externen Fokus. Die beiden Orientierungen ergänzen sich zu einer strategischen Ambidextrie. Marktorientierung war für Unternehmen natürlich immer schon wichtig, doch heutzutage und in Zukunft wird der Fokus auf Kunden und das Verständnis von Marktentwicklungen und Konkurrenzstrategien noch wichtiger. Früher erkannten Unternehmen eine Lücke im Markt oder Potenzial für ein neues Produkt und richteten sich danach aus. In einer digitalisierten und dynamischen Umwelt sind Marktlücken jedoch weniger vorhanden oder zumindest weniger offensichtlich und Potenziale verschieben und verändern sich rapide oder werden von schnelleren Konkurrenten abgeschöpft. Kunden gewinnen durch Vernetzung, Digitalisierung und große Auswahl an Informationsreichtum und Verhandlungsstärke.

Wie bereits in der »systematischen Perspektive« beschrieben, verlieren Unternehmenszentralen daher ihren Kompetenzvorsprung und es liegt an den kundennahen Mitarbeitern und Teams, Trends, Entwicklungen und Veränderungen in den Kundenwünschen, -segmenten und -potenzialen zu erkennen sowie neue Technologien, Systeme und Handlungsweisen zu ergründen und die Manöver konkurrierender Unternehmen zu verstehen und zu antizipieren. Die Peripherie ist am Markt und muss diese Nähe nutzen, um sich bietende Potenziale schnell und gezielt zu entfalten. Auf Marktreize müssen Organisationen in einer VUCA-Umwelt schnell reagieren können.

Unter Marktorientierung verstehen wir demnach nicht, dass Unternehmen die Entwicklungen des Marktes beobachten und Manöver von Konkurrenten imitieren sollten. Vielmehr müssen Organisationen durch ihr sinngeleitetes Bewusstsein und ihre Unternehmenspraktiken, Marktpotenziale erkennen und solche bearbeiten, die zur Organisation passen; die also strategisch sinnvoll sind und durch deren Entfaltung das Unternehmen sich von seiner Konkurrenz abheben kann. So kann Marktorientierung, gepaart mit einem inneren Bewusstsein für Sinn, Praktiken und Vision sowie einer nachhaltigen Ressourcenorientierung zur Bildung eines zumindest temporären Wettbewerbsvorteils führen. Der doppelte Fokus auf Marktpotenziale und auf verfügbare Ressourcen ist zur Realisierung dynamischer Ziele und organisationaler Agilität unerlässlich, gleichzeitig aber nicht immer einfach vereinbar, limitieren doch die Ressourcen die Möglichkeiten zur Entfaltung von Marktpotenzialen.

Die Balance zwischen Markt- und Ressourcenorientierung stellt deshalb eine der vermutlich größten Herausforderungen für Organisationen des 21. Jahrhunderts dar, bietet aber gleichzeitig herausragende unternehmerische Chancen.

**Wieso ist Strategie nicht gleich Planung?**

In der Praxis werden die beiden Begriffe Strategie und Planung manchmal als nahezu gleichbedeutend behandelt. Wenn Manager davon sprechen, eine Strategie zu formulieren oder zu entwickeln, so verstehen sie darunter häufig, sich zurückzuziehen, um die Unternehmenszukunft zu planen. In der Folge wird ein Plan erstellt, der klar definiert, durch welche strategischen Maßnahmen die Organisation zu ihren Zielen gelangen kann.

Wenn wir von Komplexität und Dynamik heutiger Märkte sprechen, bedeutet Strategie auch immer den Umgang mit und die Akzeptanz von Nichtwissen. Da wir aber die Zukunft nicht vorhersehen können, brauchen wir Prinzipien und Handlungsstrategien, die uns dabei unterstützen, zukunftsorientierte Entscheidungen zu treffen. Wüssten wir alles und könnten wir die Zukunft exakt vorhersagen, bräuchten wir keine Strategie, sondern würden einen konventionellen Plan machen, indem wir aus den vorliegenden Informationen und Daten Aktionen ableiten (Malik, 2011).

In einem VUCA-Kontext ist Strategie daher nicht durch Planung zu ersetzen. In einer komplexen Umwelt versagen regelmäßige und partizipative Planungen. Im Umgang mit einer unsicheren Zukunft ist Planung deshalb kein angemessenes Instrument. Strategie muss in einem VUCA-Kontext agil sein. Dynamische Anpassung an Markt und Ressourcen sowie an volatile Umweltbedingungen, also Manövrierbarkeit, ist eine geeignete Strategie. An langfristigen Plänen strikt festzuhalten, ist dagegen höchst gefährlich, da Dynamik und Komplexität die eigentliche Ausgangssituation, die entscheidenden Variablen und die Sinnhaftigkeit des ursprünglichen Ziels verändern. Im VUCA-Kontext bedeutet eine erfolgreiche

Strategie daher, sich klarzumachen, wer man ist ( = Sinn), wie man handelt ( = Praktiken) und sich vorzubereiten, »um in jeder möglichen Zukunft handlungsfähig und überlegen zu sein« (Pfläging, 2009, S. 193) ( = dynamische, markt- und ressourcenorientierte Ziele). Die Vision eines Unternehmens darf daher nicht starr formuliert, also einer Planung entsprechen, sondern muss flexibel über eine Vielzahl von Wegen erreichbar sein und auch in einer veränderten Umwelt nicht an Gültigkeit verlieren. Vision ist, genau wie Strategie, nicht gleich Planung.

**Warum tragen Organisationen soziale und ökologische Verantwortung – und »lohnt« sich das aus unternehmerischer Sicht?**

Die soziale und ökologische Verantwortung von Unternehmen (im Englischen: »Corporate Social Responsibility« bzw. CSR) ist schon seit geraumer Zeit ein viel diskutiertes und prominentes Thema. Angesichts wachsender globaler Umweltprobleme und sozialer Ungerechtigkeit in vielen Ländern wird die Rolle von Unternehmen in der Gesellschaft kontrovers diskutiert. Bereits seit den sechziger Jahren diskutieren Forscher und Unternehmer über die soziale Verantwortung von Organisationen. Milton Friedman, der US-amerikanischer Wirtschaftswissenschaftler, stellte 1970 klar, dass die einzige soziale Verantwortung eines Unternehmens die Gewinnmaximierung ist (Friedman, 1970). Damit begründete er maßgeblich die »Shareholder-Value«-Perspektive und eine hitzige Diskussion über die gesellschaftliche Verantwortung von Organisationen entbrannte. Bereits zu Beginn von Kapitel 4 haben wir »Shareholder-Value«- und »Stakeholder-Value«-Ansätze besprochen. Dass Unternehmen, bzw. letztendlich Manager, ausschließlich den Eigentümern gegenüber verantwortlich sind, ist zwar grundlegend wahr, doch in den folgenden Absätzen wollen wir diskutieren, wie CSR zur Gewinnmaximierung und der Eigentümerzufriedenheit beitragen kann und sich die beiden Perspektiven daher nicht unbedingt widersprechen. Schließlich nehmen wir im Rahmen dieses Buches an, dass Gesunde Organisationen sich durch gesellschaftliche Verantwortung auszeichnen und favorisieren daher die »Stakeholder-Value«-Perspektive. Wir sind überzeugt, dass Unternehmen über den größten Einfluss in unserer Gesellschaft verfügen und diese Stellung nutzen sollten, um verantwortlich zu handeln und damit nicht nur anderen, sondern auch sich selbst zu dienen. Unternehmens- und Gesellschaftswohl stehen nicht im Widerspruch, wie wir in den folgenden Absätzen erläutern werden.

In ihrem wissenschaftlichen Artikel zeigen Rivoli & Waddock (2011) auf, wie unternehmerische Verantwortung zu einer gesamtgesellschaftlichen Bewusstseinsentwicklung und einem erweiterten Verantwortungsverständnis beitragen. So steht CSR in einer Zeit-Kontext-Dynamik, in der sich das Verständnis von CSR kontinuierlich erweitert. Was gestern noch verantwortungsmäßig neu war, wird heute zum Standard und morgen zur Erwartung. Unternehmen, die sich also verantwortlicher verhalten als es die regulativen Standards beschreiben, setzen neue Maßstäbe, die durch einen Institutionalisierungsprozess zum neuen Standard werden. Verantwortungsvolle Unternehmen tragen somit zur gesellschaftlichen Etwicklung bei, da sie zunächst die Gesellschaft und dann auch die Gesetzgebung zur Einhaltung eines stärkeren Verantwortungskodex motivieren. Durch ihre Agilität sind Organisationen der Gesetzgebung voraus und können durch CSR neue Prinzipien schaffen, die von Kunden anerkannt, von anderen Unternehemen imitiert und letztendlich von der Politik als neue regulative Standards definiert werden, um letztlich wieder von innovativen Unternehmen übertroffen zu werden. Was also heute noch als CSR gilt, ist morgen bereits der erwartete und vorgeschriebene Standard.

Gesunde Organisationen können dadurch ihren Kontext positiv beeinflussen, ihre Konkurrenz zu größerer Verantwortung führen und das gesellschaftliche und politische Verständnis von Verantwortung erweitern. Dies zeigt, dass Unternehmen in der Bekämpfung globaler Probleme durch ihre Agilität DIE Schlüsselrolle einnehmen. Organisationen, die Verantwortung als zentralen Bestandteil ihrer Strategie erkennen, verfügen über einen starken Hebel, um Gesellschaft und Umwelt zu stärken.

Aufgrund des steigenden Kundenbewusstseins und dem anhaltenden Gesundheitstrend versuchen viele Unternehmen derzeit, ihre Produkte und Dienstleistungen zu zertifizieren, Gütesiegel zu erlangen, soziale und ökologische Projekte zu unterstützen und sich als Wohltäter darzustellen. Dies wird dann häufig »CSR« genannt, womit wir ein grundlegendes Missverständnis bereits erkannt haben. CSR wird leider oft als Marketing-Instrument verstanden, als eine Möglichkeit sich grüner und sozialer darzustellen, als man tatsächlich ist, um dem Kunden einen Mehrwert und Kaufgrund bieten zu können. Aus Marketingsicht erscheint der Einsatz von CSR durchaus sinnvoll. Allerdings ist CSR in der Marketingfunktion falsch angesiedelt. CSR sollte nicht verkauft werden, sondern strategisch in die Gesamtorganisation eingewebt sein.

Tatsächlich halten wir bereits die Benutzung des Wortes »CSR« in vielen Fällen für fehl am Platz, da CSR mit Marketing gleichgesetzt wird. Soziale und ökologische Verantwortung beginnt ganz grundlegend in der Sinnstiftung eines Unternehmens und wirkt sich auf die Praktiken und die Vision einer Organisation aus. Das bedeutet, dass das unternehmerische Bewusstsein und Selbstverständnis einer Organisation sich mit ihrer gesellschaftlichen Verantwortung auseinandersetzen muss oder, diese bereits so inhärent und implizit in Sinn und Praktiken integriert ist, dass gar nicht mehr explizit darüber gesprochen werden muss. In Gesunden Organisationen sollte daher nicht von CSR gesprochen werden, da unternehmerische Verantwortung selbstverständlich ist. Das bedeutet nicht, dass die Nutzung von Verantwortung im Marketing falsch ist, sondern dass die Auseinandersetzung mit Verantwortung im Kern des Unternehmens stattfinden muss. Eine initiativgetriebene CSR, wie wir sie bei vielen Unternehmen derzeit beobachten können, halten wir nicht nur für moralisch fragwürdig, sondern auch für unternehmerisch sinnlos. In Abbildung 71 wird dargestellt, wie sich verschiedene Unternehmen mit CSR auseinandersetzen und vor allem, inwiefern CSR im Verhältnis zur Unternehmensstrategie behandelt wird.

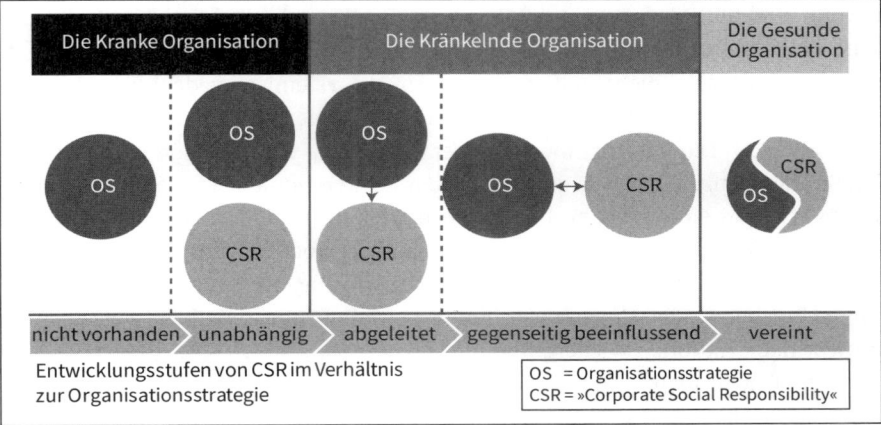

**Abb. 71:** Entwicklungsstufen von strategischer CSR (eigene Darstellung)

In der Gesunden Organisation sind Strategie und Verantwortung vereint, die Strategie eines Unternehmens beruht implizit auf verantwortlichen Prinzipien. Tatsächlich müsste man bei der finalen Entwicklungsstufe nicht mehr von CSR sprechen, da es nicht mehr als ein eigenständiges Element behandelt wird. Vielmehr bedeutet Strategie auch gleichzeitig gesellschaftliche und ökologische Verantwortung. Teilweise vermarkten Gesunde Organisationen ihre Verantwortung auch gar nicht, da sie und ihre »Stakeholder«, inklusive der Kunden, sich der verantwortlichen Prinzipien und Praktiken des Unternehmens bewusst sind und Verantwortung nicht als ein expliziter Faktor behandelt werden muss.

In niedrigeren Entwicklungsstufen sehen wir, dass sich Kranke Organisationen entweder gar nicht mit Verantwortung auseinandersetzen oder unabhängige und losgelöste CSR-Initiativen betreiben, die als Marketinginstrumente vom tatsächlichen Tun der Organisation ablenken und Kunden einen verantwortlichen Unternehmenscharakter vorgaukeln sollen. Dieses weit verbreitete Verhalten wird als »Greenwashing« bezeichnet. Teilweise betreiben Unternehmen aber auch einfach verantwortliche Initiativen, da sie das grundlegende Prinzip der unternehmerischen Verantwortung missverstehen. Denn eine strategieferne CSR-Initiative ist tatsächlich unternehmerisch sinnlos, könnte das Unternehmen doch für denselben Aufwand ihre Prozesse effizienter oder weniger ressourcenintensiv gestalten und damit Kosten einsparen UND verantwortlicher handeln. Strategieferne Philanthropie, losgelöste CSR-Projekte oder unabhängige CSR-Initiativen mögen zwar in vielen Fällen eine grundlegende Auseinandersetzung mit Verantwortung ausstrahlen, doch aus unternehmerischer Sicht macht es mehr Sinn, sich damit zu beschäftigen, wie man Mitarbeiter gesünder machen, Prozesse effizienter und effektiver gestalten und Ressourceneinsatz und -wiederverwendung optimieren kann. Denn diese Faktoren beeinflussen letztlich auch den Profit. Verantwortung darf daher nicht isoliert, sondern muss systemisch gedacht werden.

In Kränkelnden Organisationen wird CSR immerhin strategisch behandelt (vgl. Abb. 71). Die unternehmerische Verantwortung wird aus der organisationalen Strategie abgeleitet, was dazu führt, dass Unternehmen sinnvolle, also unternehmens- und strategienahe Initiativen betreiben. Projekte werden unterstützt und Prozesse optimiert, die mit der tatsächlichen Wertschöpfungskette der Organisation zu tun haben. Allerdings wird Verantwortung auch hier eher aus marketingtechnischen oder Gewissensgründen betrieben, um möglicherweise unverantwortliche Aktionen wiedergutzumachen.

Immer noch nicht optimal, aber bereits fortgeschritten ist die Entwicklungsstufe, in der sich CSR und Organisationsstrategie gegenseitig beeinflussen, CSR also einen tatsächlichen Effekt auf die Strategieentstehung nimmt. Das bedeutet, dass in der Gestaltung von Unternehmensprozessen und -projekten bereits von Beginn an auf einen verantwortlichen Umgang mit Mensch und Natur geachtet wird. Organisationen auf dieser Entwicklungsstufe sehen CSR nicht mehr als Marketinginstrument, sondern als Strategieelement und leben Verantwortung als unternehmerischen Wert.

**AUS DER PRAXIS – FÜR DIE PRAXIS**

Es finden sich zahlreiche Beispiele zu verantwortungsvollen und -losen Unternehmen, zu »Greenwashing« und dubiosen CSR-Initiativen und zu erfolgreichen und fatalen CSR-Projekten. Im Folgenden möchten wir beispielhaft eine schlechte und eine gute Auseinandersetzung mit Verantwortung anhand von zwei Unternehmen aufzeigen.

2010 startete Kentucky Fried Chicken in den USA eine große CSR- und Werbekampagne. Die Initiative »Buckets for the Cure« zielte darauf ab, das Bewusstsein für Brustkrebs und dessen Erforschung zu steigern, weshalb 50 Cents jedes verkauften pinken Eimers mit frittierten Hühnerflügeln oder -brüsten

einer Organisation für Brustkrebsforschung und -aufklärung (Komen) zugute-
kam. Die positiven Intentionen des Unternehmens und der Organisation sind
offensichtlich: KFC kann durch seine große Verbreitung zur Aufklärung beitragen und ist ein starker Partner im Kampf gegen Brustkrebs.

Allerdings löste die Kampagne einen regelrechten Sturm der Entrüstung aus.
Und tatsächlich erscheint der Verkauf von frittierten Hühnchen zur Bekämpfung von Brustkrebs als ignorant und isoliert. Die Initiative ist komplett losgelöst vom eigentlichen Charakter und der Strategie von KFC, das mit ihrem
fetthaltigen »Fast Food« wahrscheinlich selbst zur Entstehung von Brustkrebs
beiträgt. Frittierte Hühnerbrüste zu essen, um Frauenbrüste zu retten, ist
zumindest moralisch fragwürdig und der gesellschaftliche Aufschrei scheint
verständlich.

Tatsächlich wäre es sinnvoller gewesen, grundlegende Annahmen der Wertschöpfungskette zu hinterfragen und bspw. die Haltung von Hühnern oder
die Essenszubereitung verantwortlicher zu gestalten. Diese Maßnahmen
hätten zu einer höheren Verantwortung, einem besseren Bewusstsein und
einer erfolgreichen PR-Kampagne beigetragen und hätten in der Folge durch
ihre strategische Verknüpfung einen höheren unternehmerischen Wert erzielt.
Durch isoliertes Denken sahen sich sowohl KFC wie auch Komen einem gesellschaftlichen Unverständnis ausgesetzt, das sich vermutlich in Image, Wert und
Gewinn der beiden Organisationen niederschlug.

Ein Unternehmen, das Verantwortung lebt und dadurch auch einen Wettbewerbsvorteil erzielt, ist Patagonia, ein Hersteller von Outdoor-Bekleidung.
Patagonia ist ein Beispiel für die höchste Entwicklungsstufe von CSR, da Verantwortung und Strategie vereint sind und Strategie nur durch Verantwortung
funktioniert. Das Unternehmen setzt eben nicht auf PR-wirksame CSR-Initiativen, sondern auf einen verantwortlichen Wertschöpfungsprozess, in dem von
Produktion bis Verkauf auf ethischen, ökologischen und sozialen Prinzipien
gearbeitet wird. Patagonia arbeitet eng mit Lieferanten und Fabriken zusammen und verbessert deren Arbeitsbedingungen und Einfluss auf die Umwelt.
Gleichzeitig bewirbt das Unternehmen die Wiederverwendung und Reparatur
ihrer Produkte und fordert Kunden dazu auf, nur zu kaufen, was sie wirklich
benötigen. Das Unternehmen setzt strenge Anforderungen an sich selbst, um
in allen Prozessen und allen Beziehungen fair zu handeln und so auch verantwortlich zu wachsen. Gleichzeitig unterstützt die Organisation soziale und
ökologische Projekte und spendet ein Prozent ihres Gesamtumsatzes an
Umweltorganisationen. Dies zeigt, dass auch erfolgreiche und wachsende
Unternehmen ein verantwortliches Selbstverständnis haben können, das sich
positiv auf die Unternehmensentwicklung und alle »Stakeholder« auswirkt.

## Kann eine »gesunde« Strategie wirtschaftlich erfolgreich sein?

Die Frage danach, ob CSR letztendlich zu einer Gewinnmaximierung beiträgt, ist stark umstritten. In der Praxis zeigt sich, dass verantwortliche Unternehmen teilweise durch CSR-Prinzipien ihren Profit steigern konnten, genauso gibt es aber auch verantwortliche Unternehmen, deren CSR sich nicht positiv auf die finanziellen Ergebnisse ausschlägt. Viele Konzerne, z. B. Exxon Mobil, illustrieren, dass Unternehmen auch ohne soziale und ökologische Verantwortung ihren Profit maximieren können. Verantwortung scheint also kein Indikator für eine Gewinnmaximierung zu sein.

Setzt man sich jedoch intensiver mit dem Thema der unternehmerischen Verantwortung auseinander, kann man erkennen, dass verantwortliches Handeln durchaus positive unternehmerische Effekte bewirkt. Carroll & Shabana (2011) zeigen auf, dass CSR zu Kostenreduktion und Risikominimierung, einem Wettbewerbsvorteil, stärkerem »Employer Branding«, größerer Kundenloyalität sowie Anerkennung und besserer Reputation führen kann. Verantwortungsvoll handelnde Organisationen schaffen Win-Win-Ergebnisse und sind besser darin, verschiedene »Stakeholder«-Positionen zu vereinen und zufriedenzustellen. CSR stärkt demnach die Wettbewerbsfähigkeit von Unternehmen.

Ähnlicher Ansicht sind Porter & Kramer (2011), die mit ihrem Shared-Value-Konzept aufzeigen, dass es die Unternehmen letztendlich selbst sind, die unter gesellschaftlicher Schwäche oder Umweltschäden leiden. Sie kommen daher zu dem Schluss, dass das Wohl eines Unternehmens von dem Wohl des regionalen Kontexts abhängig ist. Unternehmen sollten deshalb danach streben, diesen Kontext proaktiv mitzuentwickeln und synergetische Werte zu schaffen, die Gesellschaft, Umwelt und eben auch das eigene Geschäft fördern. Verantwortungsvolle Unternehmen entwickeln smartere Systeme, bessere Technologien und effizientere Prozesse, gerade durch ihren dualen Fokus auf wirtschaftliche und gesellschaftliche Entwicklung in einer gesunden Umwelt.

Bereits 1984 stellte Peter Drucker fest, dass es »die angemessen soziale Verantwortung eines Unternehmens [sei], [...] ein soziales Problem in eine wirtschaftliche Möglichkeit und wirtschaftlichen Gewinn, in Produktionskapazität, in menschliche Kompetenz, in gutbezahlte Jobs und in Wohlstand« (Drucker, 1984, S. 62) zu wandeln. Demnach müssten Organisationen sich aus reinem Selbstinteresse bereits aktiv verantwortlich zeigen, denn Unternehmen florieren in einem gesunden Kontext. Fördern sie den Wohlstand, die Bildung, die soziale Gerechtigkeit und den Umweltschutz profitieren sie von einem großen Talentpool, stärkerer Kaufkraft, industriellem Wachstum und wirtschaftlichen Synergieeffekten sowie Ressourcenreichtum.

Einen interessanten Ansatz zur Gegenüberstellung von CSR und Wirtschaftlichkeit verfolgen auch die beiden Harvard-Wissenschaftler Eccles und Serafeim. Sie haben den klassischen Dimensionen Umwelt, Soziales Kapital, Humankapital, Geschäftsmodell & Innovation sowie Führung & Steuerung 43 Kriterien hinterlegt, mit welchen sie die Auswirkungen auf den tatsächlichen finanziellen Geschäftserfolg bewerten können. Am Beispiel eines Unternehmens des Gesundheitssektors wird aufgrund der entsprechenden Bewertung deutlich, dass Abfall- und Abwassermanagement eine deutlich höher zu erwartende positive Auswirkung auf den finanziellen Erfolg des Unternehmens haben als beispielsweise die Managementvergütung (um den Faktor 3).

Das Spannende bei diesem Ansatz ist zum einen, dass eine klare Verbindung zwischen Verantwortung und unternehmerischer und finanzieller Sinnhaftigkeit und Dringlichkeit geschaffen wird. Außerdem wird offensichtlich, dass entsprechende »gesunde« Strategien unter anderem zu Produktinnovationen führen können, die sich wiederum vermarkten und zu Profit machen lassen (Eccles & Serafeim, 2013). Sollten Unternehmen also langfristig, balanciert wachsen wollen, ohne finanzielle Einbußen dabei zu haben, halten die Autoren ein entsprechendes Vorgehen für erfolgsversprechend.

Verantwortungsvolle Strategien erhöhen demnach die Leistungs- und Innovationsfähigkeit, den nachhaltigen Gewinn, das Ansehen, die Kontextqualität und die Gesundheit einer Organisation. CSR ist kein romantisches Gutmenschentum, eine Strategie für Moralapostel oder für ein reines Gewissen, sondern macht in vielen Fällen wirtschaftlich Sinn, vor allem, wenn Verantwortung bewusst strategisch integriert wird.

Zum Abschluss dieses umfangreichen Kapitels finden Sie eine Übersicht zu den drei Perspektiven, die wir im Laufe dieses Unterkapitels eingenommen haben, um die Prinzipien einer Gesunden Organisation weiter auszufalten. Die sich ergebenden Kennzeichen und Wettbewerbsvorteile finden Sie in Abbildung 72. Dabei wird deutlich, wie die unterschiedlichen Dimensionen des Wabenmodells zusammenwirken, um eine Organisation zu entwickeln, die wirtschaftlich erfolgreich arbeitet. Durch die Hervorstellung der Wettbewerbsvorteile wird die Relevanz der Gesunden Organisation betont, welche bereits zu Beginn dieses Kapitels erörtert wurde. Außerdem weist Abbildung 72 bereits auf die Führungsaufgaben hin, die im nächsten Kapitel im Detail behandelt werden, um zu erläutern, wie Führende agieren können, um in ihrer täglichen Arbeit die Entwicklung hin zu einer Gesunden Organisation voranzutreiben. Zeigte dieses Kapitel bereits zentrale Führungsaspekte aus konzeptioneller Sicht, so fokussieren wir im nächsten Kapitel stärker, wie Verantwortliche in Organisationen dies praktisch umsetzen können.

**Abb. 72:** Zusammenfassung der drei »Perspektiven« der Gesunden Organisation (eigene Darstellung)

Um einen wunderbaren Übergang zum nächsten Kapitel zu schaffen, werfen wir einen Blick darauf, wie eine Gesunde Organisation in der Praxis entwickelt werden kann. Hierzu haben wir ein Interview mit den Verantwortlichen eines internationalen Beratungsunternehmens geführt, welches das Konzept der Gesunden Organisation erfolgreich implementiert hat und damit äußerst robust im Markt agiert.

**Expertenperspektive mit David Laux, CEO, und Christoph Schmidt, Direktor HR der ec4u expert consulting ag**

Um zu verstehen, wie eine Gesunde Organisation in der Praxis arbeiten und funktionieren kann, haben wir im Rahmen dieses Buches ein Experteninterview mit Verantwortlichen der ec4u expert consulting ag geführt. Die ec4u ist ein international führendes Beratungsunternehmen im Bereich Kundenmanagement (CRM – Customer Relationship Management) und unterstützt Unternehmen bei der digitalen Transformation von Geschäftsprozessen im Marketing, Vertrieb und Service. Der Fokus liegt auf einem 360°-Management der »Customer Journey«, also der gesamten kundenbezogenen Prozesse an allen Kontaktpunkten. Reflect begleitet das Unternehmen seit 2010 im Rahmen eines unternehmensweiten Organisations- und Führungskräfteentwicklungsprozesses. Unsere Interviewpartner der ec4u sind David Laux, der Vorstandsvorsitzende der AG sowie Christoph Schmidt in seiner Funktion als Personalleiter. Durch diese Doppelperspektive bieten sich Einblicke in die Unternehmensführung und Mitarbeiterführung einer Gesunden Organisation. Die ec4u erhält nicht nur durch ihre innovativen CRM-Lösungen regelmäßig Preise, auch ihre Qualität als Arbeitgeber wurde mehrfach ausgezeichnet, so zum Beispiel von Great Place to Work und kununu.

Als aktuelle Herausforderung sehen beide Führungskräfte vor allem die Digitalisierung, welche die Kernthemen der ec4u in den letzten Jahren radikal verändert hat und sowohl eine strategische Anpassung an die sich verändernden externen Bedingungen (Zusammenarbeit mit Kunden und Verständnis von Markttrends) als auch eine interne, strukturelle Adaption (Aufbau, Prozesse, Arbeitsbedingungen, Zusammenarbeitsmodelle, IT etc.) nach sich gezogen hat. Digitalisierung ist daher nicht ein isoliert externer Trend, sondern eine Entwicklung, die durch die Entstehung neuer Technologien und Möglichkeiten der Arbeitsgestaltung großen Einfluss auf das Wohlbefinden von Mitarbeitern nimmt.

Angesprochen auf die gestiegene Volatilität, Komplexität und Unsicherheit des Unternehmensumfelds, sehen die beiden Verantwortlichen vor allem einen transparenten und konkreten Informationsfluss und offene Kommunikation von Herausforderungen, Neuigkeiten und Lösungen auch mittels neuer Technologien und Systeme sowie Empathie im Mitarbeiterumgang als wichtige Mittel, um ein Unternehmen auf eine VUCA-Umwelt vorzubereiten und sich an deren Dynamik anzupassen. Die Kombination zwischen der Nutzung entstehender technischer Möglichkeiten und des persönlichen und ehrlichen Kontakts bietet laut David Laux großes Potenzial. Die Balance zwischen neuen und klassischen Führungs- und Kommunikationsstilen verbindet die Vorteile zweier Welten, während eine totale Digitalisierung und Virtualisierung von Zusammenarbeit oder der reine Fokus auf klassisch-konservative Kollaboration kurzsichtig erscheint. Letztendlich, erläutert David Laux, funktionieren neue Modelle der Agilitäts- und Effizienzsteigerung eben nur, wenn Menschen noch im direkten, räumlichen und persönlichen Kontakt in themenbezogenen Teams zusammenarbeiten.

Außerdem befindet sich das Unternehmen derzeit in einer interessanten Transformationsphase, in der ein anderes Unternehmen in die Organisation integriert wird. Hierbei, so Christoph Schmidt, nimmt der Diskurs über Werte, Führung und Unternehmertum eine zentrale Rolle ein, da das Grundverständnis der verschmelzenden Unternehmen bei kulturellen Kernfragen aneinander angepasst werden muss. Ein gemeinsames Verständnis von Kundenbetreuung, Wertschöpfung und Portfolio-Management ist, vor allem aus strategischer Sicht, ebenfalls essenziell. Neben Kultur und Strategie bilden Strukturen und Prozesse bei einer Unternehmensübernahme oder -partnerschaft, vor allem aus organisationalen Gründen wie effizientem Aufbau und effektiver Zusammenarbeit, das dritte Kernthema. David Laux weist darauf hin, dass bei der Unternehmensübernahme zunächst natürlich strategische Gründe entscheidend sind. Anschließend wurden Führende und Mitarbeiter des neuen Unternehmens direkt in die etablierte Führungskräfte-, beziehungsweise Mitarbeiterentwicklung integriert, sodass Personalführung, Mitarbeiterumgang, Projektmanagement und Kundenbeziehungspraktiken an die Werte und Vorstellungen der ec4u angepasst werden konnten. Die Angleichung von Werten und Grundannahmen spielt also eine Schlüsselrolle für eine erfolgreiche Übernahme, eine tiefgehende Integration und eine langfristig positive Zusammenarbeit. Bei einer solchen Unternehmenstransformation entstehen oftmals Unsicherheiten und Zukunftsängste unter den Mitarbeitern. David Laux weist darauf hin, dass offene Kommunikation, Wertschätzung, Respekt, Empathie und ein offenes Ohr für Mitarbeiterfragen in der Veränderungsphase von hoher Bedeutung sind. Eine direkte Einbeziehung von neuen Mitarbeitern in strategische und operative Thematiken verhindert Unsicherheit, Exklusion und Befremdung. Wenn neue Mitarbeiter erkennen, dass sie nicht nur »Angestellte« sind, sondern dass sie lernen und sich weiterentwickeln können, dass sie wertgeschätzt und geachtet, miteinbezogen und integriert werden sowie Sinn stiften können, dann hat eine Unternehmensübernahme eine sehr gute Chance auf Erfolg, der sich dann auch in finanziellen und nicht-finanziellen Kennzahlen messen lassen wird. Eine konstruktive Kontextgestaltung durch Verantwortliche ist daher wichtigste Grundlage für die Integration und Entwicklung von Mitarbeitern sowie den langfristigen Unternehmenserfolg.

Die ec4u startete 2010 das Konzept der »Gesunden ec4u«, nachdem die Manager feststellten, dass aufgrund des schnellen Unternehmenswachstums eine relativ geringe Abstimmung bezüglich Führungsstilen und -prinzipien vorherrschte und sich eine grundlegende Verunsicherung über Mitarbeiterführung und Wertesysteme bildete. Das Ziel war daher, eine gemeinsame Führungs-kultur und Leitlinien zur gesunden Personalführung und -entwicklung aufzu-bauen, um letztlich eine attraktive und konstruktive Führung bieten zu können, die Mitarbeiter motiviert, an das Unternehmen bindet und deren Wohlbefinden zum Ziel hat. Die Vision einer »Gesunden ec4u«, die sich durch gesunde Mitar-beiter sowie eine gesunde wirtschaftliche Entwicklung auszeichnet, passte deshalb hervorragend.

Die nachhaltige Wirtschaftlichkeit der Organisation bildete eine solide Basis und erlaubte es, sukzessive eine Organisation als Entwicklungsplattform für Mitarbeiter aufzubauen. Das Modell der »Gesunden Organisation« half der ec4u dabei zu erkennen, dass Gesundheit vielschichtig und komplex ist, und dass organisationale Gesundheit letztendlich nur über das Zusammenspiel mehre-rer Unternehmensdimensionen erreichbar ist. Dieses Verständnis von Komple-xität erlaubte auch eine ganzheitliche Betrachtung des Konstrukts »Gesundheit in der Organisation« und eine organisationsweit nachhaltige Verfolgung der Vision der »Gesunden ec4u« sowie eine Prioritätserweiterung von der Fokussie-rung der reinen Wirtschaftlichkeit zu ganzheitlicher Gesundheit und Balance. David Laux stellte dabei vor allem die nachhaltige Bewusstseinsbildung der Gesamtorganisation heraus, die das Selbstverständnis und damit auch die Unternehmenskultur verstärkte und somit die Gefahr eines initiativen Einmal-effekts verhinderte. Man kann zweifelsohne feststellen, dass die ec4u in dieser Zeit in eine höhere Bewusstseinsstufe vorrückte (s. Kapitel 4.4, die systemati-sche Perspektive). Gerade die nachhaltige strategische Verankerung der Gesundheitsvision, die Einigkeit der Verantwortlichen über organisationale Prinzipien und Prioritäten sowie die starke Einbindung von Personal als trei-bende Kraft, waren maßgebliche Faktoren für den Bewusstseins- und Entwick-lungssprung der ec4u.

Christoph Schmidt erläutert die vier zentralen Hebel, um die »Gesunde ec4u« zu verwirklichen:

1. Ein ganzheitliches grundlegendes Konzept, das verschiedene Dimensionen betrachtet (das Modell der »Gesunden Organisation«),
2. die Unterstützung und Zustimmung des Topmanagements,
3. die aktive Auseinandersetzung, offene Gespräche, ernsthafter Diskurs und gegenseitiges Feedback zu Herausforderungen und Zielen zwischen allen Mitarbeitern, um ein gemeinsames Verständnis zu schaffen
4. sowie kontinuierliche Schulungen (organisationales Lernen), eine konse-quente Implementierung der zugrunde liegenden Prinzipien in die Kultur (Unternehmensleitplanken) und die Personalinstrumente (bspw. Mitarbei-tergespräche, Mitarbeiterbefragungen).

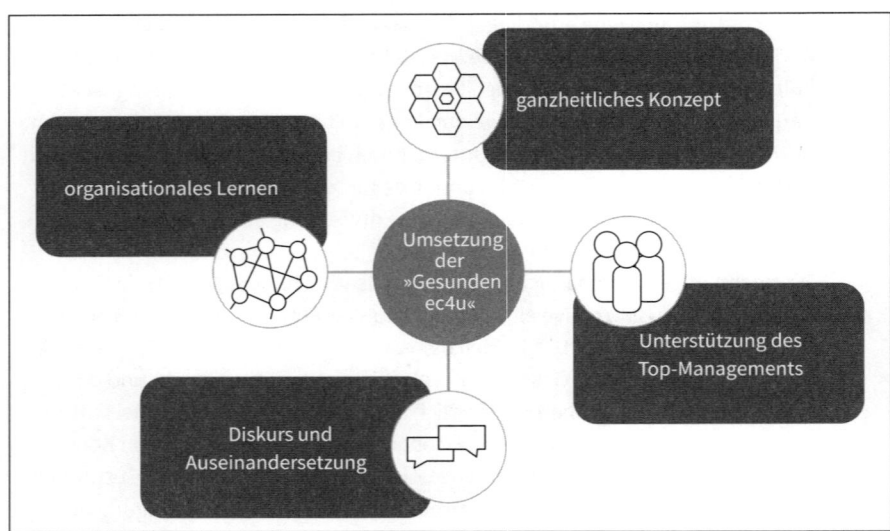

**Abb. 73:** Umsetzung der Gesunden Organisation in der Praxis anhand des Fallbeispiels ec4u (eigene Darstellung)

Unter den Führungskräften führten diese Hebel zu einer größeren Einigkeit, einer zielführenderen Zusammenarbeit und damit auch zu einer höheren Energie und Professionalität. Diese Harmonie unter den Verantwortlichen hatte in der Folge positive Auswirkungen auf den gesamten Organismus der ec4u und wird daher als wichtiger Grundstein gesehen, um ein erfolgreiches Unternehmen zu schaffen. Laut David Laux wird diese intraorganisationale Harmonie und Gesundheit auch von Kunden wahrgenommen und wertgeschätzt, da sie die Zusammenarbeit vereinfacht und verbessert. So kann eine Gesunde Organisation volle Konzentration auf ihre Kunden legen und Mehrwerte und Wettbewerbsvorteile schaffen, da sie nicht andauernd eigene interne Probleme zu bekämpfen hat. Er stellt klar, dass Unternehmen, die wachsen wollen, nicht auf die Prinzipien der »Gesunden Organisation« verzichten können.

*»Jedes Unternehmen, das wachsen will und sich dabei nicht mit grundlegenden Themen wie Mitarbeiterführung, Werten und Prinzipien sowie organisationaler Gesundheit beschäftigt, geht ein brutales Risiko ein zu versagen.«*
David Laux, CEO der ec4u expert consulting ag

Christoph Schmidt beschreibt die Gesunde Organisation als einen Katalysator, der den Erfolg eines Unternehmens, das auf die richtigen Produkte und Dienstleistungen setzt und das mit wertvollen Partnern zusammenarbeitet, beschleunigen kann. So erhöht, laut David Laux, die Umsetzung der Gesunden Organisation die Motivation, Zugehörigkeit und Leistungsfähigkeit von Mitarbeitern und verringert Fehlzeiten und Fluktuation. Den tatsächlichen finanziellen Ertrag einer organisationsweiten Ausrichtung auf Gesundheit kann man zwar nur sehr schwer quantifizieren, aber der CEO sieht nach bereits zwei Jahren die Erreichung der Investitionsrentabilität (ROI) als realistisch an und langfristig enorme Skaleneffekte bei nachhaltiger Umsetzung des Konzepts. Die Einschätzung eines 1:5 Verhältnisses zwischen Investitionsaufwand und Ertrag durch die »Gesunde Organisation« hält er nach fünf Jahren für realistisch.

Dies zeigt, dass das Konzept dieses Buches eine langfristige Verbesserung auch von finanziellen Kennzahlen verspricht, wenn Organisationen sich nachhaltig und ernsthaft mit der Realisierung einer Gesunden Organisation beschäftigen. Abschließend stellt sich die Frage, mit welchen Maßnahmen die erfolgreiche Entwicklung fortgesetzt werden kann, da natürlich auch die »Gesunde ec4u« ein lebendiger Organismus ist, der ständigen Veränderungen unterliegt? Die beiden Verantwortlichen halten diesbezüglich fest, dass neben der Fortsetzung schon bestehender Maßnahmen insbesondere Management-Kick-offs zwischen Vorstand und Führungskräften sowie die Einführung von abteilungs- und ebenenübergreifenden 360°-Feedbacks eine wichtige Rolle spielen werden, um den positiven Trend beizubehalten und ein noch höheres Bewusstsein durch Perspektivenvielfalt zu erreichen.

## 4.5   Zusammenfassung Kapitel 4: Das müssen Sie wissen

- Das Konzept der Gesunden Organisation ist wirtschaftlich und unternehmerisch relevant.
- Die Gesunde Organisation basiert auf einem holistischen Wabenmodell. Gesundheit wird dabei ganzheitlich, dimensionsübergreifend gedacht und als handlungsleitend verstanden.
- Intra- und interdimensionale Balance sind Kennzeichen der Gesunden Organisation, die durch Homöodynamik und Achtsamkeit der handelnden Personen aufrechterhalten wird.
- Gesunde und leistungsfähige Mitarbeiter sind elementarer Bestandteil einer Gesunden Organisation – sie sind jedoch nicht ihr alleiniger Zweck.
- Durch konstruktive Kontextgestaltung können Verantwortliche sowohl Beziehungen wie auch Unternehmenskultur verbessern.
- Jede Unternehmensstruktur hat Potenzial für eine höhere Anpassungsfähigkeit. Agile Organisationen setzen zunehmend auf adaptive Plattform-Peripherie-Modelle.

- Prozesse profitieren von einer ambidexteren Gestaltung, die Agilität und Innovationspotenzial mit Effizienz verknüpft.
- Strategie baut auf einem inneren Bewusstsein für Sinn, Praktiken, Vision und Verantwortung auf. Sie wird bestimmt durch dynamisches Handeln auf einer ressourcen- und marktorientierten Basis.

# 5 Wie kann ich balanciert, gesund und nachhaltig führen? – Führen in der Gesunden Organisation

In diesem Kapitel finden Sie Antworten auf die folgenden Fragen:
- **Wie können Verantwortliche in der Praxis die Transformation zu einer Gesunden Organisation unterstützen?**
- **Ist Führung überhaupt noch notwendig?**
- **Was ist Balancierte Führung und wie setzt man diese im Unternehmensalltag um?**
- **Wie kann systemisches Denken in der Unternehmens- und Mitarbeiterführung umgesetzt werden?**
- **Wie können Verantwortliche Potenziale entfalten, um eine außergewöhnliche Leistung zu erreichen?**

Nachdem wir in den ersten Kapiteln typische Probleme und Herausforderungen dargestellt haben, die viele Unternehmen derzeit beschäftigen und darauf eingegangen sind, warum Verantwortliche häufig einseitig auf auftretende Symptome reagieren, konnten wir im letzten Kapitel darlegen, wie eine Gesunde Organisation funktioniert und wie ihre Unternehmensdimensionen interagieren. Das Buch lieferte daher bereits wertvolle Einblicke in Führungsherausforderungen sowie organisationale Potenziale und bot damit einige Impulse zur kritischen Selbstreflexion.

In diesem Kapitel möchten wir das Thema Führung nun intensiv und fokussiert betrachten, um zu verstehen, wie die vorangegangenen Problemstellungen gelöst und eine Gesunde Organisation durch Balancierte Führung entwickelt werden kann. Dabei wollen wir viele der bereits angesprochenen Führungsaspekte (systemisches Denken, Potenzialentfaltung, Kontextgestaltung etc.) aus einem praktischen Blickwinkel betrachten. Darüber hinaus werden wir Führung in Bezug auf die sechs vorgestellten Unternehmensdimensionen in der Gesunden Organisation erforschen, um zu verstehen, wie die einzelnen Dimensionen in der

Praxis durch konstruktive Führung gefördert werden können. Gleichzeitig wollen wir aber auch den Kreis schließen und Führung innerhalb einer Gesunden Organisation mit einer systemischen Orientierung beschreiben. So können wir Führungsverhalten in der Praxis zum einen individuell und situativ erörtern, zum anderen aber auch kontextuelle und ganzheitliche Führungsaufgaben ableiten.

Führung spielt unserer Ansicht nach DIE Schlüsselrolle, um Unternehmen zu transformieren. Dies liegt zum einen an ihrer rein formalistischen Position und Entscheidungskraft, innerhalb derer sie Mitverantwortung für Menschen und deren Entwicklung trägt, zum anderen aber auch durch ihre informelle Rolle als Vorbild und Vernetzungsstelle. Führungsposition und -rolle begründen den Einfluss, den Verantwortliche auf Menschen in ihrer Organisation haben und ermöglichen es Verantwortlichen, tagtäglich auf den Arbeitskontext ihrer Kolleginnen und Kollegen einzuwirken und deren Leben innerhalb und außerhalb des Unternehmens zu beeinflussen.

**Wie wird Führung im Rahmen dieses Buches verstanden und behandelt?**

Es sollte nach den vorangegangenen Kapiteln wenig überraschend sein, dass wir uns von einem klassischen Bild von Führung abwenden und neue Wege gehen wollen, die den Blick auf Führung aus einer anderen Perspektive ermöglichen. Führen bedeutet im herkömmlichen Sinne, jemandem den Weg zu zeigen, beziehungsweise jemanden an einen bestimmten Ort, also zu einem Ziel zu bringen. Demnach sind Führende dafür zuständig, ihren Mitarbeitern und ihrer Organisation den Weg zu einem Ziel zu weisen und tragen für die rechtzeitige Ankunft an dieses Ziel die Verantwortung. So wird Führung in vielen Unternehmen verstanden und gelebt. Doch was macht dieses Führungsverständnis aus Mitarbeitern? Geführte, Folgende, Mitläufer, Anhänger. Diese Beschreibungen haben eines gemeinsam: Sie charakterisieren eher passive Individuen, also Menschen, die nicht selbstbestimmt und -orientiert handeln, sondern die geführt werden und jemandem folgen. Dieses Verständnis von Mitarbeitern als passiv Geführten wird unserem grundlegenden Menschenbild nicht gerecht. Menschen sind selbstbestimmt, intelligent, kreativ – sie handeln sinngeleitet. Mitarbeitenden muss im Führungsverständnis eine eigenständigere Rolle zukommen, die sie nicht nur als folgsame Befehlsempfänger beschreibt, sondern deren Existenz als eigenständig denkende und handelnde Wesen gerecht wird. Wenn wir uns mit Führung beschäftigen, heroisieren wir gerne und verneigen uns vor narzisstischen und charismatischen Führungskräften. Oftmals vergessen wir dabei aber, dass Führende ohne Geführte eben auch »nur« Menschen sind.

Im Rahmen dieses Buches verstehen wir Führung deshalb vornehmlich als eine Art Dienstleistung. Führen bedeutet, Menschen dabei zu unterstützen, sich selbst zu führen und Andere zu entwickeln. Die klassische Hierarchiepyramide wird umgedreht und das enorme Potenzial der großen Mehrheit an Organisationsmitgliedern erhält die Chance auf Entfaltung. Unternehmerisch denkende, engagierte, kreative, glückliche und gesunde Mitarbeiter sind letztlich doch der größte Wettbewerbsvorteil, den ein Unternehmen schaffen kann. Denn diese Mitarbeiter denken aktiv mit, lösen Probleme eigenständig, finden neue Wege, entdecken alternative Möglichkeiten, erfinden bessere Prozesse, Dienstleistungen oder Produkte, arbeiten gerne mit Kunden, bewerben das eigene Unternehmen, schaffen eine gemeinschaftliche Kultur und eine kreative und positive Atmosphäre und machen direktive Führung letztlich obsolet, da sie sich selbst organisieren und führen können. Wir sind daher überzeugt, dass Organisationen, in denen Menschen Mensch sein dürfen, einen klaren Wettbewerbsvorteil entwickeln, da wir davon ausgehen, dass Menschen zusammen gerne etwas erreichen und erfolgreich sein wollen.

Dabei genügt es unserer Ansicht nach nicht, einfach einen klassischen Bottom-up-Ansatz zu verfolgen. Denn selbst mit einem Bottom-up-Ansatz sind noch viele Hierarchiestufen zu überwinden, um Mitarbeiter und deren Potenziale zu entfalten. Mitarbeiter müssen noch immer zu viele energieraubende Wege finden, um

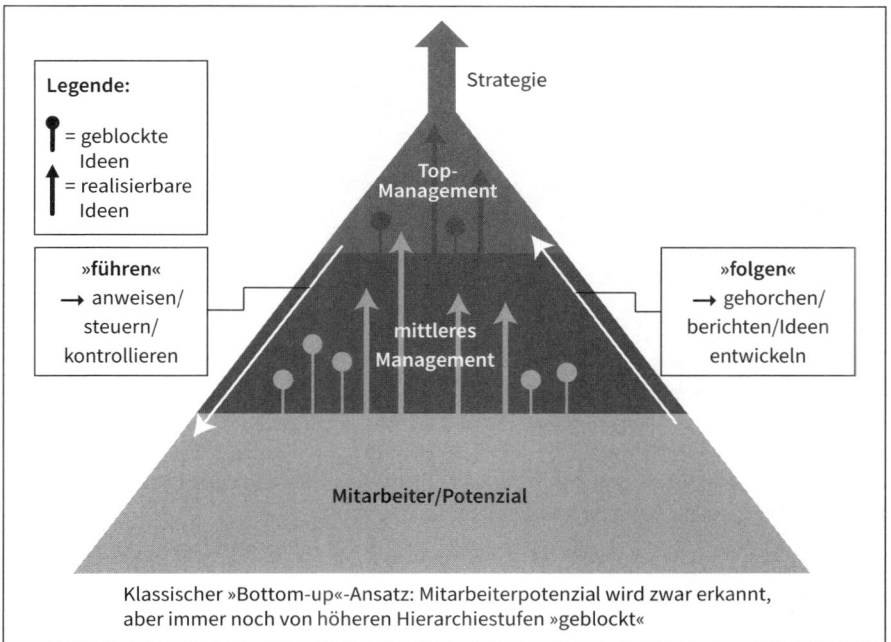

Klassischer »Bottom-up«-Ansatz: Mitarbeiterpotenzial wird zwar erkannt, aber immer noch von höheren Hierarchiestufen »geblockt«

**Abb. 74:** Potenzialverhinderung durch klassisches Hierarchie- und Führungsverständnis (eigene Darstellung)

ihre Ideen innerhalb des Systems nach oben zu bringen. Dabei werden viele Ideen auf den höheren Hierarchieleveln »geblockt«, also durch Bürokratie entschleunigt oder vom Management abgelehnt. Führung ist dann immer noch gleichbedeutend mit Steuerung und Kontrolle, die Mitarbeiter folgen den strategischen Entscheidungen des Topmanagements, sofern überhaupt entschieden wird. In Abbildung 74 wird dieser Gedanke dargelegt. Berücksichtigen Sie dabei, dass die drei Ebenen der Pyramide mit ihrem Volumen nicht nur die Menge an Menschen, sondern auch das vorhandene Potenzial beschreiben.

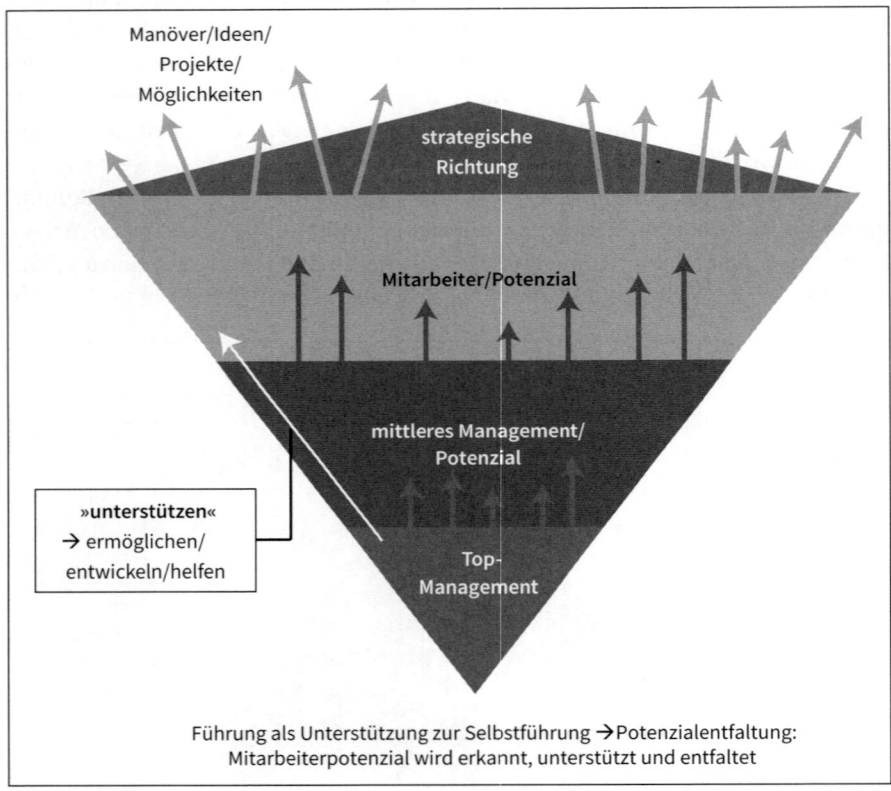

**Abb. 75:** Potenzialentfaltung durch neues Führungsverständnis von Führung als Unterstützung zur Selbstführung (eigene Darstellung)

Um zu verstehen, wie man das Potenzial der Gesamtorganisation besser entfalten kann, muss man die Perspektive wechseln. Dreht man die Hierarchiepyramide um, ergibt sich ein anderes Verständnis von Führung und Potenzial (vgl. Abb. 75).

Die Mehrheit der Menschen in der Organisation und damit auch ein Großteil des Potenzials befindet sich nun oben. Das Management stützt, fördert und entfaltet dieses Potenzial, da Führung als Dienstleistung an den Mitarbeitern gesehen und Selbstführung ermöglicht wird. Kreative Ideen oder Projekte müssen sich nicht mehr durch die Bürokratie kämpfen, sondern können schnell umgesetzt werden. Die von den kundennahen Mitarbeitern entwickelten agilen Manöver folgen einer gesamtorganisationalen strategischen Richtung, die weniger beschränkt formuliert ist als in klassischen Organisationen und Raum für Kreativität und Flexibilität bietet. Auf diese Weise kann das Potenzial der organisationalen »Basis« entfaltet und nutzbar gemacht werden.

Der Bewusstseinswechsel zwischen der klassischen und der umgedrehten Pyramide ist bereits ein Schritt in die richtige Richtung, da Potenzial in der Organisation nun besser wahrgenommen und gefördert wird. Die Mitarbeiter bekommen die Chance, selbstführend und kreativ zusammenzuarbeiten und ermöglichen so unberechenbare und unvorhersehbare Manöver, die in einer VUCA-Umwelt den entscheidenden temporären Wettbewerbsvorteil bieten können. Der Kompetenzvorsprung der kundennahen Mitarbeiter kann nutzbar gemacht werden, da Führung mehr als Kontextgestaltung und Dienstleistung verstanden wird. Dennoch beruht auch dieses neue Verständnis auf einer klaren Hierarchie. Denken wir zurück an unser Modell der adaptiven Strukturen (Abb. 61), so wird klar, dass wir noch eine weitere Stufe auf der Treppe der Bewusstseinsentwicklung nehmen können. Adaptive Strukturen sind quasi hierarchielos und bestehen aus Zentrum und Peripherie. Das Zentrum wendet in diesem Konzept bereits Dienstleistung als Führung an und ermöglicht es den peripheren Tochterunternehmen, Teams oder Mitarbeitern, auf einer soliden Basis kreativ und selbstorganisiert zu arbeiten. Die Kundennähe der Peripherie führt zu dem bereits angesprochenen Kompetenzvorsprung, weshalb Peripherie und Zentrum auf derselben Hierarchiestufe stehen und im ständigen Wissensaustausch sind, um organisationales Lernen durch Vernetzung der Gesamtorganisation zu erleichtern. Das riesige Potenzial außerhalb des zentralen Nukleus kann dadurch optimal entfaltet werden, da es nur minimal bürokratisch beschränkt ist und vom Zentrum die nötige Unterstützung erhält, um intensiv mit Kunden und Stakeholdern zusammenzuarbeiten, neue Perspektiven zu gewinnen, Projekte schnell zu implementieren, Ideen dynamisch zu realisieren und neues Wissen sofort zu erhalten und zu teilen. Mitarbeitende können so auch Möglichkeiten außerhalb des klassischen Kontexts erkennen und ihre Teams agil steuern, um neue Domänen und Märkte zu bearbeiten und innovative Lösungen für Produkte und Dienstleistungen zu finden. In Abbildung 76 wird der eben formulierte Gedanke der adaptiven Strukturen als Möglichkeit der Potenzialentfaltung illustriert.

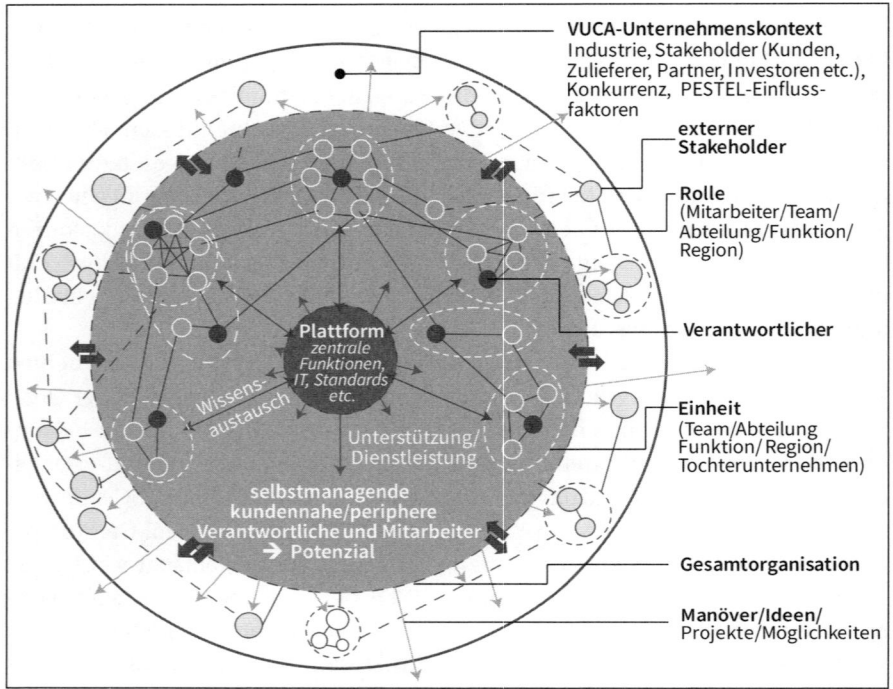

**Abb. 76:** Potenzialentfaltung innerhalb adaptiver Strukturen (eigene Darstellung)

Potenzialentfaltung hängt demnach stark von Strukturen, aber noch stärker vom organisationalen Führungsverständnis ab, da dieses den Arbeitskontext von Menschen bestimmt und deren Potenziale entweder ignoriert und hemmt oder fördert und entfaltet. Führung wird deswegen in diesem Kapitel und im gesamten Buch nicht mehr als klassisch disziplinarische Führung angesehen, welche die Mitarbeiterpotenziale ignoriert, hemmt und die Führungskraft selbst in den Mittelpunkt stellt.

Wenn wir dagegen den Mitarbeiter in den Mittelpunkt der Organisation rücken, so verbessert sich für jeden die Möglichkeit, sich im Rahmen der Organisation zu entfalten und seine individuelle Persönlichkeit am Arbeitsplatz voll zur Geltung bringen zu können. Selbstbestimmte und authentische Mitarbeitende haben die Möglichkeit, ihre Potenziale zu entfalten. Damit dies gelingt, bedarf es Verantwortlichen, deren Ziel es ist, Mitarbeitern Selbstführung zu ermöglichen, Hindernisse aus dem Weg zu räumen und einen Arbeitskontext zu schaffen, in dem Menschen langfristig außergewöhnliche Leistung zeigen können.

# 5.1 Führung neu gedacht – Warum Führung für die Entwicklung einer Gesunden Organisation so wichtig ist

In der 100-jährigen Tradition der Führungsforschung wurden die unterschiedlichsten Aspekte von Führung beleuchtet: die Führungskraft in Bezug auf ihre Werte, Eigenschaften und Motive, Führungsstile und Führungstypen, Kompetenzen von Führungskräften, ihr Denken und Verhalten, die Wirksamkeit von Führung hinsichtlich Strategie, Produktivität und Arbeitszufriedenheit, sowie ethische, kulturelle und geschlechtsspezifische Aspekte (Bass & Bass, 2008). Weniger Beachtung fand hingegen die Wirkung von Führenden in Bezug auf Gesundheit und Wohlbefinden ihrer Mitarbeitenden (Nyberg, Bernin & Theorell, 2005).

Zum wissenschaftlichen Verständnis in diesem Kontext haben die Untersuchungen des Gallup- Instituts beigetragen (Harter & Schmidt, 2000; Harter, Schmidt & Hayes, 2002; Harter, Schmidt & Keyes, 2003). In der Auswertung ihrer langjährigen Forschungsarbeiten entwickelten sie ein Instrument, das Gallup Workplace Audit (GWA). Dieses enthält 12 Aussagen, die auf einen idealen Arbeitsplatz hinsichtlich Produktivität, Rentabilität, Kundenzufriedenheit, Mitarbeiterbindung/ Wohlbefinden schließen lassen.

Positive Auswirkungen auf das Wohlbefinden der Mitarbeitenden konnten in neueren Untersuchungen auch beim transfomationalen Führungskonzept (Bass & Avolio, 1990; Bass, 1997; Bass, 1998) aufgezeigt werden (Arnold et al. 2007, Nielsen et al. 2008). Diese Untersuchungen geben Aufschlüsse dahingehend, dass transformational führende Personen positiven Einfluss auf das Wohlbefinden ihrer Mitarbeitenden haben. Auch beim neueren Ansatz des »Authentic Leadership« (Luthans & Avolio, 2003) fanden Ilies, Morgeson & Nahrgang (2005) positive Korrelationen zwischen »Authentic-Leadership«-Verhalten und Wohlbefinden auf Mitarbeiterseite.

In der »Ottawa-Charta« der WHO erhält die Gestaltung der Arbeitsbedingungen einen besonderen Stellenwert: »Die Art und Weise, wie eine Gesellschaft die Arbeit und die Arbeitsbedingungen organisiert, sollte eine Quelle der Gesundheit und nicht der Krankheit sein. Gesundheitsförderung schafft sichere, anregende, befriedigende und angenehme Arbeits- und Lebensbedingungen« (Weltgesundheitsorganisation WHO, 1986) Auch hier wird ein hehres Ziel formuliert, dass doch sehr von der heutigen Realität abweicht. Dennoch wird evident, dass Gesundheitsförderung ein hoher Stellenwert in der Arbeit zugewiesen wird. In diesem Sinne sind auch die Führenden einer Organisation angesprochen und haben laut Arbeitsschutzgesetz § 3 (1) sogar eine Verpflichtung als Arbeitgeber, beziehungsweise als vom Arbeitgeber angestellte Verantwortliche:

»Der Arbeitgeber ist verpflichtet, die erforderlichen Maßnahmen des Arbeitsschutzes unter Berücksichtigung der Umstände zu treffen, die Sicherheit und

Gesundheit der Beschäftigten bei der Arbeit beeinflussen. Er hat die Maßnahmen auf ihre Wirksamkeit zu überprüfen und erforderlichenfalls sich ändernden Gegebenheiten anzupassen. Dabei hat er eine Verbesserung von Sicherheit und Gesundheitsschutz der Beschäftigten anzustreben.«

Seit 2013 schreibt das Arbeitsschutzgesetz § 4 (1) außerdem eine Gefährdungsbeurteilung physischer und psychischer Belastungen vor:

»Die Arbeit ist so zu gestalten, dass eine Gefährdung für das Leben sowie die physische und die psychische Gesundheit möglichst gering gehalten wird. Der Arbeitgeber hat durch eine Beurteilung der Gefährdung zu ermitteln, welche Maßnahmen des Arbeitsschutzes erforderlich sind.«

Damit kommt den Verantwortlichen einer Organisation ein besonderer Stellenwert für die Gewährleistung des Wohlbefindens ihrer Mitarbeiter zu. Wird mit der obigen Definition Gesundheit als ein nicht statischer Zustand verstanden, so kann darauf aufbauend und diesen Gesundheitsbegriff implizierend, gesundheitsförderliches Führen allgemein folgendermaßen definiert werden:

> **DEFINITION**
>
> **Gesundheitsförderliches Führen** ist die »Gesamtheit von Führungstechniken, -stilen und Verhaltensweisen, die sich am Wohlbefinden und der Gesundheit der Mitarbeiter orientieren und damit die zentrale Voraussetzung für leistungsfähige und leistungsbereite Mitarbeiter bilden« (Spieß & Stadler, 2007, S. 258).

In dieser Definition ist der Begriff des Wohlbefindens enthalten, was insofern von Bedeutung ist, da diese Arbeit die Wirkung der Führungskraft auf das Wohlbefinden der Mitarbeiter fokussiert. Außerdem wird auch Leistungsfähigkeit als Ergebnis von Wohlbefinden formuliert. Damit spiegeln sich die zentralen Konzepte dieses Buches in der Definition von gesundheitsförderlichem Führen wider. Bereits im ersten Kapitel haben wir bewusst die drei grundlegenden Themen des Buches erläutert, welche ebenfalls die Grundlagen für unser Führungsverständnis darstellen. Systemisches Denken, Leistung UND Gesundheit sowie Potenzialentfaltung sind die drei Konzepte, mit denen sich Verantwortliche gründlich auseinandersetzen müssen, um bei der Entwicklung einer Gesunden Organisation mitzuwirken und somit auch gesundheitsförderlich zu führen.

Rufen wir uns daher nochmal kurz das erste Kapitel ins Gedächtnis: Systemisches Denken setzt sich aus zirkulärem Denken, Denken in Auswirkungen und lösungsorientiertem Denken zusammen. Ein vertieftes Verständnis von Systemik kann Verantwortlichen helfen, nachhaltig bessere Entscheidungen zu treffen und Lösungen zu finden, die den komplexen Wechselwirkungen inner- und außerhalb der Organisation Beachtung schenken. Aus diesem systemischen Verständnis heraus entwickelt sich dann auch ein besseres Verständnis von Leistung und Gesundheit. Wie bereits festgestellt, schließen sich die beiden Faktoren nicht gegenseitig aus, sondern verstärken sich wechselseitig. Systemisches Denken hilft, Potenziale zu erkennen und zu entfalten.

In Kapitel 1 wurde darüber hinaus deutlich, dass Verantwortliche vor allem durch die Gestaltung eines konstruktiven Kontexts und durch den Fokus auf Talent, Motivation und Lernagilität Mitarbeiterpotenziale entfalten und deren Qualifikation und Motivation steigern können.

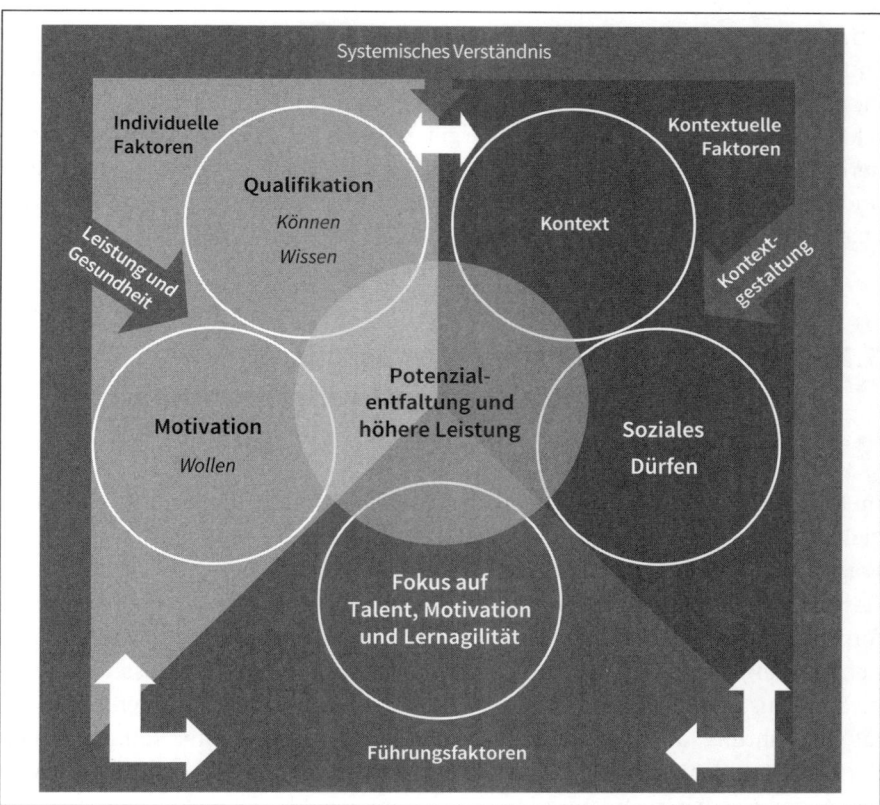

**Abb. 77:** Führung als Schlüssel zur Potenzialentfaltung und höherer Leistung (eigene Darstellung, aufbauend auf Abb. 13)

Kontextuelle, individuelle und Führungsfaktoren bilden ein Wirkungsgefüge und stehen in gegenseitiger Abhängigkeit (vgl. Abb. 13). Auf diesem Verständnis können wir nun aufbauen, um aufzuzeigen, wie Verantwortliche durch systemisches Verständnis und ein besseres Bewusstsein für Leistung und Gesundheit eine höhere individuelle und organisationale Leistung erzielen können. Führung spielt demnach die Schlüsselrolle zur Leistungssteigerung und Potenzialentfaltung. In Abbildung 77, die sich aus Abbildung 13 entwickelt und diese erweitert, wird die tatsächliche Bedeutung von Führung deutlich. Führung nimmt durch die bewusste Gestaltung des Kontexts direkten Einfluss auf die Arbeitsbedingungen und das soziale Dürfen. Durch ein erweitertes Verständnis von Leistung und Gesundheit fördern Verantwortliche außerdem Können, Wissen und Wollen von Mitarbeitern. Mithilfe von systemischem Denken erkennen Führende diese Zusammenhänge und Wechselwirkungen und können durchdachte Entscheidungen treffen, um die einzelnen Faktorenkategorien zu beeinflussen. So kann Führung zur Potenzialentfaltung beitragen. Denn bereits im ersten Kapitel haben wir festgestellt, dass individuelle Faktoren im Zusammenspiel mit kontextuellen Faktoren Potenziale bilden (vgl. Abb. 12). Diese Potenziale gilt es durch Führung zu erkennen, zu fördern und zu entfalten. Dabei stellen – neben dem Fokus auf Talent, Motivation und Lernagilität – systemisches Denken, Kontextgestaltung und ein reflektiertes Leistungs- und Gesundheitsbewusstsein, die wichtigsten Hebel dar.

## 5.2    Balancierte Führung – Ihr Schlüssel zu Potenzialentfaltung und außergewöhnlicher Leistung

Im letzten Unterkapitel wurde deutlich, WARUM Führung der Schlüssel zu Potenzialentfaltung und außergewöhnlicher Leistung ist. Zu beantworten bleibt die Frage WIE Führung zur Entfaltung von Potenzialen, besserer Leistung und Gesundheit beitragen und damit die Entwicklung einer gesunden Organisation fördern kann? An dieser Stelle muss man sich bewusstmachen, auf welchen Ebenen Führung stattfindet und wie diese mit dem Wabenmodell der Gesunden Organisation zusammenhängen. Damit erhalten wir Ideen hinsichtlich der Komplexität von Führung, aber auch bezüglich ihrer Potenziale und ihrer Rolle innerhalb der einzelnen Unternehmensdimensionen sowie der gesamten, dimensionsvernetzenden Gesunden Organisation. Das Unterkapitel bildet damit die Grundlage für die praktischen Vorgehensweisen in Kapitel 5.3.

Um ein grundlegendes Verständnis von Führung in der Gesunden Organisation zu erreichen, führen wir zwei Konzepte, die bereits früher im Buch behandelt wurden, zusammen. Zum einen das ITO-Modell (Individuum, Team, Organisation), welches in Kapitel 1.3 vorgestellt wurde, und zum anderen das Wabenmodell der Gesunden Organisation, welches in Kapitel 4.2 ausgefaltet wurde. Mit Hilfe dieser beiden Ansätze können wir gut veranschaulichen, wie Verantwortliche in der Gesunden Organisation auf verschiedenen Führungsebenen und Unternehmensdimensionen handeln können.

**Was hat das ITO-Modell mit Führung zu tun?**

Tatsächlich stellt sich die Frage, inwiefern das ITO-Modell in Bezug auf Führung weiterhelfen kann. In Kapitel 1 wurde dargelegt, dass Individuen immer Teil eines größeren Systems (Team) sind, welches wiederum Teil eines umfassenderen Systems (Organisation) ist, das auch Bestandteil eines weiteren Systems (Kontext, bzw. Industrie oder Markt) ist. Der Kontext spielt dabei nicht nur eine Rolle im Verhältnis gegenüber der Organisation, also Unternehmen – Markt, sondern auch auf der individuellen und der teambezogenen Ebene. Selbstverständlich ist diese Ansicht vereinfacht, ist doch jede Ebene Teil mehrerer Systeme und nicht nur eines übergeordneten Systems. Innerhalb der Organisation teilen wir deshalb vereinfacht nach Individuum, Team und Organisation (ITO) auf.

Alle drei Ebenen verfügen über Potenziale, die es zu entfalten gilt. Gleiches gilt auch für Führung, welche auf allen drei Ebenen stattfindet. Wir haben daher die klassische ITO-Struktur aus Abbildung 11 um drei inhärente Führungsebenen erweitert. Abbildung 78 zeigt, inwiefern jede Ebene einen eigenen Führungsfokus auszeichnet.

Auf der individuellen Ebene findet Selbstführung statt, also die Fähigkeit, sich selbst zu kennen, im jeweiligen Kontext zu organisieren, zu steuern, zu entwickeln und die persönlichen Potenziale zu entfalten, soweit es die spezifische Umgebung ermöglicht (Stichwort: Soziales Dürfen).

Im größeren System des Teams, dem mehrere Individuen angehören, wird Mitarbeiterführung relevant. Der Fokus wechselt von der selbstbezogenen Perspektive auf eine mitarbeiterbezogene Ausrichtung im jeweiligen Kontext.

Im dann übergeordneten System »Organisation« wechselt die Perspektive auf eine abstraktere Ebene, da Führung sich hier auf die Organisation als System und als Organismus konzentriert. Unternehmensführung bildet demnach die dritte Ebene von Führung und richtet den Blick sowohl auf den gesamten Organismus, wie auch auf seinen Kontext, um das langfristige Überleben des Organismus innerhalb dieses größeren Systems zu gewährleisten.

Da der Kontext mit den drei ITO-Ebenen in Wechselwirkung steht und es niemals ohne Kontext geht, erweitern wir das klassische ITO-Modell zu einem ITOK-Modell, in dem der Kontext integriert und auf allen Führungsebenen bewusst mitgedacht wird. Individuen, Teams und Organisationen reflektieren in ihrer Zusammenarbeit und Führung, inwiefern sie vom Kontext beeinflusst werden und wie sie selbst Einfluss auf den Kontext nehmen können. Das ITOK-Modell veranschaulicht die Sichtweise, dass Markt- und Kundenorientierung zu jedem Zeitpunkt auf allen drei Führungsebenen essenziell ist. Dadurch bietet es einen Mehrwert gegenüber dem klassischen ITO-Modell und gewinnt, gerade in dynamischen und volatilen Umfeldern, an Relevanz.

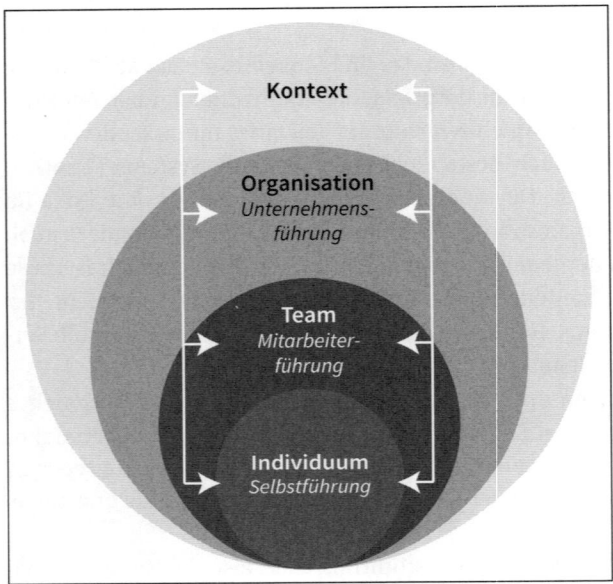

**Abb. 78:** ITOK-Konzept und Führung (eigene Darstellung)

Auf allen drei Führungsebenen spielt Balance eine zentrale Rolle. Verantwortliche in der Gesunden Organisation zeichnen sich dadurch aus, dass sie sich selbst, ihre Mitarbeiter sowie die Gesamtorganisation in Balance bringen. Dem aufmerksamen Leser werden hier die Parallelen zur intra- und interdimensionalen Balance im Wabenmodell der Gesunden Organisation aufgefallen sein. Diese Parallele ist insofern beabsichtigt, da das ITOK-Modell, genau wie das Wabenmodell, die Vernetzung unterschiedlicher Systeme zeigt, die einerseits als Einzeleinheit, andererseits aber auch als Gesamteinheit, zu balancieren sind. In der Gesunden Organisation beschreiben wir den idealen Führungsstil daher als Balancierte Führung.

**Was bedeutet Balancierte Führung?**

**Balancierte Führung** beschreibt den Prozess der Selbstführung sowie der sozialen Einflussnahme auf das Handeln anderer, indem eine Balance innerhalb der drei Führungsebenen Selbst-, Mitarbeiter- und Unternehmensführung und

zwischen diesen hergestellt wird, sodass sowohl in den einzelnen Unternehmensdimensionen (Mitarbeiter, Beziehungen, Kultur, Strukturen, Prozesse,
Strategie), wie auch in der dimensionsübergreifenden Gesamtorganisation
ein gesundes Gleichgewicht unterstützt wird.

Balancierte Führung stellt das Gegenteil von Polarisierter Führung dar, welches in
Kapitel 3.2 erläutert wurde. Welchen Schaden Führung in den sechs Unternehmensdimensionen anrichten kann, wenn aktionistisch, destruktiv, unethisch,
defizitorientiert, formalistisch oder volatil geführt wird, wurde schon aufgezeigt.
Ähnlich wie bei den sechs Organisationsdimensionen und bei dem Konzept der
Polarisierten Führung haben wir uns auch bei der Balancierten Führung dazu entschieden, Adjektive für die Beschreibung der idealen Führungsweise innerhalb
der einzelnen Dimensionen zu nutzen. Wie bereits zuvor, möchten wir auch hier
darauf hinweisen, dass diese Adjektive jeweils nur einen einzelnen Aspekt des
tatsächlichen Führungsverhaltens aufzeigen und nicht als alleinstehende oder
einzig richtige Definition von Führung innerhalb einer Dimension verstanden
werden soll. Vielmehr nutzen wir die Adjektive, um eine beispielhafte und rich-
tungsdeutende Führungsweise zu beschreiben. Von Verantwortlichen erwarten
wir, dass diese das Modell der Gesunden Organisation selbst mit idealtypischen
Beschreibungen nach den Vorstellungen der eigenen Organisation ausfüllen.
Diese idealtypischen Definitionen sind besonders wertvoll, wenn sie sinngeleitet
und im organisationsweiten Diskurs, bzw. im impliziten Verständnis der Organisation und ihrer Werte verankert sind.

Abbildung 79 zeigt das komplettierte Wabenmodell der Gesunden Organisation inklusive der entsprechenden Führungsstile. Durch die Integration von Führung wird die zentrale Rolle von Verantwortlichen zur Entwicklung einer Gesunden Organisation herausgestellt. Bereits hier lässt sich ablesen, wie wir uns
Führung innerhalb der einzelnen Waben bzw. Unternehmensdimensionen vorstellen. Die Beschreibungen werden in den nächsten Unterkapiteln mit Leben
gefüllt, wenn wir praktische Vorgehensweisen für Führung innerhalb der einzelnen Waben ausfalten.

Grundsätzlich soll durch das Modell vermittelt werden, dass die Waben, wie
bereits in Kapitel 4.2 beschrieben – und genauso die einzelnen Führungsstile – in
systemischer Abhängigkeit stehen, weshalb wir die ausgeglichene Anwendung
der einzelnen Führungsstile in ihrer Gesamtheit als »Balancierte Führung«
beschreiben. Ein zentraler Gedanke ist daher, dass der Fokus und das spezifische
Verständnis von Führung in einer einzelnen Dimension zwar essenziell ist, doch
dass die Gesamtorganisation letztendlich nur gesund agieren kann, wenn alle
Dimensionen innerhalb des Systems auf eine gesunde und balancierte Weise
geführt werden. An dieser Stelle wird die intra- und interdimensionale Balance

wieder wichtig, da sich diese nicht nur auf die Waben an sich, sondern auch auf die sechs Führungsstile bezieht.

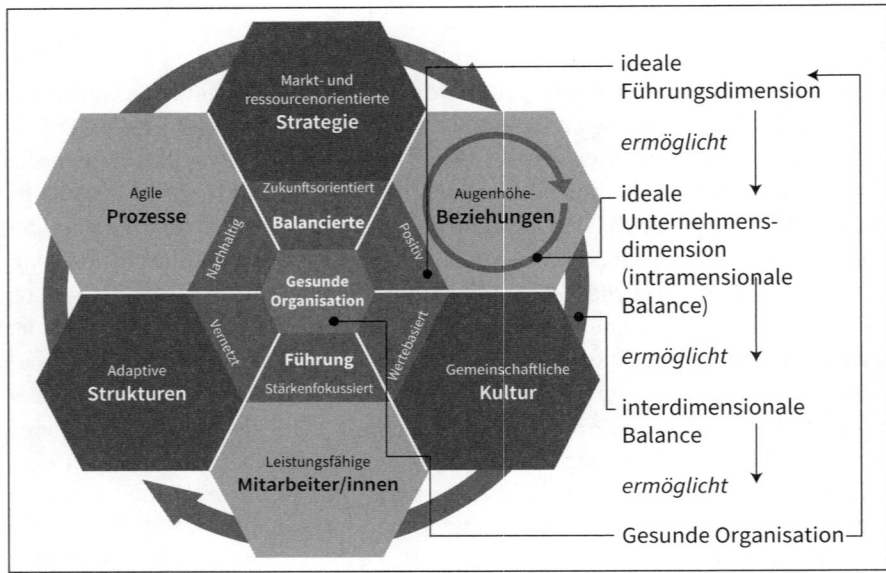

**Abb. 79:** Das Wabenmodell der Gesunden Organisation mit Führungsidealtypen (eigene Darstellung)

Die Bezeichnung »Balancierte Führung« wurde außerdem gewählt, um deutlich zu machen, dass nach der Logik der ITO-Struktur auch zwischen den drei Führungsebenen eine sinnvolle Balance vorliegen sollte. Die ITO-Struktur mitsamt ihrer Führung ist außerdem innerhalb jeder Wabe relevant, denn auch innerhalb jeder einzelnen Dimension ist Selbstführung, Mitarbeiterführung und Unternehmensführung vorteilhaft, um die Dimension ganzheitlich zu stärken. Nehmen wir das Beispiel »Prozesse«: Zum einen müssen Verantwortliche und Mitarbeiter ihre Selbstführung insofern stärken, dass sie ihre eigene Rolle innerhalb der Prozesssysteme, -abläufe und -gestaltung verstehen. Darüber hinaus müssen Verantwortliche auf der Ebene der Mitarbeiterführung die Prozesse an die Mitarbeiter, deren Potenziale, Leistung, Talente und Kompetenzen anpassen. Im Sinne der Unternehmensführung ist es dann entscheidend, die Rolle von Prozessen und deren Gestaltung in einen ganzheitlichen Zusammenhang zu stellen, um betriebswirtschaftlichen und wertschaffenden Nutzen zu kreieren. Dieses Beispiel zeigt, dass es günstig ist, einerseits die Balance hinsichtlich ITO und andererseits in Bezug auf die intra- und interdimensionalen Balance im Wabenmodell im Auge zu behalten.

Um die Vernetzung von ITOK-Struktur und dem Wabenmodell der GO deutlich zu machen, verbinden wir die beiden Darstellungen grafisch. Das kombinierte Modell in Abbildung 80 stellt dar, dass Führung auf allen drei Ebenen innerhalb jeder Unternehmensdimension stattfindet, genauso wie auf der ganzheitlichen, dimensionsvernetzenden Ebene der GO. Die Darstellung ist – wie jedes Modell – vereinfacht und greift die Vernetzung, Komplexität und Dynamik von Führung nur ansatzweise auf. Doch eine vereinfachte Darstellungsweise fördert das Verständnis von der Überschneidung von ITOK und Wabenmodell in Bezug auf Führung. Das Gleichgewicht zwischen Führung der sechs Einzelwaben in Wechselwirkung mit dem Gesamtsystem sowie innerhalb der einzelnen ITO-Ebenen, macht Balancierte Führung aus. Verantwortliche müssen deshalb zum einen pro Wabe sich, ihre Mitarbeiter und ihren organisationalen Einfluss balancieren, zum anderen aber auch für eine Kalibrierung zwischen den Waben sorgen. Für ein noch klareres Verständnis von Balancierter Führung lohnt sich auch ein Rückblick auf Abbildung 27 aus dem zweiten Kapitel, in der die intra- und interdimensionale Balance illustriert wurde.

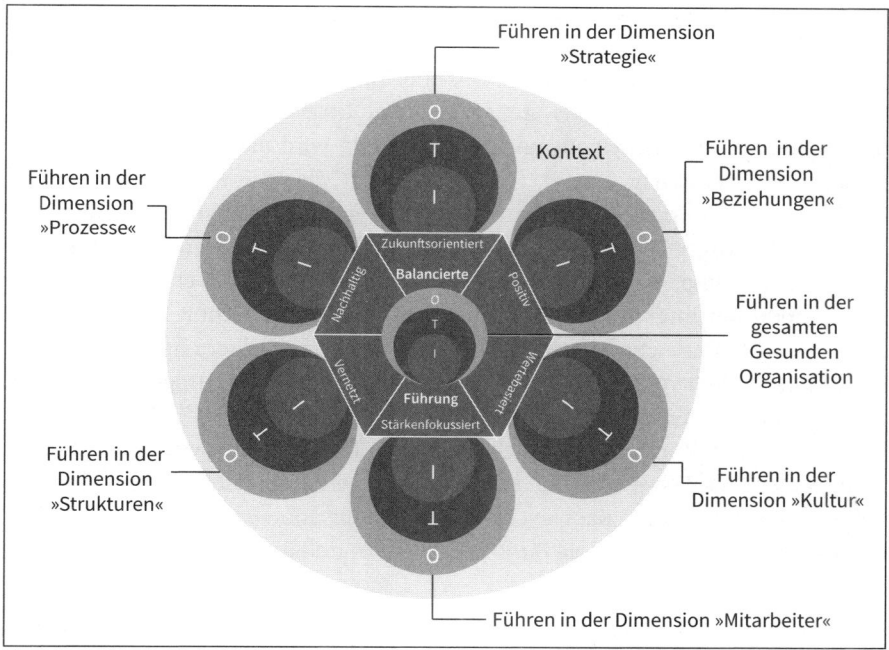

**Abb. 80:** Kombination von ITOK-Struktur und dem Wabenmodell der Gesunden Organisation aus der Führungsperspektive (eigene Darstellung)

Bevor wir näher auf die intradimensionalen Führungsmethoden und praktischen Vorgehensweisen eingehen, stellt dieses Unterkapitel einen vertieften Einblick in die drei Führungsebenen dar: Selbstführung, Mitarbeiterführung und Unternehmensführung. Dabei werden neue Perspektiven aufgezeigt, um Führung in ihrer Mehrdimensionalität zu verstehen und in der Praxis sinnvoll und unterstützend führen zu können. Besonders wichtig erscheint dabei die Auseinandersetzung mit Selbstführung, da deren Rolle in vielen Veröffentlichungen und auch im Praxisalltag häufig unterschätzt oder sogar ignoriert wird. Hier werden wir ein eigenes, aus der Praxis entwickeltes Instrument zur Verbesserung der eigenen Selbstführung vorstellen, das für Verantwortliche wirkungsvolle Impulse bietet. So wird sich zeigen, dass Selbstführung nicht nur auf der individuellen, sondern auch auf Team- und Organisationsebene die entscheidende Rolle spielen kann.

### 5.2.1   »Ich« – Selbstführung

Das Konzept der Selbstführung nimmt eine psychologische Führungsperspektive ein und wird seit etwa 30 Jahren intensiver erforscht. Die prägenden Figuren in diesem Forschungsprozess sind vor allem die US-Amerikaner Charles Manz, Henry Sims und Christopher Neck. Selbstführung kann sowohl auf dem individuellen wie auch auf Teamlevel stattfinden. Der Unterschied zwischen externer Steuerung, Selbstmanagement und Selbstführung wird auf einem Führungsstil-Kontinuum verdeutlicht.

Wie in Abbildung 81 zu erkennen ist, setzt sich Selbstführung deutlich von klassisch direktiver Führung ab. Gestattet man den Menschen in einer Organisation Selbstführung, so kreiert man intrinsische Anreize und ermöglicht ihnen damit, den Sinn ihrer Arbeit zu finden. Das sogenannte »Know-why«, also die Sinnfindung in der eigenen Arbeit, wird auch in unserer Expertenperspektive mit Erich Harsch, dem Vorsitzenden der Geschäftsführung bei dm-drogerie markt, am Ende des fünften Kapitels als zentrales Element in einer gesunden Führungs- und Unternehmenskultur benannt. Auch im vierten Kapitel haben wir bereits Selbstmanagement als Fortschritt der klassischen autoritären Führung benannt und können nun feststellen, dass evolutionäre Organisationen sich eben vor allem dadurch auszeichnen, dass sie ihren Mitarbeitern und ihren Teams Selbstführung ermöglichen.

Selbstführung kann daher als eine Evolution der klassischen Steuerung und des Selbstmanagements verstanden werden. Und tatsächlich ist die durch Selbstführung stimulierte intrinsische Motivation ein Faktor, nach dem alle Unternehmen streben oder zumindest streben sollten. Wenn Mitarbeiter gerne zur Arbeit gehen und aus Eigenanreiz engagiert und selbstbestimmt arbeiten, so profitiert die gesamte Organisation davon, sowohl wirtschaftlich, wie auch kulturell. Stewart, Courtright & Manz (2011) fassen in ihrem Überblick über Forschungsergebnisse zu Selbstführung zusammen, dass Selbstführung auf dem individuellen Level zu höherer Mitarbeiterproduktivität, größerem Karriereerfolg, reduziertem Stress und geringeren Fehlzeiten, erhöhter Selbstwirksamkeit, höherem Selbstvertrauen und größerer Arbeitszufriedenheit führt. Selbstführende Teams zeichnen sich laut den Autoren durch höhere Produktivität, Kreativität, Arbeitsqualität und Selbstwirksamkeit sowie durch geringere Fehlzeiten und Fluktuation aus. Offensichtlich ist Führung durch Selbstführung ein sinn- und kraftvolles Instrument, um Potenziale zu entfalten und eine außergewöhnliche Leistung auf den drei ITO-Ebenen zu erreichen.

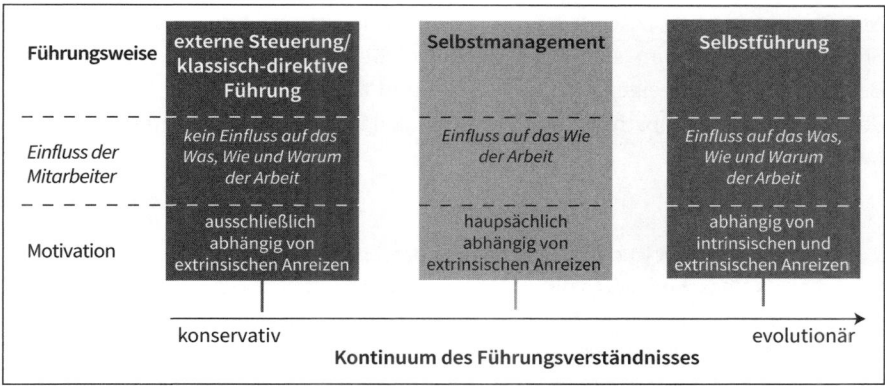

**Abb. 81:** Kontinuum von Selbstführung auf individuellem und Team-Level (basierend auf Stewart, Courtright & Manz, 2011)

Anhand eines Fragebogens lässt sich überprüfen, inwiefern man sich am eigenen Arbeitsplatz selbst führt. Andreßen & Konradt (2007) entwickelten eine deutschsprachige Kurzfassung des überarbeiteten Selbstführungsfragebogens nach Houghton & Neck (2002). In diesem Fragebogen wird unter anderem danach gefragt, inwiefern man sich eigene Ziele setzt, mit sich selbst spricht, sich belohnt, sich bestraft oder sich an eigene Aufgaben und Ziele erinnert. Der Fragebogen kann also als ein Reflexionsinstrument verstanden werden, um die eigene Selbstführung anhand von Skalen bewerten zu können. Allerdings hilft dies noch nicht weiter, um zu verstehen, wie man Selbstführung in der Praxis tatsächlich realisiert.

## Wie funktioniert Selbstführung in der Praxis?

In der Expertenperspektive mit Erich Harsch am Ende des fünften Kapitels wird aufgezeigt, wie Selbstführung bei dm ermöglicht wird. Er weist darauf hin, dass Unternehmen ihre Führung eher als Unterstützung zur Selbstführung verstehen müssen, um eigenverantwortliche und kreative Mitarbeiter zu entwickeln. Selbstführung setzt sich laut Harsch aus den drei Faktoren Freiheit, Entscheidung und Verantwortung zusammen. Menschen müssen also lernen, mit Freiheit sinnvoll umzugehen, Entscheidungen selbst zu treffen und deren Reichweite zu verstehen sowie Verantwortung für die eigene Entwicklung, das eigene Verhalten und die eigenen Entscheidungen zu übernehmen. Diese drei Faktoren haben viel damit zu tun, sich selbst zu kennen, das heißt, die eigenen Schwächen, Potenziale und Stärken zu reflektieren, den individuellen Charakter und den Umgang mit Anderen zu verstehen, zu wissen, was einen führt und motiviert, was einem Kraft und Sinn gibt, wofür man steht und nach welchen Prinzipien man handelt. Das Bewusstsein für die eigene Persönlichkeit und für die persönlichen Ziele ist also der Schlüssel zur Selbstführung. Doch was genau versteht man unter Persönlichkeit?

> **DEFINITION**
>
> **Persönlichkeit** ist die Gesamtheit der persönlichen (individuellen) Merkmale eines Menschen, durch die er sich von anderen unterscheidet. Persönlichkeit lässt sich auf unterschiedlichen Ebenen betrachten und hat verschiedene Facetten (Verhalten, Kompetenzen, Einstellungen, Werte, Eigenschaften und Motive), die sich in ihrer Wandelbarkeit bzw. Stabilität unterscheiden.

Das Verständnis von Persönlichkeit erlaubt es uns, einen klareren Blick auf Selbstführung zu erlangen. Deswegen arbeiten wir mit einem Modell, das Menschen dabei helfen soll, sich selbst besser zu verstehen, ihre eigene Persönlichkeit zu erkennen und ihre Ziele darauf abzustimmen. Dieses Modell nennen wir das GENIUS-Persönlichkeitsmodell©[***]. Der Genius ist dabei die einzigartige Mischung der Persönlichkeitsfacetten, der Talente und der Stärken eines Menschen, quasi wie ein Fingerabdruck. Entwickeln Menschen ein Bewusstsein für ihren Genius, können sie ihre Potenziale erkennen, entfalten und sich selbst balanciert und nachhaltig erfolgreich führen. Abbildung 82 zeigt das GENIUS-Persönlichkeitsmodell. Im Modell werden die sechs verschiedenen Persönlichkeitsfacetten dargestellt. Diese sind nach ihrer Wandelbarkeit von oben nach unten aufgebaut. Die

---

[***]    Das Genius-Persönlichkeitsmodell ist urheberrechtlich geschützt.

individuelle und einzigartige Mischung dieser Facetten ergibt den Genius, welcher dabei hilft, die persönliche Vision und Mission auf die eigene Persönlichkeit abzustimmen und zu erfüllen.

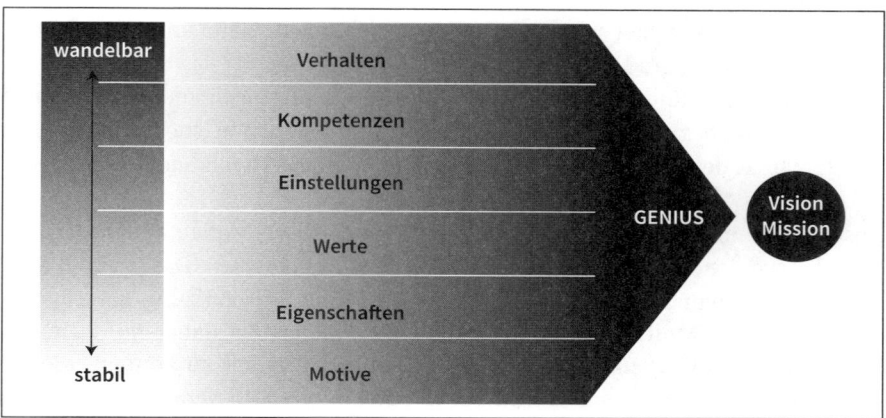

**Abb. 82:** GENIUS-Persönlichkeitsmodell©

Im Folgenden werden die einzelnen Persönlichkeitsfacetten kurz erläutert und beschrieben, welche Faktoren innerhalb der einzelnen Facetten eine Rolle spielen. Das soll auch Ihnen als Leser bereits dabei helfen, eine erste grundsätzliche Einstufung Ihres Genius zu erhalten. Die Facetten werden von unten nach oben hin gelistet, da wir zunächst die stabileren und weniger wandelbaren Facetten einer Persönlichkeit erforschen wollen.

**Motive**

Motive stellen im GENIUS-Persönlichkeitsmodell© die stabilsten Persönlichkeitsmerkmale dar. Sie stehen für das zielgerichtete, aber prinzipiell flexible Streben nach Ergebnissen. Einfach ausgedrückt können Motive auch als Beweggründe für menschliches Verhalten betrachtet werden. Motive wollen befriedigt werden. Ist dies aufgrund des Rahmens nicht möglich, stellt sich Unzufriedenheit ein. Es ist daher wichtig, Ihre eigenen sowie die Motive Ihrer Mitarbeiter zu erkennen, um einen passenden Arbeitskontext gestalten zu können, in dem diese Motive befriedigt werden können. Menschen verfügen über verschiedene Motive. Wir unterscheiden zwischen 14 Motiven, die bei jedem Menschen unterschiedlich ausgeprägt sind. Im Folgenden werden drei dieser Motive genauer beschrieben:

1. **Macht** steht für das Streben nach Gestaltung, Dominanz und Kontrolle. Machtmotivierte Menschen suchen Einfluss über andere Menschen und versuchen, Abhängigkeit zu vermeiden. Das Machtmotiv kann rein egoistisch oder auch

vollkommen prosozial (aus dem Wunsch, für die Gemeinschaft etwas zu errei-chen) begründet sein. Ebenso können sich beide Seiten vermischen.

2. **Anschluss** (oft auch Beziehungs- oder Bindungsmotiv genannt) steht für das Streben nach sozialem Anschluss, Kontakten und Geborgenheit. Anschluss-motivierte Menschen suchen intensive Beziehungen, Nähe und Freundschaft zu anderen. Sie sind meist nicht gerne allein.
3. **Leistung** steht für das Streben, gute Leistungen zu erbringen und sich mit einem Gütemaßstab zu messen. Leistungsmotivierte Menschen suchen nach dem Stolz bzw. dem Erfolgserlebnis, welches im Wettbewerb mit anderen entsteht.

Zusammen mit den elf weiteren Motiven, können diese Motive auf einer Skala bewertet werden, um ein persönliches Motiv-Profil zu erstellen. Dieses Profil zeigt auf, wonach man strebt und wofür man lebt. Eine Einschätzung der eigenen Motive und der Motive von Kollegen und Mitarbeitern ist daher hilfreich, um gemeinsam motiviert und zielorientiert zusammenarbeiten zu können. Motive kennzeichnen Charaktere und sind äußerst stabil, weshalb Verantwortliche, die ihre eigenen Motive kennen, sich anhand dieser wirksam und sinnvoll führen können. Gerade in Zeiten von Hektik, Stress und steigenden Arbeitsanforderun-gen ist es notwendig, die eigenen grundlegenden Motive zu erforschen und sich stärker nach diesen auszurichten, um nicht in persönliches und psychologisches Ungleichgewicht zu verfallen. Prinzipiell können auch Konflikte zwischen einzel-nen Motiven entstehen. In solchen Fällen ist es ratsam, diese Motive zu reflektie-ren und aufeinander abzustimmen oder zu priorisieren, um einen inneren Kon-flikt zu vermeiden.

**Eigenschaften**

Eigenschaften gelten als weniger stabil im Vergleich zu Motiven, können aber immer noch als konstante Persönlichkeitsmerkmale betrachtet werden. Oft wer-den Eigenschaften mit Persönlichkeit gleichgesetzt, in diesem Modell stellen Eigenschaften allerdings nur einen Teil der Persönlichkeit dar.

Die Psychologie unterscheidet folgende fünf zentrale Eigenschaften (Ramm-stedt & John, 2007), die, genau wie Motive, nach ihrer individuellen Ausprägung bewertet werden können, um den eigenen Genius festzustellen:

1. **Offenheit** beschreibt unser Interesse an neuen Erfahrungen.
2. **Verträglichkeit** beschreibt die Art und Weise, wie wir uns anderen gegenüber verhalten.
3. **Extraversion** beschreibt unsere Aktivität und zwischenmenschliches Verhal-ten.
4. **Stabilität** beschreibt unseren Umgang mit Gefühlen und Gedanken.
5. **Gewissenhaftigkeit** beschreibt unsere Selbstdisziplin und Zielstrebigkeit.

Um zu verstehen, wie man anhand seiner Eigenschaften das eigene Potenzial entfalten kann, bietet sich eine SWOT-Analyse der Eigenschaften an. SWOT steht für die englischen Begriffe »Strengths«/Stärken, »Weaknesses«/Schwächen, »Opportunities«/Chancen und »Threats«/Bedrohungen. Chancen und Risiken sind dabei von der aktuellen individuellen Situation abhängig, also kontextbedingt. Stärken und Schwächen dagegen sind von Menschen persönlich abhängig und können als personenbedingt betrachtet werden. Sie können sich daher anhand der Einschätzung Ihrer Eigenschaften folgende Fragen stellen und deren Beantwortung dafür nutzen, mittels Korrekturschleifen und Selbstreflexion Chancen besser zu nutzen, Bedrohungen zu minimieren, persönliche Stärken auszuspielen und Schwächen zu stärken.

- Welche **Stärken** bringen Ihre Eigenschaften mit sich?
- Welche **Schwächen** zeichnen sich ab?
- Welche **Chancen** ergeben sich aus Ihren Stärken, bezogen auf Ihre aktuelle oder zukünftige Situation?
- Welche **Bedrohungen** resultieren möglicherweise aus Ihren Schwächen?

Anhand einer solchen Analyse können Sie Schlussfolgerungen ziehen und Strategien oder Maßnahmen ins Auge fassen, um Ihre Potenziale entsprechend des Kontexts voll zur Entfaltung zu bringen. Gerade für Selbstführung sind solche Überlegungen hilfreich, da sie einen dabei unterstützen, sich selbst zu entwickeln und persönliche Eigenschaften langfristig zu verbessern. Dies zahlt sich letztlich auch in einem überlegteren Umgang mit anderen aus.

**Werte**

Werte werden sowohl in den Wissenschaften als auch im Alltag unterschiedlich definiert. Wir definieren Werte in diesem Modell als einzelne Aspekte, welche für eine Person wichtig sind. Werte korrespondieren mit bestimmten Inhalten, sie können materiell (zum Beispiel ein Auto) oder immateriell (zum Beispiel Wahrheit) sein, vor allem aber sind sie mit einer spezifischen persönlichen Bedeutung versehen. Werte entstehen häufig aufgrund von Motiven, aber insbesondere der Kontext, der Rahmen und die Kultur in der wir leben, bildet entsprechende Werte bei uns aus. Somit sind Werte, aufgrund ihrer Kontextabhängigkeit, häufig veränderbarer als wir glauben.

Das GENIUS-Persönlichkeitsmodell© bietet zur Identifizierung eigener Werte eine breite Liste an möglichen Werten an, die nach ihrer jeweiligen Priorität für das Individuum selektiert werden können. Durch einen solchen Selektionsprozess können Kernwerte bestimmt werden, die für einen selbst identitätsbestimmend sind. In Kapitel 5.3 werden wir in der Führungsdimension »werteorientiert«

im Detail auf den Selbstreflexions- und Entwicklungsprozess von werteorientierter Führung auf den drei ITO-Ebenen eingehen.

### Einstellungen

Unter einer Einstellung versteht man die Tendenz von Individuen, ihre Umwelt auf eine bestimmte Art und Weise zu werten. Diese Tendenz ergibt sich aus den bisher gemachten Erfahrungen. Einstellungen können sich in Annahmen und Überzeugungen, Emotionen oder Verhaltensweisen äußern.

Einstellungen lassen sich grob zu zwei Kategorien zuordnen. Diese nennen wir funktionale bzw. dysfunktionale Einstellungen. Eine Einstellung ist dann funktional, wenn sie positive Auswirkungen auf Ihr Verhalten hat. Eine dysfunktionale Einstellung bewirkt das Gegenteil: Sie hat negative Auswirkungen, indem Sie sich bspw. bestimmte Dinge nicht zutrauen. Wir können hier auch von mentalen Blockaden sprechen. Aufgrund der Zuordnung in eine der beiden Kategorien können Sie Rückschlüsse auf Ihr Verhalten und Ihre »Sicht der Dinge« ziehen. Sie erhalten Hinweise, wie Sie insbesondere dysfunktionale Einstellungen zu Ihrem persönlichen Vorteil nutzen können. In Abbildung 83 zeigen wir eine beispielhafte Gegenüberstellung von funktionalen und dysfunktionalen Einstellungen.

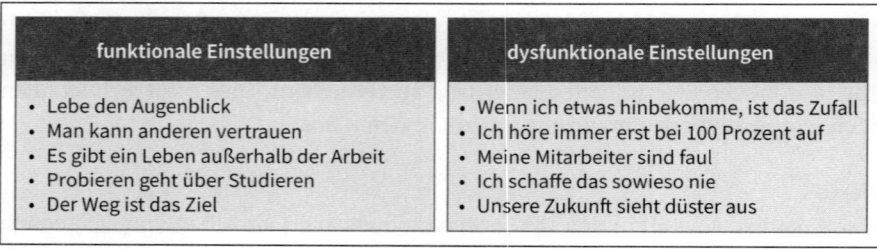

| funktionale Einstellungen | dysfunktionale Einstellungen |
| --- | --- |
| • Lebe den Augenblick | • Wenn ich etwas hinbekomme, ist das Zufall |
| • Man kann anderen vertrauen | • Ich höre immer erst bei 100 Prozent auf |
| • Es gibt ein Leben außerhalb der Arbeit | • Meine Mitarbeiter sind faul |
| • Probieren geht über Studieren | • Ich schaffe das sowieso nie |
| • Der Weg ist das Ziel | • Unsere Zukunft sieht düster aus |

**Abb. 83:** Beispielhafte Darstellung funktionaler und dysfunktionaler Einstellungen (eigene Darstellung)

Um Ihr Selbstführungspotenzial besser entfalten zu können, kann es hilfreich sein, vor allem dysfunktionale Einstellungen genauer zu reflektieren und zu überlegen, ob diese angemessen oder hinderlich sind. Oftmals können Einstellungen umgedeutet und verändert werden und somit kann durch Umdenken auch aus dysfunktionalen Einstellungen letztendlich Kraft geschöpft werden. Die dysfunktionalen Einstellungen aus Abbildung 83 können umgedeutet werden und durch Maßnahmen in eine positive Veränderung münden. Stellen Sie z. B. fest, dass Sie sich in Aufgaben verbohren, so könnte ein strukturierteres Zeitmanagement und eine eindeutige Trennung von Arbeitszeit und Freizeit eine sinnvolle Maßnahme sein, um Ihre dysfunktionale Einstellung zu verändern und sich zu einer besseren, strukturierteren und positiveren Einstellung gegenüber Aufgaben und der Arbeit hin zu entwickeln.

**Kompetenzen**

Bereits im ersten Kapitel haben wir uns mit dem Thema »Kompetenzen« auseinandergesetzt und den Begriff im Rahmen dieses Buches definiert. Kompetenzen beschreiben demnach bewusst wiederholbares und erfolgsförderliches Verhalten (Dihsmaier & Paschen, 2012). Eine Grundlage der Potenzialentfaltung ist es, Kompetenzen zu fördern. Laut Dihsmaier & Paschen (2012) setzen sich Kompetenzen aus (1) Wissen und Erfahrung, (2) Fähigkeit und (3) Orientierungen zusammen. Im ersten Kapitel hatten wir außerdem bereits erklärt, dass zwischen vier Ausrichtungen von Kompetenz unterschieden werden kann: persönliche, soziale, methodische und fachliche Kompetenz. Das GENIUS-Persönlichkeitsmodell© bietet die Möglichkeit, die eigenen Kompetenzen innerhalb dieser vier Ausrichtungen anhand klarer Maßstäbe zu bewerten. Dabei wird unterschieden, in welchem Ausmaß man innerhalb der einzelnen Kompetenzen fit für die derzeitigen Anforderungen ist und inwiefern man fit für kommende Aufgaben und Herausforderungen ist. In Abbildung 84 wird dies an einem Beispiel des methodischen Kompetenzbereichs veranschaulicht. Stärken und Entwicklungsfelder werden offensichtlich. In Verbindung mit den individuellen Potenzialen können jetzt entsprechende Entwicklungsideen abgeleitet werden, um für zukünftige Herausforderungen vorbereitet und gewappnet zu sein.

| Methodenkompetenz | Fit für Heute<br>nicht fit ‒ ‒ ‒ ‒ ‒ ‒ absolut fit | Fit für Morgen<br>nicht fit ‒ ‒ ‒ ‒ ‒ ‒ absolut fit |
|---|---|---|
| Moderation von Telefonkonferenzen | X | |
| Digitalisierung | | X |
| Programmlösungskompetenz | X | |
| Präsentationstechnik | X | |

**Abb. 84:** Beispielhafte Bewertung der persönlichen Methodenkompetenz (GENIUS-Persönlichkeitsmodell©)

An dieser Stelle möchten wir neben den klassischen Kompetenzen drei persönliche Kompetenzen ganz besonders herausheben, da diese zur Entwicklung von Selbstführung unabdinglich sind: Selbstlernkompetenz, Selbstveränderungskompetenz und Selbstorientierungskompetenz.

Selbstlernkompetenz bedeutet, dass Menschen individuell und selbstständig lernen können, also »lernagil, veränderungsoffen und transferstark« (Koch, 2015, S. 24) sind. Zum einen führen Selbstlern- und Selbstveränderungskompetenz, also die Fähigkeit, sich anzupassen und zu verändern, zu einer stärkeren Selbstführung, gleichzeitig werden diese Kompetenzen aber auch durch die Entwicklung von Selbstführung an sich bedingt. Um die Lern- und Veränderungsfähigkeit von Mitarbeitern zu steigern, bedarf es je nach individueller Selbstlernkompetenz eines unterschiedlichen Aufwands. Koch (2015) stellt fest, dass etwa 20 Prozent der Lernenden in einem Unternehmen eine starke Selbstlernkompetenz, Lernagilität und Veränderungsfähigkeit aufweisen. In 30 Prozent der Fälle müssen die Lernenden durch wirksame Techniken unterstützt werden, um ihre Selbstlernkompetenz zu erhöhen. Weitere 30 Prozent der Mitarbeiter benötigen für gewöhnlich einen größeren Ressourceneinsatz, um einen nachhaltigen Lernprozess zu entwickeln. Das letzte Fünftel der Lernenden verfügt nur über eine minimale Selbstlern- und Selbstveränderungskompetenz. Bei diesen letzten 20 Prozent bedeutet die Entwicklung der Selbstlernkompetenz einen enormen Aufwand und großes Fingerspitzengefühl.

Die wichtige Rolle von Selbstorientierungskompetenz zur Entwicklung von Selbstführung wird besonders in unserer Expertenperspektive mit Erich Harsch offensichtlich. Dieser betont, dass die Fähigkeit, situativ neue Einsichten zu entwickeln und sich selbst einschätzen und beurteilen zu können, eine wichtige Grundlage bildet, um Freiheit und Verantwortung in der Selbstführung bewusst nutzen und leben zu können. Hierfür müssen Menschen an ihrer Wahrnehmung arbeiten, Dinge und Aussagen kritisch hinterfragen und lernen, das Wesentliche an einer Sache zu erkennen. Selbstorientierungskompetenz hängt auch eng mit der situativen Geistesgegenwart und einem situativen Kontextbewusstsein zusammen. Selbstverständlich wird in einem offenen Kontext, in dem sich Mitarbeiter freier bewegen können, eine solche Selbstorientierungskompetenz stärker gefördert als in klassisch-direktiven Führungsverhältnissen. Daher ist die Entwicklung von Selbstorientierungskompetenz auch ein großer Schritt in Richtung Selbstführung und hilft dabei, systemisch zu denken, Perspektiven zu wechseln, reflektierte und nachhaltigere Entscheidungen zu treffen sowie sinnvoller und wirksamer zu handeln. Damit trägt Selbstorientierungskompetenz dazu bei, die eigene Rolle und Persönlichkeit besser zu verstehen und dies auf den Umgang mit anderen zu übertragen.

**Verhalten**

Die wandelbarste Persönlichkeitsfacette ist das individuelle Verhalten. Unser Verhalten ist der Teil der individuellen Persönlichkeit, den andere direkt beobachten können. Natürlich hängt unser Verhalten mit den anderen Persönlichkeitsfacetten zusammen – je nach Situation oder Kontext verhalten wir uns deshalb äußerst unterschiedlich. Das GENIUS-Persönlichkeitsmodell© unterscheidet vier grundlegende Verhaltenstypen, denen der Einfachheit halber Farben zugeordnet werden können. Eine solche Typisierung hilft bei der Einschätzung des eigenen Verhaltens und des Verhaltens von Anderen. Es ermöglicht zum einen Selbstreflexion und stärkere Selbstführung, zum anderen ein besseres Verständnis von Mitarbeitern und Kollegen. Dabei wird nicht einfach jeder Mensch einem bestimmten Grundtyp zugeordnet; das wäre grob fahrlässig und stereotypisierend. Vielmehr ist jeder Verhaltenstyp eine Mischung verschiedener Ausprägungen innerhalb der vier Grundtypen. Menschen zeigen also Verhaltenspräferenzen und zeigen die Präferenzen je nach Situation unterschiedlich intensiv und häufig. Die vier Grundverhaltenstypen können stark vereinfacht folgendermaßen beschrieben werden:

1. **Der Blaue Typ** ist eher bedacht, präzise und überlegt. Er/sie neigt dazu, nachzuforschen und Dinge zu hinterfragen.
2. **Der Rote Typ** ist eher zielorientiert, energisch und fordernd. Er/sie neigt dazu, Dinge voranzutreiben und Erfolg zu haben.
3. **Der Gelbe Typ** ist eher einnehmend, aufgeschlossen und umgänglich. Er/sie neigt dazu, Neues zu entdecken und andere zu beeindrucken.
4. **Der Grüne Typ** ist eher empathisch, aufbauend und geduldig. Er/sie neigt dazu, Unterstützung und Sicherheit zu geben.

Anhand einer Skalenbewertung, die durch einen selbst und durch andere eingeschätzt werden kann, wird evaluiert, wie stark die unterschiedlichen Verhaltenspräferenzen ausgeprägt sind. Jede der vier Grundverhaltenspräferenzen hat Stärken, Entwicklungsfelder sowie einen individuellen Wert für Team und Organisation. Da das eigene Verhalten wandelbar ist, bietet es sich an, das Verhalten anhand der Typen mithilfe von Feedback zu analysieren. Fremdeinschätzungen des persönlichen Verhaltens können einem dabei helfen, Diskrepanzen zwischen der Selbst- und der Fremdwahrnehmung zu erkennen und an diesen zu arbeiten. Diskrepanzen können sowohl das Wohlbefinden innerhalb einer Rolle als auch in Bezug auf zwischenmenschliche Beziehungen und Gruppendynamiken negativ beeinflussen. Schließlich fühlen sich Menschen, wie bereits in Kapitel 4 dargestellt, am wohlsten, wenn sie ihr ganzes Selbst sein und zeigen können. Wenn sie sich authentisch verhalten und auch so wahrgenommen werden.

**Vision und Mission**

Nachdem wir nun die sechs Persönlichkeitsfacetten behandelt haben, möchten wir einen genaueren Blick auf die im Modell abgebildete Vision und Mission werfen. Bereits im Strategieteil im vierten Kapitel haben wir erläutert, dass eine Vision als Zielbild sehr wichtig sein kann, um seine Kräfte zu konzentrieren und nach einer gewissen Vorstellung der eigenen Zukunft zu streben. Eine Vision spielt auch auf individueller Ebene eine entscheidende Rolle und kann dazu beitragen, persönliche Träume besser festzuhalten und zu fokussieren. Das GENIUS-Persönlichkeitsmodell© rät dazu, eine Vision für das berufliche Leben sowie für das private Leben zu formulieren. Selbiges gilt für die Mission, also für die Zwecke, die man im Leben verfolgt. Im Folgenden finden Sie Beispiele für solche Visionen und Missionen, um den Gedanken anschaulicher zu machen und Material zur Selbstreflexion zu liefern:

- **Private Vision**  »Ich will insgesamt gelassen der Zukunft entgegenblicken und sehe mich mit Partner und Kindern in einem Haus im Grünen.«
- **Private Mission**  »Andere unterstützen und für sie da sein, soweit das im Rahmen meiner Möglichkeiten liegt.«
- **Berufliche Vision:** »Ich will ein berufliches Umfeld, in welchem intelligente und hilfsbereite Kollegen mir eine Entfaltung meiner Fähigkeiten ermöglichen.«
- **Berufliche Mission**  »Eigene Fähigkeiten in den beruflichen Alltag miteinbringen und ein kooperatives Verhältnis zu Kollegen und Verantwortlichen schaffen.«

---

UNSER TIPP:

Bei der Formulierung von Vision und Mission kann einem die Erzählung einer Geschichte behilflich sein. Wie stellen Sie sich zum Beispiel Ihren 65. Geburtstag vor? Was haben Sie bis dahin erreicht und erlebt und was wollen Sie noch erreichen und erleben? Wer ist da und was ist Ihnen wichtig? Solche Gedanken können einem dabei helfen, Erfahrungen zu formulieren, die man noch machen möchte und Dinge zu beschreiben, die man in zehn Jahren nicht mehr tun möchte, um der eigenen Idealvorstellung des älteren Selbst näherzukommen. Auch die klare Ableitung und Formulierung von Zielen, einhergehend mit einer Terminierung dieser Ziele, ist hilfreich, um die persönliche Vision und Mission zu erfüllen und die selbstgesteckten Ziele zu erreichen.

---

**Genius**

Letzter und wichtigster Aspekt des GENIUS-Persönlichkeitsmodells© ist der Genius selbst. Dieser stellt das Besondere, Einmalige eines Menschen dar. Man kann ihn auch als den spezifischen »Kristallisationspunkt« der individuellen Einzigartigkeit, als »inneres Wissen« oder Kern der Persönlichkeit bezeichnen. Der Genius bildet die Gesamtheit der Persönlichkeitskomponenten und deren Zusammenspiel. Der persönliche Genius entwickelt sich in den meisten Fällen im Laufe der Zeit und benötigt ein gezieltes Coaching. Der Prozess der Geniusfindung kann deshalb einige Monate dauern. Bei den meisten Personen hat es sich unserer Erfahrung nach als sinnvoll erwiesen, von Zeit zu Zeit über die eigenen Persönlichkeitsfacetten sowie die individuelle Vision und Mission nachzudenken und die eigenen Einordnungen, Begriffe und Beschreibungen aus unterschiedlichen Perspektiven zu betrachten. Die finale Version des Genius sollte letztlich rund und stimmig sein.

Aus dem Genius ergeben sich zahlreiche Möglichkeiten und Vorteile hinsichtlich der persönlichen Potenzialentfaltung, die nur darauf warten, genutzt zu werden. Am Ende sollte der Genius in einer klaren, kurzen Beschreibung formuliert werden, die die Einzigartigkeit der persönlichen Facetten, der Vision und der Mission in Worte fasst. So kann ein persönlicher Genius bspw. lauten: »Andere in Bewegung bringen« oder »Brücken bauen«. Eine solche Beschreibung mag zunächst trivial klingen, doch sie enthält die Ergebnisse einer intensiven Selbstreflexion und fasst die eigene Persönlichkeit verständlich, prägnant und inspirierend zusammen. Hinter einem solchen Genius steht schließlich ein Prozess der Selbsterkenntnis. Für die erfolgreiche Selbstführung ist die Feststellung des persönlichen Genius Gold wert. Sie erlaubt es, durchdachter zu handeln, sich selbst aus anderen Perspektiven zu betrachten, die eigene Persönlichkeit kritisch zu reflektieren, sich als Mensch auf allen Ebenen der Persönlichkeit zu entwickeln, sich authentischer zu fühlen, ein persönliches Navigationsinstrument für wichtige Entscheidungen zu haben, Sinn in Leben und Arbeit zu finden und sich selbst verwirklichen zu können.

Das GENIUS-Persönlichkeitsmodell© zahlt also auf der Führungsebene »Individuum« des ITOK-Modells ein, sodass Selbstführung durch die Bewusstseinsbildung über die eigene Persönlichkeit, eine gezielte private und berufliche Entwicklung der Persönlichkeit, die Formulierung individueller Ziele und das Finden der persönlichen Einzigartigkeit realisiert werden kann. Dies ist ein äußerst wichtiger Aspekt, wenn man bedenkt, dass Selbstführung in vielen Veröffentlichungen, Theorien und Trends zum Thema »Führung« oftmals gar keine Rolle spielt. Im Praxisalltag aber wird sich die Entwicklung selbstführender Mitarbeiter und Verantwortlicher immer auszahlen. Versteht man Führung mehr als Unterstützung zur Selbstführung, so legt man beachtliche Mitarbeiterpotenziale frei, steigert die Motivation und die Unternehmensidentifikation und entwickelt mündige und selbstständige Menschen, die kreativ und engagiert zusammenarbeiten. Ermöglichen Unternehmen ihren Mitarbeitern, Selbstführung zu erlernen und in der Praxis anzuwenden, so profitieren bei konsequenter Anwendung alle sechs Unternehmensdimensionen davon: Die Mitarbeiter werden leistungsfähiger, die

Beziehungen werden respekt- und verständnisvoller, die Kultur wird bewusster und intensiver, Prozesse werden reflektierter und stärker hinsichtlich ihrer Effizienz hinterfragt, Strukturen gewinnen an Flexibilität und Anpassungsfähigkeit, die Strategie wird sinngeleiteter und durch individuelle dynamische Ziele wirksamer. Selbstführung ermöglicht damit eine gesamtorganisationale Bewusstseinsentwicklung und erzielt so, durch engagierte, kreative, kritische und selbstbewusste Mitarbeiter, klare Wettbewerbsvorteile.

### 5.2.2   »Team« – Mitarbeiterführung

Da das Individuum jeweils nur ein Teil des gesamten ITOK-Systems darstellt, reicht es nicht aus, die Führungsperspektive allein auf sich selbst und die eigene Entwicklung zu richten, sondern muss durch einen Fokus auf Kooperation und Gemeinschaftlichkeit sowie durch einen gesamtorganisationalen Blickwinkel erweitert werden, um eine Gesunde Organisation letztlich konstruktiv und produktiv führen zu können. Würden Unternehmen ihre Mitarbeiter ausschließlich als Individuen zur Selbstführung entwickeln, könnte dies zu einer selbstbezogenen Unternehmenskultur führen und eine konstruktive Mitarbeiterkooperation verhindern. Daher liegt es nahe, dass zwischen den drei Führungsebenen des ITOK-Modells eine Balance bestehen sollte. Mitarbeiter und Führungskräfte stehen schließlich nicht nur für sich selbst, sondern sind immer auch Teil eines Teams und einer Organisation. Führung auf Teamebene zielt deshalb auf eine konstruktive Zusammenarbeit von Individuen ab. Durch eine sinnvolle Mitarbeiterführung auf Teamebene können die individuellen selbstführenden Persönlichkeiten synergetisch zusammenwirken und größere Potenziale freigesetzt werden.

Auf der Teamebene des ITOK-Modells bewegen wir uns in der interpersonalen Führung. Weg vom »Ich« – hin zum »Wir«. Allerdings spielt in diesem »Wir« jedes Individuum eine wichtige Rolle, weshalb eine gelungene Selbstführung auch Basis für eine erfolgreiche Mitarbeiterführung bildet. Wie bereits zu Beginn des Kapitels beschrieben, verstehen wir Führung als Unterstützung zu Selbstführung und nicht als direktive, anweisende und autoritäre Steuerung von Menschen. Bereits im vierten Kapitel haben wir in der Unternehmensdimension »Strukturen« erläutert, dass Teams in einer Gesunden Organisation selbststeuernd, selbstorganisierend und eigeninitiativ, gleichzeitig aber auch in der ständigen Vernetzung mit anderen Teams, arbeiten. So kann das Potenzial einer Gruppe durch geringere Fremdbestimmung besser entfaltet, Marktentwicklungen schneller antizipiert, Kunden individueller bedient und Organisationen agiler aufgestellt werden. Ein Team ist, genau wie eine Organisation, ein System, dessen Wertigkeit größer ist als die Summe seiner Teile. Diese »Ungleichung« wird durch Synergieeffekte begründet, die eine kooperative und konstruktive Zusammenarbeit von selbstführenden Mitarbeitern ermöglicht. Da wir bereits im vierten Kapitel in der »menschlichen Perspektive« näher darauf eingegangen sind, wie Augenhöhe-Beziehungen etabliert werden können, wie ein »Person-Group Fit« sichergestellt wird, welche Elemente zur Integration in einem Team essenziell sind und wieso Diversität für ein erfolgreiches Team so wichtig ist und auch in Kapitel 5.3 ausführlich auf praktische Vorgehensweisen für Mitarbeiterführung eingehen werden, möchten wir hier lediglich einige wenige zusätzliche Aspekte ansprechen, die auf Teamebene aus Führungssicht interessant erscheinen und einen Mehrwert bieten.

Auch auf Teamebene bietet das GENIUS-Persönlichkeitsmodell© hilfreiche Impulse zur Teamführung. Die sechs Facetten eines Individuums kann man auf ein gesamtes Team anwenden, um die »Einzigartigkeit des Teams« und dessen Charakter besser zu verstehen und gezielter zu entwickeln. Schaffen es Teams, im gemeinsamen Diskurs einen eigenen Genius zu finden und zu formulieren, so kann dies den Zusammenhalt, die Zielgerichtetheit und letztlich die Leistung eines Teams enorm stärken.

Aufgrund der unterschiedlichen Stabilität bzw. Wandelbarkeit der Persönlichkeitsfacetten ist die Unterscheidung zwischen den stabilen und den wandelbaren Merkmalen sinnvoll: Je stabiler die Merkmale, desto eher sollten sich Teams über ihre Unterschiedlichkeiten und Gemeinsamkeiten bewusst werden, da eine Angleichung aufgrund der Stabilität dieser Merkmale ja nicht zu erwarten und auch nicht erstrebenswert ist. Je wandelbarer die einzelnen Merkmale jedoch sind, desto eher kann man zu einer gemeinsamen Sichtweise kommen.

In den folgenden Facetten geht es deshalb vor allem darum, sich über die individuellen Unterschiede und Gemeinsamkeiten der Teammitglieder auszutauschen, um das gegenseitige Verständnis zu fördern:

- Motive, die die tieferen Beweggründe der Teammitglieder auf individueller Ebene aufzeigen.
- Eigenschaften, die auf individueller Ebene die typischen Reaktionen der Teammitglieder in bestimmten Situationen deutlich machen.

Demgegenüber kann ein Team in den folgenden Facetten und Merkmalen nach einer gemeinsamen Sichtweise und Ausrichtung streben:

- Werte, auf deren Grundlage zusammengearbeitet werden kann.
- Einstellungen, welche die prinzipielle Haltung mitbegründen und mit welcher die Arbeit ausgeführt werden soll.
- Kompetenzen, die aufzeigen, was ein Team gut kann.
- Vision und Mission, die klarmachen, wohin das Team will und welchen Zweck es erfüllt.
- Genius, der das Team einzigartig macht.

Die Verhaltensebene bildet insofern eine Ausnahme, da sich hier alle Facetten der Persönlichkeit kumulieren. Da dies die sichtbarste Ebene ist, lohnt sich ein Austausch im Hinblick auf Selbst- versus Fremdwahrnehmung, aber auch hinsichtlich der dadurch vorhandenen Ressourcen und möglichen Entwicklungsfeldern. Betrachten wir die Elemente des GENIUS-Persönlichkeitsmodells© also aus der Sicht eines Teams:

- **Motive**   Sie stellen die grundlegenden und stabilsten Merkmale eines Teams dar und beschreiben dessen Beweggründe. Teams können sich daher in einer gemeinsamen Reflexion auseinandersetzen, welche Motive den speziellen Charakter des eigenen Teams auszeichnen. So können Teams bspw. besonders leistungsorientiert sein. Aber auch die Unterschiede sind wichtig und werden zum Verständnis des jeweils anderen beitragen. Gemeinsame Motive und Beweggründe können Fix- und Orientierungspunkte eines Teams ausmachen.
- **Eigenschaften**   Welche Eigenschaften zeichnen das Team als Einheit aus? Ist die Gruppe besonders offen, verträglich, extrovertiert, stabil oder gewissenhaft? Genau wie beim Individuum, können auch Teams mittels einer SWOT-Analyse lernen, wie sie ihre Potenziale durch die Entwicklung starker Eigenschaften besser entfalten können.
- **Werte**   Teams zeichnen sich auch durch geteilte Werte aus, die im Miteinander Bedeutung haben und die jedes Teammitglied implizit versteht und befolgt. Inwiefern können sie ihre geteilten Werte im beruflichen Alltag leben? Stimmen diese mit den Unternehmenswerten überein? Können selbstführende Teams ihre Werte in der täglichen Arbeit anwenden, so steigt deren Motivation, Engagement und die Unternehmens- bzw. Teamidentifikation.
- **Einstellungen**   Teams bilden in ihrer Kultur spezifische Einstellungen gegenüber ihrer Umwelt aus, man spricht von Kohärenz und typischen Gruppeneffekten. Das Herausstellen funktionaler und dysfunktionaler Einstellungen hilft dabei, die entstandene Kultur gezielt zu überprüfen und den Zusammenhalt zu stärken. Im gemeinsamen Diskurs kann entschieden werden, wie dysfunktionale Teameinstellungen mittels gezielter Maßnahmen verändert und umgedeutet werden können.
- **Kompetenzen**   Teams verfügen als Einheit oft über hervorragendes Wissen und Erfahrung, spezifische Fähigkeiten und Orientierungen. Sie zeichnen sich durch Diversität und synergetische Mischung aus persönlichen, sozialen, methodischen und fachlichen Kompetenzen ihrer einzelnen Mitglieder aus. Mitarbeiter innerhalb eines Teams sollten sich daher in ihren Kompetenzen wechselseitig ergänzen, sodass das Team von einer konstruktiven Diversität profitiert und als Einheit fit für heutige Anforderungen und gewappnet für zukünftige Herausforderungen ist. Agile und selbstführende Teams müssen außerdem ihre Selbstlern-, Selbstveränderungs- und Selbstorientierungskom-

petenz stärken, um an der Peripherie am volatilen Markt selbstbewusst, dynamisch und wirksam arbeiten zu können.

* **Verhalten** Das Verhalten eines Teams stellt die wandelbarste Facette dar. Klar, denn agile Teams müssen sich in einem VUCA-Kontext dynamisch verhalten und sich ständig an neue Veränderungen anpassen, ohne dabei ihre Stabilität in Bezug auf ihre Motive, Eigenschaften oder Werte zu vergessen oder zu verraten. Auch auf Teamebene lohnt es sich deshalb, Ausprägungen der verschiedenen Verhaltenstypen zu analysieren, um Stärken und Entwicklungsfelder besser zu verstehen und zu nutzen.

* **Vision und Mission** Wie bereits im vierten Kapitel in der »sinnorientierten Perspektive« angesprochen, haben agile Teams eigene dynamische Ziele, die allerdings innerhalb der gesamtorganisationalen strategischen Ausrichtung und Intention formuliert werden. Darüber hinaus können Teams aber auch eine klare Vision und Mission erstellen, die die Persönlichkeit des Teams und seinen individuellen Charakter und Entwicklungswunsch widerspiegelt. Die dann entstandene Vision sollte, ähnlich wie die dynamischen Ziele, innerhalb einer breiter formulierten Unternehmensvision Sinn ergeben und nicht kontraproduktiv dieser entgegenlaufen.
Die gemeinsame Ausrichtung und Ebenen übergreifende Harmonisierung ist ein weiterer Grund, warum die Führungsbalance zwischen den drei ITO-Ebenen essenziell ist. Erst durch Koordinierung von Individuum, Team und Organisation kann das Gesamtsystem am besten arbeiten. Damit ist keine strikte »Angleichung« der Einzelsysteme, sondern vielmehr eine konstruktive Diversität auf Individuen- und Teamebene innerhalb einer gemeinschaftlichen Kultur gemeint.

* **Genius** Anhand der sechs Persönlichkeitsfacetten, der Vision sowie Mission können Teams ihren eigenen Genius finden, mit dem sich jedes Teammitglied identifizieren kann. Innerhalb eines Teams, das einen solchen Selbsterfahrungsprozess durchläuft, kann der einzelne Mensch sich wiederfinden und verwirklichen. Gleichzeitig profitiert die Organisation von klar fokussierten, agilen und entwicklungsfähigen Teams, die es in der Folge auf Organisationsebene miteinander zu vernetzen gilt.

Es wird offensichtlich, dass wir Führung auf Teamebene nicht so verstehen, dass ein Verantwortlicher eine Gruppe Menschen in eine bestimmte Richtung steuert, sondern dass selbstführende Menschen miteinander eine gemeinsame Ausrichtung und einen starken Charakter entwickeln. Projektmanagern, Abteilungsleitern oder Teamverantwortlichen kommt dabei die Rolle des »Unterstützers« und »Gestalters« zu. Sie sind dafür verantwortlich, den Selbstfindungsprozess zu vereinfachen, Mitarbeiter in ihrer Selbstführung und -entwicklung zu unterstützen, Hindernisse aus dem Weg zu räumen und dem Team eine freie Potenzialentfaltung zu ermöglichen. In Kapitel 5.3 werden wir praktische Vorgehensweisen beschreiben, um diese Ansprüche in jeder Unternehmensdimension in die Tat umzusetzen.

Wie bereits in Kapitel 4.4 in den adaptiven Strukturen beschrieben, gehen wir davon aus, dass Mitarbeiter zukünftig eher multiple Rollen als feste Jobs einnehmen werden. Für Teams bedeutet dies, dass sie dynamischer werden und sich in ihrer Zusammensetzung kontinuierlich ändern. Allerdings wirft das die Frage auf, wie solche Teams eine gemeinsame Kultur entwickeln, effektiv und effizient zusammenarbeiten und vor allem, zusammengesetzt werden sollen. Laut der Harvard-Professorin Amy Edmondson liegt die Antwort auf diese Fragen in ihrem Konzept des »Teamings« (Edmondson, 2014). Ihr Ansatz zeigt auf, dass Teams weniger als statische Einheiten verstanden werden müssen, um den Ansprüchen einer VUCA-Welt gerecht zu werden. Vielmehr entwickelt sie das Verb »teamen«, um die Aktivität des dynamischen Zusammenarbeitens besser beschreiben zu können. Die ständig wechselnden Rollen in verschiedenen Teams verlangen sowohl Mitarbeitern, wie auch Verantwortlichen eine höhere Flexibilität und Anpassungsfähigkeit ab. Laut Edmondson ist vor allem der schnelle und direkte Austausch von Wissen und Kompetenzen ein großer Vorteil von »Teaming«, da er die effektive Bearbeitung von Projekten, Kunden und Veränderungsprozessen vereinfacht. Was bedeutet das für Führung? Verantwortliche in solch adaptiven Strukturen müssen fehlertolerant, nahbar und immer ansprechbar sein sowie Teams zu proaktiven Feedback, Ideengeben und zum Diskurs einladen. Das Ziel einer Führungskraft muss daher lauten, psychologische Sicherheit für Mitarbeiter zu schaffen, also in einem volatilen Arbeitskontext eine Atmosphäre zu kreieren, in der sich Mitarbeiter bewusst sind, dass das Aussprechen von Ideen, Anregungen, Kritik, Fehlern und Fragen nicht bestraft wird. Nur in einem solchen Umfeld ist es auch möglich, sich schnell auf neue flexible Strukturen einzulassen, offen zu sein und konstruktiv zusammenzuarbeiten. Damit gewinnen beim »Teaming« soziale Kompetenzen und das Bewusstsein für sich selbst und andere noch stärker an Bedeutung. Empathie und Emotionale Intelligenz werden so zu Grundpfeilern in einer dynamisch-organischen und volatilen Kollaborationsstruktur. Wissenschaftliche Untersuchungen zeigen, dass emotionale Intelligenz der kognitiven Intelligenz in Bezug auf beruflichen Leistung und Erfolg überlegen ist (O'Boyle Jr., Humphrey, Pollack, Hawver & Story, 2011). Außerdem kann das Bewusstsein über den eigenen Genius sowie über den Genius der Kollegen die Zusammenarbeit erheblich vereinfachen, da Menschen authentischer, offener und effektiver kommunizieren und kollaborieren können. Fehlt also die Zeit für klassische »Teambuilding«-Prozesse, wird die Ermöglichung eines Arbeitskontexts, der sich durch Augenhöhe-Beziehungen und offene Kommunikation auszeichnet, noch wichtiger.

In einer Gesunden Organisation mit adaptiven Strukturen ist es essenziell, dass die psychologische Sicherheit jedoch nicht zur Trägheit oder Verantwortungslosigkeit führt. Vielmehr muss Mitarbeitern Verantwortung übergeben werden, Selbstführung auf der individuellen Ebene also ermöglicht werden, um ein hohes Maß an psychologischer Sicherheit und Verantwortung zu erreichen. Einen solchen Kontext bezeichnet Edmondson als »Lernzone«, da sich Menschen hier wohlfühlen und sich trauen, Fragen zu stellen, Dinge nicht zu wissen oder Zusammenhänge nicht zu verstehen, nach Hilfe zu fragen, Fehler zuzugeben und Fehler zu machen. In Unternehmen, die neue Wege gehen, sind Fehler nicht nur unvermeidlich, sondern vielmehr eine wertvolle Erfahrung und Lernmöglichkeit. Wie Verantwortliche eine solche Lernzone schaffen und intelligent fehlertolerant werden können, zeigen wir in den praktischen Vorgehensweisen in Kapitel 5.3.

Auch auf Teamebene kann Führung daher potenzialentfaltend wirken. Während auf der individuellen Ebene Führung vor allem als Unterstützung zur Selbstführung und damit zur Entwicklung verantwortlicher, kreativer und selbstbewusster Menschen beiträgt, ist der Führungsauftrag auf Teamebene, diesen Menschen einen konstruktiven Kontext der Zusammenarbeit zu bieten, Mitarbeiter und deren Rollen zu vernetzen sowie individuelle Persönlichkeiten und Kompetenzen zu ergänzen. So können Verantwortliche agile Teams schaffen, die sich dann wiederum selbst führen und ihre eigenen dynamischen Ziele innerhalb der Unternehmensstrategie verfolgen. Potenzialentfaltung auf Teamebene gelingt also vor allem durch Vernetzung von Mitarbeitern, Unterstützung von Teamprozessen sowie durch die Erschaffung einer psychologisch sicheren Atmosphäre, ergo, einem konstruktiven Arbeitskontext. Führungskräfte können auf diese Weise Teampotenziale entfalten und eine außergewöhnliche Leistung erreichen. Dies gelingt allerdings nur durch verstärkte Selbstführung auf der individuellen Ebene und Unternehmensführung auf der Organisationsebene, wie sie im folgenden Unterkapitel beschrieben wird.

### 5.2.3   »Organisation« – Unternehmensführung

Wie im ITOK-Modell beschrieben, setzt sich das System der Organisation aus den Systemen »Teams« und »Individuen« zusammen. Nachdem wir erläutert haben, wie Selbstführung auf individueller und Teamebene Potenziale entfalten kann, richten wir die Perspektive nun auf die Gesamtorganisation und erkunden, wie sich ein Unternehmen selbst führen kann.

Eine selbstführende Organisation klingt zunächst abstrakt, weshalb wir diesen Gedanken veranschaulichen wollen. Wie bereits mehrfach in diesem Buch beschrieben, stehen Organisationen unter Marktdruck. In einer VUCA-Welt erleben Unternehmen ständige Kontextveränderungen, Disruptionen und Transformationen. Auf diese Veränderungen müssen Unternehmen reagieren, oder sie sogar proaktiv erzeugen bzw. ihnen proaktiv zuvorkommen. Da Planung in einer solchen Umwelt nur noch schwer oder in Inkaufnahme einer großen Varianz möglich erscheint, wird es immer schwieriger, wenn Unternehmen durch Top-Manager von oben herab geführt werden, da eine akkurate Unternehmensplanung und direktive -steuerung oftmals nicht mehr gelingen kann. Bereits in Kapitel 4.4 hatten wir daher den Kompetenzvorsprung kundennaher Mitarbeiter angesprochen, der eine zentrale Organisationssteuerung obsolet erscheinen lässt. Tatsächlich zeigen die adaptiven Strukturen der Gesunden Organisation, wie die Peripherie das Gesamtunternehmen steuert, zur organisationalen Absorptionsfähigkeit beiträgt, Kunden und deren Anforderungen versteht, neue Möglichkeiten agil erkundet, markt- und ressourcenorientiert arbeitet und so Wettbewerbsvorteile schafft.

Doch das bedeutet nicht, dass Führung obsolet wird. Vielmehr ist es die Aufgabe von Verantwortlichen, Organisationen handlungsfähig, adaptiv und flexibel aufzubauen, sodass diese einen volatilen Kontext zum eigenen Vorteil nutzen können. Unternehmensführung wird eine Dienstleistungsaufgabe, die strategische und operative Kontrolle an agile Teams und verantwortliche Mitarbeiter abgibt und diese dabei unterstützt, ihr ganzes Potenzial zu entfalten, um so letztendlich eine höhere Organisationsleistung und -leistungsfähigkeit zu schaffen. Nehmen sich Manager unsere Prinzipien der Gesunden Organisationen innerhalb der sechs Unternehmensdimensionen zu Herzen und setzen diese in die Tat um, so unterstützen sie ihre Organisation letztlich dabei, sich selbst zu führen. Verantwortliche Mitarbeiter, die in anpassungsfähigen Strukturen ihre agilen Prozesse und Projekte bestimmen und verfolgen und die durch dynamische Ziele die strategische Richtung des Unternehmens mitbestimmen, werden so zu unternehmenssteuernden Individuen und Teams. Führungsaufgabe ist es, Augenhöhe-Beziehungen und eine gemeinschaftliche Kultur mit zu entwickeln, einen andauernden sinnorientierten Strategiefindungsprozess mit zu initiieren und aus der systematischen Perspektive einen optimalen Arbeitskontext zu entwickeln, um dieses Potenzial zur selbststeuernden Organisation zu entfalten.

---

**AUS DER PRAXIS – FÜR DIE PRAXIS**

Das Konzept der selbststeuernden Organisation ist nicht neu. Bereits 1993 machte Ricardo Semler mit dem »SEMCO System« auf sich aufmerksam. Er strukturierte sein Unternehmen komplett um, setzte das Management als solches ab und ermöglichte es Mitarbeitern, ihre Verantwortlichen selbst zu wählen, ihre Arbeitszeiten selbst zu bestimmen, Gewinne per Abstimmung aufzuteilen, die Entscheidung über eine Teilnahme an Meetings eigenständig zu entscheiden und ihr Gehalt selbst festzulegen. Basierend auf einem grundlegend humanen Menschenbild, wurden Mitarbeiter zu verantwortlichen Partnern und ermöglichten Selbstführung auf allen drei ITO-Ebenen. Der Umgang mit Mitarbeitern als erwachsene und eigenständige Menschen war hierfür entscheidend. Semlers Ziel war eine Demokratisierung und Entbürokratisierung des Unternehmens sowie ein »Empowerment« der Mitarbeiter (Semler, 1993). Dabei arbeitete er mit einer Art Netzwerkorganisation mit kleinen, selbstverantwortlichen Teams, die über ein eigenes Budget verfügen und, genau wie in unserem Prinzip der markt- und ressourcenorientierten Strategie, ihre eigenen dynamischen Ziele festlegten. Das Ganze mag zunächst recht chaotisch und unrealistisch klingen, doch der Erfolg gibt Semler recht: SEMCO wurde zum beliebtesten Arbeitgeber Brasiliens, der Umsatz stieg in acht Jahren um das Sechsfache, der Gewinn um das Fünffache und die Produktivität um das Siebenfache (Handelsblatt Management Bibliothek, 2005).

Wenn ein Unternehmen in den Neunzigern in einer komplizierten Domäne ein solches Umdenken bereits erfolgreich vorgelebt hat, so sollten Organisationen in einer komplexen und dynamischen Domäne doch von dem Potenzial einer selbststeuernden Organisation überzeugt sein. Dennoch herrscht auch heute noch große Unsicherheit und Skepsis gegenüber solch »neuen« Ansätzen. Verständlicherweise wird gerade von Managementseite ein solches Umdenken häufig mit Skepsis betrachtet, da es nicht mit den traditionellen Annahmen der BWL und vor allem den eigenen Erfahrungen korrespondiert. Wir hoffen, dass dieses Buch dennoch zur kritischen Reflexion anregt, und dabei hilft, mit typischen, oftmals dysfunktionalen Denk- und Handlungsmustern zu brechen. Ein Anfang wäre es bereits, sich im Arbeitsalltag an Semlers Prinzipien zu orientieren: »Partizipation statt Hierarchien, Vertrauen statt Kontrolle, Mitbestimmung statt autoritärer Führung« (Semler, 1993).

**Wie schaffe ich eine selbststeuernde Organisation?**

Auch Gary Hamel, US-amerikanischer Ökonom und »Managementvordenker«, beschäftigt sich seit Jahren mit dem Erschaffen selbststeuernder Organisationen. Ähnlich wie Semler, sieht er den Schlüssel im »Empowerment« der Mitarbeiter, im Abschaffen autoritärer Führungsverhältnisse, in der Fehlertoleranz, in der Stärkenfokussierung und damit auch im »Umdrehen« der Hierarchiepyramide (Hamel, 2008; Hamel, 2012). 2012 forderte Hamel in einem Artikel des Harvard Business Manager sogar: »Schafft die Manager ab!« (Hamel, 2012), eine Forderung, die relativiert werden muss. Tatsächlich macht es in der selbststeuernden Organisation Sinn, das Management zu verkleinern und Hierarchien abzubauen, das bedeutet jedoch nicht, dass es keine Verantwortlichen mehr gibt. Diese Verantwortlichen sollten allerdings mehr führen als managen und Führung eben als Unterstützung zur Selbstführung verstehen. In einer selbststeuernden Organisation arbeiten daher immer noch Verantwortliche, diese werden allerdings von den Mitarbeitern bestimmt und »dienen« diesen. Wie bereits in Kapitel 4.4 im Strategieteil beschrieben, stellt eine Umkehrung der Pyramide nur einen ersten Schritt zur Selbstorganisation dar, da auch eine umgekehrte Pyramide noch Hierarchien kennt. Vielmehr muss die Pyramide sich in eine holakratische, zellenförmige oder eben adaptive Struktur weiterentwickeln, sodass Strategie, Struktur und Führung in der selbststeuernden Organisation im Einklang stehen.

Hamels Ideen sind nicht bahnbrechend neu, fassen aber grundsätzliche Bewegungen zum Umdenken in einfachen Konzepten zusammen. So zeigt er zum Beispiel einen Weg zum selbstorganisierenden Unternehmen auf, den wir hier kurz porträtieren wollen (Hamel, 2012):

- **Schritt 1**  In einem ersten Schritt müssen die Aufgaben jedes Mitarbeiters dargelegt werden und Mitarbeiter müssen die Fragen klären, welchen Wert sie für ihre Kollegen schaffen wollen und welche Probleme sie für diese lösen wollen. Mitarbeiter werden in kleine Gruppen eingeteilt, in denen über die Aufgabenbeschreibung aller Mitglieder diskutiert wird. So verschiebt sich der Fokus von regelbasiertem Gehorsam auf Verantwortlichkeit auf Grundlage von Vereinbarungen unter Kollegen. Gerade für Selbstführung auf Teamebene ist dies ein notwendiger Schritt zur gelungenen Zusammenarbeit.
- **Schritt 2**  Anschließend muss Mitarbeitern Schritt für Schritt mehr Autonomie gegeben werden. Verantwortliche müssen im Diskurs mit Mitarbeitern Hindernisse zur erfolgreichen Selbstführung erkennen (z. B. bürokratische Hürden, limitierte Entscheidungsfreiheit, fehlende Kontaktpersonen etc.) und diese aus dem Weg räumen. Dies ist vor allem für Selbstführung auf dem individuellen Level wichtig, da Mitarbeiter sich nicht mehr durch Arbeitskontextbedingungen geblockt und gehemmt fühlen.

**AUS DER PRAXIS – FÜR DIE PRAXIS**

In seiner Zeit bei General Electrics unterschied Jack Welch die in solchen Mitarbeitergesprächen aufkommenden Probleme in Klapperschlangen (»Rattlers«) und Pythons (Slater, 1998). Erstere sind Probleme oder Hindernisse, die offensichtlich sind, alle stören, sofort gelöst und aus dem Weg geräumt werden können. Mitarbeiter und Verantwortlicher können die Entscheidung, eine bürokratische Hürde zu entfernen, eigenständig und schnell treffen. Im Falle der Pythons, also vernetzter und komplexerer Probleme, bedarf es eines teamübergreifenden Dialogs und langfristiger Bekämpfung des Problems. Dennoch sollten Verantwortliche nicht davor zurückschrecken, solche komplexen Pro-

bleme zu lösen und ihren Mitarbeitern somit einen konstruktiveren Arbeitskontext zu ermöglichen. Helfen kann dabei z. B. das Interventionsportfolio,
welches in Kapitel 3.2 vorgestellt wurde (vgl. Ab. 31).

- **Schritt 3**  Danach kann jedes Team eine eigene Gewinn-und-Verlust Rechnung erhalten und diese verantworten. Mitarbeiter müssen die Folgen ihrer
  Entscheidungen daher kalkulieren, um ihre Freiheit umsichtig nutzen zu können. Diese Balance zwischen Freiheit, Verantwortung und Entscheidung wird
  auch von Erich Harsch als Grundlage zur Selbstführung gesehen (vgl. Expertenperspektive am Ende des fünften Kapitels). Offensichtlich spielt Vertrauen
  in diesem Schritt eine Schlüsselrolle, weshalb psychologische Sicherheit,
  Augenhöhe-Beziehungen, das Bewusstsein für andere Geni sowie organisationale Gerechtigkeit und ein gegenseitiger Umgang auf Basis der Akzeptanztreppe (vgl. Kapitel 4.4»Die menschliche Perspektive«) hinsichtlich der Team-
  und Organisationsebene so wichtig sind.
- **Schritt 4**  In einem letzten Schritt wird die Aufhebung der »klassischen« Hierarchie verfolgt. Unternehmen müssen Methoden finden, um die Unterscheidung zwischen Managern und Untergebenen abzuschaffen, das organisationale Bewusstsein für Selbstführung zu verstärken und Verantwortliche als
  dienstleistend und rechenschaftspflichtig gegenüber ihren Mitarbeitern zu
  definieren. Dieser Schritt betrifft daher das System der gesamten Organisation
  und führt ein neues Verständnis von Führung und Arbeit ein.

**Wieso sollte meine Organisation überhaupt über Selbstführung und -steuerung
nachdenken?**

Hamel sieht im Aufbau einer selbststeuernden Organisation große Vorteile. Niedrigere Kosten aufgrund verringertem Managementbedarf, vertieftes Fachwissen
und Weiterentwicklung von Mitarbeitern, höhere Kollegialität und Augenhöhe-
Beziehungen, bessere bzw. kompetentere Entscheidungen, stärkere Eigeninitiative, größere Flexibilität und verringerte Reaktionszeit, höheres Innovations-
potential und stärkere Mitarbeiterloyalität sind einige der Gründe, die für
Selbstorganisation sprechen. Diese überwiegen zwar, dennoch müssen sich
Unternehmen auf dem Weg dorthin mit Herausforderungen auseinandersetzen:
Selbstorganisation und -führung passen nicht zu jedem Menschen und Team (hier
wäre eine strukturell-ambidextere Lösung möglich, vgl. Kapitel 4.4), die Einarbei-
tungs-, bzw. Eingewöhnungszeit kann über ein Jahr in Anspruch nehmen und die
Kommunikation innerhalb einer Organisation ist oftmals nicht offen und direkt
genug, um Kollegen auf Fehler oder schwache Leistung anzusprechen. Häufig
wird an der Selbstorganisation auch der Verlust eines Leistungsmaßstabs oder
einer Leistungsbeurteilung bemängelt. Doch eine Kollegenbewertung, natürlich

einschließlich der Verantwortlichen, oder sogar eine mitarbeitergeführte Zuschreibung von Boni nach Leistung kann Abhilfe schaffen. Eine elektronische Kollegenbewertung, wie bei der Frankfurter Videospielfirma Crytek, oder ein kollegengesteuertes Belohnungssystem, wie bei der IT-Firma Symantec, funktionieren bereits heute erfolgreich (Gillies, 2013) und stellen eine Steigerung des 360° Feedbacks dar. Und tatsächlich, in einer selbststeuernden Organisation herrscht eine deutlich bessere Feedbackkultur, die eine ständige Einschätzung der eigenen Leistung ermöglicht. Für Mitarbeitende ist dies deutlich hilfreicher und motivierender als die alljährlichen Zielvereinbarungs- und Leistungsgespräche, in die man bereits mit ungutem Gefühl hineingeht, um dann eine subjektive Bewertung einer Einzelperson durchzuführen. Grundlage für eine solche Feedbackkultur sind die bereits oben angesprochenen Faktoren, wie psychologische Sicherheit, Transparenz und Augenhöhe-Beziehungen.

---

**AUS DER PRAXIS – FÜR DIE PRAXIS**

Ein exzellentes Beispiel für eine selbststeuernde Organisation und damit für Selbstführung auf allen drei ITO-Ebenen ist Valve Corporation, ein US-amerikanisches Softwareunternehmen. In ihrem Handbuch für Mitarbeiter erklärt die Firma ihren Ansatz (Valve Corporation, 2012): Mitarbeiter suchen sich eigene Projekte, eigene Teams, eigene Verantwortliche oder Projektleiter, entscheiden eigenständig, bewerten und belohnen sich gegenseitig und rekrutieren andere Mitarbeiter, um mit ihnen zusammenzuarbeiten. Valve ist eine riesige Entwicklungs- und Experimentierplattform, auf der Mitarbeitende das gesamte Unternehmen durch ihre frei gewählten Projekte und in selbstständigen Teams vorantreiben. Strategie entsteht in der täglichen Arbeit und durch viele unterschiedliche Projekte. In einem solchen Unternehmen bedarf es keines Managements und keiner Planung mehr. Die Organisation funktioniert wie ein natürlicher Organismus, in dem sich Einheiten bilden und trennen, Aufgaben gefunden, geteilt und bearbeitet werden, Mitarbeiter sich frei bewegen können und Risiken eingehen dürfen, ohne bestraft zu werden. Besonders interessant: Das Mitarbeiterhandbuch erklärt, dass alle Mitarbeiter am Steuer des Unternehmens sitzen und dass die Organisation dadurch agiler, innovativer und reaktionsschneller wird. Der einzige Maßstab für alle Mitarbeiter ist Kundenorientierung, da diese am Ende über die Existenz des Unternehmens entscheidet. Wenn also jeder sich am Kunden ausrichtet, so ist sich das Unternehmen sicher, wird es auch langfristig erfolgreich sein.

---

Valve entfaltet Potenziale auf individueller, Team- und Organisationsebene und realisiert eine außergewöhnliche Leistung mit gesunden und verantwortlichen Mitarbeitern. Das System »Organisation« lernt so, sich selbst zu steuern, bedarf keiner Hierarchie, Strategieplanung oder autoritärer Führung mehr, denn, wie bereits im ersten Kapitel gesehen, sind Systeme eben nicht extern bzw. direktiv steuerbar. Selbststeuerung ist für Unternehmen in einer VUCA-Umwelt hilfreich, um so, siehe am Beispiel Valve, organisationale Agilität und Kundenorientierung zu entwickeln. Snowden & Boone (2007), deren Domänen (simpel-kompliziert-komplex-chaotisch) wir anhand des Cynefin-Modells bereits im vierten Kapitel erläutert haben, beschreiben die Aufgaben für Verantwortliche in einer komplexen Domäne. Sie definieren die Hauptaufgaben für Führende in einer VUCA-Umwelt: Kontextgestaltung, Vernetzung von Mitarbeitern, dienstleistende Unterstützung, Ideengenerierung und Stimulation von Experimentierfreude. Dies zeigt einmal mehr, dass das in diesem Kapitel gelehrte Verständnis von Führung und Selbstführung im heutigen Unternehmenskontext hochrelevant ist. Organisationen mit dem hier beschriebenen Führungsverständnis und der Ermöglichung von Selbstführung im gesamten System, können in einem komplexen und dynamischen Umfeld einen klaren Wettbewerbsvorteil erzeugen.

Darüber hinaus hilft systemisches Denken und Verstehen dabei, ein selbststeuerndes Unternehmen zu schaffen. Die Autoren Exner, Exner & Hochreiter (2009) beschreiben die Organisation mit dem Bild eines Biotops, also eines Lebensraums, und stellen aus systemischem Blickwinkel Fragen wie beispielsweise: Was muss getan werden, dass innerhalb eines Unternehmens Lebendigkeit und Vitalität vorherrschen? Welche Wechselwirkungen sollten beachtet werden, dass jeder genug Platz und Raum zur Entfaltung findet? Was passiert, wenn scheinbaren Nebensächlichkeiten keine Beachtung geschenkt wird? Dies zeigt: Die Realisierung von Selbstführung und -organisation ist eben auch eine Frage des systemischen Verständnisses.

Neben systemischem Denken und Handeln spielen die in diesem Buch schon angesprochenen Kernthemen »Leistung UND Gesundheit« sowie »Potenzialentfaltung« und »Kontextgestaltung« Schlüsselrollen im Aufbau einer selbststeuernden Gesunden Organisation mit Selbstführung auf den drei ITO-Ebenen. Es müsste jetzt deutlich werden, dass die Grundlagen aus Kapitel 1 sowie die Konzepte und Perspektiven der Gesunden Organisation, die in Kapitel 4 erläutert wurden, bereits sehr viel mit Führung zu tun hatten und bereits ein großes Maß an Selbstführung voraussetzten. Die Problemdarstellungen aus dem zweiten Kapitel und die »Wrong Turns« aus Kapitel 3 können in einer selbststeuernden Organisation mit selbstführenden Individuen und Teams deutlich einfacher verhindert werden.

Im Übrigen ist die Idee der selbststeuernden Organisation nicht gänzlich neu. Schon Ende der 1990er-Jahre, noch in den Hochzeiten von »Total Quality Management« und »Business Reengineering« und den damit verbundenen Enttäuschungen, entstanden erste, vielversprechende Ansätze, wie die Arbeit durch Teams erfolgreich transformiert werden konnte (Purser & Cabana, 1998). Auf der Grundlage der Studien des Londoner Tavistock Instituts entwickelten die beiden Unternehmensberater mit Firmen wie Procter & Gamble oder Microsoft partizipative Konzepte, die erhebliche Kostensenkungen in den Firmen zur Folge hatten. Die beiden sprachen damals von einem demokratischen Unternehmen, ein Ansatz, der auch in jüngster Zeit wieder für Aufmerksamkeit und Resonanz sorgt (Sattelberger, Welpe & Boes, 2015).

**Wie passt der Sinn der Organisation zum Sinn des Individuums?**

Nachdem erläutert wurde, wie Selbstführung bzw. -steuerung auf den drei ITO-Ebenen realisiert werden kann und welche Vorteile sich daraus ergeben, stellt sich die Frage, inwiefern selbstführende Mitarbeiter noch im Sinne des Unternehmens handeln. Wenn jeder macht, was er will, muss das doch im Chaos enden. Auf welcher Grundlage arbeiten und definieren sich Menschen in einem Unternehmen?

Organisationen, wie in Kapitel 4.4. gesehen, definieren sich aus ihrem Sinn heraus, der die Existenz des Unternehmens berechtigt. Überträgt man das GENIUS-Persönlichkeitsmodell© auf die Gesamtorganisation und integriert den Unternehmenssinn, so zeigt sich, dass dieser Sinn implizit in der Organisation verankert ist und daher eine stabile Basis schafft, aus der sich dann Motive, Eigenschaften, Werte, Einstellungen, Kompetenzen und Verhalten ableiten und ergeben. Mit ihrer Mission und Vision verfolgt eine Organisation dann, wie in Kapitel 4.4 beschrieben, einen Zweck, der sich aus dem tieferen Sinn ableitet. So wie Unternehmen also sinnorientiert handeln, so sucht auch das Individuum innerhalb und außerhalb der Organisation nach Sinnerfüllung. Der Weg zur Sinnerfüllung des einzelnen Mitarbeiters wird durch die Ermöglichung von Selbstführung erleichtert, da das Individuum selbstständig nach dem eigenen Sinn streben kann.

Wenn jedoch das Individuum den eigenen Sinn verfolgt, was passiert dann mit dem Sinn der Gesamtorganisation? Tatsächlich müssen beide Perspektiven miteinander verknüpft werden. Das Ziel lautet deshalb Sinnkopplung. Der Begriff der Sinnkopplung wurde von Gebhard Borck geprägt. Er beschreibt Sinnkopplung als »den Moment, in dem ein Mensch emotional, unbewusst und bewusst an jemanden bzw. etwas (einen anderen Menschen oder ein Unternehmen, eine Bewegung, Idee, Gemeinschaft, Marke etc.) so anknüpft, dass sich von diesem Moment an sein Handeln und Denken ändert« (Borck, 2012). Borck zeigt auf, dass Sinnstiftung in einem selbststeuernden Unternehmen eigentlich fehl am Platz ist. Den Mitarbeitenden Sinn zu stiften, würde ja bedeuten, dass diese nun den Sinn des Unternehmens statt ihren eigenen Sinn verfolgen sollen oder zumindest Platz für den Sinn der Organisation haben. Sinnstiftung wird so zu einer externen und dominanten Handlungsweise, da der eigentliche Sinn des Individuums keine Beachtung mehr findet.

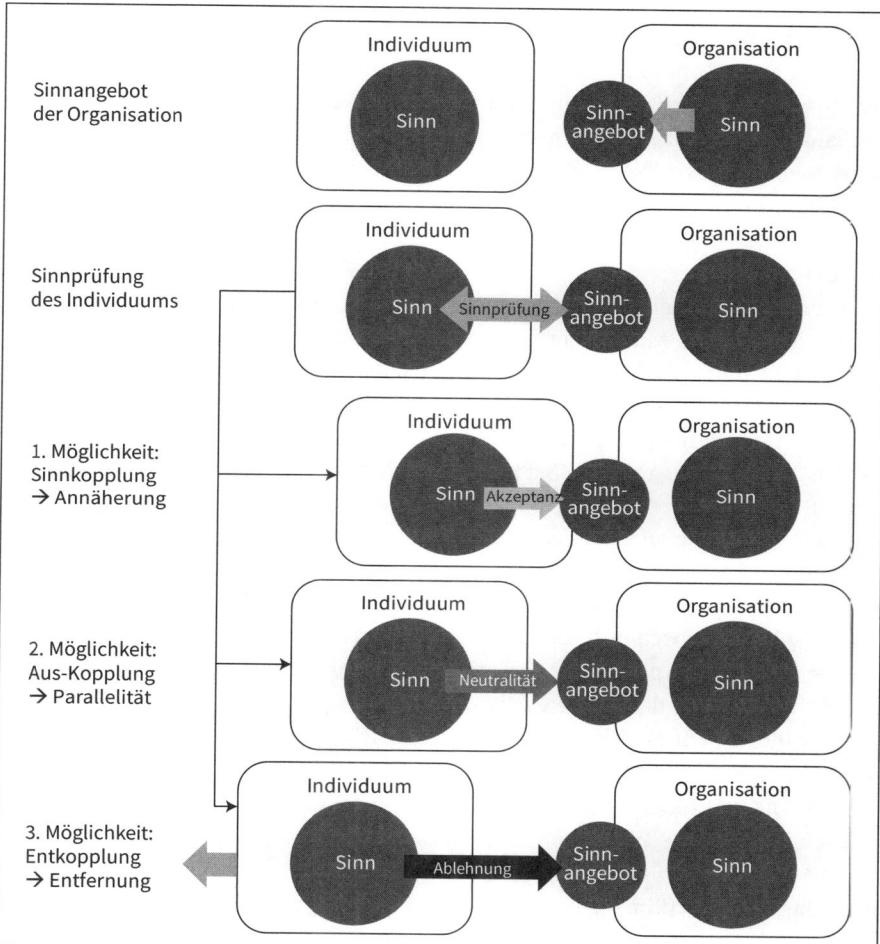

**Abb. 85:** Sinnkopplung und Kopplungszustände (eigene Darstellung in Anlehnung an Borck, 2012)

Sinnkopplung hingegen stimmt mit den Prinzipien der Selbstbestimmung in einem Selbstführungskontext überein. Im Gegensatz zur Sinnstiftung, laden sinnkoppelnde Organisationen ihre Mitarbeiter dazu ein, deren individuelles Sinnstreben an die Sinnsuche des Unternehmens anzukoppeln. Die Entscheidungsverantwortung, ob das Individuum sich der Suche nach der Sinnerfüllung der Organisation anschließen will, liegt bei ihm selbst. Der Mensch wird also als eigenständiges Wesen akzeptiert, das sich eigenwillig an den Sinn anderer ankoppeln, genauso aber auch wieder entkoppeln kann. Jedem Individuum wird so die Verantwortung für den eigenen Sinn belassen. In Abbildung 85 werden die verschiedenen Kopplungszustände zwischen individuellem und organisationalem Sinn nach den Beschreibungen von Borck (2012) grafisch dargestellt. Das Sinnangebot der Organisation wird durch das Individuum einer Sinnprüfung unterzogen und wird so entweder akzeptiert, abgelehnt oder als nicht überzeugend (neutral) bewertet. Die jeweiligen Kopplungszustände verkürzen oder vergrößern, bildlich gesehen, die Distanz zwischen organisationalem und individuellem Sinn.

Dieses Prinzip zeigt, dass Unternehmensführung im Sinne dieses Buches viel damit zu tun hat, Mitarbeitern eine Plattform zu bieten, auf der sie sich als erwachsene und selbstverantwortliche Menschen selbst führen können. Die Organisation oktroyiert den Individuen weder Strategie noch Arbeitsweise oder Sinn auf. Der Mensch bleibt Mensch, authentisch und selbstbestimmt, verfolgt seinen Genius, bringt sein ganzes Selbst ins Unternehmen ein und schlüpft eben nicht in die Mitarbeiter- oder »Untergebenenrolle«. Nur so kann Selbstführung in ihrer reinsten Form auch wirklich realisiert werden. Nur so können Teams sich tatsächlich selbst führen. Und nur so kann sich die gesamte Organisation selbst steuern. Dies können sich alle Organisationen zu Herzen nehmen, denn die Frage ist doch: Wieso sollten Menschen in einem Organisationsverhältnis nicht mehr Mensch, sondern nur noch Angestellter sein dürfen und vor allem: wie viel Potenzial wird dadurch gehemmt, dass unsere Mitarbeiter gesteuert, bevormundet und kategorisiert werden? Wir sind uns sicher, dass Selbstführung auf der individuellen und der Teamebene letztlich zu großen Vorteilen und dramatischen Verbesserungen auf Organisationsebene führen und Unternehmen so Potenzialentfaltung, Selbststeuerung und hohe Wertschöpfung ermöglichen.

**Wie hängen Selbstführung und Balancierte Führung zusammen?**

Mit unserem Führungsverständnis distanzieren wir uns zwar von den klassischen Konzepten der Mitarbeiter- und Unternehmensführung, zeigen aber gleichzeitig neue, vielversprechende Wege für Organisationen auf, um innerhalb des Systems gesünder, leistungsfähiger, verantwortlicher, humaner, bewusster, kreativer und agiler zu werden und durch den Aufbau einer Gesunden Organisation mit der Komplexität und Dynamik des Kontexts deutlich souveräner, gezielter und nachhaltiger umgehen zu können. Daher spielt Führung in der Gesunden Organisation die Schlüsselrolle, denn sie ermöglicht die Gestaltung der sechs Unternehmensdimensionen nach den im Buch präsentierten Maßstäben. Wir sprechen von Balancierter Führung, da

1. eine Balance zwischen den drei ITO-Führungsebenen geschaffen werden sollte. Unter Balance verstehen wir in diesem Fall, dass das Führungsverständ-

nis auf individueller, Team- und Organisationsebene übereinstimmen muss. Versuche ich, einen gesunden Kontext für Selbstführung auf individueller Ebene zu schaffen, so muss ich dies auch auf Team- und Organisationsniveau machen. Konzentriere ich mich stattdessen polarisiert darauf, lediglich selbstorganisierte Teams zu entwickeln, ohne Individuen bei der Selbstführung zu unterstützen und ohne einen entsprechenden organisationalen Kontext zu bieten, so wird die gut gemeinte Initiative verpuffen. Es entsteht ein Ungleichgewicht, da das Führungsverständnis auf den verschiedenen Ebenen unterschiedlich ausgeprägt ist.

2. Außerdem sind Verantwortliche für eine intradimensionale Balance zuständig (vgl. auch das Ende von Kapitel 2.2). Polarisierte Führung, wie in Kapitel 2.2 dargestellt, führt zu einem Ungleichgewicht innerhalb einer Wabe. Balancierte Führung bedeutet in diesem Zusammenhang, dass eine gesunde, balancierte Ausprägung der Wabe gefördert wird. Mitarbeiter sollten idealerweise leistungsfähig und nicht gestresst oder gelangweilt sein. Es ist daher die Aufgabe von Verantwortlichen und Mitarbeitern, nach den Grundprinzipien der »menschlichen Perspektive«, die in Kapitel 4.4 erläutert wurden, zu handeln, um eine Extremausprägung innerhalb der einzelnen Dimension zu vermeiden und die jeweilige Wabe balanciert und gesund zu halten. Um eine intradimensionale Balance zu erzeugen, muss dann wieder, wie eben bereits erwähnt, auf allen drei ITO-Ebenen innerhalb der Wabe für Gleichgewicht gesorgt werden. Dürfen Individuen zum Beispiel ihre eigenen Arbeitsabläufe reflektieren und verbessern, so müssen ebenfalls Teams ermächtigt sein, Verantwortung für ihre Prozesse zu übernehmen. Auch in der Gesamtorganisation sollte die Verantwortung über Prozessstrukturen und Projekte wieder bei den Mitarbeitern und Teams liegen. Nur so kann eine intradimensionale Balance geschaffen werden.

3. Schließlich sollte Führung auch die Erreichung eines Zustandes der interdimensionalen Balance verfolgen. Achtet ein Unternehmen in seinen Strukturen auf den Aufbau kleiner agiler Teams, schafft jedoch gleichzeitig eine egozentrische Kultur oder überhebliche Beziehungen, so kränkelt das Gesamtsystem. Die einzelnen Dimensionen eines Unternehmens sollten aufeinander abgestimmt werden oder sich zumindest nach den Gesetzen der Homöodynamik gegenseitig ausgleichen können (vgl. Kapitel 2.2), um die gesamte Organisation balanciert führen zu können. Durch Selbstführung wird Homöodynamik gefördert, da Individuen und Teams eigenverantwortlich handeln und somit schneller auf Symptome und Ursachen eingehen können.

## 5.3   Praktische Vorgehensweisen – Ihr Handwerkskoffer für nachhaltigen Führungserfolg

Nachdem mit der Erläuterung von Selbstführung auf den drei ITO-Ebenen bereits die Grundlage für Balancierte Führung gelegt wurde, werden in diesem Unterkapitel Vorgehensweisen zur Umsetzung dieses Führungsverständnisses im beruflichen Alltag aufgezeigt. Hierbei werden wir eine Beschreibung von praktischen Führungsmethoden pro Unternehmensdimension und ITO-Ebene anbieten. Das bedeutet, dass pro Unternehmensdimension Prinzipien der Selbstführung bzw. Selbstorganisation auf individueller-, Team- und Unternehmensebene betrachtet werden, um einen ganzheitlichen, balancierten und dennoch gezielten und wirksamen Führungsstil zu ermöglichen. Wir möchten Ihnen damit die Möglichkeit an die Hand geben, sich mit einigen wenigen Praktiken vertraut zu machen, die jedoch den Charme mit sich bringen, dass sie sowohl auf die Philosophie einer Gesunden Organisation einzahlen wie auch auf allen drei Ebenen (Individuum, Team und Organisation) ihre Anwendung finden.

In Kapitel 3.1 haben wir gezeigt, dass Symptome auf drei Ebenen beobachtbar sind: auf einer technischen, einer methodischen und einer Bewusstseinsebene. Im Rahmen dieses Buches und besonders in diesem Unterkapitel, werden Lösungsansätze auf allen drei Ebenen angeboten. Um uns die drei Ebenen eines Problems nach Cay von Fournier (2005) nochmal ins Gedächtnis zu rufen und aufzuzeigen, wie die vorherigen Kapitel und dieses Unterkapitel zur Lösung von Ursachen und Symptomen und damit zum Aufbau einer Gesunden Organisation beitragen, wird Abbildung 29 aus Kapitel 3.1 in einer erweiterten Version dargestellt:

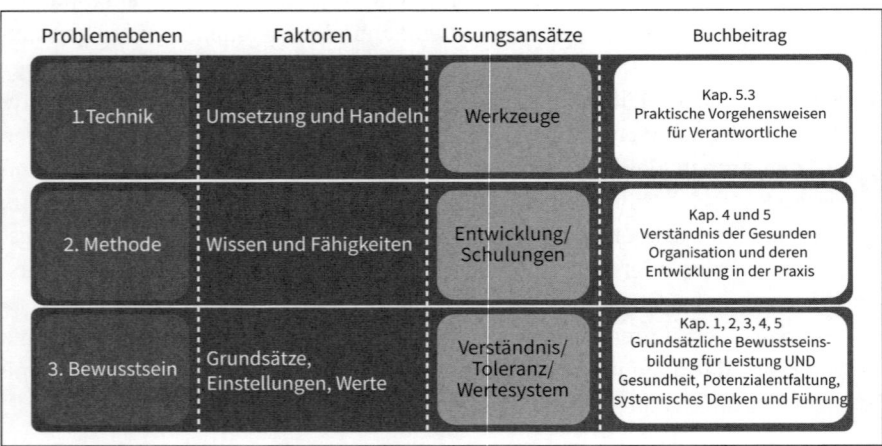

**Abb. 86:** Die drei Ebenen eines Problems nach von Fournier (2005) und wie dieses Buch zu deren Lösung beiträgt (eigene Darstellung)

In Abbildung 86 werden die drei Ebenen illustriert. Dabei zeigt sich, dass alle Kapitel dieses Buches zur grundsätzlichen Bewusstseinsbildung und -erweiterung beitragen. So wird bereits bei der untersten und damit komplexesten Ebene von Symptomen, angesetzt. Die Grundsätze, Einstellungen und Werte von Verantwortlichen zu bilden und zu entwickeln, ist wichtigste Grundlage für das Erlernen von Methoden und Techniken. Pointiert kann man auch sagen: Aus Haltung entsteht Handlung.

Findet diese grundlegende Bewusstseinsveränderung jedoch nicht statt, so fehlt Verantwortlichen in der Folge die nötige Sinnorientierung zur Umsetzung der Gesunden Organisation. Daher war es uns wichtig, bereits in den ersten drei Kapiteln ein grundlegendes Verständnis für Leistung UND Gesundheit, Potenzialentfaltung, systemisches Denken, typische Symptome und klassische »Wrong Turns« zu schaffen und dieses durch ein Bewusstsein für gesunde Unternehmen und Balancierte Führung zu erweitern.

Kapitel 4 und 5 zielten dann neben der Bewusstseinsschaffung hauptsächlich auf das Bilden von Wissen und Fähigkeiten ab, da diese Kapitel aufzeigten, wie eine Gesunde Organisation in der Praxis durch eine neue Art der Führung entwickelt werden kann. Nun, in Kapitel 5.3, werden Techniken und praktische Vorgehensweisen für Verantwortliche aufgezeigt. Die empfohlenen Techniken stellen dabei nur einige Wege dar, um Balancierte Führung umzusetzen. Letztlich geht es darum, auf Basis von Haltung und Bewusstsein einen eigenen Weg im Hinblick auf passende Methoden und geeignete Techniken zu finden, die zur Implementierung auf der Individual-, Team- und Organisationsebene in Ihrer Organisation passend sind.

Nur allzu gerne konzentrieren sich manche Managementbücher auf die (oberflächliche) Behandlung von Symptomen durch reine Techniken, die sich dann meist schnell in der Anwendung als wenig viabel erweisen. Durch den Fokus auf Bewusstsein und Methode im Rahmen dieses Buches sind wir uns sicher, dass Verantwortliche mit entsprechender Grundhaltung, Einstellung und Wertegerüst, kombiniert mit dem in diesem Buch und anderen Veröffentlichungen geprägten Wissen und den nötigen Fähigkeiten, auch ihre eigenen Techniken und Praktiken entwickeln, um letztlich individuell, authentisch und wirksam zu führen und dadurch den Aufbau einer Gesunden Organisation zu fördern.

Als Ziel Balancierter Führung wird durch Potenzialentfaltung langfristig außergewöhnliche Leistung ermöglicht, die zu wirtschaftlichem Erfolg des Unternehmens und zu Wohlbefinden seiner Mitarbeitenden führt. In diesem Unterkapitel tauchen wir deshalb tiefer in die Führungsdimensionen ein und zeigen beispielhaft auf, welches Führungsverhalten aufgrund valider Studien und unserer Erfahrung wirkungsvoll erscheint. Wir sind uns dabei bewusst, dass Führung immer unter Einfluss und Wechselwirkung einer Vielzahl unterschiedlichster Variablen (kognitive Elemente, interpersonales Verhalten, historischer Kontext, aktuelle Arbeitsbedingungen, Organisationskultur) geschieht und deshalb niemals linear im Sinne eines Kochrezepts vollzogen werden kann. Wir wollen die Führungsdimensionen und die damit verbundenen Verhaltensweisen vielmehr als Handlungsoptionen anbieten, die situativ und personenbezogen angepasst werden müssen.

Ein weiterer Aspekt kommt hinzu: Die vorgestellten Praktiken sollen auf allen drei ITO-Ebenen Anwendung finden, denn das erleichtert einerseits einen einheitlichen Ansatz, andererseits aber auch ein ganzheitliches Vorgehen. Das ist zwar charmant, es macht allerdings einen Unterschied, ob Praktiken in einer Eins-zu-Eins-Interaktion angewandt werden, in Teambeziehungen oder auf der Organisationsebene. Vereinfacht könnte man sagen, je mehr Systemelemente, desto größer die Anzahl der Möglichkeiten. Ausgangspunkt ist immer das Individuum selbst. Durch Differenzierungsprozesse auf den anderen Ebenen ergeben sich unterschiedliche Vorgehensweisen, die jedoch eine einheitliche Stoßrichtung intendieren, bspw. sollen die Beziehungen positiver werden, Mitarbeitende entsprechend ihren Stärken arbeiten können oder eine Strategie sinnorientiert ausgefaltet werden. Mit Fokus auf Erkenntnisse der Systemtheorie ist zu erwarten, dass sich durch Ausdifferenzierung und Selbstorganisation die angestoßenen Veränderungen emergent weiterentwickeln, ohne dass diese – insbesondere auf der Organisationsebene – noch steuer- oder kontrollierbar wären. All diejenigen, denen eine solche Unkontrollierbarkeit eher Unbehagen bereitet, können eine solche Situation als individuelle Lernchance begreifen, loszulassen und den Systemkräften zu vertrauen.

Um Ihnen als Leserin und Leser Orientierung zu bieten, stellen wir in Abbildung 87 nochmals das Wabenmodell der Gesunden Organisation inklusive der sechs Führungsdimensionen dar. In diesem Kapitel werden wir, ähnlich wie in den vorhergehenden Kapiteln, nach diesen Führungsdimensionen vorgehen und diese sowohl einzeln erkunden wie auch deren Zusammenhänge aufzeigen. Zunächst werden wir erläutern, wie Mitarbeiter stärkenfokussiert geführt, Beziehungen positiv gestaltet und Kultur werteorientiert entwickelt werden kann. Anschließend zeigen wir auf, wie Strukturen vernetzt aufgebaut und Prozesse nachhaltig implementiert werden können. Zuletzt wird dargestellt, wie eine markt- und ressourcenorientierte Strategie durch zukunftsorientierte Führung realisiert werden kann. Die Führungsdimensionen erlauben die Umsetzung der in Kapitel 4.4 beschriebenen idealen Gestaltung der einzelnen Unternehmensdimensionen und werden in ihrer Gesamtheit als Balancierte Führung zusammengefasst.

In Abbildung 87 wird deutlich, wie ideale Führungsdimensionen zu idealtypischen Unternehmensdimensionen mit intradimensionaler Balance führen. Hierdurch wird eine interdimensionale Balance und dadurch eine Gesunde Organisation realisiert, die wiederum die Basis für Balancierte Führung bietet.

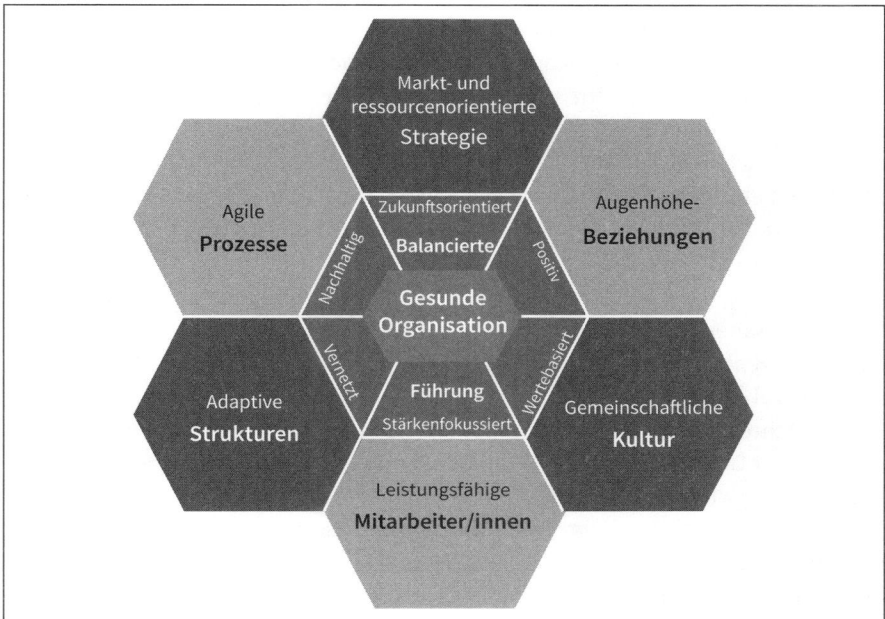

**Abb. 87:** Die Gesunde Organisation und Balancierte Führung (eigene Darstellung)

### 5.3.1  Stärkenfokussiert Führen

Die Gesunde Organisation zeichnet sich durch leistungsfähige Mitarbeiter aus. Wie in Kapitel 4.4 erklärt, bedeutet dies, dass die Gesunde Organisation die Potenziale ihrer Mitarbeiter entfaltet und einen konstruktiven und gesunden Arbeitskontext bietet, um deren Qualifikation und Wohlbefinden zu fördern. Während in Kränkelnden und Kranken Organisationen gerne defizitorientiert (vgl. Kap. 3.2) geführt wird und Mitarbeiter häufig eher gelangweilt oder gestresst sind (vgl. Kap. 2.2), wird in Gesunden Organisationen stärkenfokussiert geführt. Doch was nützt Stärkenfokussierung in der Führung?

Das Sprichwort »Stärken stärken und Schwächen schwächen« ist eines der geläufigsten Bonmots in der Personalentwicklungsszene. Was steckt dahinter? Wahrheit oder Mythos?

Gerade uns Deutschen scheint es bisweilen eine Freude zu sein, an den Schwächen, vor allem der Anderen, herumzudoktern, auch wenn es schmerzt. Ist das wirklich der effektivste Weg zum Erfolg? Das renommierte Gallup-Institut ist dieser Frage nachgegangen und hat dazu eine Studie mit 1003 Mitarbeitern durchgeführt (Sorenson, 2014). Diese sollten entscheiden, welcher der beiden folgenden

Aussagen sie zustimmen: »Mein Vorgesetzter fokussiert auf meine Stärken« oder »Mein Vorgesetzter fokussiert auf meine Schwächen«. All jene Personen, die keiner der Fragen zustimmten, wurden der Kategorie »ignoriert« zugewiesen. Die Ergebnisse sprechen Bände. Zwar ist negative Aufmerksamkeit immer noch besser als gar keine Beachtung, jedoch führt ein positiver Fokus zu einer dramatischen Steigerung des Mitarbeiterengagements. Die Zahl der engagierten Mitarbeiter konnte verdoppelt werden, wenn Verantwortliche den Stärken ihrer Mitarbeiter mehr Aufmerksamkeit schenkten.

Neben dem größeren Arbeitseinsatz ergaben sich weitere positive Effekte. So fühlten Personen, die während der Arbeit ihre Stärken in hohem Maße einbringen konnten, weniger Stress, Ärger, Sorgen und physische Schmerzen. Das gesamte Energielevel stieg. Eine Ausrichtung auf die individuellen Talente scheint das Leben leichter zu machen, sowohl für den einzelnen Mitarbeitenden wie auch für das gesamte Unternehmen. Die Hypothese kann damit bestätigt werden: Stärkenfokussierung wirkt.

Einmal mehr spielen Führungskräfte die Schlüsselrolle, denn durch Stärkenfokussierung auf den drei ITO-Ebenen, können sie die eben beschriebenen Effekte herbeiführen. Hier eine kurze Erinnerung aus Kapitel 1.3: Als eine Stärke bezeichnet man die besonders hohe Ausprägung einer bestimmten Kompetenz. Aufgabe der Führung ist daher, unterstützend in der Entwicklung von Kompetenzen mitzuwirken. Stärkenfokussierte Führung kann auf allen drei ITO-Ebenen umgesetzt werden. Daher zeigen wir im Folgenden Maßnahmen auf den drei Ebenen auf, an denen Sie sich orientieren können:

## 1. Individuelle Ebene

### a) Selbstreflexion

Bevor Sie Ihre Mitarbeiter stärkenfokussiert führen, ist es hilfreich, Ihre eigenen Stärken zu erkennen, um ein Selbstbewusstsein für Talente, Potenziale und Stärken zu schaffen. Die oben beschriebenen Effekte der Stärkenorientierung beginnen schließlich beim Individuum und wirken sich dann auf Team und Organisationsebene aus. Doch wie erreichen Sie ein Bewusstsein für eigene Stärken und Potenziale? Hierbei dient das GENIUS-Persönlichkeitsmodell© als Hilfestellung. In Bezug auf Stärken ist es wichtig, sich auf die Persönlichkeitsfacette der »Kompetenzen« zu konzentrieren und mithilfe der in Kapitel 5.2 dargestellten Bewertung (Abb. 84) festzustellen, in welchen Bereichen Sie fit für heute und in welchen Kompetenzen Sie bereits fit für zukünftige Herausforderungen sind. Ein solches Raster können Sie für persönliche, soziale, methodische und fachliche Kompetenzen erstellen, um Stärken zu identifizieren und sich auf deren Ausbau und Anwendung zu fokussieren.

Eine Analyse Ihrer Selbstlernkompetenz (die Fähigkeit, individuell und selbstständig zu lernen), Selbstveränderungskompetenz (die Fähigkeit, sich selbst zu ändern und weiterzuentwickeln) und Selbstorientierungskompetenz (die Fähigkeit, situativ neue Einsichten zu erlangen und sich selbst einschätzen zu können) ist darüber hinaus sinnvoll. Wenn auch schwierig einzuschätzen, so können Sie sich doch grundsätzlich damit auseinandersetzen, inwiefern Sie autonom arbeiten, sich selbst kritisch hinterfragen, nach Selbstverbesserung streben, sich verändern möchten und dies auch erfolgreich tun, inwiefern Sie eigenständig und motiviert Neues erlernen, neugierig sind und wie Sie Veränderungsprozessen im Unternehmen gegenüberstehen. Sind Sie veränderungsfreudig, anpassbar und flexibel oder eher skeptisch, vielleicht sogar zynisch gegenüber all dem »Change«-Gerede?

Letztlich werden Ihnen diese drei Kompetenzen dabei helfen, Ihre eigentlichen Kernkompetenzen weiterzuentwickeln und in unterschiedlichen Situationen anwenden zu können. So können Sie sich auch unter wechselnden Bedingungen auf Ihre Stärken fokussieren. Eine gute Möglichkeit, diese Kompetenzen einzuschätzen, bietet ebenfalls das Kompetenzraster aus dem GENIUS-Persönlichkeitsmodell©. Gerade die Bewertung von persönlichen Kompetenzen wie Selbstvertrauen, Flexibilität, Anpassungsfähigkeit, Achtsamkeit, Annahme von Herausforderungen, Neugier, Disziplin, Lernbereitschaft, Ausdauer, Verantwortungsbereitschaft, Selbstständigkeit oder Kreativität sagt bereits einiges über die individuelle Selbstlern-, Selbstveränderungs- und Selbstorientierungskompetenz aus. Fühlen Sie sich in den meisten dieser persönlichen Kompetenzen fit für heutige und morgige Herausforderungen, so ist es wahrscheinlich, dass sie über diese drei Kompetenzen verfügen.

In Abbildung 88 zeigen wir eine beispielhafte Stärkenbewertung nach dem GENIUS-Persönlichkeitsmodell©. In allen vier Kompetenzbereichen werden einzelne Kompetenzen auf den Skalen »fit für heute« und »fit für morgen« bewertet. Dabei können Stärken identifiziert werden, die in der Tabelle hervorgehoben sind. Im Beispiel haben wir es mit einer Mitarbeiterin zu tun, die fit für die Digitalisierung ist, Probleme souverän löst, empathisch ist und ein kulturelles Verständnis hat, die sehr sicher im Umgang mit SAP ist und mehrere Fremdsprachen beherrscht. Sie ist außerdem flexibel und achtsam. Ein solches Profil hilft dabei, Stärken relativ einfach zu identifizieren, sie in Bezug zum aktuellen und zukünftigen Arbeitskontext zu bringen und in einem nächsten Schritt weiter auszubauen.

Schwächen sollten nur dann wirklich fokussiert werden, wenn ein Mindestmaß an Fähigkeiten und Wissen zur Erfüllung des »fit für heute« oder »fit für morgen« notwendig ist. In solchen Fällen reicht dann auch wirklich das Mindestmaß, alles andere artet oft in unnötige Quälerei und Frustration aus, gepaart mit einem relativ geringen Hebel an Wirksamkeit.

Wenn wir später Stärkenfokussierung auf Team- und Organisationsebene betrachten, wird sich zeigen, dass ein solches Stärkenprofil bei der Zusammenstellung von Teams und der Gestaltung von Jobs bzw. Rollen, eine exzellente Ausgangsbasis schafft.

| Methoden-kompetenz | Fit für Heute nicht fit .... absolut fit | Fit für Morgen nicht fit .... absolut fit | Sozial-kompetenz | Fit für Heute nicht fit .... absolut fit | Fit für Morgen nicht fit .... absolut fit |
|---|---|---|---|---|---|
| Moderation von Telefonkonferenzen | X | | Empathie | | X |
| Digitalisierung | | X | Kommunikation | X | |
| Problemlösungs-kompetenz | | X | Kulturelles Verständnis | | X |
| Präsentations-technik | X | | Übernahme von Führung | X | |

| Fachkompetenz | Fit für Heute nicht fit .... absolut fit | Fit für Morgen nicht fit .... absolut fit | Persönliche Kompetenz | Fit für Heute nicht fit .... absolut fit | Fit für Morgen nicht fit .... absolut fit |
|---|---|---|---|---|---|
| Controlling | X | | Disziplin | X | |
| Finanzen | X | | Flexibilität | | X |
| SAP | | X | Selbstvertrauen | X | |
| Fremdsprachen | | X | Achtsamkeit | | X |

**Abb. 88:** Stärkenbewertung nach dem GENIUS-Persönlichkeitsmodell©

### b) Selbstentwicklung von Stärken

Stärken können Sie sowohl direkt wie auch indirekt entwickeln. Eine Stärke entwickeln Sie auf direktem Wege, indem Sie sich mit einem Ihrer Talente intensiv auseinandersetzen und dieses konsequent und nachhaltig fördern. Hier wird häufig die sogenannte 10.000 Stunden Regel beschworen, die besagt, dass jeder Mensch durch 10.000 Stunden Übung zu einem Meister seines Faches bzw. Talents werden kann (vgl. u. a. Gladwell, 2009). Dies spräche allerdings dagegen, dass Talent angeboren ist. Auch sonst ist es unwahrscheinlich, dass jeder Mensch durch 10.000 Stunden Übung in einem (beliebigen) Bereich zu einem Wunderkind wird. Vielmehr ist es wichtig, für sich individuell Fähigkeiten und Chancen realistisch einzuschätzen und sich auf bereits vorhandene Talente zu konzentrieren, deren Verwirklichung auf einen selbst höchst motivierend wirkt. Auch Hambrick et al. (2014) sowie Macnamara, Hambrick & Oswald (2014) stellen in ihren Metastudien fest, dass die 10.000 Stunden Regel stark durch situative und individuelle Faktoren beeinflusst wird und daher als ungültig bezeichnet werden kann. So benötigen manche Menschen eher mehr, andere eher weniger Übung, um in die entsprechende Meisterloge aufzusteigen, während andere auch nach weit mehr Übung nicht über ein durchschnittliches Niveau hinauskommen. Übung ist selbstverständlich notwendige Voraussetzung, muss sich jedoch immer auf eigene Talente beziehen und mit Disziplin und Leidenschaft gekoppelt werden, um neue Stärken aufzubauen.

Indirekt können Stärken entwickelt werden, indem Sie sich um die Entwicklung beteiligter bzw. ergänzender Fähigkeiten, Fertigkeiten und Talente bemühen. Ist Ihr Ziel zum Beispiel die Entwicklung Ihrer Kernkompetenz »Präsentieren«, so können Sie neben dem kontinuierlichen Verbesserungsprozess Ihres Präsentationsstils zum Vernetzen dieser Stärke auch das Erstellen von Präsentationen üben, an Ihrem Schauspiel arbeiten, von Vorbildern lernen, also deren Biografien lesen oder sich Videos derer Auftritte ansehen, Ihre Körperkontrolle und Ihr Körpergefühl durch Sport stärken oder weitere »angrenzende« Kompetenzfelder entwickeln, um Ihr Stärkenniveau zu steigern.

Zum Ausbau der eigenen Kompetenzen empfiehlt das GENIUS-Persönlichkeitsmodell© neun Schritte. Diese Schritte helfen dabei, eine stärkenfokussierte Kompetenzentwicklung umzusetzen, Kernkompetenzen in Stärken zu verwandeln und somit persönliche Potenziale zu entfalten. Es ist evident, dass Kompetenzen als Persönlichkeitsfacetten wandel- und anpassbar sind.

1. **Konkret werden**   Werden Sie möglichst konkret, indem Sie Personen fragen, die Sie gut kennen und die Ihnen Feedback zu Ihrem Verhalten geben können. Seien Sie nicht defensiv oder rationalisieren das Bedürfnis, sondern sagen Sie ihnen, dass Sie sich gerne verändern möchten und dazu genauere Informationen benötigen. Fragen Sie nach konkreten Beispielen, wie Sie von anderen erlebt werden, wie diese Ihre Kompetenzen in den verschiedenen Bereichen einschätzen und in welchen Zusammenhängen Ihnen diese Schwächen oder Stärken aufgefallen sind. Wie oft? Wo? Wann? Mit Wem? Machen Sie sich dazu Notizen und vermeiden Sie, sich zu rechtfertigen.

2. **Einen Plan entwerfen**   Entwickeln Sie einen Plan, aus dem sehr konkret hervorgeht, welches Verhalten Sie zukünftig nicht mehr zeigen wollen, welches Verhalten Sie beibehalten möchten und welches Verhalten Sie neu dazu lernen möchten. Um sich zu verbessern, müssen Sie einige Dinge, die Sie immer getan haben, aufgeben und andere, die Sie nie getan haben, beginnen. Suchen Sie nach Freunden und Kollegen, die Sie dabei unterstützen können.

3. **Von Anderen lernen**   Am besten lernt man von Anderen, indem man sich positive Vorbilder sucht, die einen spezifischen Aspekt gut beherrschen. Interessieren Sie sich dafür, wie andere Menschen bestimmte Themen angehen. Reduzieren Sie das, was Sie tun, auf einige wenige Regeln, die Sie übernehmen können. Suchen Sie sich auch jemanden, der sehr schlecht in diesem Bereich ist und kontrastieren Sie so gute und schlechte Modelle.

4. **Fachbücher lesen**    Versuchen Sie, ein entsprechendes Fachbuch zu finden, das gut zu Ihnen und der jeweiligen Kompetenz, die Sie entwickeln möchten, passt. Beim Durchlesen werden Sie auf weitere Bücher und Artikel stoßen. Beantworten Sie beim Lesen folgende Fragen: Wie ist der derzeitige Forschungsstand in diesem Themengebiet? Was sind die zehn Dinge, von Experten bestätigt, wie etwas auszusehen/zu funktionieren hat? Wie kann man sich diese Fähigkeit am besten aneignen?

5. **Durch Biografien lernen**    Lesen Sie Bücher von bekannten Persönlichkeiten, die Ihre wünschenswerte Kompetenz besitzen oder besaßen. Gab es einen Zeitpunkt, an dem diese Leute die Fähigkeit noch nicht besaßen? Gab es einen Wendepunkt in deren Leben? Nach welchen Strategien sind sie vorgegangen, um erfolgreich zu sein? Wie können Sie deren Entwicklung auf Ihre eigene Entwicklung ableiten und ihr Vorgehen entsprechend steuern um Ihre Stärken weiter zu stärken?

6. **Einen Weiterbildungskurs besuchen**    Setzen Sie sich mit einem professionellen Berater/Coach/Trainer zusammen, der mit Ihnen arbeitet und sich mit Ihnen und Ihrer Stärkenfokussierung auseinandersetzt. Das kann innerhalb eines passenden Trainings, Seminars oder Coachings geschehen.

7. **Klein anfangen**    Versuchen Sie verschiedene Aufgaben, aber beginnen Sie klein: 70 Prozent der Verbesserung von Fähigkeiten passieren bei der Arbeit. Notieren Sie sich fünf Dinge, die Sie während der Arbeit anstreben. Zum Beispiel: Gehen Sie auf jemanden zu, mit dem Sie einen Konflikt haben oder bearbeiten Sie Ihre E-Mailflut nur noch dreimal täglich zu bestimmten Zeiten. Auch außerhalb des Berufs können Sie sich Aufgaben stellen und diese bewältigen. Dies muss sich nicht ausschließlich auf die Entwicklung sozialer Stärken beschränken, sondern kann genauso in der Entwicklung persönlicher, fachlicher und methodischer Kompetenzen angewandt werden.

8. **Bleiben Sie dran**    Verfolgen Sie Ihren Fortschritt und halten Sie ihn fest: Wenn es anfängt, hart zu werden oder Sie neue Motivation benötigen, machen Sie sich klar, an welchem Punkt Sie angefangen haben und wie weit Sie inzwischen schon gekommen sind. Andere realisieren vielleicht nicht die kleinen Veränderungen, aber Sie kennen diese. Machen Sie sich Ihre Fortschritte regelmäßig bewusst und halten Sie diese auch schriftlich fest. Auch kleine Schritte sind ein Weg zum Erfolg, gerade wenn es um Stärkenfokussierung geht.

9. **Regelmäßig Feedback einholen**    Holen Sie sich regelmäßig Feedback ein und dokumentieren Sie dieses möglichst genau. Suchen Sie auch nach Feedback von Personen, die Sie noch nicht gut kennen und fragen Sie nach deren Einschätzung. Dann gehen Sie zurück zu der Gruppe, die Ihnen zu Beginn

geholfen hat und fragen sie diese ebenfalls. Vergleichen Sie die Einschätzungen der beiden Gruppen mit Ihrer Selbsteinschätzung – so erhalten Sie ein differenziertes Bild zu Ihrer Kompetenzentwicklung und Ihrer Stärkenfokussierung.

## c)   Selbstwirksamkeit erhöhen

Um Stärken selbst entwickeln zu können, bedarf es der oben angesprochenen Fähigkeiten zur Selbstreflexion und Selbstentwicklung. Doch was können Sie tun, wenn Sie das Gefühl haben, dass Sie Ihre Stärken in der jetzigen Arbeitssituation nicht voll entfalten können? Hindert Sie Ihr Arbeitskontext daran, Ihre Stärken zu entfalten und Ihren Talenten nachzugehen, so dürfen Sie nicht glauben, dass eine Kontextveränderung für Sie unmöglich ist. Sehen Sie sich als Sklave des Systems und machen Ihre Umwelt für Ihre Lage verantwortlich, wird das jedoch nicht funktionieren. Je stärker Sie dagegen glauben, dass Ihre eigenen Handlungen Einfluss auf die äußeren Umstände haben, desto größer ist die Wahrscheinlichkeit, dass Sie die Energie aufbringen werden, tatsächlich Ihren Kontext zu verändern oder sogar wechseln zu können. Dieser Glaube an den eigenen Einfluss nennt man Selbstwirksamkeitserwartung. Sie ist wissenschaftlich gut belegt und lässt sich anhand von vier Dimensionen festmachen (Bandura, 1997): stärkende Erlebnisse durch erfolgreiche Leistung, Beobachten von anderen, konstruktives Feedback und Vertrauen in sich selbst. Wie Sie leicht erkennen können, haben wir die vier Dimensionen schon in den neun Schritten zur Stärkenentwicklung eingebaut (s. oben).

---

UNSER TIPP:

Darüber hinaus finden Sie in der Auflistung unten ein kleines Messinstrument, entwickelt von Jerusalem & Schwarzer (1999), mit Hilfe dessen Sie Ihre Selbstwirksamkeitserwartung grob einschätzen können. Jede der Aussagen können Sie auf einer Skala von »Trifft nicht/kaum/eher/genau zu« mit jeweils ein bis vier Punkten bewerten. Bei einem Gesamtwert über 30 gehen Sie in den meisten Fällen davon aus, Situationen selbst steuern und beeinflussen zu können und verfügen daher über eine hohe Selbstwirksamkeitserwartung:

- Wenn sich Widerstände auftun, finde ich Mittel und Wege, mich durchzusetzen.
- Die Lösung schwieriger Probleme gelingt mir immer, wenn ich mich darum bemühe.
- Es bereitet mir keine Schwierigkeiten, meine Absichten und Ziele zu verwirklichen.
- In unerwarteten Situationen weiß ich immer, wie ich mich verhalten soll.

- Auch bei überraschenden Ereignissen glaube ich, dass ich gut mit ihnen zurechtkommen kann.
- Schwierigkeiten sehe ich gelassen entgegen, weil ich meinen Fähigkeiten immer vertrauen kann.
- Was auch immer passiert, ich werde schon klarkommen.
- Für jedes Problem kann ich eine Lösung finden.
- Wenn eine neue Sache auf mich zukommt, weiß ich, wie ich damit umgehen kann.
- Wenn ein Problem auftaucht, kann ich es aus eigener Kraft meistern.

Setzen Sie Ihre Selbstwirksamkeitserwartung in die Tat um und beeinflussen Sie so Ihren Kontext, dann steigen Ihre Möglichkeiten, Ihre Stärken und Talente auch entfalten zu können.

---

Nachdem wir einige konkrete Ansätze zur Stärkenfokussierung auf individueller Ebene vorgeschlagen haben, richten wir unseren Blick nun auf die Teamebene.

## 2.  Teamebene

### a)  Stärkenidentifizierung im Team

Genauso wie es auf der individuellen Ebene grundsätzlich wichtig ist, eigene Stärken zu identifizieren, ist es auch in der Rolle als Verantwortlicher essenziell, Mitarbeiter dabei zu unterstützen, deren Stärken zu identifizieren. Stellen Sie daher im gemeinsamen Diskurs fest, wo die Stärken Ihrer Teammitglieder liegen, wie diese gefördert werden können und wie Sie diese entfalten können. Wie bereits auf der individuellen Ebene geschehen, können Sie dann eine bewusste Stärkenausrichtung auf Teamebene vornehmen. Was kann jemand besonders gut, was macht er oder sie besonders gern, was fällt jemandem leicht? Anhand des dadurch entstandenen Stärkenrasters sehen Sie, wo die Stärken Ihres Teams liegen und welche Kernkompetenzen das gesamte Team auszeichnen.

Stärkenfokussierung wird erst dadurch relevant, dass sie sich am Kunden und am Markt orientiert, ansonsten verfehlt sie ihren Zweck. Letztendlich geschieht Wertschöpfung schließlich in der Peripherie. In unserem Modell der adaptiven Strukturen sowie in Abbildung 76 haben wir bereits illustriert, dass agile und selbstführende Teams in Kundennähe arbeiten und so einen Kompetenzvorsprung vor der zentralen Plattform erarbeiten. Dieser Kompetenzvorsprung muss auch in der Stärkenfokussierung widergespiegelt werden. Kompetenzentwicklung muss sich nach den Bedürfnissen des Marktes richten.

Entwickeln Teamverantwortliche Stärken oder Kompetenzen, die dem Kunden keinen Mehrwert bieten, so verpufft der Effekt einer stärkenfokussierten Führung. Eine ambidextere Herangehensweise, also eine Balance zwischen interner Kompetenzentwicklung und externen Anforderungen ist daher essenziell, um Stärkenfokussierung relevant zu machen und Entwicklung sowie Ziele sinnvoller zu gestalten.

Anhand der identifizierten Stärken des Teams und der Bedürfnisse des Marktes und der Kunden, kann das Team eine passende Mission und Vision ableiten. Eine Stärkenfokussierung im Team kann so dazu beitragen, dass die Teamvision gezielter formuliert und besser erreicht werden kann. Denn sind Mission und Vision nur mit Kompetenzen, die keine Stärken sind, zu erreichen, so müsste das Team einen Schwächenfokus entwickeln und könnte seine Stärken nicht einsetzen – ein fataler Fehler, der Potenzialentfaltung verhindert und die Effektivität und Leistungsfähigkeit des Teams stark einschränkt. Auf allen drei ITO-Ebenen gilt deshalb, dass eine Kopplung von Stärkenfokussierung und Zielsetzung notwendig ist. Als Verantwortliche in einem klassisch-hierarchischen Unternehmen können Sie gemeinsam mit Ihren Mitarbeitern Ziele anhand deren Kernkompetenzen entwickeln und ihnen so helfen, ihre Stärken in Einklang mit ihrer Rolle zu bringen. In den üblichen »top-down« Zielvereinbarungsprozessen ist hier ein gewisses Maß an Fantasie gefragt. Meist können die Ziele an sich gar nicht beeinflusst werden, der Weg dorthin allerdings schon. Verantwortliche können deshalb beim »Wie« die Stärken fokussieren und entsprechende Entwicklungsmaßnahmen einleiten.

**b)   Stärkenentwicklung des Teams**

Bezogen auf die individuellen Stärken der Teammitglieder können Sie als Verantwortliche aufzeigen, wie unterschiedliche Stärken im Team sich wechselseitig ergänzen können. Je arbeitsteiliger die Rollen sind, desto schwieriger wird dieser Punkt umsetzbar sein. Dennoch: Durch Reflexion und Kreativität können Erfolge erzielt werden. Hilfestellung leisten kann das »T-Shape«-Modell. Es beschreibt ein Kompetenzprofil, in welchem Mitarbeiter eine bestimmte fachliche Spezialisierung haben, gleichzeitig aber ein generelles Verständnis bspw. für Unternehmensabläufe, Strategie, Strukturen, IT, Controlling etc. sowie unterstützende persönliche und soziale Kompetenzen mitbringen. T-Mitarbeiter haben demnach vertiefte Fähigkeiten und Expertenwissen in einem Bereich, in den restlichen relevanten Bereichen aber auch generellere Fähigkeiten und Breitenwissen. Ein solches Kompetenzprofil wird beispielhaft in Abbildung 89 dargestellt.

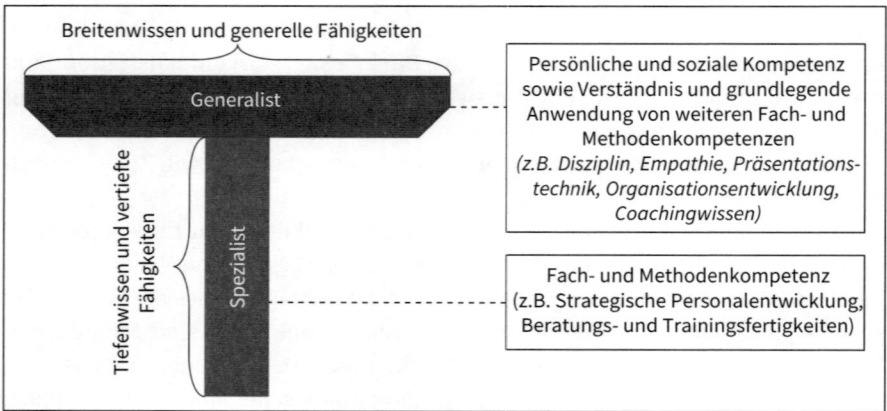

**Abb. 89:** Das »T-Shape«-Modell mit beispielhaftem Kompetenzprofil
(eigene Darstellung)

Wir gehen davon aus, dass solche T-Mitarbeiter, gerade in einem VUCA-Kontext, einen deutlichen Mehrwert gegenüber reinen Generalisten (»Ich kann alles ein bisschen«) und reinen Spezialisten (»Ich kann diese eine Sache extrem gut«) haben. Die generellen Kompetenzen helfen Spezialisten dabei, ihre vertieften Kompetenzen effizient und effektiv einzusetzen und somit eigenständiger zu arbeiten und auf einer interdisziplinären Basis ein starkes Kompetenzprofil aufzubauen. Gerade für Teams bieten T-Mitarbeiter Vorteile, da Stärken ergänzt werden können, gleichzeitig aber ein generelles Verständnis für Projekte, Abläufe, Administration etc. herrscht, welches die Zusammenarbeit und Kommunikation innerhalb des Teams stark verbessert. So kann man in der Teamzusammensetzung darauf achten, Fachexperten zusammenzubringen, welche die nötigen persönlichen, sozialen sowie generelle methodische und fachliche Kompetenzen besitzen, um effektiv zusammenzuarbeiten. Ein reines Spezialistenteam oder ein Team, das ausschließlich aus Generalisten besteht, scheitert entweder an der Zusammenarbeit oder an seiner fachlichen Schwäche.

Die Entwicklung von allgemeinen Kompetenzen neben der Stärkenfokussierung bietet daher die Möglichkeit, effektive interdisziplinäre Teams zu schaffen, die dynamisch, kreativ und selbstführend agieren können. Die Entwicklung von generellen Kompetenzen bei allen Teammitgliedern kann Verantwortliche dabei unterstützen, Stärkenfokussierung zu realisieren. In Abbildung 90 wird illustriert, dass T-Mitarbeiter durch spezielle und generelle Kompetenzen zu idealen Teammitgliedern werden. Für Sie als Führungskraft bedeutet dies, dass eine Stärkenfokussierung im Team auch immer mit der Entwicklung von generellen kooperationsorientierten Kompetenzen gekoppelt werden muss. Entwickeln Sie also ein

Weiterbildungskonzept für Ihr Team, so orientieren Sie sich einerseits an der Stärkenfokussierung des Individuums, andererseits aber auch an der generellen Kompetenzbildung des gesamten Teams. Für Ihre Mitarbeiterführung bedeutet das, dass Sie einerseits die fachlichen Spezialisierungen Ihrer Mitarbeiter unterstützen und stärken, gleichzeitig aber versuchen, soziale und persönliche Kompetenzen zu fördern, um eine solide Ausgangsbasis für gesunde und leistungsfähige Zusammenarbeit zu schaffen.

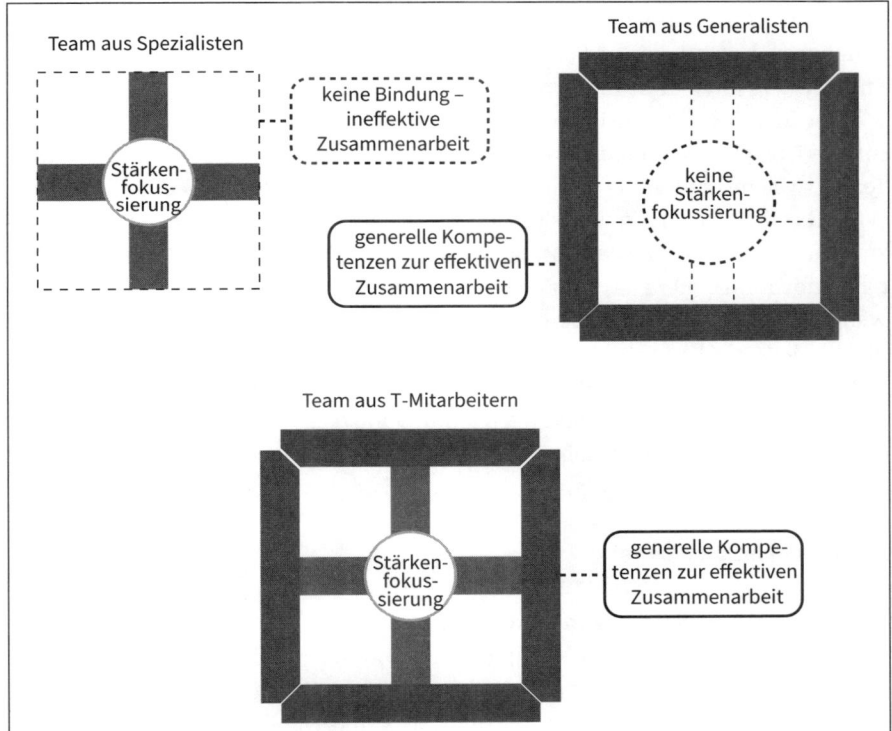

**Abb. 90:** T-Mitarbeiter als ideale Teammitglieder (eigene Darstellung)

Daher ist die in Schritt a) erläuterte Stärkenidentifizierung im Team maßgeblich, um Kompetenzen und Stärken in verschiedenen Bereichen zu erkennen und Teams anhand dieses Stärkenrasters zu fördern, sodass sie effektiv zusammenarbeiten, sich aufgrund ihres Kompetenzvorsprungs und ihres komplettierten Wissens selbst führen, auf ihre Stärken fokussieren und damit ihre Potenziale voll entfalten können. Es macht deshalb Sinn, bereits auf individueller Ebene und später auch auf Teamebene zu reflektieren, in welchem Ausmaß man selbst als Führungskraft sowie alle anderen Teammitglieder bereits »T-Mitarbeiter« sind. Zwei Leitfragen sind dafür bezeichnend: Welche Stärken können weiter ausgebaut werden, um die Spezialisierung zu vertiefen? Welche Entwicklungsfelder müssen bearbeitet werden, um generell kompetenter zu werden? Natürlich immer einhergehend mit der externen Perspektive, was die Bedürfnisse des Marktes angeht und eine möglichst hohe Wertschöpfung ermöglicht. Gehen Sie ins Gespräch mit Ihrem Team und fragen diese, was deren individuelles »T« ist und welche weiteren interdisziplinären Kompetenzen sie ausbauen wollen, um diese Stärken weiterzuentwickeln. Auf Basis dieser Erkenntnisse können Sie dann wieder nach den neun oben beschriebenen Schritten vorgehen und Ihre Teammitglieder bei der Entwicklung ihres »T's« unterstützen.

Eine Teamzusammensetzung nach dem T-Prinzip hilft ebenfalls dabei, konstruktive Diversität zu schaffen, ein essenzielles Kriterium effektiver und kreativer Teams, welches in Kapitel 4.4 in der »menschlichen Perspektive« erläutert wurde (vgl. Abb. 49). Die Ergänzung der fachlichen Spezialisierungen in einem interdisziplinären Team erhöht das Potenzial für kreative Reibung und steigert dadurch das Innovationspotenzial. Gibt es nur Spezialisten in einem Team, kann es auch wenig kreative Reibung geben, da jeder nur auf sein Fachgebiet spezialisiert bleibt. Dagegen kann die Reibung in einem reinen Generalisten-Team sogar zu hoch sein mit entsprechend negativen Folgen, da aufgrund fehlender Expertise jeder zur Meinungsbildung beitragen kann, ohne dass es letztlich jemanden gibt, der eine Meinungshoheit haben könnte. Im Zweifel entscheidet dann der Chef oder die Chefin, was nicht immer die beste Lösung mit sich bringt.

### 3. Organisationsebene

#### a) Stärkenidentifizierung in der Organisation

Die Schritte zur Stärkenfokussierung auf individueller und Teamebene bieten für stärkenfokussierte Führung auf Organisationsebene die wichtigste Grundlage. Die Zielsetzung lautet hier, die Stärkenprofile aus I- und T-Ebene in der Führung übergreifend nutzbar zu machen. Aufgaben auf Organisationsebene sind daher Vernetzung und Dienstleistung. Da die Stärken der Mitarbeiter und der Teams bereits erkannt sind, müssen diese sinnvoll und interdisziplinär vernetzt werden, um deren Stärken ergänzen und Wissen austauschen zu können. Des Weiteren muss sich Stärkenfokussierung natürlich auch in der zentralen Dienstleistung wiederfinden (vgl. Abb. 61). Dies bedeutet, dass die Stärkenprofile der beiden Ebenen nun auf organisationaler Ebene ein klares Bild über vorhandene Kompetenzen und Stärken bieten. Daraus können Vorgehensweisen und Entwicklungspläne abgeleitet werden. Das zeigt, wie Individuen und Teams die Gesamtorganisation mitsteuern. Denn sie wissen am besten, was sie bereits können, was sie können müssen und was die Kunden erwarten. Genau wie auf den beiden vorhergehenden Ebenen, müssen daher auch auf organisationaler Ebene, die vorhandenen Stärken mit den Marktanforderungen abgeglichen werden, um die eigene Strategie entsprechend auszurichten. So entsteht, ausgehend vom Individuum, eine stärkenfokussierte Unternehmensstrategie, die Leistungsfähigkeit und Gesundheit der einzelnen Mitarbeiter fördert und gleichzeitig hochrelevant für den Markt ist.

Zur nachhaltigen Verankerung der Stärkenfokussierung in der Gesamtorganisation, können sogenannte »Talent-Anwälte« im Unternehmen etabliert werden, die jedem Mitarbeitenden helfen, die eigenen Stärken optimal einzusetzen. Klassischerweise sind hier Personalentwickler in ihrer Rolle gefragt. Diese sollten organisatorisch »neutral« verankert und gut vernetzt innerhalb der Organisation sein, aber über einen anerkannten, beratenden Einfluss und einen interfunktionalen Überblick verfügen. Sie können auf Stärkenprofile zugreifen, einen Gesamtüberblick generieren, Entwicklungsmaßnahmen ableiten und so interfunktional agieren, um Mitarbeitenden optimale Kontexte für deren Stärken anzubieten und ihnen einen möglichst guten »Fit« zu ermöglichen. So können zum Beispiel T-Teams zusammengestellt werden. Ebenfalls können diese »Talent-Anwälte« personaldiagnostische Instrumente entwickeln, die Führungskräften und Mitarbeitenden zur Unterstützung gegeben werden, um selbstorganisiert, aber im regelmäßigen Austausch mit Kollegen, Verantwortlichen oder den »Talent-Anwälten«, an den eigenen Stärken zu arbeiten.

Um es auf den Punkt zu bringen: Es lohnt sich, auf die Stärken der Mitarbeitenden zu bauen. Die Schwächen sollten immer nur dann fokussiert werden, wenn eine Kompetenzsteigerung zur Ausführung aktueller oder zukünftiger Arbeitsanforderungen wirklich notwendig ist. Ansonsten gilt: Durch Stärkenorientierung wird Leistung und Produktivität, aber ebenso Wohlbefinden und Selbstständigkeit auf allen drei Ebenen gesteigert. Es entsteht ein emergenter Stärkenfokussierungsprozess, der, ausgehend vom Individuum und Team, letztendlich die Gesamtorganisation transformiert und strategisch lenkt.

## b)   Stärkenentwicklung auf Organisationsebene

Nachdem wir aufgezeigt haben, wie sich Individuen und Teams auf ihre Stärken fokussieren können, ist es notwendig, auf der Organisationsebene eine Grundlage für diese Stärkenfokussierung zu schaffen. Unternehmen können Arbeitskontexte entwickeln, in denen sich Mitarbeiter und Teams auch tatsächlich auf ihre Stärken fokussieren und so ihre Potenziale entfalten können. Bietet eine Organisation einen solchen Kontext, etwa durch adaptive Strukturen und agile Prozesse, so entsteht der eben angesprochene emergente Prozess der Stärkenfokussierung. Zunächst fokussieren sich alle Individuen des Unternehmens auf ihre Stärken, reflektieren und entwickeln diese. Dieser Selbstfokus wandelt sich dann im Team in einen Teamfokus um. Innerhalb des Teams wird ebenfalls auf Stärken geachtet und Stärken werden, bspw. durch das »T-shaped«-Modell, sinnvoll ergänzt. Sowohl Individuen und Teams richten sich selbstgesteuert am Kunden und am Markt aus. Durch diese »bottom-up« und ambidexter orientierte (interne und externe) Stärkenfokussierung gelingt es, dass auch auf Organisationsebene Individuen und Teams vernetzt und Stärken gekoppelt sowie Dienstleistungen zur Kompetenzentwicklung angeboten werden.

Die zur gezielten Stärkenförderung notwendige Ausrichtung am Markt auf allen Ebenen spielt eine wichtige Rolle in der Entwicklung einer agilen und anpassungsfähigen Organisation, die auch in einem dynamischen und komplexen Kontext erfolgreich agieren kann. So können Unternehmen Stärken entwickeln, die für den Markt hochrelevant sind und auch in volatilen Kontexten nicht an Wertigkeit verlieren. Organisationen verfügen dann über Kompetenzen und können diese danach beurteilen, ob sie für das heutige und das zukünftige Umfeld fit sind. Fokussiert sich eine Organisation auf ihre Stärken und schafft es, diese der Dynamik des Kontexts anzupassen, also flexible und anpassungsfähige Kernkompetenzen zu schaffen, so wird sie diese Stärken deutlich effektiver und in einer Vielzahl an Märkten anwenden können. Und Stärken gewinnen dadurch an Flexibilität, dass sie von kundennahen Mitarbeitern ausgehend, entstehen und entwickelt werden. Diese können, lange bevor die zentrale Unternehmensplattform einen Mangel oder ein Kundenbedürfnis erkennt, ihre Stärken gezielt anwenden und optimieren, um Kunden einen Mehrwert zu bieten.

---

**AUS DER PRAXIS – FÜR DIE PRAXIS**

Ein typisches Beispiel für eine stärkenfokussierte Organisation ist Apple. Die Kernkompetenzen des Unternehmens sind Design, Innovationskraft, Benutzerfreundlichkeit und Branding. Diese Stärken helfen dabei, neue Produkte, wie iPod, iPhone oder iPad zu entwickeln. Dieselben Stärken sind aber auch in anderen Märkten und Industrien anwendbar und verlieren auch in zukünftigen Kontexten vermutlich nicht an Bedeutung. Denken Sie an die Apple Watch, Apple Pay oder den langersehnten Apple TV. Dies zeigt, dass eine Stärkenfokussierung Sinn macht, wenn die eigenen Stärken flexibel sind und auch in veränderten Kontexten Vorteile schaffen. Allerdings wird am Beispiel des Fernsehers ebenfalls deutlich, dass die Einzigartigkeit schon groß genug sein muss, um den hohen Erwartungen des Marktes zu entsprechen. Und da Wettbewerber technologisch sehr weit fortgeschritten sind, tut Apple wohl gut daran, die Finger von diesem Projekt zu lassen. Auch ein vernetztes Auto wird seit einigen Jahren diskutiert, wobei bei dieser Diskussion ebenfalls evident wird, dass es doch etwas Anderes ist, ein iPhone zu entwickeln als eben mal schnell ein Auto. An diesen Beispielen wird deutlich, wie hoch die Markterwartungen durch entsprechende Stärkenfokussierung andererseits werden. Wenn nicht jedes Jahr «...one more thing...» geliefert wird, dann sinkt der Marktwert auch schon mal schnell um einige Milliarden Dollar.

## 5.3.2    Positiv Führen

Als zweite Führungsdimension stellen wir positive Führung vor. Diese bezieht sich in unserem Wabenmodell auf Beziehungen. In Kapitel 4.4 haben wir erläutert, dass die Gesunde Organisation sich durch konstruktive, faire und authentische Beziehungen, sowohl innerhalb des Unternehmens, wie auch nach außen hin, auszeichnet. In der Gesunden Organisation werden Beziehungen durch Positivität, Authentizität, Fairness und Ehrlichkeit geprägt. Die Akzeptanztreppe von Wedekind & Georgi (2014) (vgl. Abb. 44) hilft dabei, Respekt, Achtung und Wertschätzung im Beziehungssystem der Organisation zu etablieren. Positive Führung dient unterstützend in der Entwicklung von Augenhöhe-Beziehungen. Sie kann auf allen drei ITO-Ebenen angewandt werden. Auch hier wird sich zeigen, dass durch positiv eingestellte Individuen ein positiv selbstführendes Team entsteht, welches wiederum die grundsätzliche Einstellung in der Gesamtorganisation prägt; ein emergenter Prozess der positiven Führung.

Positive Führung wirkt synergetisch mit stärkenfokussierter Führung. Entwicklungspsychologie und Hirnforschung machen deutlich: Menschen benötigen einerseits von Kindheit an Bindung, sie wollen wissen, wohin sie gehören. Andererseits brauchen sie Wachstumsmöglichkeiten. Bindung wird durch Positivität unterstützt, da Menschen so authentische Beziehungen zu anderen Menschen aufbauen können und sich verbunden fühlen. Diese Bindung wird durch ein Streben nach Wachstum ergänzt, welches durch Stärkenfokussierung realisiert werden kann. Sowohl Bindung wie auch Wachstum werden durch Wertschätzung und Sicherheit ermöglicht, ebenfalls zwei zentrale Faktoren positiver Führung.

## 1.    Individuelle Ebene

### a)    Selbstreflexion

Positive Führung beginnt einmal mehr auf der individuellen Ebene. Zunächst sollten Sie eine positive und gesunde Beziehung zu sich selbst aufbauen. Hierfür ist es hilfreich, dass Sie eine positive Einstellung gegenüber sich und Ihrem Leben haben. Keinesfalls bedeutet dies, dass der Aufbau einer solchen positiven Selbstbeziehung rein selbstbezogen abläuft. Schließlich sollten Sie, wenn Sie ihre eigene

Persönlichkeit reflektieren, auch darauf eingehen, wie Andere Sie wahrnehmen und wie Sie mit Anderen umgehen. Das GENIUS-Persönlichkeitsmodell© kann – neben zahlreichen anderen Methoden – ein geeignetes Instrument sein, um sich selbst besser kennen zu lernen und eine positive Beziehung zu sich selbst zu entwickeln.

Zu Reflexionszwecken empfehlen wir Ihnen das Führen eines Führungstagebuchs, in dem Sie Gedanken, Ideen und Erfahrungen festhalten und reflektieren können. Mit Fokus auf eine positive Selbstführung können Sie die empirisch belegte »Three Blessings«-Übung durchführen (Seligman, 2012). Dazu schreiben Sie in Ihr Tagebuch jeden Abend drei Dinge auf, die an diesem Tag gut waren und warum diese Dinge gut waren. Dies hilft nachweislich dabei, ein grundlegend positives Verhältnis zu sich selbst, zum Berufs- sowie zum Privatleben aufzubauen. Wer sich auf negative Ereignisse fixiert und diese im Kopf immer wieder durchspielt, wird automatisch beginnen, negativer zu denken. Interessanterweise spielt die Häufigkeit der positiven Erlebnisse eine weit wichtigere Rolle als deren Intensität. Edward Diener, ein US-amerikanischer Glücksforscher fand, gemeinsam mit seinen Kollegen heraus, dass Menschen mit häufigen Glücksmomenten ein höheres Wohlbefinden hatten. Daher können auch Menschen, die nie wirklich euphorisch sind, aber dennoch regelmäßig kleinere positive Erlebnisse haben, letztendlich glücklicher leben, als Menschen mit seltenen aber intensiven positiven Erlebnissen (Diener, Sandvik & Pavot, 2009). Jemand also, der jeden Tag ein Dutzend netter Erlebnisse hat, ist wahrscheinlich glücklicher als jemand, dem einmal etwas ganz besonders Schönes passiert. Und die Wahrscheinlichkeit, dass Sie eine hohe Anzahl schöner Erlebnisse haben, hängt unserer Meinung nach direkt mit Ihrer Selbstwahrnehmung zusammen. Stehen Sie in einem positiven Verhältnis zu sich selbst, so wirkt sich dies auch auf Ihre Interaktion mit anderen Menschen aus und kreiert positive Erlebnisse.

**b)  Entwicklung von Positivität**
Selbstreflexion ist bereits ein wichtiger Schritt zur Entwicklung einer positiven Einstellung. Sie wirkt sich auch auf der Verhaltensebene aus. Gerade im Umgang mit Anderen ist positives Verhalten ein Schlüssel zu Bindung, Wertschätzung und Sicherheit. Wie im GENIUS-Persönlichkeitsmodell© dargestellt, ist Verhalten veränderbar. Das bedeutet, dass Sie ihr Verhalten aktiv ändern können und Ihren Umgang mit der Umwelt selbstgesteuert positiv gestalten können. In der Entwicklung von Positivität ist die Vermeidung negativen Verhaltens und somit einer negativen Einstellung grundlegend. Hierzu bietet sich das sogenannte »Reflectband« an. Dessen Grundprinzip basiert auf einer Idee von Will Bowen, der Menschen dabei unterstützen will, sich stärker auf das Positive zu fokussieren und ihr Leben zu genießen anstatt zu jammern und sich zu beklagen (Bowen, 2008). Wir

haben die Idee des Armbands zur selbstgesteuerten Verhaltensänderung übernommen und leicht angepasst. Denn natürlich lassen sich durch eine solche Trainingsmethode nicht nur Jammern und Nörgeln abgewöhnen. Unser Konzept zielt darauf ab, sich mithilfe eines Armbands die 3:1-Regel anzueignen. Diese leitet sich aus der sogenannten »Losada Linie« ab, welche ein Verhältnis von Positivität zu Negativität darstellt. Laut Fredrickson & Losada (2005) werden Beziehungen gestärkt und verbessert, indem Menschen sich mindestens im 3:1-Verhältnis Feedback geben, beziehungsweise austauschen. Das bedeutet, dass für jede negative Aussage wiederum drei positive Aussagen getätigt werden sollten, um eine gesunde Beziehung aufzubauen und die gemeinsame Leistungsfähigkeit, vor allem im Team, zu steigern. Auch wenn Losada ein 3:1-Verhältnis als kritisches Positivitätsverhältnis bezeichnet, ist dieses Verhältnis in der Praxis stark situativ und kontextuell abhängig. Daher wurde seine Arbeit auch mehrfach kritisch hinterfragt. Generell halten wir dennoch fest, dass eine Mehrheit an positiven gegenüber negativen Aussagen zu einer konstruktiveren Zusammenarbeit und daher auch zu Augenhöhe-Beziehungen führt. Das »Reflectband« ist ein geeignetes Instrument, um das eigene Verhalten, also die persönliche Kommunikation, einem 3:1-Verhältnis anzunähern.

Folgendermaßen können Sie konkret vorgehen: Sie nehmen sich vor, in den nächsten 21 Tagen die 3:1-Regel zu befolgen. Jeden Abend reflektieren Sie deshalb kurz, ob Sie Ihr Ziel für diesen Tag erreicht haben oder nicht. Falls Sie zufrieden mit dem heutigen Tag sind, bleibt das Band am entsprechenden Arm. Falls Sie Ihr Ziel nicht erreicht haben, müssen Sie das Band an den anderen Arm wechseln und die Herausforderung beginnt von Neuem. Also wiederum 21 Tage, die dann am Stück vor Ihnen liegen. Normalerweise entwickeln Sie mit der Zeit eine recht hohe intrinsische Motivation, Ihr Ziel tatsächlich zu erreichen. Lassen Sie sich von Misserfolgen nicht abschrecken, es kann durchaus einige Monate Zeit in Anspruch nehmen. Die Erfahrung zeigt jedoch eindrucksvoll, dass Sie nach dieser Zeit bestimmte Verhaltensweisen internalisiert haben. Dadurch dient das Band der gewünschten Verhaltensänderung. Über einige Monate hinweg entwickeln Sie so ein deutlich positiveres Verhalten, das letztlich auch konstruktivere, zwischenmenschliche Beziehungen fördert. Das »Reflectband« unterstützt Sie dabei, selbstführend eine höhere persönliche Positivität zu erreichen. Natürlich können Sie auch andere Bänder oder eine App nutzen, die Sie jeden Abend beispielsweise um 20h erinnert, wichtig ist allein, dass es Ihnen auffällt, sodass Sie jeden Tag an Ihr Ziel denken und dieses reflektieren. Deshalb sollten Sie das Band auch ablegen, wenn Sie Ihr Ziel erreicht haben, damit es nicht zur Normalität wird.

Die individuelle Positivität kann in der Folge nicht nur auf Beziehungen mit Kollegen oder Freunden und Familie abstrahlen, eine positive Grundeinstellung bietet auch im Umgang mit Geschäftspartnern einen klaren Mehrwert. Sie werden als freundlicher und positiver wahrgenommen. Die Qualität Ihrer Dienstleistung kann so, aus der Kundenperspektive, steigen. Im Umgang mit Geschäftspartnern entsteht eine positivere Atmosphäre, die sich auf Verhandlungsergebnisse und Partnerschaften positiv auswirken kann.

Wie immer bei solchen »Rezepturen« gilt: situative, rollenbezogene und persönliche Aspekte erfordern manchmal ein anderes Maß der Zubereitung und individuellen Dosis.

## 2.   Teamebene

### a)   Identifizierung von Positivität und Negativität

Teams leben durch ihre Beziehungen und Interaktionen. Deshalb ist es wichtig, sich mit der Qualität und Positivität von Beziehungen auseinanderzusetzen. Kommunikation spielt hier die wichtigste Rolle. Diskutieren Sie deshalb in einem gemeinsamen Workshop, wie im Team kommuniziert wird und was sich eventuell ändern sollte, sodass die Teammitglieder sich positiver fühlen und anderen gegenüber authentischer verhalten können. In einem solchen »Workshop« können viele Verhaltensweisen bewusst werden, die sich positiv oder negativ auf die zwischenmenschlichen Beziehungen auswirken. Daher können Teams sich grundlegend mit der Frage auseinandersetzen, wie sie Beziehungen gestalten wollen.

Interessanterweise hat Positivität im Team nicht nur Auswirkungen auf die Beziehungsqualität, sondern spiegelt sich auch in der Teamleistung wieder. Losada & Heaphy (2004) stellten in ihren Untersuchungen eindrucksvoll fest, dass Teams mit hoher Leistung ein positiv/negativ Verhältnis von 5,6 haben, dass also über fünfmal häufiger positive Aussagen getroffen werden als negative. Mittel performante Teams erreichen ein Verhältnis von etwa 2:1, während niedrig performante Teams nur einen Indikator von 0,36 aufweisen können. Daher herrscht in niedrigleistenden Teams ein deutlicher Überschuss an negativen Aussagen. Bei aller Vorsicht, mit der diese Zahlen zu bewerten sind, ermöglichen sie doch keine lineare Kausalität zwischen Positivität und Leistung, sondern sind kontextuell abhängig, ist dennoch der Grundgedanke, dass Teams mit hoher Leistung auch positiv kommunizieren, äußerst relevant und bietet für jedes Team eine gute Chance, nicht nur die Beziehungsqualität, sondern in Folge auch die Leistung zu verbessern.

### b)   Entwicklung von Positivität im Team

Es ist wissenschaftlich belegt, dass sich positive Führung stark auf das Leistungsverhalten von Mitarbeitenden auswirkt. Luthans und Avolio (2003) beobachten als Folge positiver Führung Mitarbeitende, die sich über das normale Arbeitsmaß hinaus engagieren, die zusätzliche Aufgaben übernehmen, ihre Kollegen bei der

Arbeit unterstützen, gegenüber Dritten Werbung für das eigene Unternehmen betreiben und sich auch in unbeobachteten Momenten an Vorschriften halten. Eine positive Einstellung, die sich zum Beispiel durch Optimismus, Hoffnung und Belastbarkeit auszeichnet, fördert außerdem die eigene Leistung und Zufriedenheit sowie das individuelle Wohlbefinden und Engagement. Gleichzeitig verringert sie Zynismus, Stress, Ängste, Kündigungsintentionen und konterproduktives Verhalten am Arbeitsplatz (Youssef-Morgan & Luthans, 2013). Die Wissenschaftler betonen außerdem, dass sich die positive Einstellung eines Verantwortlichen auf die Positivität von Mitarbeitern auswirkt. Damit sind zunächst Sie an der Reihe, ein positiveres Verhältnis zu Ihrer Person zu entwickeln und so auch die Beziehung ihrer Mitarbeiter zu sich selbst zu fördern. So kann sich Positivität kaskadenartig im Team und in der Gesamtorganisation ausbreiten. Das Gefühl von Bindung, Sicherheit und Wertschätzung steigt so im gesamten Unternehmen und Mitarbeiter können ihre Potenziale besser entfalten. Nachweislich wirkt sich positive Führung so auch auf die Leistung von Mitarbeitenden aus (Avey, Avolio & Luthans, 2011). Unsere Maxime Leistung UND Gesundheit kann dementsprechend über positive Führung realisiert werden. Welche Instrumente bieten sich neben der Selbstreflexion an, um Positivität im Team zu entwickeln?

In der Tat kann auch auf Teamebene das »Reflectband« zum Einsatz kommen. Das ganze Team kann ein solches Band – oder ein ähnliches Instrument – nutzen und sich gemeinsam auf einen persönlichen Veränderungsprozess einlassen. Gemeinsam mit anderen Menschen fällt es oftmals leichter, eine solche Herausforderung anzunehmen. So kann aus der 21-Tage-Herausforderung auch eine Meisterschaft werden, in der die Teammitglieder die 3:1-Regel dauerhaft anwenden lernen. In einer monatlichen Besprechung können Fortschritte und Herausforderungen bezüglich der teaminternen verbalen und nonverbalen Kommunikation und Beziehungsqualität thematisiert werden. Ebenfalls können die Beziehungen, die ein Team zu seinen Kunden führt, diskutiert werden. Wo bestehen Potenziale und Verbesserungsbedarfe? Was müssen wir in Zukunft vermeiden und welche Art der Kommunikation und des Verhalten sollten wir intensivieren, damit sich unsere Kunden und Geschäftspartner wohler fühlen?

Bei einer solchen Besprechung oder auch in einem Workshop kann darüber hinaus die »Akzeptanztreppe« nach Wedekind & Georgi (2014) zu Rate gezogen werden, um sich ein Bild über den Status quo sowie über die Entwicklungsfelder zu der Beziehungsqualität zu machen. Wie bereits in Kapitel 4.4 erläutert, bietet die Akzeptanztreppe einen Überblick über die identitätsbezogene Positionierung im Team sowie den Bedarf nach Sicherheit in einer Gruppe. Sie sollten danach streben, in Ihrem Team die Stufe der Wertschätzung zu erreichen, da Menschen in einer wertschätzenden Atmosphäre eine hohe Bindung und ein starkes Sicherheitsgefühl empfinden. In Abbildung 91 erweitern wir die Darstellung der »Akzeptanztreppe«, um aufzuzeigen, wie durch Positivität, Selbstreflexion und die Entwicklung eines Bewusstseins für Mitmenschen die Stufe der Wertschätzung erreicht werden kann. So kann über die Stufen Respekt, Achtung und Wertschätzung das Verhalten, die Einstellung sowie die Empfindung von Teammitgliedern positiver und konstruktiver gestaltet werden. Aus überheblichen oder unterwürfigen Beziehungen in der Kränkelnden oder Kranken Organisation können durch positive Führung sukzessive Augenhöhe-Beziehungen entstehen, von denen letztlich das Individuum, das Team sowie die Gesamtorganisation profitieren. Ein hohes Maß an Bindung, Sicherheit und Wertschätzung führt schließlich zu einem stärkeren Gefühl von »Wholeness« (Laloux, 2014) (vgl. Kap. 4.4 in der »menschlichen Perspektive«), also Authentizität. Diese wiederum fördert die Möglichkeit, Potenziale zu entfalten, da Menschen sich innerhalb ihres Kontexts wohlfühlen und frei entfalten können.

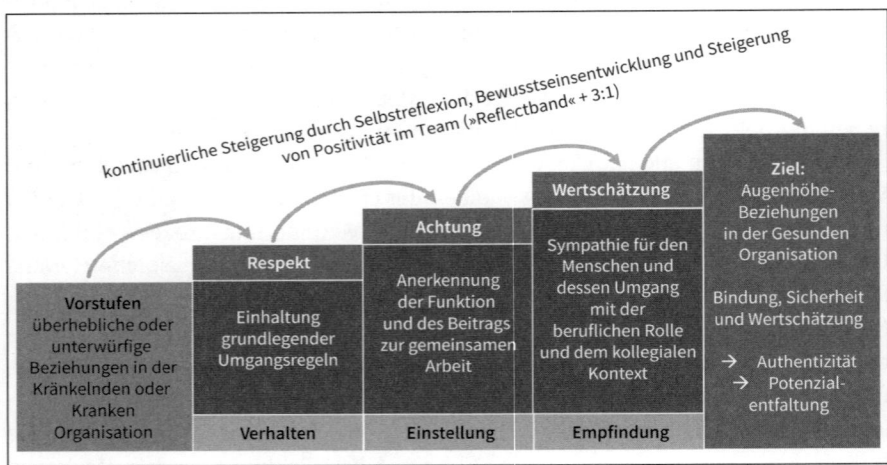

**Abb. 91:** Entwicklung von Augenhöhe-Beziehungen durch positive Führung, basierend auf Wedekind & Georgis (2014) Akzeptanztreppe (eigene Darstellung)

### 3. Organisationsebene

### a) Identifizierung von Positivität

Wie in der stärkenfokussierten Führung, ähnelt die Ausbreitung von Positivität innerhalb einer Organisation einem organischen, emergenten Prozess. Entwickeln Menschen innerhalb einer Organisation ein positives Verhältnis zu sich selbst, ergeben sich auch im Team konstruktivere Beziehungen. Dies breitet sich sukzessive auf die Gesamtorganisation aus. Ausgehend vom Individuum und dessen Selbstführung kann sich Positivität viral im Unternehmen ausbreiten. Was auf

Organisationsebene dafür geleistet werden muss, ist einen entsprechenden Kontext und eine Führungskultur zu entwickeln, die eine solche Entfaltung nicht behindern. Selbstverständlich ist es für Individuen einfacher, eine positive Beziehung zu sich selbst aufzubauen, wenn sie sich in ihrem Arbeitskontext selbst führen können und sich auf ihre Stärken fokussieren dürfen. Es fällt dann leichter, häufige positive Erfahrungen innerhalb des Arbeitskontexts zu machen. Können Mitarbeiter ihren Sinn mit dem des Unternehmens koppeln sowie im Arbeitsalltag »Flow« erleben, steigt das Potenzial für eine positive Selbstbeziehung sowie für positive zwischenmenschliche Beziehungen. Daher spielt Kontextgestaltung auf der Organisationsebene eine Schlüsselrolle. Eine solche Soll-Führungskultur kann und muss auf der Organisationsebene auch durch den 3:1 Ansatz unterstützt werden. Denn in erfolgreichen Teams und Organisationen kommunizieren Führende, laut Losada & Heaphy (2004), nachweislich positiver als in Teams und Organisationen mit geringer Leistung.

Deshalb sollte gerade auf Organisationsebene darauf geachtet werden, dieses Korrelationsverhältnis ernst zu nehmen und auch vorzuleben. Zusätzliche, flankierende Maßnahmen, wie eine adäquate und situationsangemessene Kontextgestaltung, unterstützen die Bildung einer Führungskultur dieser Couleur.

**b)   Entwicklung von positivem organisationalen Verhalten**

Das positive organisationale Verhalten (»Positive Organizational Behavior« – POB) ist ein innerhalb der positiven Psychologie verbreiteter Begriff, um das Verhalten innerhalb einer Organisation auf dessen Positivität zu prüfen und daraus Effekte auf Leistung, Zufriedenheit, Engagement und andere Indikatoren abzuleiten. In der Tat stellt zum Beispiel Ramlall (2008) fest, dass POB eine gesunde Basis für eine hohe Mitarbeiter- und Organisationsleistung bildet. Dies wirkt sich auch auf die Kundenzufriedenheit aus, da Mitarbeiter dank POB eine höhere Energie, Begeisterung sowie Stolz empfinden und sich dies wiederum positiv auf die Interaktion mit Kunden auswirkt. Gleichzeitig erkennen Mitarbeiter in ihrer Arbeit mehr Sinn, was die ganzheitliche Zufriedenheit mit dem eigenen Leben sowie das Engagement innerhalb der Organisation verbessert.

Luthans & Youssef (2007) stellen klar, dass POB in der Führungs- sowie Mitarbeiterentwicklung aktiv gemanagt werden kann, unter anderem über Trainings und Coachings. Ebenfalls kann auch in der Einstellung sowie im Jobdesign darauf geachtet werden, dass Mitarbeiter ihre Talente innerhalb der Organisation entfalten können, um POB proaktiv zu erhöhen. Hier zeigt sich einmal mehr, wie wichtig eine passende Auswahl und Entwicklung von Mitarbeitern und Verantwortlichen sein kann.

Laut Harter, Schmidt & Keyes (2003) sowie Harter, Schmidt & Hayes (2002) müssen Mitarbeitern die Möglichkeit für Wachstum, Entwicklung und Selbstverwirklichung bei gleichzeitiger sozialer Unterstützung und Wertschätzung geboten werden. In der bisher umfangreichsten Langzeitstudie weltweit, in der über 80.000 Führungskräfte und 1 Mio Mitarbeitende von über 400 Unternehmen befragt wurden, konnte signifikant nachgewiesen werden, dass sich ein solches Führungsverhalten positiv auf das Mitarbeiterengagement, die Kundenzufriedenheit und den Unternehmensprofit sowie das Unternehmenswachstum auswirkt. Damit bestätigen die Wissenschaftler unsere These, dass auf Organisationsebene vor allem die Gestaltung konstruktiver Arbeitskontexte und die Entwicklung einer positiven Führungskultur Schlüsselrollen spielen, um Positivität und damit POB zu entwickeln. Bietet die Organisation diese Grundlagen, so fördert sie den emergenten Prozess der organisationsweiten Positivitätsentstehung über selbstführende Individuen und Teams, die mithilfe von Selbstreflexion, »Reflectband« und »Akzeptanztreppe« an gesünderen Beziehungen zu sich und anderen arbeiten. Wie eingangs erwähnt, ist dadurch die Wahrscheinlichkeit hoch, dass über Wertschätzung und Sicherheit ein Gefühl der Bindung entsteht.

### 5.3.3   Werteorientiert Führen

Werteorientierte Führung ist ein wichtiger Baustein in unserem Konzept der Gesunden Organisation. Im gelebten Unternehmensalltag spielen Werte jedoch oft nur eine untergeordnete Bedeutung. Unternehmen unterschätzen meist die Relevanz, die Werte für ihre Mitarbeiter haben. Dies zieht häufig negative Folgen nach sich. Werteorientierte Führung ruft damit nicht nur hervor, dass sich Mitarbeiter voll auf das Unternehmen einlassen können, sondern bewirkt mittel-langfristig auch eine positive, wirtschaftliche Entwicklung.

Werte werden sowohl in den Wissenschaften als auch im Alltag unterschiedlich verstanden. Auf zwei gebräuchliche Dimensionen reduziert können Werte entweder mit einem bestimmten Inhalt verbunden (Uhr, Auto etc.) verstanden werden oder beziehen sich darauf, was uns persönlich wichtig ist (Integrität, Kompetenz, Spaß etc.). Werte entstehen häufig aufgrund individueller Motivkonstellationen, die wiederum durch den Kontext, in dem wir aufgewachsen sind und leben, geprägt wurden. Damit wird schon eine Crux deutlich, wenn wir von gemeinsamen Werten in Organisationen sprechen: Werte in Organisationen werden irgendwann einmal definiert, womöglich noch »top-down« – sie sind damit überindividuell, auf der Organisationsebene vorgegeben. Dennoch soll sich jeder wertekonform verhalten und danach handeln. Oft spielen Werte – vielleicht auch aufgrund dieses Dilemmas – nur eine bescheidene Nebenrolle im Geschäftsalltag, die vor allem HR-Vertretern wichtig zu sein scheint. Oder sie werden so allgemein formuliert, damit sich auch wirklich jeder damit identifizieren kann.

Werden Werte jedoch ernst genommen, so ist eine Balance zwischen dem Leben von Werten und der Akzeptanz nicht-gemeinsamer Werte, zwischen Toleranz einerseits und Sanktionierung andererseits, sinnvoll. Je größer die Schnittmenge zwischen den Werten des Individuums und den Werten der Organisation, desto eher können Menschen sich auf ihre Organisation einlassen. Das heißt andererseits aber auch: Je kleiner die Schnittmenge, desto größer die Wahrscheinlichkeit für das Entstehen von Konflikten. Da Werte andererseits kontextabhängig sind, sind sie oft veränderbarer als wir gemeinhin glauben. Jeder kennt das von uns: Wir begegnen anderen Menschen, ob in einer fremden Kultur oder im Freundeskreis, und sind zunächst überrascht über die Wertvorstellungen dieser Menschen. Lernen wir sie jedoch besser kennen und schätzen wir sie, kann es durchaus sein, dass sich auch unsere Wertvorstellungen ändern oder zumindest angleichen. Manchmal sogar grundlegend. Das Gleiche gilt für Organisationen: Auch hier können uns gelebte Werte beeinflussen, sodass die Übereinstimmung zwischen persönlichen und organisationalen Werten am Ende größer ist als zuvor. Dasselbe gilt natürlich auch umgekehrt: Werden Werte nicht gelebt oder sogar mit den Füßen getreten, sind Mitarbeiter bereit, das Unternehmen zu verlassen, was meist noch die beste Lösung für beide Seiten ist. Oft genug sind sie jedoch frustriert und sehen keinen Ausweg, sodass sie bleiben und das Unternehmen abstrafen, zum Beispiel mit geringerer Leistung, Fehlzeiten, Schlechtreden im Bekanntenkreis oder in sozialen Netzwerken, bis hin zu Diebstahl oder Sabotage. Werte nicht zu leben bedeutet also ein Risiko, da etwas vorgeheuchelt wird, das nicht der Wirklichkeit entspricht. Das schätzt meist niemand über einen längeren Zeitraum und kann nur durch hohe Aufwendungen an anderer Stelle (z. B. Boni) ausgeglichen werden. Daher wollen wir im Folgenden erkunden, wie werteorientierte Führung auf individueller sowie Team- und Organisationsebene analysiert und entwickelt werden kann.

## 1.   Individuelle Ebene

### a)   Selbstreflexion und Analyse der eigenen Werte

Es kann schon eine gewisse Herausforderung sein, die eigenen Werte explizit zu formulieren. Daher macht es Sinn, sich eine Übersicht über alle möglichen Werte zu machen und für sich selbst zu entscheiden, welche dieser Werte einem selbst am wichtigsten sind. Hierbei bietet das GENIUS-Persönlichkeitsmodell© ein einfaches praktisches Vorgehen. Anhand einer breiten Liste an Werten, die darin enthalten ist, können Sie die für Sie wichtigsten Werte markieren und diese weiter priorisieren, sodass Sie am Ende ihre drei bedeutendsten Werte selbst erkennen können.

In Bezug auf Potenzialentfaltung ist es im nächsten Schritt möglich, das Aus-leben und Entfalten dieser Werte im beruflichen sowie im privaten Kontext auf einer Skala von eins bis zehn zu bewerten. Die Frage lautet also: Inwiefern stim-men die von Ihnen ermittelten Werte mit denjenigen Werten überein, die Sie beruflich und privat vertreten (müssen)? Liegen die Werte zwischen acht und zehn, können Sie sich frei entfalten und sich im privaten wie auch im beruflichen Kontext nach diesen Werten ausrichten. Eine werteorientierte Selbstführung wird damit möglich. Diese Ausrichtung nach persönlichen Werten fördert Wohlbefin-den, Motivation, Zielerreichung, tägliche Aufgabenbearbeitung und darüber hin-aus auch die Identifikation mit dem Unternehmen.

### b)   Entwicklung von werteorientierter Selbstführung

Liegt die Bewertung der privaten oder beruflichen Entfaltung von mehreren oder einzelnen Werten unter acht, können Sie folgende Fragen reflektieren:
* Gibt es einen spezifischen Grund, der Sie davon abhält, nach Ihren Werten zu leben?
* Stehen Ihre Werte in Konflikt mit den im Unternehmen propagierten Werten?
* Gibt es Personen in Ihrem Umfeld, welche die von Ihnen ermittelten Werte untergraben oder Sie aktiv davon abhalten, nach Ihnen zu leben?
* Stehen Ihre Werte selbst in irgendeiner Weise in Konflikt zueinander?
* Was können Sie verändern, damit Sie mehr nach Ihren Werten leben können?

Aus einer solchen Selbstreflexion können Sie gestärkt hervorgehen, da diese ein Bewusstsein für die Entfaltung der eigenen Werte bewirken kann. Wird das Aus-leben persönlicher Werte verhindert, können Motivation, Unternehmensidentifi-kation, Jobzufriedenheit und psychische Gesundheit leiden. Als Verantwortliche müssen Sie daher lernen, Ihre eigenen Werte zu leben, um selbst glücklich zu wer-den, aber auch, um andere bei der Erkennung und Entfaltung ihrer Werte zu unter-stützen und Führung zur Selbstführung grundlegend zu ermöglichen. Dabei kann es durchaus helfen, die Barrieren bei der Entfaltung Ihrer Werte genauer zu unter-suchen. Ist es der Kontext, der Sie daran hindert, Ihre Werte auszuleben? In diesem Fall sollten Sie das Gespräch mit Kollegen und Verantwortlichen suchen und gemeinsam mögliche Lösungen identifizieren. Vielleicht denken und fühlen diese sogar ähnlich, sodass Sie nach einer gemeinsamen Wertebasis streben können. Im Endeffekt müssen Sie sich als Kontextgestalter engagieren, um solche Hindernisse abzubauen. Ist dies trotz großem Engagement und vollem Einsatz sowie starker Selbstwirksamkeitserwartung nicht möglich, können Sie eine Kontextveränderung in Erwägung ziehen und nach Rollen suchen, in denen Sie werteorientiert leben und arbeiten können. Auf der anderen Seite kann es aber auch passieren, dass Sie sich selbst im Wege stehen, dass Sie also Ihre Werte nicht ausleben können, da Sie sich selbst hemmen oder da Sie auch in der Gruppe zu stark an Ihren eigenen Werten festhalten, ohne diese einer genaueren Prüfung zu unterziehen.

Da Werte wandelbar sind, macht es Sinn, sich mit den Werten anderer auseinanderzusetzen und für sich die Bereitschaft offenzuhalten, die eigenen Wertvorstellungen zu hinterfragen und diese auch hinterfragen zu lassen. Manchmal leben wir Werte in unserem Handeln unbewusst und stellen bei genauerer Betrachtung fest, dass sie eigentlich überhaupt nicht mehr zu unserer jetzigen Lebensphase passen. In jedem Fall, ob nun der Kontext oder Sie selbst das »Hindernis« darstellen, macht ein offener Diskurs mit Ihren Mitmenschen Sinn, um neue Perspektiven zu erhalten, den Kontext gemeinsam zu verändern und eine Wertegrundlage zu finden, auf welcher Sie gut miteinander arbeiten können. Natürlich sollten Sie Werte nicht aufgeben, die für Sie unumstößlich sind, nur um besser in eine Gruppe oder Organisation integriert zu werden. Dies verhindert Authentizität, einen Schlüssel zu Wohlbefinden und Selbstverwirklichung.

## 2.   Teamebene

### a)   Analyse der Werte im Team

Auf Teamebene begegnen Individuen diversen Wertesystemen. Als Teamverantwortliche können Sie daher zu einem gemeinsamen Diskurs über Werte einladen. Dies kann das soziale Gefüge stärken, da das Bewusstsein über die Werte anderer das eigene Verhalten beeinflussen kann. So werden grobe Verletzungen individueller Werte vermieden. In einem solchen Diskurs oder Workshop kann sich ein Team darauf einigen, welche Werte als Grundlage für die Zusammenarbeit dienen sollen. Das Team, als Organismus, vertritt genauso wie Individuen, eigene Werte. In einem solchen Prozess kann Ihr Team die verschiedenen Werte durch eine angeregte Diskussion priorisieren. Wichtig ist hierbei Authentizität. Wie bereits auf individueller Ebene angedeutet, ist es sinnlos, Werte zu formulieren, die zwar nett klingen, doch die im Team keine wirkliche Bedeutung haben. Ihre gemeinsamen Werte, mit denen alle Individuen übereinstimmen, können Sie dann in einem öffentlichen Dokument verbindlich aufschreiben und auch als Entscheidungsgrundlage für das gesamte Team nutzen. Sie selbst verhalten sich vorbildlich und damit wertekonform. Selbstverständlich können die formulierten Werte regelmäßig zur Diskussion gestellt und überprüft werden, inwiefern das Team nach den gemeinsamen Werten handelt. Definierte Werte sollten deshalb nicht nur formuliert, sondern in Entscheidungen, Prozessen, Beziehungen, Teamkultur und in der Führungsweise widergespiegelt werden und als Grundlage dienen. Es kann daher sinnvoll sein, nonkonformes Verhalten in Bezug auf die gemeinsamen Werte zu sanktionieren, um die zentrale Bedeutung für die Zusammenarbeit herauszustellen. Mitarbeiter achten meist sehr genau darauf, wie mit Fehlverhalten umgegangen wird. Vielleicht werden Sie sich jetzt fragen, wie das mit dem Gedanken der Diversität und kreativen Reibung zusammenpasst? In der Tat haben wir in Kapitel 4.4 aufgezeigt, wie konstruktive Diversität durch das Zusammenführen verschiedener Charaktere nutzbar gemacht werden kann, um kreativer zu arbeiten. Doch auch hier gilt: Gemeinsame Werte spielen eine Schlüsselrolle für konstruktive Zusammenarbeit. Begrüßen Sie daher Diversität, aber bleiben Sie bei Ihrem Wertekanon konsequent. Denn wie in Kapitel 4.4 gesehen, führt konstruktive Diversität zu kreativer Reibung und Divergenz. Ein gemeinsames Wertesystem kann in der Folge dabei helfen, wieder Konvergenz zu schaffen und die einzelnen Charaktere und Ideen auf einer konstruktiven Basis zusammenzubringen, um kreative Lösungen zu finden (vgl. auch Abb. 49).

**b)   Entwicklung werteorientierter Mitarbeiterführung**
Ihre Werte wirken sich auf Ihr Verhalten und Ihre Tätigkeiten aus. Es macht daher Sinn, auf Teamebene auch über erwünschte Verhaltensweisen zu diskutieren, beziehungsweise unerwünschte Verhaltensweisen zu identifizieren. Aus einem solchen Diskurs kann ein Team ein grobes Sollverhaltensprofil ableiten, welches den höchstmöglichen Nutzen und die größte Wirksamkeit für das gesamte Team hat. Solch ein Profil kann Ihnen als Verantwortliche dabei helfen, werteorientiert zu führen. Außerdem ermöglichen diese Verhaltensprofile eine gezielte Entwicklung von wertekonformen und wirksamen Verhalten der Teammitglieder, vor allem der Führungskräfte. In der Erstellung dieser Profile können Sie nach einem Prinzip der beiden INSEAD-Professoren Chan Kim & Mauborgne (2014) vorgehen. Ihre Hauptaktivitäten werden entsprechend der Häufigkeit des jeweiligen Verhaltens geordnet. Dabei entstehen sogenannte »cold spots« (ein Verhalten, auf welches eine Führungskraft viel Zeit aufwendet, das aber wenig Wirkung zeigt), beziehungsweise »hot spots« (ein Verhalten, das sehr selten angewandt wird, welches aber eine hohe Wirkung zeigt). Eine solche Analyse kann zum Beispiel aufzeigen, dass eine Verantwortliche sehr häufig detaillierte Berichte verlangt, die aber nur wenig Nutzen bringen – ein klassischer »Cold Spot«. Auf der anderen Seite verwendet die Verantwortliche nur wenig Zeit auf intensive Einzelgespräche, die aber sehr wirkungsvoll wären – ein typischer »Hot Spot«. In eine solche Analyse kann wertekonformes Verhalten einfließen, indem man die Mitarbeitenden fragt, wie häufig eine Führungskraft ein Verhalten zeigt, dass wirksam und wertekonform ist. Chan Kim & Mauborgne (2014) schlagen vor, die Verhaltensweisen gezielt zu entwickeln, indem diese in ein Raster einsortiert werden, welches darüber entscheidet, ob ein gewisses Verhalten eliminiert, reduziert, intensiviert oder etabliert werden sollte. Wir haben dieses Raster weiterentwickelt und ihm ein Element hinzugefügt, da es mit Sicherheit auch Führungstätigkeiten gibt, die derzeit in einem optimalen Zeitaufwand-Wirkungs-Verhältnis stehen (vgl. Abb. 92).

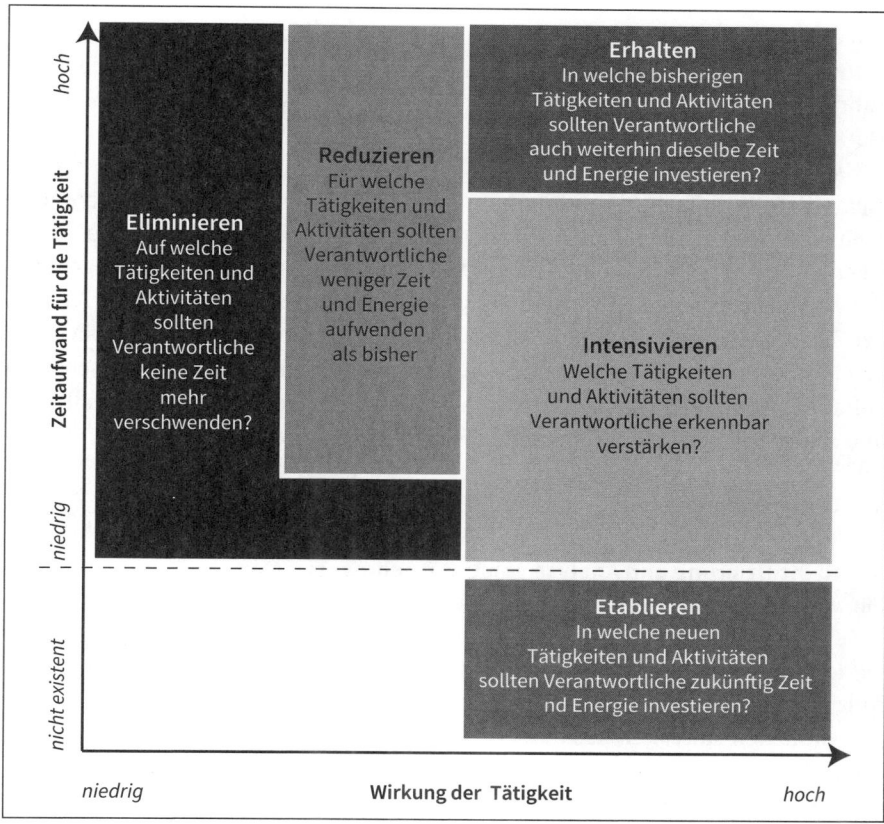

**Abb. 92:** Raster zur gezielten Entwicklung von wirkungsvollem und werteorientiertem Führungsverhalten (in Anlehnung an Chan Kim & Mauborgne, 2014)

Außerdem haben wir es derart verändert, dass Sie Wirkung und Zeitaufwand in einer realistischen Zeit- und Wirkungsachse eintragen können. Deshalb ist der Bereich im »Eliminieren«-Feld auch »L-förmig«, da es keinen Sinn macht, ein gezeigtes Verhalten, für das Sie ohnehin schon wenig Zeit verwenden, noch weiter zu reduzieren. Eine Reduktion von »wenig« entspricht einer Elimination.

Damit entstehen neue, tatsächlich wirksame Führungsprofile, die hinsichtlich Ihres Nutzens für Mitarbeiter und ihrer Wertekonformität bewertet werden können. Anschließend können die abgeleiteten Praktiken von Verantwortlichen implementiert werden. Durch eine regelmäßige Überprüfung entsteht ein Messinstrument zur Entwicklungsüberprüfung. Das Ziel ist die langfristige Entwicklung von wirksamen und wertekonformen Führungsstilen. Alle Verantwortlichen tun das, was am meisten für deren Mitarbeiter bringt; eine exzellente Methode, um

Potenziale zu entfalten, da Mitarbeiter den Führungsstil Ihres Verantwortlichen mitbeeinflussen können und so stärkenfokussierte, positive und werteorientierte Führung mitfördern können. Natürlich immer mit Blick auf Wertschöpfung, Markt und Kunde.

Verantwortliche andererseits erhalten eindeutiges Feedback und können anhand eines einfachen Rasterinstruments ihr Führungsverhalten weiterentwickeln. Dieses Vorgehen hilft in beeindruckender Art und Weise, Werte besser leben zu können, Beziehungen zu stärken und die Teamkultur auf einer gemeinsamen Wertebasis und in werteorientiertem Verhalten zu untermauern. Auch in der Zusammenarbeit mit Kunden und Geschäftspartnern kann ein Team so einen geschlossenen und einheitlichen Eindruck hinterlassen. Denn auch diesen wird auffallen, wenn Ihr Team und Ihre Organisation klare Werte in der internen Kultur und in der Partnerschaft mit externen »Stakeholdern« vertreten.

### 3.   Organisationsebene

#### a)   Identifizierung und Analyse von Unternehmenswerten

Für welche Werte steht Ihr Unternehmen?

Eine einfache und doch zugleich sehr komplexe Frage, denn Organisationswerte erscheinen häufig nicht offensichtlich. In der Tat ist es eine Herausforderung, Unternehmenswerte zu formulieren oder die Unternehmenskultur in einigen expliziten Aussagen zusammenzufassen. Organisationale Werte sind häufig historisch geprägt, entstanden zu Gründerzeiten, in Zeiten wirtschaftlicher Krisen und in Erfolgsjahren. So kann Geschichte die Unternehmenskultur prägen. Da Werte jedoch veränderbar sind, sollte nicht starr an ursprünglichen Wertesystemen festgehalten werden. Diese haben im heutigen Kontext und bei den Mitarbeitern vielleicht nur noch wenig Bedeutung – es droht Entfremdung. Es lohnt sich auch ein Blick auf Gegenwart und Zukunft. Inwiefern passen unsere historischen Werte noch in unser heutiges Unternehmen? Welche Werte müssen wir anpassen oder angleichen, sodass diese auch in Zukunft noch von Bedeutung sind?

Wie Sie sehen, kann man bei der Identifizierung von Werten auf Organisationsebene deutlich tiefer graben und kritisch reflektieren, welche Werte das Unternehmen gestern, heute und morgen auszeichnen und auch von anderen Organisationen differenzieren. Ein Wertewandel im Unternehmen klingt zunächst kritisch, doch die Angleichung von Werten an aktuelle Systeme hilft Unternehmen dabei, auch jüngeren Mitarbeitern eine willkommene Kultur bieten zu können und nicht als Fremdkörper im derzeitigen Kontext zu wirken.

Ähnlich wie bei Stärken und Kernkompetenzen, macht es daher Sinn zu versuchen, zeitlose Werte zu identifizieren sowie Werte, die auch in verschiedenen Kontexten nicht an Gültigkeit verlieren. Nehmen wir ein erfundenes praktisches

Beispiel: Eine Schuhmanufaktur identifizierte sich früher unter anderem über den Wert »Handwerk«, also galt das Erschaffen eines Schuhs mit den eigenen Händen als ein Wert, der das Unternehmen auszeichnete und an dem es lange festhielt. Doch die Firma veränderte sich; sie lässt ihre Schuhe heutzutage nicht mehr von Meistern herstellen, sondern von Mitarbeitern in effizienten und automatisierten Prozessen fertigen. »Handwerk« wäre in diesem Sinne kein gültiger Wert mehr, doch er enthält einen wichtigen Kern für das heutige Geschäft: Das Erschaffen mit eigenen Händen hat etwas mit Kreativität zu tun und auch mit Qualität. Beide Werte sind deutlich zeitloser, da sie sich nicht an einem bestimmten Herstellungsprozess oder einer Technik orientieren, sondern am Gesamtwesen des Unternehmens und seiner Produkte. Dennoch enthalten sie Teile der ursprünglichen Organisationskultur. Beide Werte lassen sich auf die unternehmensweite Führungskultur übertragen und ermöglichen so eine werteorientierte Führung, die selbstführende und hochqualifizierte Mitarbeiter, als Schlüssel zu Kreativität und Qualität, entwickelt. Während Unternehmenswerte sich also anpassen, in ihrem Kern aber stabil bleiben können, muss sich die Art der Führung und die damit verbundene Wirksamkeit im Laufe der Zeit verändern. Früher waren die Handwerksmeister vor allem Fachspezialisten, deren Wirksamkeit insbesondere darin bestand, ihr (fachliches) Können an die Gesellen weiterzugeben und dadurch eine hohe Qualität zu garantieren. In einem heutigen Kontext wäre ein solches Führungsverhalten nicht mehr wirksam, da die Herausforderungen für Verantwortliche über deren Fachbereich hinausgehen und an Komplexität gewinnen. Es bedarf daher eines verstärkten Fokus auf Führungskompetenzen und nicht auf Fachkompetenzen. Werteorientierte Führung ist wichtig, sie sollte aber immer mit wirkungsvoller Führung gekoppelt werden. Im heutigen Umfeld ist es für die im Beispiel genannte Firma daher essenziell, die Unternehmenswerte Qualität und Kreativität durch eine geeignete und wirksame Führungsweise zu unterstützen, wie zum Beispiel durch erhöhte Dienstleistung und Gestaltung von positiven Arbeitskontexten als Mittel zur Selbstführung. Im organisationalen Verständnis von Führung wird neben Werteorientierung auch der Fokus auf wirksames Führen gelegt, um einerseits den historisch geprägten Kern zu stärken und gleichzeitig einem dynamischen, globalen Marktumfeld mit geeigneten und wirksamen Führungsweisen begegnen zu können.

### b)   Entwicklung werteorientierter Unternehmensführung

Auch auf organisationaler Ebene sollte in dieser Logik werteorientierte Führung unterstützt und entwickelt werden. Das Raster zur gezielten Entstehung von wirkungsvollem und werteorientiertem Führungsverhalten aus Abbildung 92 kann auch auf Organisationsebene angewandt werden, um Werteorientierung und Wirksamkeit in der Führungskultur der Gesamtorganisation zu vereinen. Die

Führungsprofile, die auf Teamebene erstellt werden, können auf Organisationsebene vernetzt, abgeglichen und analysiert werden, um eine gezielte Führungskräfteentwicklung zu initiieren. Damit entstehen gelebte, wirksame und werteorientierte Führungsprofile, die sich aus der individuellen und Teamebene ergeben und dann auf Organisationsebene ganzheitlich genutzt werden können. Im Training und in der Weiterbildung von Verantwortlichen kann so durch die Nutzung des oben beschriebenen Rasters verstärkt werteorientiertes und wirksames Führungsverhalten gefördert werden. Hier ergeben sich für alle Verantwortlichen diverse Stärken- und Entwicklungsfelder, die gemeinsam effektiv bearbeitet werden können, um die Unternehmensführung der Gesamtorganisation in ihrer Werteorientierung und Wirksamkeit zu fokussieren. Zeigt sich zum Beispiel, dass viele Teams die Intensivierung von Einzelgesprächen wünschen, so kann auf Organisationsebene in der Führungskräfteentwicklung ein verstärkter Fokus auf die Einzelgespräch-Kompetenz der Verantwortlichen gelegt werden. Die Eins-zu-Eins-Kommunikation, wie zum Beispiel Feedbackgeben, kann mit mehreren Führungskräften trainiert werden. Gleichzeitig erlaubt eine solche Vernetzung auf Organisationsebene auch einen verstärkten Diskurs über Verhaltensweisen, Zeitaufwand und Umgang mit Mitarbeitern, eine konsequentere Entwicklung von Verantwortlichen sowie ein besseres Verständnis von wirksamen Führungserhalten, von welchem alle Verantwortlichen profitieren.

Daneben kann werteorientierte Unternehmensführung auch zentral im Personalbereich und damit in allen HR-Prozessen verankert sein, nicht ausschließlich in der Führungskräfteentwicklung. Dies bedeutet, dass Sie Mitarbeiter nicht nur aufgrund deren Qualifikation rekrutieren, sondern auch anhand deren »Fit« mit den Unternehmenswerten. Des Weiteren können Werte auch in HR-Systemen verankert werden, zum Beispiel in Mitarbeiterbefragungen und Mitarbeitergesprächen.

Sorgen Sie außerdem dafür, dass die Unternehmenswerte gelebt werden können, indem Sie diese zur Entscheidungsgrundlage machen, gerade auf organisationsweiter Ebene bei »großen« Entscheidungen. Achten Sie darauf, dass Sie und damit Ihr Unternehmen, nicht gegen diese Werte verstoßen, auch wenn es Ihnen kurzfristig Nachteile bringen könnte, wie beispielsweise durch den Verlust von Kunden. Langfristig wird sich Ihr Handeln auszahlen, da das Vertrauen in die Werte auf allen Ebenen ungebrochen bleibt und eine starke Kultur weiter unterstützt. Nonkonformes Verhalten auf Organisationsebene bringt die gesamte Kultur ins Wanken, da unaufrichtig gehandelt wird und Werte, als allgemein anerkannte Regelsysteme, gebrochen werden. Individuen und Teams werden sich von solchem Verhalten abwenden oder es sogar abstrafen. Im schlimmsten Fall imitieren sie es, wodurch sich eine Werte- und Ethikerosion im gesamten Unternehmen ausbreiten kann. Dies verschlechtert Beziehungen, vergiftet die Kultur und wirkt sich negativ auf den Arbeitskontext und somit auf die Leistungsfähigkeit von Mitarbeitern aus. Daher gilt: Um werteorientierte Führung auf Organisationsebene zu etablieren, ist die Integration von Unternehmenswerten in Entscheidungsprozesse, HR-Systeme und Führungskultur sowie das konsequente Ausrichten nach Unternehmenswerten essenziell.

### 5.3.4   Vernetzt Führen

Die Führungsdimension »vernetzt« bezieht sich auf die Strukturen innerhalb des Unternehmens. Vernetzte Führung ist ein Schlüssel zur Entwicklung adaptiver Strukturen in der Gesunden Organisation. Selbstverständlich gilt auch hier: Vernetzt ist lediglich eine mögliche Beschreibung dieses Führungsstils. Neben Vernetzung sind Marktausrichtung, Flexibilität, Anpassungsfähigkeit, Effizienz und Effektivität wichtige grundlegende Faktoren in der Strukturgestaltung. In Kapitel 4.4 haben wir erläutert, wie adaptive Strukturen eine Organisation stärken können, indem sie deren Agilität und Marktrelevanz erhöhen. Das Reflect-Modell der adaptiven Strukturen (vgl. Abb. 61) sowie das erweiterte Modell der Potenzialentfaltung durch adaptive Strukturen (vgl. Abb. 76) zeigten bereits auf, dass in einer Gesunden Organisation die Peripherie für wertschöpfende Tätigkeiten zuständig ist. Dies ergibt sich aus dem Kompetenzvorsprung, den die kundennahen Mitarbeiter und Teams gegenüber der zentralen Unternehmensplattform haben. Bietet eine Organisation adaptive Strukturen und entsprechende zentrale Dienstleistungen, so kann sie sich nah am Markt und am Kunden ausrichten sowie durch einen Selbstorganisationsprozess »steuern« lassen. Im Folgenden werden wir aufzeigen, wie das über Führung auf den drei ITO-Ebenen realisiert werden kann.

### 1.   Individuelle Ebene

#### a)   Selbstreflexion
Wie auch in den anderen Führungsdimensionen ist es zunächst hilfreich, Ihr Umfeld und Ihre Rolle innerhalb der Organisationsstrukturen zu reflektieren. Arbeiten Sie in einer sinnvollen Struktur, da Zuständigkeiten, Verantwortlichkeiten und Rollen zweckdienlich miteinander gekoppelt sind? Erfüllen die Strukturen ihren Sinn? Inwiefern hindern die derzeitigen Strukturen Sie daran, Ihr Potenzial zu entfalten oder Ihren Genius zu verfolgen? Vielleicht beschränken die Strukturen Sie und bieten keinen Platz für selbstständige Entscheidungen und autonomes Arbeiten. In einem solchen Kontext verlieren sich Ihre Ideen häufig in dem bürokratischen Labyrinth der Hierarchie. Oder haben Sie das Gefühl, dass Ihr

Unternehmen Ihnen zu wenig Struktur bietet, da Sie keine Ansprechpartner kennen, die Zuständigkeiten unklar sind, Verantwortlichkeiten ungünstig verteilt sind und Redundanzen immer wieder vorkommen?

In jedem Fall ist es ratsam, sich damit auseinanderzusetzen, inwiefern die vorhandenen Strukturen, die verschiedenen persönlichen Rollen, die Jobbeschreibung und der eigene Verantwortungsbereich Ihnen dabei helfen, Ihr Selbst am Arbeitsplatz zu zeigen sowie Ihre Leistungsfähigkeit und Ihr Wohlbefinden fördern. Betrachten Sie Ihre Rolle innerhalb der Organisation aus einer systemischen Perspektive und denken Sie zirkulär, um zu erkennen, welche Einflüsse die gegebene Struktur auf Sie, Ihre Potenzialentfaltung sowie Ihre Leistung und Ihre Gesundheit hat.

### b)   Selbstgestaltung und -entwicklung von Strukturen

Nachdem Sie Ihre Situation im Hinblick auf die strukturellen Gegebenheiten analysiert und besser verstanden haben, können Sie von der Lösung aus denken. Welche strukturellen Veränderungen sind notwendig, damit Sie in Ihren verschiedenen Rollen engagierter, positiver und konstruktiver arbeiten können? Nun ist es an Ihnen, Ihren Job und Ihren Kontext entsprechend zu verändern. Dies liegt nicht nur in Ihrem eigenen Interesse, sondern im Interesse der Gesamtorganisation, da diese von Ihrer verstärkten Leistungsfähigkeit und Gesundheit profitiert. Eine bessere Struktur vereinfacht es Ihnen ebenfalls, sich selbst und Ihre Mitarbeiter stärkenfokussiert, positiv und werteorientiert zu führen. Die Frage ist, wie können Sie hier am besten vorgehen?

Eine mögliche Methode, um Ihnen ein Verändern der gegebenen Strukturen zu ermöglichen, ist »Job Crafting« (Wrzesniewski, Berg & Dutton, 2010). »Job Crafting« beschreibt die individuelle Gestaltung und Veränderung der Arbeit durch die Mitarbeitenden selbst. Dazu nutzen Mitarbeiter die Freiheiten, die ihnen bei der Ausführung ihrer Tätigkeiten gegeben werden. Damit steigt die Bedeutung der Arbeit für das Individuum und die individuelle Arbeitsidentität verändert sich. »Job Crafting« beginnt auf der individuellen Ebene und wirkt sich in der Folge auf die Team- und Organisationsebene aus. Diese Effekte werden in den folgenden praktischen Beispielen in Abbildung 93 deutlich, die sich an den drei Arten des »Job Craftings« orientiert: Grenzverschiebung, Interaktion und Wahrnehmung.

Wissenschaftler stellten fest, dass »Job Crafting« dazu beiträgt, dass Mitarbeiter sich eigenständig einen konstruktiveren Arbeitskontext schaffen können. So fördert »Job Crafting« außerdem das Engagement, die Selbstwirksamkeitserwartung, das Wohlbefinden, die Selbstlernkompetenz sowie die Leistung von Mitarbeitern und reduziert gleichzeitig die Burn-out-Gefahr (Heuvel, Demerouti & Peeters, 2015; Petrou et al., 2012; Tims, Bakker & Derks, 2013). Damit stellt das Konzept eine exzellente Methode dar, um über die Hebel Selbstführung und Kontextgestaltung höhere Leistung UND Gesundheit zu erreichen und gleichzeitig individuelle Potenziale zu entfalten. »Job Crafting« ist eine zentrale Technik, die organisationsweit angewandt werden kann, um die Prinzipien dieses Buches umzusetzen. Das Konzept der selbstständigen Jobgestaltung ist implizit in den Themen »Selbstführung« und »Kontextgestaltung« verankert. Doch wie funktioniert »Job Crafting«?

| Arten von Job Crafting | Beispiel | Effekt auf die Bedeutung der Arbeit |
|---|---|---|
| **Grenzverschiebung:** Veränderung der Anzahl, des Umfang und der Art der Tätigkeitsanforderungen | Konstrukteur kommuniziert verstärkt mit anderen, wodurch ein Projekt schneller fertig wird. | Konstrukteur sieht sich als Verantwortlicher/Voranbringer, das Projekt wird schneller fertig. |
| **Interaktion:** Veränderung der Qualität und/oder des Umfang der Interaktion mit anderen | Verantwortliche tritt enger in Kontakt mit Mitarbeitern, indem sie mehr Zeit für Mitarbeitergespräche einplant. | Verantwortliche betrachtet sich als für ihre Mitarbeiter verantwortlicher und versteht sich stärker als Coach. |
| **Wahrnehmung:** Veränderung der Sichtweise auf die Aufgaben innerhalb der Arbeit | Krankenschwester übernimmt Verantwortung für unbedeutende Aufgaben, die ihr bei der Patientenpflege helfen. | Krankenschwester sieht ihre Arbeit ganzheitlicher und kann dadurch Patienten besser betreuen. |

**Abb. 93:** Arten, Beispiele und Effekte von Job Crafting (eigene Darstellung)

Um »Job Crafting« umsetzen zu können, müssen Sie sich einen Überblick über Ihre verschiedenen Aufgabenbereiche verschaffen. Hierzu ist es notwendig, dass Sie die Elemente Ihres Jobs visualisieren und in einem Diagramm festhalten. Das wird Ihnen dabei helfen, die einzelnen Elemente neu anzuordnen oder neu zu definieren, sodass Ihr Job besser zu Ihnen passt. Sie können auf diese Weise selbstgesteuert Ihren Job neu organisieren und eine andere Wahrnehmung für Ihre Arbeit entwickeln. Um zu illustrieren, wie »Job Crafting« in der Praxis durchgeführt werden kann, bietet sich ein Fallbeispiel an.

Nehmen wir an, Sie arbeiten im Einkauf eines mittelständischen Unternehmens und sind dort seit zwei Jahren Führungskraft. Ihre Leistung wird gut bewertet und Ihre direkte Führungskraft sowie Ihre Mitarbeiter sind zufrieden mit Ihnen. Allerdings haben Sie in den letzten Monaten den Eindruck bekommen, dass Sie in Ihrem Job stagnieren und Ihr Engagement zurückgeht. Sie würden sich gerne für eine nachhaltige Logistikkette (Supply-Chain-Management) engagieren und CSR-Standards, über die Sie bereits einiges gelernt haben, in Ihrem Unternehmen und bei Ihren Lieferanten implementieren, da Sie sich auch privat stark mit dem Thema Nachhaltigkeit auseinandersetzen. Ihrer Meinung nach würde CSR

Ihrem Unternehmen auch klare Wettbewerbsvorteile verschaffen. Doch dies ist nun mal nicht Teil Ihrer Jobbeschreibung. Zeit für »Job Crafting«!

Zunächst listen Sie hierfür Ihre verschiedenen Aufgabenbereiche auf und schätzen in etwa den Zeitaufwand ein, den Sie in jeden Aufgabenbereich investieren. Dann erstellen Sie ein Diagramm wie in Abbildung 94, in welches Sie die einzelnen Aufgabenbereiche nach Zeitaufwand sortieren.

**Abb. 94:** »Job Crafting«: Vorher-Diagramm mit beispielhaften Aufgabenbereichen (in Anlehnung an Wrzesniewski et al., 2010)

Nachdem Sie Ihr Diagramm erstellt haben, erkennen Sie, dass Sie viel Zeit für Aufgaben verwenden, die Ihnen kaum Freude bereiten. Die Teamleistung zu kontrollieren oder die Beschaffungsmarktforschung durchzuführen, macht Ihnen keinen Spaß. Demgegenüber befinden sich Ihre Lieblingsbereiche, wie zum Beispiel Ihre professionelle Weiterentwicklung sowie die Entwicklung von Lieferanten, ganz unten im Diagramm. Es ist also an der Zeit, Ihren Job neu zu definieren. Hierzu ist es hilfreich, Ihre Motive, Stärken und Leidenschaften zu identifizieren. Dabei kann durchaus das GENIUS-Persönlichkeitsmodell© angewandt werden. Schließlich gibt es Ihnen bereits Auskunft über Ihre Motive und Ihre Stärken. Weiter mit unserem Fallbeispiel: Ihre Motive sind Menschen zu unterstützen und Verantwortung zu übernehmen; Ihre Stärken sind Ihre Emotionale Intelligenz und Ihr CSR-Fachwissen; und Ihre Leidenschaften sind Potenziale von Menschen zu entfalten und verantwortliche Strukturen für ein nachhaltigeres Unternehmen zu entwickeln. Im oberen Diagramm sind diese Motive, Stärken und Leidenschaften nicht identifizierbar. Gleichzeitig können Sie reflektieren, welche verschiedenen Rollen Sie am Arbeitsplatz einnehmen wollen. Aus dieser Selbstreflexion heraus, können Sie dann die vorhandenen Aufgabenblöcke aus Abbildung 94 nehmen, diese verschieben, in Ihrer Größe verändern und ergänzen. Dabei sollten Sie Aufgabenblöcke, die zusammengehören auch zusammen belassen und einer bestimmten Rolle zuordnen. Ihre Rollen am Arbeitsplatz überschneiden sich, weshalb einige Aufgabenbereichen zu mehreren Rollen passen. In jeder Ihrer Rollen sollten außerdem jeweils mindestens ein Motiv, eine Stärke und eine Leidenschaft widergespiegelt sein. So ergibt sich ein deutlich besserer Überblick über Ihren Job und die Bedeutung Ihrer Arbeit verändert sich für Sie. In Abbildung 95 ist ein neukonfiguriertes Diagramm Ihrer Arbeit dargestellt.

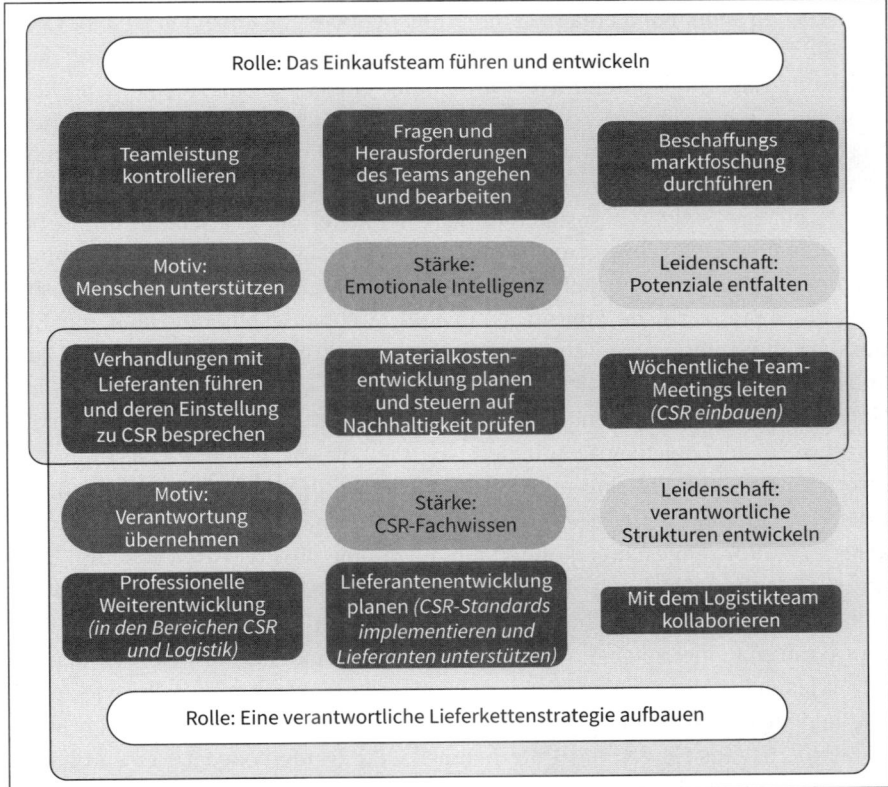

**Abb. 95:** »Job Crafting«: Nachher-Diagramm mit neukonfigurierten Aufgabenbereichen (in Anlehnung an Wrzesniewski et al., 2010)

Sie stellen also fest, dass Sie in Ihrem Job zwei Rollen einnehmen: die Führung und Entwicklung Ihres Einkaufsteams sowie der Aufbau einer verantwortlichen Lieferkette. In beiden Rollen finden sich Ihre Motive, Stärken und Leidenschaften wieder. Den Aspekt der Nachhaltigkeit können Sie in verschiedene Aufgabenbereiche einbauen, um diese Ihrer persönlichen Leidenschaft anzupassen. So bauen Sie zum Beispiel auch in die wöchentlichen Teammeetings das Thema CSR ein. In der Lieferantenentwicklung können Sie sogar mehrere Motive, Stärken und Leidenschaften integrieren. Sie können hier Menschen unterstützen, Verantwortung übernehmen, Ihr CSR-Fachwissen anwenden, verantwortliche Strukturen schaffen und die Potenziale Ihrer Lieferanten entfalten. Auch daher vergrößern Sie Ihren Zeitaufwand für diesen Block sowie für Ihre persönliche Weiterbildung, die jetzt vor allem auf CSR und Logistik abzielt. Außerdem stellen Sie fest, dass Sie für den Aufbau einer verantwortlichen Lieferkette mit dem Logistikteam zusammenarbeiten sollten und ergänzen Ihre Aufgabenbereiche um einen weiteren kleinen Block. Ihre Rollen müssen Sie nicht schon zu Beginn kennen, es kann auch passieren, dass Sie während dem Ordnen der einzelnen Blöcke eine neue Rolle identifizieren oder eine erwartete Rolle eben doch nicht einnehmen. Dieses neue Diagramm gibt Ihnen einen weit besseren Überblick über Ihren Job und ermöglicht Ihnen, Ihre Motive, Stärken und Leidenschaften mit Aufgabenbereichen zu vernetzen. Dies steigert zum einen Ihr ganzheitliches Bewusstsein für Ihre Arbeit und zum anderen Ihr Engagement sowie die Identifikation mit Ihrem Job. Schließlich nehmen Sie Ihren Job nicht mehr als mittlerer Manager im Einkauf wahr, sondern als verantwortliche Führungskraft und Nachhaltigkeits-Innovator mit Einfluss auf die Unternehmensstrategie sowie deren Strukturen und Prozesse. Zum anderen hilft Ihnen ein solches Diagramm dabei, sich besser innerhalb Ihres Unternehmens zu vernetzen. Für Ihre Rolle als Lieferketten-Innovator müssen Sie verantwortliche Logistiker identifizieren und mit diesen strategisch zusammenarbeiten sowie neue Projekte entwickeln. Gleichzeitig können Sie sich in Ihrem Unternehmen über neue Ideen und Projekte informieren, die Sie als Nachhaltigkeits-Innovator mitgestalten können. So nutzen Sie die drei Arten des »Job Craftings« (Grenzverschiebung, Interaktion und Wahrnehmung) und erhalten ein gänzlich anderes Bild von Ihrer Rolle innerhalb des Unternehmens. Ob Ihre Führungskraft mit einer solchen Neudefinition einverstanden sein wird? Wir denken ja, auf jeden Fall. Sie erfüllen immer noch dieselben Aufgabenbereiche wie zuvor, erhöhen sogar selbstständig die abteilungsübergreifende Vernetzung und bringen CSR-Expertise ins Herzen des Unternehmens. Sie werden engagierter und positiver arbeiten und führen. Sie können sich auf Ihre Stärken fokussieren und Ihre Potenziale entfalten. Sie werden deshalb schnell erkennen, dass nicht Sie zum Job passen müssen, sondern der Job zu Ihnen.

In der »Job Crafting«-Literatur ist der Aspekt der Markt- und Kundenausrichtung zwar nicht eingebaut, doch wir halten eine individuelle Orientierung am Markt für sinnvoll. In unserem Fallbeispiel haben Sie selbstständig erkannt, dass

CSR Wettbewerbsvorteile bringen kann und dass Nachhaltigkeit zu einem Verkaufsargument werden könnte. So kann der »Job Crafting«-Prozess nicht nur selbstzentriert, sondern sollte immer auch marktorientiert ablaufen. Dies bietet Ihnen weitere Argumente für die Relevanz der Neukonfiguration Ihrer Arbeit.

## 2.   Teamebene

### a)   Reflexion und Identifizierung der Strukturen auf Teamebene

Auch auf Teamebene macht es zunächst Sinn, sich Gedanken über die Team- und Unternehmensstrukturen zu machen und im gemeinsamen Gespräch Herausforderungen, Hindernisse und Chancen zu erkennen. Dabei sollte darüber nachgedacht werden, wie man sich noch stärker am Markt und am Kunden orientieren kann und ob man bereits flexibel genug ist, um auf Umweltveränderungen schnell zu reagieren, Chancen zu erkennen und diese auch zu nutzen. Gleichzeitig sollte das Team kritisch reflektieren, ob es seinen Kompetenzvorsprung gegenüber der Unternehmenszentrale oder einer zentralen Dienstleistungsplattform sinnvoll einsetzen kann. Wird die Freiheit Ihres Teams dessen wichtiger Rolle in der Wertschöpfung gerecht oder werden Sie nur reguliert und fremdgeführt? Als Verantwortlicher sollten Sie Ihr Team dabei unterstützen, sich einen klaren Überblick über die Unternehmensstruktur zu verschaffen und diese mit den in Kapitel 4.4 vorgestellten Strukturen abzugleichen. Dies erscheint nützlich, um typische Herausforderungen einer bestimmten Hierarchie zu identifizieren und eigeninitiativ die Potenziale jeder Struktur (vgl. Kapitel 4.4 in der »systematischen Perspektive«) nutzbar zu machen. Neben der Ausrichtung des Teams nach den Marktanforderungen sollte auch auf die interne Vernetzung mit anderen Teams und Funktionen geachtet werden. Wie kann diese Vernetzung verstärkt oder verbessert werden? Wie können wir von deren Wissen profitieren und wie können wir unser eigenes Wissen effektiv mitteilen?

Auf der anderen Seite müssen Sie aber auch Ihre eigene Rolle als Führungskraft kritisch betrachten. Bieten Sie selbst Ihren Mitarbeitern genügend Freiraum? Orientieren Sie sich und Ihr Team am Kunden? Übergeben Sie Mitarbeitern Verantwortung? Managen Sie noch oder führen Sie schon?

Ihrer Schlüsselrolle als Verantwortlicher werden Sie gerecht, indem Sie zunächst in Ihrem eigenen Bereich einen konstruktiven Arbeitskontext gestalten und adaptive Strukturen schaffen, in denen Ihre Mitarbeiter selbstführend, autonom und verantwortungsvoll arbeiten können. Zunächst liegt es also an Ihnen, die vorhandenen Strukturen in Bezug auf Ihr Team zu reflektieren und daraus Entwicklungsideen abzuleiten.

## b)   Entwicklung von vernetzter Führung auf Teamebene

Zunächst möchten wir einige allgemeine Hinweise geben, mit welchen Schritten Sie bereits eine bessere Struktur für Ihre Mitarbeiter schaffen können. Mit den folgenden Impulsen können Sie, wenn Sie mögen, einen Anfang machen:

- Richten Sie Ihre Organisation/Bereich/Abteilung/Team konsequent auf die Bedürfnisse Ihres Kunden aus (Stichwort: »Customer Centricity«).
- Geben Sie Verantwortung ab und stellen Sie sicher, dass Entscheidungen dort getroffen werden können, wo sich die direkte Schnittstelle zum Kunden befindet – also dezentral.
- Statten Sie Ihr Team/Bereich mit einem hohen Maß an Eigenverantwortung aus – überfordern Sie es andererseits aber auch nicht.
- Sorgen Sie für eine möglichst hohe Vernetzung zwischen den einzelnen Mitgliedern der Organisation/Bereich/Abteilung/Team (Wissensweitergabe, Raumgestaltung, Besprechungskultur).
- Schaffen Sie durch die Vernetzung der Organisationsmitglieder Transparenz darüber, wer was warum tut.
- Regen Sie Ihre Mitarbeitenden zum Perspektivenwechsel an, indem Sie Rollen im Gegensatz zu Positionen definieren. Eine Person kann gleichzeitig mehrere Rollen innehaben. Rollen wiederum können sich verändern durch Rotation. Damit verbessert sich das Verständnis untereinander und erhält langfristig die Kreativität und Innovationskraft der gesamten Organisation.

Da wir auf individueller Ebene auf »Job Crafting« als Technik zur selbstorganisierten Strukturveränderung eingegangen sind, möchten wir nun fortführen, wie sich »Job Crafting« auf die Strukturentwicklung auf Teamebene sowie in der Mitarbeiterführung auswirkt. Als Führungskraft, welche die Energie von Selbstführung erkannt hat, können Sie mit Ihren Mitarbeitern über die Potenziale von »Job Crafting« sprechen und das Konzept in einem Workshop oder in einer Besprechung vorstellen. Wagen Sie den ersten Schritt, um Ihre Mitarbeiter zu einer Neudefinition ihres Jobs zu ermutigen. Diese haben vielleicht den Wunsch nach einer Veränderung, wissen aber nicht, wie sie diesen artikulieren sollen. Bieten Sie ihnen dafür den nötigen Freiraum. Helfen Sie unterstützend mit, um Mitarbeitenden die Techniken des Visualisierens ihrer Aufgabenbereiche zu vereinfachen. Im persönlichen Gespräch können Sie dann mit Mitarbeitern über deren neukonfiguriertes Jobmodell sprechen. Hierzu ist es essenziell, sich nicht an die Jobbeschreibung und Zielvereinbarungsgespräche zu klammern. In einem solchen Gespräch erkennen Sie, wie Ihre Mitarbeiter über deren Job denken und was sie für nötig halten, um ihre Motive, Stärken und Leidenschaften besser zur Geltung bringen zu können. Das Ergebnis sind nicht nur engagiertere Mitarbeiter, sondern auch ein effektiveres Team. »Job Crafting« hilft schließlich dabei, stärkenfokussiert zu arbeiten sowie positiver zu denken und zu handeln.

Das zeigt einmal mehr, dass Führung als eine Art Dienstleistung gesehen werden kann. Legen Sie Ihren Mitarbeitern »Job Crafting« nahe und bieten Sie einen entsprechenden Arbeitskontext. Dadurch hilft Ihre Art der Führung, Selbstführung im Team zu stärken und zu etablieren. Letztlich tun Sie sich selbst damit einen Gefallen, da Sie sich mehr auf Führung und weniger auf Mikromanagement konzentrieren. Ihr Fokus liegt nicht mehr auf dem fachlichen Spezialwissen und dessen Anwendung, sondern auf Ihren Führungsfähigkeiten und Ihrer Dienstleistung für Mitarbeitende.

Selbstverständlich benötigen Veränderungen auch Mut, doch »Job Crafting« ist eine Veränderung auf kleinstem Maßstab mit überschaubarem Risiko, jedoch mit wirkungsvollen Effekten. Die Technik wird Ihr Team nicht daran hindern, seinen Kernaufgaben nachzugehen, sondern jedes Individuum in dessen Selbstbewusstsein und Arbeitsverständnis bestärken, um letztlich ein flexibles und selbstführendes Team zu schaffen, in dem Ihnen die Rolle des Gestalters zukommt.

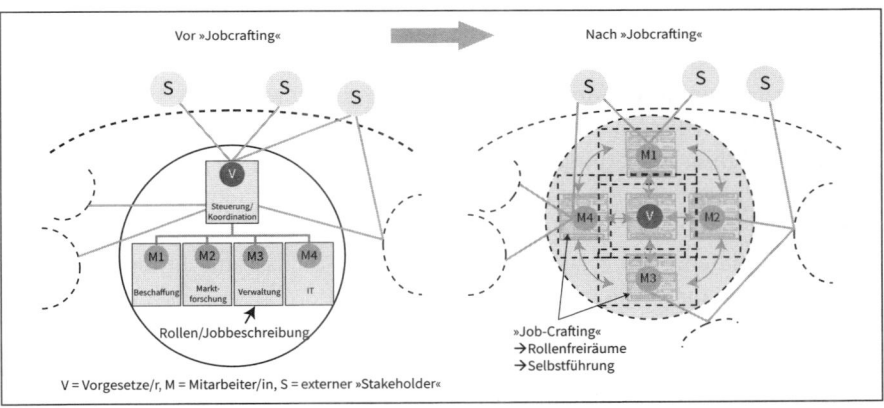

**Abb. 96:** Effekte von »Job Crafting« auf Führung, Rollen und Vernetzung in Teams (eigene Darstellung)

In Abbildung 96 werden die Auswirkungen von »Job Crafting« auf die Dynamiken eines Teams grafisch dargestellt. Vor dem »Job Crafting« füllen die Mitarbeitenden und Verantwortlichen klare, aber enge Jobbeschreibungen und Rollen aus. Jedes Teammitglied hat einen klar abgegrenzten Verantwortungsbereich, der Vorgesetzte steuert und koordiniert das Team und steht in Kontakt zu internen und externen »Stakeholdern«. Durch das »Job Crafting« verschieben sich dann Grenzen, die Wahrnehmung der eigenen Rollen verändert sich und der Grad an Interaktion und Vernetzung wird erhöht. Im rechten Teil der Abbildung wird deutlich, dass das gesamte Team näher an den Markt rückt, die engen Rollenbeschreibungen sich weiten, die Mitarbeiter Verantwortung übernehmen, sich stärker vernetzen und ihre Tätigkeitsbereiche selbst organisieren sowie aufeinander abstimmen. Dem Verantwortlichen kommt die Rolle der Kontextgestaltung und Dienstleistung zu, er unterstützt die Mitarbeiter in der Neukonfiguration ihrer Rollen und bietet ein konstruktives und adaptives Arbeitsumfeld. So vergrößern sich die individuellen Zuständigkeiten; Mitarbeiter übernehmen größere, interfunktionale Aufgabenbereiche. Die Bewegungsfreiheit sowie der Grad an Selbstführung wachsen deutlich, die Grenzen der ursprünglichen Jobbeschreibungen zerbröckeln. Gleichzeitig werden noch dieselben grundlegenden Aufgaben wie vor der Neukonfiguration bearbeitet, nun aber mit stärkerer Markt- und Kundenorientierung, größerer Selbstverantwortung und höherem Engagement.

## 3.   Organisationsebene

### a)   Reflexion und Analyse der Organisationsstrukturen

Auf Organisationsebene kann zunächst reflektiert werden, inwiefern die Unternehmensstrukturen den internen und externen Ansprüchen gerecht werden. Hierzu lohnt sich ein Blick in Kapitel 4.4, wo wir die verschiedenen Organisationsstrukturen vorgestellt und deren typische Herausforderungen und Potenziale erläutert haben. Anhand dieser Modelle können Sie Ihre Strukturen besser analysieren und Schlussfolgerungen ziehen. Oftmals wird der Sinn von Strukturen falsch verstanden. Sie sollten Strukturen nicht um der Strukturen Willen entwickeln, sondern diese sollten sich aus einem mensch- und marktorientierten Prozess herausbilden. Zu oft sehen wir in der Praxis, dass eine Struktur wie aus einem Katalog ausgewählt und einer Abteilung oder Organisation übergestülpt wird. In so einem Falle werden Strukturen dann unnatürlich und zum Hindernis. Eigentlich dienen sie aber als Hebel, der die Zusammenarbeit und Vernetzung des Unternehmens vereinfacht. Machen Sie sich deshalb zu den folgenden drei Themenbereichen Gedanken und reflektieren Sie, inwiefern Ihre Unternehmensstrukturen diesen Ansprüchen gerecht wird. Denken Sie systemisch, zirkulär und auswirkungs- und lösungsorientiert, um zu verstehen, wie sich der Organisationsaufbau im Hinblick auf die ITOK-Ebenen und die sechs Unternehmensdimensionen auswirkt.

- **Marktausrichtung und Selbstführung**   Spiegelt sich in den Strukturen Ihrer Organisation eine klare Marktorientierung wieder?

  In einer VUCA-Umwelt ist dies notwendig, da volatile Märkte zum schnellen Umdenken zwingen. Erst eine Marktausrichtung innerhalb der Strukturen kann dabei helfen, dass das Unternehmen nicht hilflos im Markt umhertreibt und ausschließlich reaktiv handelt. Der Anspruch muss schließlich lauten, proaktiv und dynamikrobust agieren zu können, den Markt mitzubestimmen und auf Veränderungen schneller reagieren zu können als Ihre Wettbewerber. Daher sollten Ihre Strukturen zumindest einen gewissen Grad an Selbstführung bieten. Klassische Hierarchie- und Führungskonzepte werden zur Illusion in einem Umfeld, in dem jeder Mitarbeiter mitdenken muss, um dem Unternehmen Vorteile verschaffen zu können. Marktausrichtung bedeutet eben auch, dass Ihre Strukturen nicht mehr auf naiven »Angestellten«, sondern auf kreativen und selbstorganisierten »Mitunternehmern« basieren. Schaffen Sie Strukturen, die Selbstführung ermöglichen, so entfalten Sie Mitarbeiterpotenziale. Dies trägt zur organisationalen Flexibilität, zur Innovationskraft und damit zur Entwicklung eines Wettbewerbsvorteils bei.

- **Wertschöpfung und Dienstleistung**  Zeigen Ihre Organisationsstrukturen ganz klar auf, wo Wertschöpfung stattfindet?
  Ignorieren die Strukturen den Fakt, dass Wertschöpfung letztendlich bei den kundennahen Mitarbeitern passiert, so riskieren Sie einen Qualitätsverlust in Ihren Dienstleistungen und ein verblendetes Geschäftsmodell. Aus Ihren Strukturen muss ersichtlich werden, wo wertschöpfende Tätigkeiten angesiedelt sind und wie diese nachhaltig unterstützt werden können, um das finanzielle Überleben des Unternehmens zu sichern. Hierfür ist es notwendig, über dienstleistende Tätigkeiten innerhalb Ihrer Strukturen nachzudenken. Bietet der vorhandene Organisationsaufbau eine ausreichende Dienstleistung für unsere wertschöpfenden Mitarbeiter? Inwiefern werden diese unterstützt und entwickelt, um Kunden einen bestmöglichen Service oder ein herausragendes Produkt bieten zu können? Behalten Sie im Auge, welche Unternehmensteile über Kunden- und Marktexpertise und damit über einen Kompetenzvorsprung verfügen.

- **Ambidextrie: Flexibilität und Effizienz**  Inwiefern ermöglichen Ihre Strukturen eine sinnvolle Balance zwischen Flexibilität und Effizienz bzw. Exploration und Exploitation?
  Ambidextere Strukturen sind enorm wertvoll, da sie beide Ideale verknüpfen. Selbstverständlich sollten Sie nach organisationaler Anpassungsfähigkeit streben, doch in bestimmten Unternehmens- und Tätigkeitsbereichen macht ein effizienter, struktureller Aufbau absolut Sinn. Denken Sie nur an Produktionsanlagen. Sie müssen sich daher Gedanken machen, welche Bereiche nach Flexibilität und welche nach Effizienz verlangen. Durchaus kann ein Unternehmen flexibel und effizient aufgebaut werden. Klar ist aber auch, ein ineffizientes, flexibles Unternehmen ist langfristig ähnlich erfolglos wie ein effizientes, aber starres Unternehmen. Das Zauberwortet lautet einmal mehr: Balance. Aber Vorsicht und um Missverständnissen vorzubeugen: Nur, weil ein Teilbereich effizient organisiert ist, bedeutet dies noch lange nicht, dass die

Mitarbeitenden dort autoritär oder direktiv geführt werden müssen. Schließlich braucht es gerade auch in einem effizienten Bereich Ideen und Vorschläge zur kontinuierlichen Verbesserung. Denken Sie auch hier wieder an Produktionsanlagen, die konsequent zur Qualitätsverbesserung und Ressourcennutzung optimiert werden müssen.

**b) Entwicklung von vernetzter Führung auf Organisationsebene**

Es bestehen viele Möglichkeiten, um die eben erläuterten Faktoren in der Praxis umzusetzen. »Job Crafting« stellt eine dieser Opportunitäten dar, da diese Technik Marktausrichtung und Selbstführung ermöglicht. Im Idealfall entsteht, ähnlich wie bei den anderen Führungsdimensionen, ein emergenter Selbstorganisierungsprozess. Dies bedeutet, wenn dem Individuum die Freiheit zur selbstgesteuerten Jobgestaltung gegeben wird, so wirkt sich dies auf die Zusammenarbeit auf Teamebene aus und letztlich auch auf das organisationale Gesamtverständnis von Rollen. Die Aufgabe von Verantwortlichen auf Organisationsebene ist es, eine strategische Orientierung gen »Job Crafting« zu initiieren und Verantwortlichen auf Teamebene das nötige Wissen bereitzustellen, sodass diese ihre Mitarbeiter kompetent bei der Neukonfiguration ihrer Rollen unterstützen können. Dies bedeutet auch, dass die organisationale Führungskultur umgedacht werden muss, sodass Dienstleistung und Selbstführung die tragenden Säulen des Führungsverständnisses werden. Außerdem lautet auf Organisationsebene die Aufgabe: Vernetzung. Teams und Individuen sollten derart vernetzt werden, damit Ideen, Erfahrungen und Wissen möglichst effektiv ausgetauscht werden können. So bildet sich zur Technik »Job Crafting« eine Kompetenz in der Peripherie, die letztendlich die Kompetenz zur Jobgestaltung in der zentralen Plattform übertrifft. Organisationen schaffen damit nicht nur adaptive Jobs und Strukturen, sondern auch einen lernenden Organismus, der durch Vernetzung seiner Einzelteile schnell an Wissen und Kompetenz gewinnt.

Ansonsten gilt auch wie bei den anderen Führungsdimensionen: Die organisationale Ebene muss lediglich eine konstruktive und gesunde Grundlage bieten, um Individuen Verantwortung zu übertragen und damit einhergehend, »Job Crafting« zu fördern. Auf Organisationsebene sollte daher über adaptive Strukturen, agile Prozesse und eine markt- und ressourcenorientierte Strategie ein Umfeld geschaffen werden, in dem »Job Crafting«, also Selbstführung und Kontextgestaltung, ermöglicht und so die Leistungsfähigkeit und Gesundheit von Mitarbeitern gestärkt wird. Selbstverständlich stellen auch die Förderung von Stärkenfokussierung und Positivität Hebel zum Umsetzen dieser Technik dar. Es zeigt sich auch hier: In der Gesamtkonzeption der Gesunden Organisation gehen die Führungsdimensionen ineinander über und sind stark miteinander verlinkt – sie begünstigen sich gegenseitig. Zum anderen wird deutlich: Dem Topmanagement des Unternehmens kommt überwiegend die Rolle eines Dienstleisters und Kontextgestalters zu; die Implementierung findet auf individueller und Teamebene statt. So kann ein emergenter und organischer Prozess der Selbstorganisation und Selbstführung in Gang gesetzt werden. Mitarbeitern werden ihre Gestaltungsmöglichkeiten aufgezeigt und damit eine gesunde Basis zur persönlichen Entfaltung geboten.

### 5.3.5   Nachhaltig Führen

Die Führungsdimension »Nachhaltig« stellt in unserem Wabenmodell den Hebel zu agilen Prozessen dar. Doch wie hängen nachhaltige Führung und agile Prozesse zusammen? Dahinter verbirgt sich die Idee, dass agile Prozesse durch eine nachhaltige Ausrichtung auf Führungsebene unterstützt werden. Wie in den vorangegangenen Kapiteln erläutert, sollten Prozesse weder mager noch aufgedunsen sein. Sie sollen eine effektive Wirkung erzielen. Wirkung kann im Unternehmenskontext im Sinne von Wertschöpfung verstanden werden. Um Wertschöpfung langfristig zu garantieren, bedarf es einer nachhaltigen Unternehmensführung. Eine nachhaltige Organisationsausrichtung wirkt in Verbindung mit agilen Prozessen symbiotisch und ermöglicht eine langfristige Wertschöpfung. Der Begriff »Wert« bezieht sich auf soziale und ökologische Indikatoren und nicht allein auf ökonomische. Es macht daher Sinn, von nachhaltiger Führung auszugehen, um agile Prozesse mit einer langfristigen Perspektive zu paaren.

### 1.   Individuelle Ebene

#### a)   Selbstreflexion und Analyse der eigenen Rolle innerhalb der Prozesse

In Kapitel 4.4 haben wir in der »systematischen Perspektive« unsere Vorstellung von agilen Prozessen erläutert. Dabei haben wir nach roten und blauen Prozessen unterschieden. Zur Erinnerung: blaue Prozesse sind iterative Standardabläufe beziehungsweise formale, steuerbare, konstante, präzise-zuverlässige Funktionen und Prozesse, die effizient gestaltet werden sollten. Rote Prozesse und Funktionen hingegen sind »lebendig«, dynamisch, überraschend und von außen unkontrollierbar; sie werden häufig über Projekte bearbeitet.

Auf individueller Ebene macht es Sinn, dass Sie Ihre eigene Rolle innerhalb der vorhandenen Prozessarchitektur analysieren und verstehen. Sie können darauf achten, welche Rollen Sie ausfüllen und welchen Funktionen Sie nachgehen. Außerdem können Sie anhand der obigen Beschreibungen identifizieren, ob Sie hauptsächlich blaue oder rote Prozesse bearbeiten.

Es kann durchaus sein, dass Sie nur eine der beiden Prozessarten in Ihrem derzeitigen Tätigkeitsbereich kennen. Häufiger finden sich in einem Job jedoch verschiedene Rollen, in denen unterschiedliche Prozessarten auftreten. Das Erstellen eines vierteljährlichen Berichts ist zum Beispiel ein typischer blauer Prozess, den Sie möglichst effizient abhandeln sollten. Auf der anderen Seite haben Sie mit Sicherheit auch überraschende Ereignisse, die eines neuen Projektes bedürfen. Dann befinden Sie sich in der roten Funktion und sollten kreativ, agil und experimentierfreudig handeln. Eine solch grundlegende Selbstreflexion kann hilfreich sein, um sich selbst und sein Umfeld besser kennenzulernen und die individuelle Rolle im System zu begreifen. Sie erlaubt eine differenziertere Betrachtung der eigenen Aufgabenbereiche und kann zum Beispiel auch als Anhaltspunkt zum »Job Crafting« dienen.

### b)   Entwicklung der individuellen Rolle sowie nachhaltiger Selbstführung

Im nächsten Schritt ziehen Sie Schlussfolgerungen bezüglich Ihrer persönlichen Kompetenzen und Vorlieben. Haben Sie das Gefühl, dass rote oder blaue Prozesse Ihnen besser liegen? Anhand der folgenden Fragen können Sie klären, ob Sie eher ein blauer oder ein roter Typ sind.

**Blauer Typ:**
- Mögen Sie eine strukturierte Arbeitsweise?
- Wissen Sie gerne schon morgens, was Sie heute alles erledigen müssen?
- Vermeiden Sie, wenn möglich, Überraschungen?
- Arbeiten Sie bereitwillig nach klaren Anweisungen?
- Planen Sie gerne und entscheiden am liebsten relativ früh?
- Arbeiten Sie mit Freude in einem gewohnten Umfeld?
- Liegt es Ihnen, Prozesse effizient abzuwickeln?
- Versuchen Sie, Fehler stets zu vermeiden?

**Roter Typ:**
- Arbeiten Sie mit Vergnügen in unterschiedlichen Projekten und mit einem wechselnden Kollegenkreis?
- Haben Sie eine eher spontane Arbeitsweise?
- Gehen Sie Herausforderungen eher von einer kreativen als von einer strukturierten Herangehensweise an?
- Freuen Sie sich auf Überraschungen und ungewohnte Kontexte?
- Erkunden Sie gerne neue Möglichkeiten, um Probleme zu lösen?
- Richten Sie sich bereitwillig an Kunden und Märkten aus und passen Ihre Arbeitsweise neuen Herausforderungen an?
- Handeln Sie häufig intuitiv?
- Nehmen Sie in Ihrer Arbeitsweise Fehler in Kauf, um Neues zu entdecken und zu lernen?

Sollten Sie eine Präferenz sowie einen Kompetenzvorsprung in einem der beiden Bereiche erkennen, macht es nach dem Prinzip der Stärkenfokussierung Sinn, Ihre vorhandenen Stärken gezielt weiterzuentwickeln und so Exzellenz in einem der beiden Bereiche zu erlangen. Sind Sie eher ein blauer Typ, macht es nicht allzuviel Sinn, Ihre fehlende Kreativität zu verbessern, sondern beispielsweise eher Ihren bereits effizienten Umgang mit IT-Systemen weiter auszubauen. Selbiges gilt für den roten Bereich: Hier können Sie Ihre Innovationskraft weiter fokussieren und zum Beispiel Experte in »Design Thinking« oder in der Produktentwicklung werden. Mittels einer individuellen Jobgestaltung (z. B. über »Job Crafting«) können Sie Ihre jeweilige Expertise noch stärker in Ihre Rollen miteinbauen. Sollten Sie blaue wie auch rote Bereiche gleichermaßen schätzen, nutzen Sie diese Chance und entwickeln Sie kontextuelle Ambidextrie (vgl. Kap. 4.4 in der »systematischen Perspektive«) oder bringen sich selbst verstärkt in ambidextere Prozesse mit ein. Ihr Verständnis über blaue und rote Prozesse wird Ihnen in jedem Fall weiterhelfen, um Ihre tägliche Arbeit besser zu strukturieren. Sie können Arbeitspläne entwickeln, die Ihren Arbeitsaufwand zwischen rot und blau teilen. Dies ermöglicht eine höhere Konzentration auf die jeweils benötigten Kompetenzen. Sie wissen, dass Sie blaue Prozesse effizient und diszipliniert abhandeln und sich im roten Bereich voll auf Ihre Kreativität konzentrieren können, ohne durch den jeweils anderen Bereich abgelenkt zu werden. Es wird Ihnen leichter fallen, Entscheidungen bezüglich Ihrer Aufgabenorganisation zu treffen (Beispiel: »blauer Vormittag«: Mails beantworten, Leistungsberichte schreiben, Bewerbungen durchgehen – »roter Nachmittag«: Meeting zur Entwicklung einer neuen Marketingstrategie).

Eine solche Entwicklung unterstützt Selbstführung. Stärkenfokussierung ist nachhaltig, da sie Ihnen einen langfristigen Kompetenzvorsprung verschafft und Sie durch Ihr Fachwissen unersetzlich macht. Eine ambidextere Aufgabenteilung ist ebenso Teil einer nachhaltigen Selbstführung, da sie Ihre langfristige Leistungsfähigkeit und Ihr Wohlbefinden durch ein klare Organisation Ihrer Arbeit sichert.

## 2.   Teamebene

### a)   Analyse der Teamprozesse

Auch auf Teamebene können Sie zunächst analysieren, ob die in Ihrem Team ablaufenden Prozesse mager, aufgedunsen oder agil sind. In Kapitel 4.4 in der »systematischen Perspektive« finden Sie Hinweise, wie Sie die vorhandenen Prozesse agiler gestalten können. Auch die Auseinandersetzung mit blauen und roten Bereichen macht Sinn. Im gemeinsamen Diskurs können Sie der Frage nachgehen, welche Aufgaben Sie als Team zu verantworten haben und inwiefern Ihr Team die aktuellen Prozesse für hilfreich hält. Arbeitet Ihr Team beispielsweise überwiegend in einer roten Funktion, macht die Erstellung von Prozessplänen wenig Sinn, da unerwartete Ereignisse immer eine Vielzahl neuer Eigenschaften mit sich bringen, die in einem Prozessplan nicht zu erfassen sind. Selbstverständlich sollte aber dennoch bei erneutem Auftreten eines zuvor bereits gelösten Problems auf erlernte Techniken zurückgegriffen werden. Dadurch kann, wie in Kapitel 4.4 beschrieben, aus einem roten Bereich nach und nach ein blauer Bereich werden, der in der Folge effizienter bearbeitet werden kann.

### b)   Entwicklung agiler Teamprozesse

Es gibt einige Techniken, um auf Teamebene agile Prozesse zu etablieren und nachhaltiger zu führen. Im Folgenden gehen wir vertieft auf eine dieser Techniken ein, die Ihnen und Ihrem Team dabei helfen kann, schneller bessere Entscheidungen zu treffen. Dies ist besonders, aber nicht ausschließlich, in roten Bereichen von großem Nutzen. Bereits in Kapitel 4.4 haben wir angesprochen, dass Entscheidungen dezentral getroffen werden müssen, unter anderem um den Kompetenzvorsprung der peripheren Teams effektiv zu nutzen. Entscheidungen sind damit Teil jeder Rolle und Mitarbeiter müssen und dürfen wichtige Entscheidungen, die ihren Arbeitskontext betreffen, fällen. Daher muss von Mitarbeitern unternehmerisches Denken verlangt und gleichzeitig Fehlertoleranz garantiert werden. Doch wie können Organisationen Entscheidungen dezentralisieren, ohne ins Chaos zu stürzen? Und wie können Teams und Mitarbeiter diese Entscheidungen möglichst schnell und möglichst gut treffen?

Der sogenannte konsultative Einzelentscheid kann hier für Effizienz einerseits und ausgewogene Entscheidungen andererseits sorgen. In konsultativen Einzelentscheiden ist ein einzelnes Teammitglied für die zu treffende Entscheidung verantwortlich, allerdings ist dieses vor Treffen der Entscheidung zur Konsultation eines oder mehrerer Experten verpflichtet. Der Entscheider wird danach ausgewählt, inwiefern er direkt von der Herausforderung betroffen beziehungsweise für den Bereich verantwortlich ist. Er oder sie muss sich dann mit Experten, die nach ihrer Betroffenheit und ihrem Erfahrungsschatz im Umgang mit dem zu lösenden Problem ausgewählt werden, zusammensetzen, um vorhandenes Wissen und Erfahrungen auszutauschen. Dieses Vorgehen dient dem besseren Verständnis der Situation, dem gemeinsamen Lernen und dem Aufzeigen und Erkunden diverser Optionen. Anschließend muss der Entscheider eine Entscheidung treffen, die auf der Konsultation beruht, doch für die der Entscheider alleine verantwortlich ist. Im Nachhinein ist es wichtig, dass die von der Entscheidung betroffenen Mitarbeiter in einen Diskurs mit dem Entscheidungsverantwortlichen gehen und konstruktives Feedback geben. Der gesamte Prozess zahlt dadurch auch auf das Lernen des Entscheidens und dem Einbezug Betroffener ein, sodass zukünftige Entscheidungen auf gesammelten und gemeinsamen Erfahrungen sowie erlernten Prinzipien und Annahmen basieren. Auch hier wird – ähnlich wie bei der in

Kapitel 4.4 beschriebenen Scrum-Methode – Selbstlernen bzw. Lernen von Systemen instituionalisiert und damit normaler Bestandteil des geschäftlichen Alltags. Der Begriff der Lernenden Organisation lässt grüßen. In Abbildung 97 wird der Ablauf eines konsultativen Einzelentscheids graphisch illustriert.

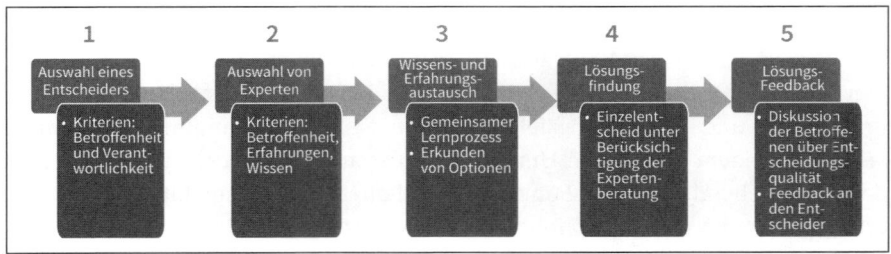

**Abb. 97:** Konsultativer Einzelentscheid (eigene Darstellung)

Der konsultative Einzelentscheid bietet einen optimalen Ansatz, um die Schnelligkeit und Effizienz einer autoritären Entscheidung mit der demokratischen Einbeziehung aller Betroffenen zu vereinen, um damit schnelle und dennoch faire, ausgewogene Entscheidungen zu treffen. Dieser Entscheidungsprozess unterstützt Selbstmanagement, Ganzheitlichkeit, Effizienz und Agilität und bietet damit Potenzial für Ihr Team und für Unternehmen aller Größen und Strukturen. Diese Technik dient dadurch auch der nachhaltigen Mitarbeiterführung, denn zum einen wird kompetenten Mitarbeitern Verantwortung übertragen und so die langfristige Funktionsfähigkeit und Agilität des Teams und der Organisation gesichert sowie die Leistungsfähigkeit und das Wohlbefinden von Mitarbeitern gestärkt. Zum anderen können Entscheidungen in Kunden- und Marktnähe getroffen werden. Dies dient der Relevanz von Entscheidungen in Bezug auf Wertschöpfung und trägt so zur nachhaltigen Wirtschaftlichkeit des gesamten Unternehmens bei.

### 3.   Organisationsebene

### a)   Selbstreflexion und Kontextanalyse

Auf Organisationsebene können Sie hinterfragen, inwiefern Ihre Unternehmensführung in Bezug auf die Prozesse bereits nachhaltig ist. Inwiefern sichern die vorhandenen Prozessstrukturen im gegenwärtigen und zukünftigen Unternehmenskontext die Wertschöpfung und Entwicklung der Organisation? Um diese Frage beantworten zu können, müssen Sie zunächst verstehen, in welchen Kontexten Ihr Unternehmen agiert. Dabei kann es vorkommen, dass verschiedene Organisationsbereiche in unterschiedlichen Domänen tätig sind. Es lohnt sich ein Blick auf das Cynefin-Modell, welches wir in Kapitel 4.4 in der »systematischen

Perspektive« vorgestellt haben (vgl. Abb. 65). Dieses ermöglicht ein grundlegendes Kontextverständnis, da es Sie dazu befähigt, Ihren derzeitigen Kontext nach dessen Komplexität und Dynamik zu bewerten. Typischerweise können Sie so zwischen simplen, komplizierten, komplexen und chaotischen Unternehmensumfeldern unterscheiden. Das Kontextverständnis ist deshalb so wichtig, da Sie daraus Verfahren zur Bearbeitung des jeweiligen Umfelds ableiten können. Stellen Sie fest, in welchem Kontext Ihre Organisation hauptsächlich agiert, so können Sie anhand dieses Wissens Ihre vorhandenen Prozessstrukturen genauer untersuchen und Entwicklungsfelder ableiten. Nehmen wir an, Ihr Unternehmen arbeitet in einem komplexen Umfeld, so müssen Ihre Prozesse und Strukturen dementsprechend eher rote Funktionen enthalten, um emergente Verfahren zu ermöglichen und die Absorptions- und Reaktionsfähigkeit Ihrer Organisation zu erhöhen. Wie bereits angedeutet, kann Ihr Unternehmen aber auch in verschiedenen Kontexten agieren. In diesen Fällen müssen Sie die Prozesse und Strukturen der jeweiligen Bereiche mit deren Kontext abgleichen, um zu verstehen, ob die Prozesse in diesen Bereichen effizient bzw. agil genug gestaltet wurden.

Auch daher macht es Sinn, sich mit der Ambidextrie Ihres Unternehmens auseinanderzusetzen. Inwiefern schafft es Ihr Unternehmen, bestehendes Wissen und derzeitige Märkte optimal auszunutzen und gleichzeitig experimentell neue Märkte und Möglichkeiten zu erforschen? Jede Organisation steht vor der Herausforderung, einen ambidexteren Charakter zu entwickeln, unabhängig davon, ob sie in simplen oder chaotischen Kontexten agiert. Werfen Sie daher einen genauen Blick auf Ihre Prozesse und analysieren Sie, inwiefern unterschiedliche Teams und Mitarbeiter blaue und rote Funktionen bedienen. Auf Organisationsebene sollten Sie dann den Überblick über diese verschiedenen Bereiche behalten und die unterschiedlichen Funktionen miteinander vernetzen; also zum Beispiel rote Teams zusammenbringen, um experimentelle Methoden weiter zu stärken oder blaue Teams mit roten vernetzen, um Herausforderungen agil anzugehen und dann effizient abzuwickeln. Ebenfalls können Sie die Initiativen der einzelnen Teams und Mitarbeiter miteinander vernetzen, um in der selbstorganisierten Umsetzung der Idee eine größtmögliche Kompetenz zu vereinen. Sie übernehmen dadurch die Rolle des Vernetzers.

**b)   Entwicklung agiler Prozesse und nachhaltiger Führung auf Organisationsebene**

Um Ambidextrie zu stärken und angemessene Verfahren für das jeweilige Umfeld bereitzuhalten, können Sie auf Organisationsebene entsprechende Arbeitskontexte schaffen. In roten Funktionen bietet es sich deshalb an, Mitarbeitern und Teams Freiheit zu gewähren. Führung funktioniert dann über die Unterstützung zur Selbstführung sowie über die Toleranz von Fehlern. Außerdem können Sie in roten Bereichen bürokratische Hindernisse vermeiden und administrative Tätigkeiten abbauen bzw. in die zentrale Dienstleistungsplattform verschieben, sodass diese dort durch kompetente »blaue Teams« effizient bearbeitet werden können. In blauen Bereichen können Sie darauf achten, eindeutige und klare Prozesssysteme zu schaffen, diese durch entsprechende Technologien weiter in ihrer Effizienz zu optimieren und in der Führung auf stärkenfokussierte Kompetenzentwicklung zu setzen, um Experten in der Bearbeitung von wiederkehrenden Prozessen zu entwickeln. Dies sind einige der Methoden, um ein duales Betriebssystem oder eine ambidextere Organisation mit agilen Prozessen zu schaffen.

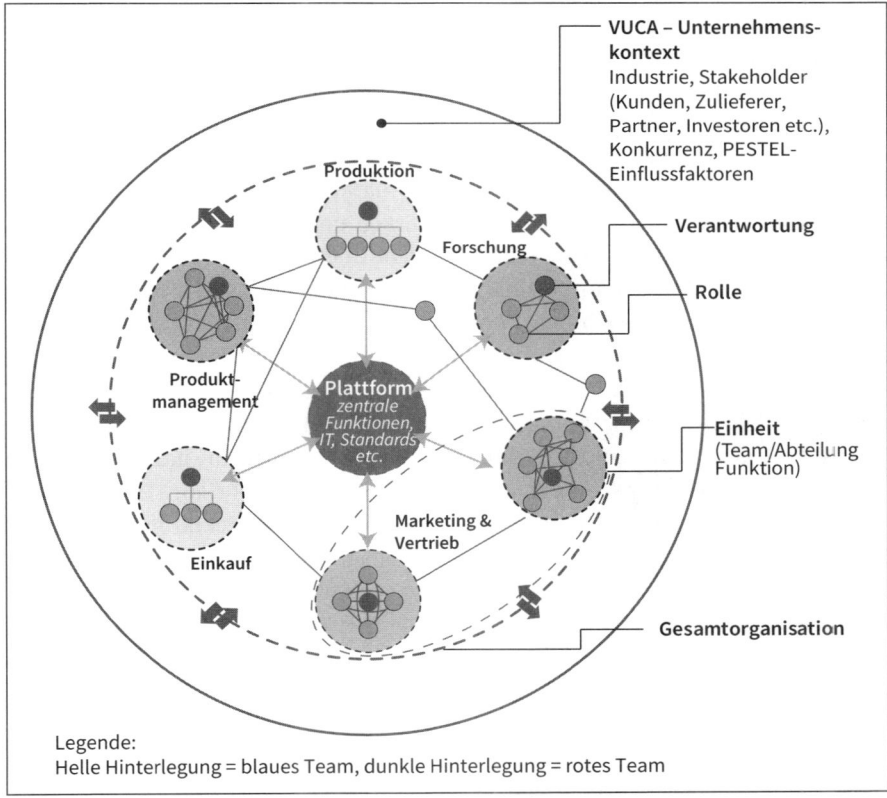

**Abb. 98:** Beispielhafte Darstellung einer ambidexteren Organisationsstruktur (eigene Darstellung)

In Abbildung 98 wird beispielhaft eine ambidextere Organisation illustriert. Diese baut auf unserem Modell der adaptiven Strukturen auf (vgl. Abb. 61). Sie ist auf das Wesentliche reduziert. Es wird zwischen blauen und roten Funktionen unterschieden. In den jeweiligen Bereichen kann die passende Struktur genutzt werden. In unserem Beispiel sind Produktion und Einkauf hierarchisch organisiert, da sie eher auf die Etablierung effizienter Prozesse spezialisiert sind. Marketing und Vertrieb sowie Forschung und Produktmanagement hingegen arbeiten in Netzwerkstrukturen, in welchen sie ihren Fokus auf Kreativität, Schnelligkeit, Flexibilität sowie projektbasierte Exploration besser entfalten können. Die Darstellung vereinfacht zur Illustration stark nach Bereichen. Natürlich können auch innerhalb der jeweiligen Bereiche spezialisierte Teams in einem anderen Prozessmodus arbeiten. Ein neues Projekt, das im Einkauf aufgesetzt wird, kann erstmal zu großen Teilen im roten Bereich arbeiten bevor es nach Projektabschluss in die überwiegend blaue Prozessstruktur übergeht. In der Forschung können erfolgsversprechende Ergebnisse in größeren Anlagen auf ihre Skalierbarkeit geprüft werden. Auch hier gibt es kein dogmatisches Vorgehen. Erfolgreich ist ein professionelles Vorgehen bei möglichst hoher Variabilität innerhalb der Gesamtorganisation und deren Subsystemen.

Darüber hinaus erscheint es wesentlich, Marktorientierung und Kundenkontakt in Ihren Unternehmensprozessen zu stärken und kundennahen Mitarbeitern und Teams Entscheidungsfreiheit zu gewähren. Übertragen Sie auf Organisationsebene Verantwortung an diese Teams, sodass Mitarbeiter Kunden möglichst schnell und effektiv weiterhelfen können, ohne sich vorher durch ein bürokratisches Labyrinth kämpfen zu müssen. Mitarbeiter können in der Folge Ihren Kunden direkt beim ersten Kontakt weiterhelfen und müssen Anfragen nicht erst »nach oben« senden, um Entscheidungsgewalt zu erlangen. Die Selbstführung in peripheren Teams kann sich daher auch in den Prozessen widerspiegeln, beziehungsweise eben NICHT widerspiegeln, da es keine Prozesspläne braucht, um Teams Verantwortung zu übertragen. So können Entscheidungen schneller und mit kundennaher Kompetenz getroffen werden. Dies ermöglicht die schnelle Umsetzung von Ideen und Innovationen. Individuen und Teams können diese entwickeln, testen und direkt implementieren. Auf Organisationsebene sorgen Sie dann dafür, dass dieses Wissen vernetzt, also an alle anderen Teams weitergegeben wird. So können kleine, praxiserprobte Initiativen in kurzer Zeit unternehmensweit eingesetzt werden. Dies senkt Kosten und Zeitaufwand, steigert den Umsatz und verbessert den Service. Eine solche Führungsweise ist nachhaltig, denn die Organisation lernt schnell und kann sich so langfristig gegenüber Ihren Konkurrenten durchsetzen.

In der Unternehmensführung setzen Sie parallel auf weitestgehende Transparenz. Ambidextere, vernetzte oder holakratische Organisationsstrukturen sind erst mal neu und anders. Umso wichtiger ist es, bestehende Prozesssysteme, Rollen, Zuständigkeiten, Verantwortungsbereiche und Ansprechpartner eindeutig und visuell zu kommunizieren. Alle sollten zu jedem Zeitpunkt wissen, wie sie ihr Wissen teilen, Informationen einholen, Entscheidungsmacht freischalten und

Ansprechpartner identifizieren können. Gerade im Kontext agiler Prozesse und adaptiver Strukturen ist eine grundlegende Ordnung hilfreich, um dem Netzwerk schnelles und effizientes Agieren zu ermöglichen und dessen Wissen nachhaltig zu steigern und nutzbar zu machen. Nachhaltige Unternehmensführung bedeutet daher in Bezug auf agile Prozesse Vernetzung zu ermöglichen, optimale Arbeitskontexte zu bieten, eine grundlegende Ordnung zu schaffen und alle Dienstleistungen zu übernehmen, um den Teams und Individuen die Konzentration auf Markt und Kunden zu ermöglichen.

### 5.3.6    Zukunftsorientiert Führen

In Kapitel 4 haben wir uns mit der markt- und ressourcenorientierten Strategie einer Gesunden Organisation auseinandergesetzt. Um eine solche Strategie zu entwickeln und zu implementieren, bedarf es zukunftsorientierter Führung auf den drei ITO-Ebenen. Wie bereits im vierten Kapitel erläutert, spielt in der Strategieentstehung Sinn eine zentrale Rolle als Fix- und Ausgangspunkt für strategisches Handeln. Des Weiteren wurde aufgezeigt, dass CSR (»Corporate Social Responsibility«) als Mittel zur Nachhaltigkeit einen wichtigen Hebel darstellt, um diesen Sinn sowohl ökonomisch, wie auch sozial und ökologisch zu verfolgen und zu erfüllen. Daher sind Sinn und Nachhaltigkeit auch essenzielle Aspekte im Verständnis von strategischer Führung in der Gesunden Organisation. Es gilt: Eine zukunftsorientierte Strategie geschieht über die Kopplung von individuellem und organisationalem Sinn sowie der markt- und ressourcenorientierten Ausrichtung des Unternehmens. Nachhaltigkeit bzw. CSR bildet die Grundlage für eine zukunftsorientierte Strategie. Führung auf den drei ITO-Ebenen stellt den Hebel dar, um Sinnkopplung zu ermöglichen und nachhaltiges Handeln im Unternehmen zu verankern. In diesem Unterkapitel wird dargestellt, wie zukunftsorientierte Führung diesen Hebel nutzen und eine nachhaltige und sinngeleitete Organisation schaffen kann, ausgehend vom Individuum.

Als einleitender Impuls dient eine kurze Hinführung zu der Verknüpfung zwischen Nachhaltigkeit und strategischer Führung, eine Verbindung, die Zukunftsorientierung in der Organisation erlaubt.

Der Begriff der Nachhaltigkeit tauchte erstmals im 18. Jahrhundert auf, damals in Verbindung mit der Forstwirtschaft (Grunwald & Kopfmüller, 2012). Der wachsende Holzbedarf führte zu einer Übernutzung der hiesigen Wälder. Ziel war es, durch eine nachhaltige Forstwirtschaft eine Bewirtschaftung zu ermöglichen, die einen möglichst hohen Ertrag bei gleichzeitig dauerhafter Nutzung erzielt. Es sollte also nicht mehr abgeholzt werden als auf der anderen Seite wieder nachwächst. Zwei Punkte wurden damit schon damals deutlich: Balance und Dauerhaftigkeit.

Es ging um die Balance zwischen Nutzung und Regenerierung bezogen auf einen langfristigen Zeithorizont. Ähnliches wiederholte sich mit der Fischereiwirtschaft im 20. Jahrhundert, leider mit nur mäßigem Erfolg, wie wir heute wissen. Noch bis in die 1990er-Jahre war der Begriff Nachhaltigkeit nahezu ausschließlich auf die Forst- und Fischereiwirtschaft beschränkt und spielte im wirtschaftstheoretischen Diskurs eine nur geringe Rolle. Als Vorbereiter des heutigen Verständnisses gelten sicherlich der 1972 verfasste Bericht des Club of Rome »Grenzen des Wachstums«, die Brundtland-Kommission in den 1980er-Jahren, der 1992 durchgeführte Weltgipfel von Rio de Janeiro sowie die 2000 von den Vereinten Nationen verfassten Milleniumsziele. Heute ist man sich weitgehend darin einig, dass Nachhaltigkeit vor allem aus den drei Säulen Ökologie, Ökonomie und Soziales besteht.

In der strategischen Führung wird das Thema Nachhaltigkeit immer wichtiger. Doch wer ist in einer Organisation letztendlich für die Strategie und somit für nachhaltiges Handeln verantwortlich? In den letzten 20 Jahren entstand ein verstärktes Interesse an »Strategic Leadership« der sogenannten »Top Executives« (Yukl, 2013). Über das Ausmaß des Einflusses des obersten Führungsgremiums oder gar nur des CEOs wird seit dieser Zeit diskutiert und mit wissenschaftlichen Zahlen zu belegen versucht (Giambatista, Rowe & Riaz, 2005). Eindeutige Belege hinsichtlich des Einflusses Einzelner – weder in die eine noch in die andere Richtung – gibt es allerdings nicht.

Wie bereits mehrfach angedeutet, sind wir der Ansicht, dass der Einfluss Einzelner eher überbewertet wird: Die Abhängigkeit von wirtschaftlichen und politischen Rahmenbedingungen, der Einfluss gesetzlicher Vorgaben und Regulierungsbehörden, die vielfältigen Interaktionen innerhalb eines Führungsteams und der gesamten Organisation sowie der enorme technologische Wandel sind wesentliche Faktoren, die das Unternehmensumfeld bedingen.

In analoger Weise betrachten wir zukunftsorientierte Führung in der Gesunden Organisation nicht als Alleinstellungsmerkmal des oberen Führungsgremiums. Im Kern geht es um die Formulierung eines Zukunftsbildes, der Vermittlung des übergeordneten Sinns der Organisation, den strategischen Eckpfeilern und daraus abgeleiteten Zielen, um das langfristige Überleben der Organisation sicher zu stellen. Hierbei steht das Topmanagement im Fokus, was aber nicht heißt, dass strategische Führung deren alleinige Domäne ist. Die Ausrichtung des Handelns am Zukunftsbild und an den Zielen der Organisation kann auch der Schichtführende in der Produktion oder der Mitarbeitende in der Controllingabteilung umsetzen, indem er seine Kollegen inspiriert und die Verantwortung jedes Einzelnen gegenüber den Kollegen, den Kunden, den Lieferanten, der Gesellschaft und der Umwelt im Sinne der Strategie des Unternehmens deutlich macht. Die Folge ist eine zentrale Unterscheidung zum traditionellen Verständnis von Organisation und Führung: In einer Gesunden Organisation ist Führen kein alleiniges Privileg von Führungskräften. Führung als sozialer Prozess geschieht immer dann, wenn jemand steuernd und richtungsweisend auf andere (und sich selbst) wirkt. Handeln und Entscheiden definiert somit das, was Führung ausmacht. Geschieht diese Führung strategisch, dann ist sie an der Strategie des Unternehmens ausgerichtet. Im Falle einer nachhaltigen Strategie könnte das zum Beispiel heißen, jemanden darin anzuleiten, Ressourcen zu schonen und dafür zu sorgen, dass Aufgaben nachhaltig umgesetzt werden. Dafür braucht es keine Abzeichen auf der Schulterklappe. Mit dieser Haltung wird Verantwortung auf alle übertragen. Entscheidend ist somit, Nachhaltigkeit und Zukunftsorientierung im Sinn einer Organisation zu verankern bzw. wiederzufinden und über Sinnkopplung zwischen Individuum, Team und Organisation eine zukunftsorientierte Führung auf allen drei Ebenen zu ermöglichen.

**1.   Individuelle Ebene**

**a)   Analyse von individuellem Nachhaltigkeitsverständnis und Sinnorientierung**

Zunächst liegt es an Ihnen, sich über Ihre eigene Persönlichkeit Gedanken zu machen, Ihren Sinn im Leben zu erkennen und sich auch mit Ihrem Verständnis und Ihrer Umsetzung von nachhaltigem Handeln auseinanderzusetzen. Dies bietet Ihnen eine grundlegende Basis, um zukunftsorientiert führen zu können. Auch wenn das GENIUS-Persönlichkeitsmodell© nicht ausdrücklich Sinn erwähnt, so ist die Identifizierung des persönlichen Genius auch eine Entdeckung des eigenen Sinns. Sie können sich daher kritisch mit Ihren sechs Persönlichkeitsfacetten auseinandersetzen, Ihre persönliche Mission und Vision erkunden und so verstehen, was ihren Sinn ausmacht. Stellen Sie sich daher unter Zuhilfenahme des GENIUS-Persönlichkeitsmodells© die folgenden Fragen. Dies wird Sie dabei unterstützen, sowohl Ihren individuellen Lebens- als auch Ihren Arbeitssinn zu erforschen.

* Was macht mich und meine Persönlichkeit aus?
* Welche Motive verfolge ich und warum sind mir diese wichtig?
* Wofür stehe ich und weshalb habe ich diese Einstellungen?
* Welche Werte sind mir wichtig und warum bedeuten sie mir so viel?
* Inwiefern verhalte ich mich authentisch und gehe, für mich persönlich, sinnvollen Tätigkeiten nach?
* Was ist der Sinn meiner Vision und Mission und welche Zwecke verfolge ich damit?
* Welche Menschen geben meinem Leben Sinn?

Zugegeben, eine Sinnfindung mag eine unendliche Reise sein und kein eindeutiges, messbares oder fassbares Ergebnis zu Tage fördern. Doch ein solches Selbstkennenlernen unterstützt Sie dabei, den Sinn in Ihrem Leben intrinsisch, vielleicht in groben Facetten, zu verstehen und ermöglicht somit eine zielgerichtete Sinnverfolgung und -erfüllung. Darüber hinaus hilft Ihnen Selbsterkenntnis dabei, sich authentischer verhalten zu können und somit Ihre Leistungsfähigkeit und Ihr Wohlbefinden zu erhöhen.

Gleichzeitig spielt, wie bereits erwähnt, Nachhaltigkeit eine zentrale Rolle, um zukunftsorientierte Selbstführung zu realisieren. Denn nachhaltiges Handeln und Verstehen beginnt auf individueller Ebene. Sie können in diesem Sinne die Gelegenheit nutzen und reflektieren, in welchem Ausmaß Sie Ihr persönliches Verhalten ökonomisch, sozial und ökologisch bewerten. Inwiefern ist Ihr Verhalten in Bezug auf Nachhaltigkeit sinngeleitet? Wir gehen davon aus, dass prinzipiell jeder Mensch ein Interesse an Nachhaltigkeit hat (bzw. haben sollte), da er am langfristigen Wohlergehen seiner selbst sowie seiner Nachkommen interessiert ist (bzw. sein sollte). Da dieses Wohlergehen stark von sozialen und ökologischen Faktoren abhängig ist, gilt es, die Priorität von Nachhaltigkeit zu erhöhen und sinngeleitet nach zukunftsorientierten Prinzipien zu handeln.

In der Tat fällt es manchmal schwer, die Unausweichlichkeit von Nachhaltigkeit zum langfristigen Erhalt von Mensch und Natur zu verstehen und in zukunftsorientiertes Verhalten umzusetzen. Es bedarf auf individueller Ebene, wie in Kapitel 4 angesprochen, einer bewussten Reflexion und persönlichen Reife. Durch die bewusste Auseinandersetzung können Sie in der Folge Ihre Selbstführung stärken, Ihre Authentizität erhöhen und Ihr sinngekoppeltes Handeln intensivieren.

**b)   Entwicklung von zukunftsorientierter Selbstführung**

Zur Entwicklung von zukunftsorientierter Selbstführung innerhalb Ihrer Arbeitsrollen ist es entscheidend, eine Sinnkopplung mit Ihrer Organisation anzustreben. Bereits in Kapitel 5.2 haben wir die grundlegenden Prinzipien der Sinnkopplung erläutert. Borck (2012) erläutert, dass Menschen zu jedem Zeitpunkt eine Sinnprüfung vornehmen, also bewusst und unbewusst äußere Eindrücke auf deren Sinnhaftigkeit für sich selbst prüfen. Der Schlüssel zu Sinnerfüllung liegt schließlich darin, anhand dieser kontinuierlichen Sinnprüfung Achtsamkeit für Sinnkopplung zu entwickeln. Sinnkopplung entsteht, wenn Menschen etwas erleben oder wahrnehmen und einen gemeinsamen Sinn darin erkennen. Diese Sinnkopplung ist instabil und kann von neuen Erkenntnissen gebrochen werden, sodass sich Menschen wieder entkoppeln. Überprüfen Sie daher, inwiefern Sie Ihren Sinn mit dem Ihrer Arbeit und Ihrer Organisation koppeln können.

- Macht meine Arbeit Sinn?
- Inwiefern trägt meine Arbeit zu meiner persönlichen Sinnerfüllung sowie der Sinnerfüllung meiner Organisation und meines Teams bei?
- Inwiefern finde ich mich selbst in meiner Arbeit wieder?

- Erkenne ich Sinn im Handeln meiner Kollegen und meiner Organisation?
- Bin ich einverstanden mit den Prinzipien, Werten, Praktiken und damit auch der Kultur und Philosophie meines Unternehmens?

Fallen Ihre Antworten auf die obigen Fragen eher negativ aus, so befinden Sie sich in einem Status der Sinn-Entkopplung oder zumindest einer Aus-Kopplung, also einer neutralen Einstellung gegenüber Arbeit und Unternehmen. Können Sie sich selbst nicht in Ihrer Arbeit wiederfinden, so müssen Sie aktiv eine Sinn-Entkopplung anstreben und Ihren Arbeitskontext verändern, beziehungsweise einen alternativen Kontext, mit dem Sie eine Sinnkopplung erfahren, aufsuchen.

Da Sinn in unserem Konzept der zukunftsorientierten Führung auf Nachhaltigkeit basiert, können Sie die obigen Fragen auch durch Nachhaltigkeit ergänzen, um zu verstehen, inwiefern Sie und Ihr Unternehmen zukunftsorientiert arbeiten. Setzen Sie sich daher mit Nachhaltigkeit und CSR auseinander. Informieren Sie sich, lesen Sie und versuchen Sie zu verstehen, wie Sie in Ihrer Rolle als Mitarbeiter eine nachhaltigere Unternehmens- und Teamstrategie mitgestalten können. Dabei ist es hilfreich, sich mit Problemen, Herausforderungen und guten und schlechten Vorbildern auseinanderzusetzen. Negativbeispiele helfen manchmal am besten, die Augen zu öffnen und kranke Systeme zu erkennen. Hinterfragen Sie Dinge und analysieren Sie Ihr Umfeld. Wie können Sie Ihr Arbeitsumfeld nachhaltiger gestalten? Arbeiten Sie mit den richtigen Lieferanten zusammen? Passt die Auswahl der Produzenten? Stimmen Ihre Einkaufsprozesse? Falls nicht: Existieren Alternativen, auf die Sie umsteigen können? Einfache Fragen wie diese können Ihnen dabei helfen, systemischer zu denken und Ihre eigene Rolle im System besser zu verstehen. Übersetzen Sie dieses Verständnis in Ihr Handeln, so erhöhen Sie Ihre Selbstwirksamkeit und helfen dabei, kranke Systeme zu schwächen und nachhaltigere Alternativsysteme zu etablieren. Die individuelle Bewusstseinserweiterung und das persönliche systemische Verständnis können in der Folge nützlich sein, andere Menschen zu inspirieren und Entscheidungen auf der Basis von Nachhaltigkeit, Balance und Dauer zu treffen. Sinnkopplung bedeutet über die Analyse Ihres persönlichen Arbeitsumfeldes hinaus, Ihre Organisation hinsichtlich des Umgangs mit CSR-Kriterien zu beleuchten. Inwiefern genügt Ihr Unternehmen auch Ihrem persönlichen Nachhaltigkeitsverständnis? Wird Nachhaltigkeit wirklich ernst genommen oder dient es allein Marketingzwecken? Wie passt die Unternehmensstrategie zu Ihren Grundsätzen? Wie verhält sich Ihr Unternehmen gegenüber Gesellschaft und Natur? Letztendlich werden Sie bei einer hohen Sinnkopplung immer zufriedener und leistungsfähiger arbeiten können als wenn diese geringer ausgeprägt ist. Und natürlich kann Sinnkopplung auch ohne den Fokus auf Nachhaltigkeit geschehen, nämlich immer dann, wenn Sie persönlich diesem weniger Bedeutung zumessen.

## 2.   Teamebene

### a)   Selbstreflexion über Sinn und Nachhaltigkeit im Team

Auf Teamebene nehmen Sie eine Doppelperspektive ein. Zum einen reflektieren Sie, inwiefern der Sinn der Individuen sich in der Gruppe widerspiegelt und zum anderen, in welchem Ausmaß die Arbeit des Teams Sinn für die Gesamtorganisation erzeugt. Als Verantwortlicher entwickeln Sie daher Fingerspitzengefühl bei der Einschätzung. Da Sie bereits auf individueller Ebene das Prinzip der Sinnkopplung kennengelernt haben, gilt es nun auf Teamebene, in Gesprächen achtsam und emotional intelligent zu agieren, um zu erkennen, inwiefern Ihre Mitarbeiter und Kollegen sinngekoppelt, ausgekoppelt oder entkoppelt sind. Wenn Sinnkopplung in Ihrem Team vorhanden ist, kann die Summe nachweislich tatsächlich mehr als ihre Einzelteile darstellen (Borck, 2012). Sind einige Gruppenmitglieder aus- oder entkoppelt, so findet sich kein gemeinsamer Sinn als Orientierungs- und Fixpunkt. Darunter leidet meist die Zusammenarbeit und damit auch die Leistung von Teams. Das heißt konkret für Sie, achtsam zu sein und Kopplungszustände zu verstehen, um konstruktiv mit Ihren Mitarbeitern an einer inklusiven Sinnfindung zu arbeiten. So können Sie zukunftsorientiert führen. Nachhaltiges Handeln wird sich im Team vor allem dann etablieren, wenn »alle dahinterstehen«, also die nachhaltigen Prinzipien der Gruppe sich auch im individuellen Sinn aller Mitarbeiter wiederfinden. Zwar kann Sinn nicht aufoktroyiert werden, doch Sie können als Führungskraft zumindest mit Impulsen und Sinnangeboten dazu beitragen, Möglichkeiten aufzuzeigen und dadurch zu einer selbstgesteuerten Verhaltensänderung anzuregen.

In Bezug auf das Verhältnis zur Gesamtorganisation ist es nützlich zu analysieren, inwiefern Ihr Team zur Sinnerfüllung der Gesamtorganisation beiträgt und noch grundlegender, inwiefern sich der Sinn Ihres Teams mit dem Sinn Ihrer Organisation koppelt. Kann der Beitrag Ihres Teams zur gesamtorganisationalen Sinnerfüllung eindeutig herausgestellt werden, so kann dies ein klarer Motivationsfaktor für Ihre Mitarbeiter sein. Deren Einschätzung der Bedeutung ihrer Arbeit wird steigen und so auch ihr Engagement, da sie sich der Wichtigkeit ihrer Rolle für den Erfolg des Unternehmens bewusst sind.

### b)   Entwicklung von zukunftsorientierter Mitarbeiterführung

Grundsätzlich ist es förderlich, einen Workshop zur Sinnfindung im Team zu initiieren. Leitfragen aus der individuellen Ebene können auch auf Teamebene als Gerüst dienen: Was macht uns aus? Was sind unsere Werte und Einstellungen? Was ist der Sinn unseres Handelns? Wodurch tragen wir mit unserem Handeln als Team zum Unternehmenserfolg und der Sinnhaftigkeit unserer Organisation bei? Durch die Teilnahme jedes Mitarbeiters an dieser Übung kann ein übergreifendes

Sinnverständnis entstehen und Gemeinsamkeiten gefunden werden, die für alle Mitarbeiter Gültigkeit besitzen. Im Diskurs kann der gemeinsame Sinn identifiziert werden. Aber auch Differenzen in den individuellen Sinnbildern ermöglichen eine Ableitung von Führungszielen, die auf die Rücksichtnahme des Individuums und gleichzeitig auf die Bildung eines Sinnkonsenses gerichtet sind. Sie werden daher in Ihrer Rolle als Moderator benötigt, um zwischen unterschiedlichen Sinnverständnissen zu vermitteln. Gleichzeitig fällt Ihnen als Kontextgestalter die Aufgabe zu, Ihre Mitarbeiter bei der Erfüllung des gemeinsamen Sinns tatkräftig zu unterstützen. Dies bedeutet auch, den Sinn des Teams, mit seinen Werten, Einstellungen, Motiven und sinngeleiteten Verhaltensweisen als Entscheidungsgrundlage und Bewertungsmaßstab zu nutzen. Folgende Leitfragen können zielführend sein:

- Inwiefern erfüllen wir durch diese Aufgabe unseren gemeinsamen Sinn?
- Inwiefern unterstützt diese Entscheidung das Streben nach unserem Sinn?
- Welche Hindernisse müssen wir beseitigen, um unseren Sinn stärker in den Mittelpunkt unseres Handelns stellen zu können?

Wie bereits angedeutet, kann auf Teamebene ebenfalls darauf geachtet werden, inwiefern das Verhalten und die Arbeit als Team die Erfüllung des gesamtorganisationalen Sinns unterstützt. Daher können Sie als Führungskraft auch in der gemeinsamen Sinnfindung im Team eine organisationale Perspektive integrieren. Fragen Sie Ihre Mitarbeiter danach, inwiefern der Sinn des Teams letztendlich auch den Sinn der Organisation widerspiegelt. Reflektieren Sie gemeinsam, ob der Sinn auf Teamebene zu einem ausreichenden Maße mit dem auf der Organisationsebene übereinstimmt. Schließlich können Sie als Teil des Gesamtsystems am besten arbeiten, wenn Sie im Einklang mit der Gesamtorganisation handeln. Unterscheiden sich die Sinnverständnisse zwischen Teams, beziehungsweise zwischen Team und Organisation zu sehr, droht Entfremdung, Rivalität und Silodenken. In einem solchen Falle sollten Sie als Verantwortliche einen organisationalen Diskurs einleiten, der sich mit der inklusiven Sinnfindung beschäftigt. Nur, wenn alle Teams, Abteilungen und Funktionen ein grundlegend ähnliches Verständnis des organisationalen Sinns besitzen, ist die Bildung einer gemeinschaftlichen Kultur und einer nachhaltigen Strategie möglich. Eine gute Übung, um den organisationalen Sinn auf Teamebene zu reflektieren, besteht darin, in Besprechungen abschließend zu überlegen, wie die eben gebildete Meinung dem Vorgehen der Gesamtorganisation weiterhilft.

- Inwiefern hat die Teambesprechung der Organisation weitergeholfen, welche Bereiche der Organisation sind von den Entscheidungen betroffen und wie dient das Handeln im Team der Unternehmensstrategie?

- Mit welchen anderen Teams und Funktionen müssen wir uns vernetzen, wer hat das nötige Wissen, um uns weiterzuhelfen und wie kann uns die organisationale Plattform besser unterstützen?

Gleichzeitig sollte auch das Thema CSR im Team präsent sein. Bei allen wesentlichen Entscheidungen kann das Thema Nachhaltigkeit eine Rolle spielen. Nutzen Sie die drei Dimensionen ökonomisch, ökologisch und sozial, um Ihr Handeln, Ihre Strategie und Ihre Entscheidungen im Team zu bewerten. Dies hilft dabei, eine ganzheitliche und nachhaltige Perspektive einzunehmen. Fragen Sie sich und Ihre Mitarbeiter, wie die Arbeit Ihres Teams geringeren negativen Einfluss und stärkeren positiven Einfluss auf Wirtschaftlichkeit, Umwelt und Gesellschaft nehmen kann; welche Auswirkungen werden die gemeinsam getroffenen Entscheidungen in drei, fünf oder zehn Jahren haben; wie Sie weitere »Stakeholder« stärker in Ihr Handeln integrieren können; wie Sie langfristige nicht-finanzielle und finanzielle Werte für Ihre Eigentümer, Mitarbeiter, Zulieferer, Gemeinde und Kunden schaffen können; wie Ihre Produkte und Dienstleistungen effizienter und »grüner« gestaltet werden können; wie Sie Ihre Abhängigkeit von Materialien durch Recycling und Wiederverwendung verringern können; wie Sie kurzfristiges Denken und damit »Wrong Turns« Ihrer Mitarbeiter und Führungskräfte vermeiden können und schließlich, wie Sie ein nachhaltiges Team und Unternehmen schaffen können, welches verantwortlich und ethisch korrekt handelt und langfristig in einem gesunden Umfeld und mit einer zukunftsorientierten Strategie existieren kann. Betreiben Sie CSR strategisch und nicht initiativ (s. Kapitel 4.4). CSR ist kein Marketinginstrument, sondern strategisches Grundprinzip. Ganzheitliches, nachhaltiges Handeln ist nicht optional, sondern im Rahmen einer gesunden Organisation, die nicht nur sich, sondern auch die Zukunft der Gesellschaft und Natur ernst nimmt, Pflicht. Letztlich tragen Sie dazu bei, dass Ihr Unternehmen auch wirtschaftlich von einem gesunden Geschäftsmodell profitiert.

### 3.   Organisationsebene

### a)   Analyse von organisationaler Nachhaltigkeit und Sinnorientierung

Sinn und Zweck der Organisation bilden den Ausgangspunkt für die Unternehmensstrategie und damit auch für strategische und zukunftsorientierte Führung. Das wurde bereits in Kapitel 4.4. dargestellt. Lohnend ist in diesem Zusammenhang auch ein Blick auf die Expertenperspektive mit Erich Harsch, welche im Anschluss an dieses Kapitel folgt. Das Kreisen um die Frage des Sinns muss immer kollektiv geschehen, also in Einbezug aller Mitarbeiter. Schließlich ergibt sich der Sinn des Ganzen ja aus dem übergreifenden Sinn seiner Bestandteile. Die Analyse der organisationalen Nachhaltigkeit gelingt am besten über das Controlling von ökonomischen, sozialen und ökologischen Indikatoren. Im folgenden Absatz finden Sie einige Möglichkeiten, um Ihr Unternehmen sinn- und nachhaltigkeitsorientiert zu führen.

**b)   Entwicklung von zukunftsorientierter Unternehmensführung**

In diesem Unterkapitel und auch in der anschließenden Expertenperspektive mit Erich Harsch zeigt sich, dass das Verständnis des organisationalen Sinns auf allen Ebenen von Bedeutung ist. Sinnstiftung allein ist kein probates Mittel, da Sinn vom Individuum selbst ausgehend erkannt werden muss. Das Unternehmen kann ein Sinnangebot machen, auf individueller Ebene muss dieser dann gekoppelt werden. Versuchen Sie, Ihren Mitarbeitern den Unternehmenssinn aufzuoktroyieren, nehmen Sie diesen die Möglichkeit der Sinnkopplung und der eigenständigen Sinnfindung und -erfüllung. Daher ist die Ermöglichung von Selbstführung auf allen Ebenen ein Schlüssel, um Sinnkopplung zu erhalten. Bieten Sie Ihren Mitarbeitenden die Option, sich selbst im Unternehmen wiederzufinden. Impulse zur Sinnkopplung können Sie in Ihrem täglichen Handeln und in Mitarbeitergesprächen setzen. Fordern Sie Ihre Mitarbeiter zur kritischen Reflexion ihrer Rollen im Unternehmen auf. Versuchen Sie, deren Genius und deren Kopplungszustand zu verstehen. Finden Sie gemeinsame Maßnahmen, um den Arbeitskontext für Teams und Mitarbeiter anhand der Erkenntnisse aus solchen Gesprächen zu verbessern.

- Wie können Mitarbeiter ihr ganzes Selbst am Arbeitsplatz zeigen?
- Wie kann ich als Führungskraft dazu beitragen, dass Mitarbeiter ihren Sinn in der Arbeit erfüllen können?
- Was versprechen sich Ihre Mitarbeiter von Ihrer Art der Führung: mehr Freiheit, weniger Bürokratie, klarere Prozesse, häufigeres Feedback, effektivere Meetings?

Solche Maßnahmen mögen zwar nur indirekt mit Sinnorientierung zusammenhängen, doch Sie steigern die Authentizität von Mitarbeitenden, da diese gemeinsam mit Ihnen als Kontextgestalter ein konstruktiveres Arbeitsumfeld mitgestalten können. Auch in der Rekrutierung von neuen Mitarbeitern können Sie bereits sinnorientierte Fragen stellen, also etwas »tiefer graben«, um die Persönlichkeit der Bewerber besser zu verstehen und zu bestimmen, ob diese bei der Sinnerfüllung des Unternehmens mit ihrem ganzen Selbst mithelfen können und wollen. Zeigt sich hier bereits, dass ein Sinnkopplungszustand kaum möglich erscheint, so ist eine Absage für beide Seiten die bessere Option.

Um den Unternehmenssinn entstehen zu lassen, müssen alle Mitarbeiter in die Sinnbildung aktiv miteingewoben werden. Es bietet sich zum Beispiel an, einmal im Jahr allen Mitarbeitern die Möglichkeit zu geben, anonym mitzuteilen, was das Unternehmen für sie persönlich bedeutet und ob und inwieweit sie sich im Unternehmen verwirklichen können. Dies gibt allen einen eindrucksvollen Einblick in den Unternehmenssinn und sollte sowohl als strategische Grundlage wie auch als Indikator für Sinnerfüllung, Leistungsfähigkeit und Wohlbefinden genutzt werden. Gerade bei solch kollektiv kreierten Dokumenten und Werken ist es essenziell, diese allen Mitarbeitern unzensiert zur Verfügung zu stellen und öffentlich visuell zu kommunizieren. Auch die Ableitung von Entwicklungsfeldern für die Führung der Organisation ist ein wichtiger Pluspunkt dieser kollektiven Sinnfindung.

Wie auch auf den beiden vorherigen Ebenen, müssen Sinn und Nachhaltigkeit auf Organisationsebene die wichtigsten Faktoren in der Entscheidungsbildung spielen. Entsprechen bestimmte strategische Vorgehensweisen nicht Ihrem Sinn oder nachhaltigen Prinzipien, so vermeiden Sie diese. Bezüglich Nachhaltigkeit ist es selbstverständlich grundlegend, dass CSR auf oberster Ebene vorgelebt wird. Zeigen Sie in Ihrem Verhalten, Ihrer Führungsweise und in der Festlegung von strategischen Manövern, dass Wirtschaft, Natur und Soziales zentrale Rollen spielen. Erstellen Sie einen jährlichen CSR-Bericht und messen Sie, inwiefern Ihr Unternehmen nach den Zehn Prinzipien der Vereinten Nationen und den Leitsätzen der OECD arbeitet. Beziehen Sie Ihre Lieferanten und Geschäftspartner mit ein, wenn Sie der UN Global Compact Initiative beitreten, welche die Bereiche Menschenrechte, Arbeitsnormen, Umweltschutz und Korruptionsprävention definieren, an denen Unternehmen ihr Handeln ausrichten können (United Nations, 2016). Nutzen Sie darüber hinaus die Global Reporting Initiative, um in Ihrem Controlling klare Indikatoren für die Messung von ökonomischen, ökologischen und sozialen Einflüssen abzuleiten (GRI, 2016). Die kontinuierliche Verbesserung dieser Indikatoren wird in Ihre markt- und ressourcenorientierte Strategie eingespeist. Analysieren Sie Ihr Geschäftsmodell, Ihre Liefer- und Wertschöpfungskette anhand von ökologischen und sozialen Einflüssen und finden Sie alternative Wege für ausbeutende oder verschwenderische Prozesse. Hinterfragen Sie Aussagen wie: »Der Kunde möchte möglichst billige Produkte, deswegen können wir unseren Zulieferern keine fairen Gehälter zahlen.« Sind Sie sicher, dass der Kunde nicht mehr bezahlen würde, wenn er wüsste, dass das Produkt fair hergestellt wurde? Natürlich ist es auch in solchen Fällen immer wichtig, abzuwägen und eine sinnvolle Balance im Sinne ökonomischen, ökologischen und sozialen Handelns zu finden. Beleuchten Sie also Ihre Unternehmensstrategie und denken Sie intensiv darüber nach, ob diese nachhaltig für alle Beteiligten Werte verspricht. Die meisten Menschen möchten am Ende des Tages Teil einer zukunftsfähigen Lösung sein und nicht blind an alten Prinzipien festhalten. Organisationen sind von Menschen geschaffen. Wieso sollten sie also andere Menschen benachteiligen oder ausbeuten dürfen? Warum sollten sie limitierte Ressourcen verschwenden dürfen und das Leben zukünftiger Generationen riskieren dürfen? Organisationen werden durch Menschen verkörpert und sollten daher auch im Interesse von Menschen geführt werden. Nachhaltigkeit bildet die Grundlage einer zukunftsorientierten Strategie, deren Ziel die Erfüllung des organisationalen Sinns ist. Dieser Sinn sollte etwas Positives sein, denn die meisten Unternehmen werden nicht gegründet, um zu zerstören, sondern um etwas Nützliches zu schaffen. Als zukunftsorientierte, verantwortliche Führungskraft haben Sie dieses Wissen verinnerlicht und damit die Chance, es in Ihrem organisationalem Kontext bestmöglich umzusetzen.

Abschließend fasst Abbildung 99 die praktischen Vorgehensweisen aller sechs vorgestellten Führungsdimensionen zusammen. Diese Tabelle dient als schnelle Übersicht von Praktiken, wie Sie, gegliedert nach Unternehmensdimension und ITO-Ebene, erfolgreich eine Gesunde Organisation umsetzen können.

| Unternehmens-dimension | Führungs-weise | Praktische Vorgehensweisen auf: | | |
|---|---|---|---|---|
| | | **Individueller Ebene** | **Teamebene** | **Organisationsebene** |
| **Leistungsfähige Mitarbeiter** | Stärken-fokussierte Führung | Neun Schritte der Stärkenentwicklung | »T-Shape« Modell zur Teamzusammen-setzung | Arbeitskontextent-wicklung und Ausrich-tung am Markt sowie Talent-Anwälte |
| **Augenhöhe-Beziehungen** | Positive Führung | Reflectband | Nutzung der »Losada Linie« und der Akzep-tanztreppe | Trainings und Coa-chings in der Mitar-beiterentwicklung |
| **Gemeinschaft-liche Kultur** | Werte-orientierte Führung | Identifizierung und Fokussierung eigener Werte | Raster zur Entwicklung von wirkungsvollem/ werteorientiertem Führungsverhalten | Vernetzung der Raster und gezielte Führungs-kräfteentwicklung |
| **Adaptive Strukturen** | Vernetzte Führung | »Job-Crafting« | Marktausrichtung und Job-Neukonfi-gurierung | Fokus auf Vernetzung, Kontextgestaltung und Selbstführung |
| **Agile Prozesse** | Nachhalti-ge Führung | Fokus auf blaue/ rote Kompetenzen | Konsultativer Einzelentscheid | Einführung von struk-tureller Ambidextrie |
| **Markt- und ressourcen-orientierte Strategie** | Zukunfts-orientierte Führung | Analyse und Inten-sivierung des Sinn-kopplungszustands | Workshop zur Sinn-findung sowie Fokus auf »Stakeholder« | Kollektive Sinnbil-dung, strategisches CSR |

**Abb. 99:** Vereinfachte Zusammenfassung der praktischen Vorgehensweisen für Führung auf den drei ITO-Ebenen (eigene Darstellung)

**Expertenperspektive mit Erich Harsch, Vorsitzendem der Geschäftsführung bei dm-drogerie markt**

Im Rahmen der Recherche zu diesem Buch hatten wir die Möglichkeit, mit Erich Harsch, dem Vorsitzenden der Geschäftsführung von dm-drogerie markt zu sprechen. dm ist mit über 3000 Filialen und über 50.000 Mitarbeitern der größte Drogeriekonzern in Europa und erhält seit Jahren kontinuierlich Preise als bester Arbeitgeber. Das Unternehmen ist für seine gemeinschaftliche Unternehmenskultur bekannt, die Wert auf den Mitarbeiter als frei denkenden und selbstverantwortlichen Menschen legt. Gerade im Zusammenhang mit dieser Veröffentlichung stellt dm einen sehr interessanten und einsichtsreichen Fall dar, da der Konzern wirtschaftlich nachhaltig arbeitet, kontinuierlich wächst und gleichzeitig gesunde und zufriedene Mitarbeiter beschäftigt. Daher interessierten wir uns im Gespräch mit Erich Harsch vor allem für die Mitarbeiterführung im Unternehmen und wie diese die Balance zwischen außergewöhnlicher Leistung und gesunder Organisation ermöglicht.

Im Gespräch zeigte sich, dass Herr Harsch sowie das Unternehmen dm ein sehr menschliches und natürliches Verständnis von Führung haben, das im Kontrast zu klassisch autoritären und direktiven Führungsmodellen steht. So erläutert er, dass Führung immer als Hilfe und Unterstützung zur Selbstführung verstanden werden sollte. Das Unternehmen ist darauf angewiesen, »dass möglichst viele Menschen im Unternehmen eigeninitiativ und eigenverantwortlich tätig sind«. Harsch lehnt das Prinzip der Fremdsteuerung daher grundlegend ab. Mitarbeitern zu ermöglichen, sich quasi selbst zu steuern, ist laut Harsch essenziell, um deren »Menschsein« im Unternehmen zu ermöglichen und deren Potenziale zu entfalten. Der Weg vom äußeren Zwang zur inneren Selbstführung ist daher grundlegend:

*»Die eigentliche Frage, die sich Unternehmen stellen müssen, ist daher:*
*Wie kommt man von der Fremdsteuerung zur Selbststeuerung,*
*von der Fremdkontrolle zur Selbstkontrolle*
*und von der Fremdverantwortung zur Selbstverantwortung?«*

Erich Harsch

Harsch äußert sich außerdem kritisch gegenüber dem Rechtfertigungsmodus, den viele Führungskräfte und Mitarbeiter häufig annehmen. Er kritisiert, dass sich Menschen im Unternehmen aufgrund von Fremdsteuerung häufig in »Opferrollen« begeben, in denen sie jegliche Eigenverantwortung ablegen und Andere verantwortlich machen können. In einem Unternehmen der Selbstführung ist dies nicht der Fall, da die Mitarbeiter Herr über ihre eigene Situation sind. Harsch zitiert in diesem Zusammenhang George Bernard Shaw, einen verstorbenen irischen Autor, Kritiker und Politiker, der eben jene Einnahme von »Opferrollen« beklagt und aufzeigt, dass selbstverantwortliche Menschen sich ihren eigenen Kontext schaffen können:

*»Die Leute machen immer die Umstände für das verantwortlich, was sie sind. Ich glaube nicht an Umstände. Die Menschen, die in dieser Welt vorankommen, stehen auf und suchen die Umstände, die sie wollen, und falls sie diese nicht finden können, erschaffen sie sie.«*

George Bernard Shaw

Verantwortung für sich, für Andere und für das Gesamte zu übernehmen ist nicht nur ein Ziel für Mitarbeitende in Unternehmen, sondern laut Harsch, das grundlegende Leitbild einer modernen Gesellschaft. So wie wir im gesellschaftlichen Zusammenleben nach dem Respekt für das Individuum und dem Respekt für individuelle Freiheit streben, so sollten auch Unternehmen Respekt und Wertschätzung für den Menschen an sich entwickeln. Das typische Leithammelwesen hat laut Harsch daher ausgedient. Vorgaben zu machen und Ziele zu setzen, sind keine adäquaten und zeitgemäßen Führungscharakteristika mehr. Vielmehr beschreibt der dm-Verantwortliche, dass die heutige Führungsaufgabe daraus besteht, Rahmenbedingungen zu schaffen, die eine Selbstlenkung und -führung der Mitarbeiter ermöglicht, sodass diese ein Selbstbewusstsein und ein Bewusstsein über Zusammenhänge entwickeln. Im Zeitalter des modernen Menschen ist diese Art der Führung unerlässlich, da sich junge Menschen nicht in klassische Führungsbeziehungen zwingen lassen werden. Harsch argumentiert weiter, dass Verantwortliche dafür zuständig sind, Demotivationsfaktoren aus dem Weg zu räumen, damit Menschen sich entfalten können. Um dieser Entfaltung gerecht zu werden, müssen Führungskräfte Fehler tolerieren und ein vertieftes Verständnis über situative und soziale Angemessenheit von Belohnungen, Kritik und Feedback erreichen. Grundlegende Faktoren zur Selbstführung sind laut Harsch Freiheit, Verantwortung und Entscheidung. Er betont außerdem, dass Führende die Selbstorientierungskompetenz ihrer Mitarbeiter fördern sollten, also deren Fähigkeit, situativ neue Einsichten zu entwickeln und sich selbst einschätzen und beurteilen zu können. Selbstorientierungskompetenz ist demnach eine wichtige Grundlage, um Freiheit und Verantwortung in der Selbstführung bewusst nutzen und leben zu können. Hierfür ist es grundlegend, dass Menschen an ihrer Wahrnehmung arbeiten, Dinge und Aussagen kritisch hinterfragen und das Wesentliche an einer Sache erkennen. In einem selbstgesteuerten Arbeitskontext, der sich von Fremdautorität befreien kann, ist es im Führungsverhältnis daher so wichtig, dass Führungskräfte den »Mut zur Lücke« entwickeln. Das bedeutet, dass Führende sich vom klassischen Modell der totalen Kontrolle verabschieden und Mitarbeiten-

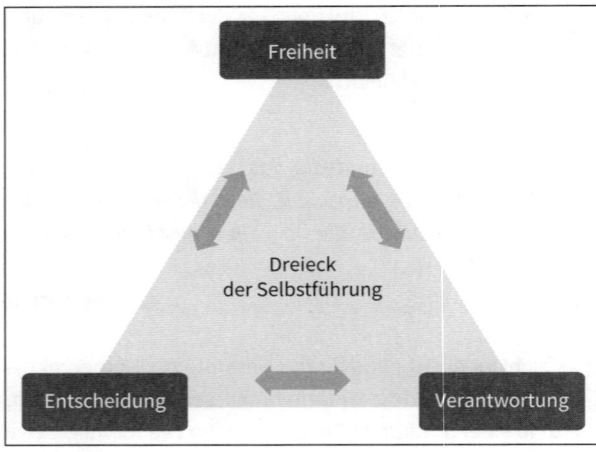

**Abb. 100:** Dreieck der Selbstführung (eigene Darstellung)

den Freiheiten bieten müssen, die nicht immer kontrollierbar sind. Selbstverständlich besteht auch die Gefahr, dass die gebotene Freiheit missbraucht wird, doch der dm-Verantwortliche sagt ganz klar, dass es sich in jedem Fall lohnt, dieses »Risiko« einzugehen. Es kann auch davon ausgegangen werden, dass Menschen mit hoher Selbstorientierungskompetenz und Verantwortungsbewusstsein, Freiheiten eher konstruktiv nutzen als sie zu missbrauchen. Eine Persönlichkeitsentwicklung innerhalb der Organisation sollte daher ebenfalls angestrebt werden, sodass Menschen ein Selbstverständnis über Richtig und Falsch entwickeln können. Gerade auf diesen Aspekt legt dm besonderen Wert. Mitarbeiter werden dabei unterstützt, sich persönlich weiterzuentwickeln und verantwortungsbewusst zu werden. Bei dm werden daher Betroffene zu Beteiligten gemacht, Entscheidungen dezentral in Mitarbeitergruppen getroffen und in offenen Gesprächen nach Lösungen gesucht.

Ein zentraler Messfaktor und Indikator ist neben der Kundenzufriedenheit auch Mitarbeiterzufriedenheit. Ansonsten vermeidet dm aber den Einsatz mechanistischer Steuerungselemente, da diese oftmals den Fokus auf die Messmechanik an sich legen, statt auf die eigentliche Sache. Viele Firmen verlieren daher häufig den eigentlichen Zweck aus den Augen, da sie eher kausal denken und sich lediglich auf die Erhöhung bestimmter Leistungsindikatoren fokussieren. Bei dm wird daher auch weniger von Zielvereinbarungsgesprächen als von einem Erwartungsaustausch zwischen Verantwortlichem und Mitarbeitendem gesprochen. Erich Harsch betont, dass Zielvereinbarungen in vielen Organisationen oftmals eher Zielvorgaben entsprechen, bei denen dem Mitarbeitendem kein besonderes Mitspracherecht zusteht. Aus diesem Grund vertraut dm auch auf einen erhöhten kommunikativen Austausch und auf eine Bewusstseinssteigerung. Ziel ist immer das Ergründen des »Warums«. Unternehmen sollten, laut

Harsch, vom »Know-how« zum »Know-why« umstellen und Führungskräfte den Fokus ihrer Arbeit auf das Ergründen eines Zwecks legen. Mitarbeiter, Teams und die Gesamtorganisation müssen sich daher Sinnfragen stellen, um zu verstehen, warum das Unternehmen existiert, aber auch, um die kleinen Dinge zu umfassen und zu verstehen. So sieht Harsch den Zweck von dm nicht darin, bestimmte Produkte zu verkaufen oder Profit zu machen. Der eigentliche Sinn des Unternehmens ist es, eine Entwicklungsplattform für Menschen zu bieten. Produkte und Geld werden bei dm als Mittel zu dieser Sinnerfüllung gesehen. dm ist davon überzeugt, dass wenn es diesen Fokus auf den Menschen erfolgreich und nachhaltig erfüllen kann, auch das Unternehmen auch erfolgreich ist.

Diese Aussagen stehen in direkter Verbindung mit diesem Buch. In der Gesunden Organisation ist der Zweck nicht die Leistungssteigerung, sondern das Gestalten eines Umfelds, welches eine Leistungssteigerung ermöglicht. In der Kranken Organisation gelten Menschen demgegenüber als Mittel zur Gewinnmaximierung. In der Gesunden Organisation können Menschen das sich bietende Umfeld als Entwicklungsplattform für sich selbst erkennen und ihre Leistung selbstgesteuert verbessern.

Um dieses Verständnis und Selbstbewusstsein durch die Organisation dringen zu lassen, versucht dm, jedem Menschen einen Tätigkeitsbereich mit erweitertem Sinn zu bieten und Eigenverantwortung zu übertragen. Bei dm wird davon ausgegangen, dass Menschen gerne selbst gestalten und etwas bewirken wollen. Allerdings wird dieses Wertesystem mit seinem starken Fokus auf den Menschen an sich nicht von Marktleitern und Verantwortlichen vorgetragen, vielmehr ist es ein implizites Selbstverständnis, das von vielen Mitarbeitern möglicherweise nicht beschrieben, aber gefühlt und gelebt werden kann. Das wird dadurch möglich, dass Arbeitskontexte gestaltet werden, in denen sich Menschen wohlfühlen können, authentisch sein dürfen, sich selbst führen und dadurch ein Bewusstsein für sich und für ihr Umfeld entwickeln können.

Diese Bewusstseinsbildung beginnt bei dm bereits in der Aus- und Weiterbildung, bei der starker Fokus auf eine Zusammenarbeitskultur und Selbstverantwortung gelegt wird. Diese Zusammenarbeitskultur entwickelt, laut Harsch, über die Jahre eine gewisse Selbsttragefähigkeit, bei der nicht in Standardprozessen und Zielvorgaben gedacht wird. Vielmehr orientieren sich alle dm-Mitarbeiter am Kunden und Kollegen und nicht am »Vorgesetzten« oder am Eigennutzen. Liegt der Fokus also auf Kooperation und Menschlichkeit, so können Entscheidungen auf dieser Basis getroffen und gemeinsame Ziele erklärt werden. Auch wenn es um den Karriereverlauf bei dm geht, wird primär darauf geachtet, inwiefern ein Mitarbeiter den Kunden und Kollegen gerecht wird und inwiefern er oder sie sich eigenverantwortlich und sinnvoll für das Unternehmen einsetzt. Um diesen Einsatz und das unternehmerische Denken von Mitarbeitern zu stimulieren, bietet dm Transparenz, Fehlertoleranz und Entscheidungsfreiheit.

Wenn es also darum geht, bei dm Entscheidungen zu treffen, werden alle Betroffenen zu Beteiligten gemacht. Mitarbeitende dürfen mitreden, wenn Entscheidungen getroffen werden müssen, die ihren Arbeitskontext tangieren. Bevor Entscheidungen bezüglich Beförderungen getroffen werden, werden zunächst die Kollegen gefragt, wer geeignete Kandidaten sind. Genauso wird auch auf Markt-, Regions- und Ressortebene verfahren. Betroffene werden zu Beteiligten gemacht und treffen Entscheidungen gemeinsam. Den Ressortverantwortlichen wird außerdem die Vertriebsverantwortung für eine Region übertragen, sodass jede Ressort-Führungskraft auch gleichzeitig einen Einblick in den täglichen Ablauf in den Märkten und in Herausforderungen in der Produktpräsentation oder im Kundenkontakt erhält. Dies ermöglicht jedem Verantwortlichen einen 360-Grad-Blick auf das Gesamtunternehmen. Mit den internationalen »Tochter«-Unternehmen wird in ähnlicher Weise verfahren. So stellen diese Firmenzweige in anderen Ländern eher Brüder- und Schwesterunternehmen dar, da sie eigenverantwortlich und vom Konzern entkoppelt, Entscheidungen treffen können.

Alles in allem, ist dm ein exzellentes Beispiel für eine Gesunde Organisation, die es schafft, durch den Fokus auf den Menschen auch wirtschaftlich erfolgreich zu sein. dm verbindet Selbstmanagement mit ganzheitlichem, systemischen Denken und einem inneren Selbstzweck, der das Unternehmen antreibt. Nach Laloux (2014) kann dm, wie bereits in Kapitel 4 beschrieben, als ein »evolutionäres Unternehmen« bezeichnet werden, das einem neuen Paradigma entspricht und sich durch einen erhöhten Bewusstseinsgrad von anderen Unternehmen differenziert.

---

## 5.4   Zusammenfassung Kapitel 5: Das müssen Sie wissen

- Führung geschieht auf individueller, Team- und Organisationsebene.
- Führung beginnt beim selbstführenden Individuum und breitet sich auf Team und Organisation aus.
- Führung ist ein sozialer Prozess, der zum Ziel hat, Menschen bei deren Selbstführung und Potenzialentfaltung im Rahmen der gemeinsamen Sache zu unterstützen.
- Balancierte Führung setzt sich aus sechs Führungsdimensionen zusammen, welche auf I-, T- und O-Ebene umgesetzt werden.

- Stärkenfokussierte Führung orientiert sich an den Stärken des Individuums und fördert diese konsequent.
- Positive Führung kreiert ein respektvolles und optimistisches Miteinander durch Positivität in Wahrnehmung, Kommunikation und Zusammenarbeit.
- Werteorientierte Führung stellt Werte in den Mittelpunkt des Führungshandelns und schafft eine gemeinschaftliche Kultur.
- Vernetzte Führung gestaltet adaptive und ambidextere Strukturen, unter anderem durch »Job Crafting«, die eine flexible, kundennahe Ausrichtung ermöglichen.
- Nachhaltige Führung achtet auf blaue und rote Funktionen und unterstützt agile, marktorientiere Prozesse und Projekte.
- Zukunftsorientierte Führung strebt nach Sinnkopplung zwischen Individuum und Organisation und schafft durch eine nachhaltigkeitsgeleitete Strategie langfristige Wert für alle Anspruchsgruppen der Organisation.

# 6 Wie sieht die Zukunft aus? – Abgrenzung und Ausblick

In diesem Kapitel finden Sie Antworten auf die folgenden Fragen:
- **Was sind die Grenzen der Gesunden Organisation?**
- **Unter welchen Bedingungen funktioniert eine Gesunde Organisation?**
- **Wie lange dauert der Aufbau einer Gesunden Organisation?**
- **Welche zukünftigen Trends beeinflussen Organisationen und Führung?**
- **Inwiefern wird die Gesunde Organisation auch in der Zukunft noch relevant sein?**

In diesem letzten Kapitel werden wir uns den Grenzen und der Zukunft der Gesunden Organisation widmen. Diese Themen stellen einen guten Abschluss dar. Zum einen müssen die im Buch beschriebenen Idealzustände innerhalb einer Organisation in Relation zu Kontext, Zeit und Bewusstseinsgrad gestellt werden. Dies kann dabei helfen, Ihre Fragen und Zweifel, die Sie als kritische Leser möglicherweise während des Lesens entwickelt haben, zu adressieren. Ist die Gesunde Organisation ein Allzweckmittel? Was passiert in Krisensituationen? Kann eine Gesunde Organisation auch ohne »Wohlfühlatmosphäre« auskommen? Wird die Relevanz von »Sinn« überstrapaziert? Diese und weitere berechtigte Fragen möchten wir daher im Folgenden beantworten.

Anschließend wird die Zukunft der Gesunden Organisation in einem kurzen Ausblick dargestellt, um relevante Trends in den Bereichen Organisationsentwicklung und Führung zu identifizieren. Außerdem enthält dieses Kapitel zum Abschluss noch eine Expertenperspektive mit dem weltweit einflussreichsten HR-Experten der letzten zwei Jahrzehnte, dem US-Amerikaner Prof. Dave Ulrich. Auch er blickt in die Zukunft und beschreibt, worauf es in den nächsten Jahren aus seiner Sicht ankommen wird.

## 6.1    Abgrenzung – Die Limits der Gesunden Organisation

Zunächst richten wir unseren Blick auf die Grenzen des Konzepts der Gesunden Organisation.

**Bei der Gesunden Organisation geht es um Wohlfühlatmosphäre –
steht die Leistung also im Hintergrund?**

Den klassischen »BWL-Managern« wird diese Frage vielleicht häufiger während der Lektüre des Buches gekommen sein. Tatsächlich geht es bei der Gesunden Organisation nicht unbedingt um eine »Wohlfühlatmosphäre«, sondern eher um den Aufbau eines Arbeitskontexts, der persönliches Wohlbefinden und damit Gesundheit unterstützt. Wie bereits im ersten Kapitel angesprochen, ist Wohlbefinden eine grundsätzliche Bedingung für Leistungsfähigkeit. Damit zeigt sich, dass der reine Leistungsfokus auf langfristige Sicht wenig sinnvoll erscheint, wenn er nicht mit einem Fokus auf Wohlbefinden gepaart wird. Natürlich möchte jeder Verantwortliche eine möglichst hohe Leistung von seinen Mitarbeitern. Dieses Buch zeigt, dass eine hohe Leistung über Gesundheit nachhaltig gefördert werden kann. Der Fokus auf Wohlbefinden und Gesundheit ist daher nicht allein Gutmenschentum, sondern auch knallharte Managementrealität. Kranke Mitarbeiter, überhebliche Beziehungen, eine egozentrische Unternehmenskultur werden sich definitiv in einem Rückgang der organisationalen Leistung widerspiegeln. Leistung UND Gesundheit stehen daher im Vordergrund der Gesunden Organisation. Das vierte Kapitel zeigte mit vielen Fakten auf, wie Gesunde Organisationen Wettbewerbsvorteile schaffen können. Leistungsfähigkeit wird daher nicht nur auf individueller, sondern auch auf Team- und Organisationsebene gefördert.

**Die Gesunde Organisation mag ein sinnvolles Konzept für gute Zeiten sein –
doch was passiert in Krisensituationen?**

Krisen sind natürlich. Sie gehören zum Lebenszyklus jeder Organisation und somit auch zu der einer Gesunden Organisation. Gerade in einem komplexen und dynamischen Umfeld agieren Unternehmen in ständiger Unsicherheit. Krisen kommen unerwartet und können die gesamte Organisation in einen Ausnahmezustand versetzen. Viele Unternehmen reagieren mit schnellen »Top-down«-Entscheidungen, demokratische Prinzipien werden für die Zeit der Krise außer Kraft gesetzt.

Natürlich erleben auch Gesunde Organisationen Krisen und müssen schnellstmöglich effektiv auf diese reagieren. Da eine Gesunde Organisation jedoch bereits während der guten Zeiten agile Prozesse und adaptive Strukturen aufgebaut hat, fällt es ihr leichter, auf plötzliche Veränderungen zu reagieren. Sie muss nicht lange nachdenken, sich umstrukturieren oder bekannte Systeme über den Haufen werfen. Dank ihrer agilen Teams in der Peripherie erhält sie exzellentes Wissen über Kunden, Märkte und Krisen und kann mithilfe verstärkter roter Funktionen effektiv auf Schocks reagieren. Sie kann ihre Strukturen und Prozesse schnell anpassen, ohne die Orientierung zu verlieren und kann durch ihre Adaptivität die neuen Herausforderungen besser bearbeiten. Sie ist dynamikrobuster und resilienter als andere Unternehmen. Und vielleicht das Wichtigste: Sie verliert auch während einer Krise ihren Sinn und ihre Werte nicht aus den Augen, sondern findet in diesen Halt und Orientierung.

Wir gehen daher davon aus, dass sich gerade in Krisenzeiten zeigen wird, welche Unternehmen tatsächlich nach den Prinzipien einer Gesunden Organisation aufgestellt sind. Sie werden es sein, die sich am schnellsten von Schocks erholen, in der Krise neue Möglichkeiten erkennen und sich die Schockstarre oder das Chaos anderer Unternehmen auf dem Markt zum Vorteil machen.

Natürlich können Krisen auch zur Aufspaltung oder Auflösung einer bestehenden Organisation führen. Dies muss jedoch nicht unbedingt ein Zeichen von Schwäche sein. Es kann durchaus auch eine Stärke darin bestehen, wenn Unternehmen nicht bis zum tatsächlichen Untergang an ihrer derzeitigen Form festhalten. Die Aufspaltung einer Organisation sollte daher immer mit der Perspektive Evolution und Weiterentwicklung betrachtet werden. Nur durch Veränderungen, auch wenn diese radikal erscheinen mögen, können Unternehmen weiterhin marktfähige Strukturen und agile Prozesse unterstützen.

Ein zusätzlicher Aspekt, der in Krisensituationen relevant wird, ist die Identifikation von Mitarbeitenden mit dem Unternehmen. Da diese in einer Gesunden Organisation tendenziell höher sein wird als in »normalen« Unternehmen, können Mitarbeiter in der Unternehmenskrise auch eine persönliche Krise erleben. In der Tat sehen wir hier ein Problem, da Mitarbeiter persönlich unter der Not der Organisation leiden und aufgrund ihrer Identifizierung eine starke Abhängigkeit spüren würden. Allerdings beugt die Gesunde Organisation dieser Kausalität durch ihren Fokus auf Selbstführung vor. Mitarbeiter in der Gesunden Organisation verfügen über ein starkes individuelles Bewusstsein und vergessen ihr eigenes Selbst nicht. Sie verstehen sich zwar als wichtigen Teil der Organisation, können die eigene Persönlichkeit aber vom Unternehmen trennen und verstehen sich selbst autonom. Die im Rahmen der Gesunden Organisation propagierte Selbstführung, und die damit oft einhergehende Selbstwirksamkeit, wird daher auch in Krisenzeiten helfen.

Während einer Krise können die Grundbedürfnisse der Menschen innerhalb einer Organisation in Gefahr geraten. Es fehlt an psychologischer Sicherheit, das

Einkommen ist in Gefahr und Mitarbeiter sehen sich existenziellen Ängsten ausgesetzt. Während einer Krise können die grundlegenden Stufen der Maslow'schen Bedürfnispyramide als gefährdet erlebt werden. Allerdings sollte eine Gesunde Organisation diese Grundbedürfnisse in Krisenzeiten durch die Erfüllung fortgeschrittener Bedürfnisse teilweise kompensieren können. Der organisationale Fokus auf Nachhaltigkeit, Werte und Sinn kann Mitarbeitern psychologische Sicherheit innerhalb eines unsicheren Kontexts geben. Die Grundbedürfnisse des Menschen sollten daher in einer Gesunden Organisation weniger in Gefahr sein als in einer Kränkelnden oder Kranken Organisation, was sich in Krisen auszahlen kann.

Dies mag zudem darin begründet liegen, dass die Motivation von Mitarbeitern in einer Gesunden Organisation nicht rein extrinsisch ist. Im Kontrast zur Gesunden Organisation würden Investmentbanker, um eine bekannte Generalisierung zu benutzen, aufgrund ihrer hohen materiellen Motivation in Krisenzeiten das »sinkende Schiff« wohl schnell verlassen. Sie bindet nichts intrinsisch Wertvolles an ein bestimmtes Unternehmen oder an eine Investition. Ihr Ziel ist eher, einer Krise persönlich auszuweichen, anstatt diese gemeinsam mit dem Unternehmen durchzustehen. Die höhere intrinsische Motivation, das gemeinsame Wertegerüst und die Kopplung von Sinn innerhalb der Gesunden Organisation sprechen daher für einen Wettbewerbsvorteil während Krisenzeiten. Das persönliche Engagement der Mitarbeiter, um in der Krise zu bestehen, wird einer Gesunden Organisation dabei helfen, schnell und effektiv auf eine solche Krise zu reagieren und mit der Unterstützung aller, vorschnellen Auflösungserscheinungen vorzubeugen und wieder in stabilere Fahrwasser zu gelangen.

### Die Grundbedingung aller Unternehmen ist Liquidität und Ertrag – wieso sollte das bei der Gesunden Organisation anders sein?

Liquidität und Ertrag sind wichtige Faktoren für ein Unternehmen und dessen Existenz, allerdings keine conditio sine qua non. Denken Sie nur an zahlreiche Unternehmen, die jahrelang keine Erträge erzielt haben, wie bspw. Amazon, Uber, Tesla oder LinkedIn und die dennoch, wie im Falle von LinkedIn, für unglaubliche 26,2 Milliarden Dollar von Microsoft gekauft wurden. Liquidität ist daher keine zwingende Grundbedingung und kann oftmals auch durch externe Kapitalmärkte bezogen werden. Dennoch müssen natürlich in jedem Unternehmen finanzielle Mindestvoraussetzungen vorhanden sein, um ein Unternehmen am Leben zu erhalten. Solche Mindestvoraussetzungen gelten jedoch nicht nur für finanzielle Indikatoren wie Liquidität und Ertrag. In allen sechs Unternehmensdimensionen gelten Mindeststandards, die erfüllt werden müssen, um eine langfristige Unternehmensexistenz garantieren zu können. Ein Unternehmen ohne leistungsfähige Mitarbeiter wird genauso untergehen wie eine Organisation, in welcher Werte keine Rolle spielen und jeder nur das tut, was für ihn bzw. sie am meisten Nutzen bringt. Ein gewisses Maß an Qualität innerhalb jeder Unternehmensdimension trägt deshalb zu einer langfristigen Organisationsexistenz bei. Ein Unternehmen, welches wirtschaftlich erfolgreich, aber organisational krank ist, wäre ein außergewöhnliches Phänomen, dessen Erfolg wohl nur von kurzer Dauer sein dürfte.

### Die Gesunde Organisation arbeitet stark mit Selbstführung – aber kann und will sich wirklich jeder Mensch selbst führen?

Das in diesem Buch vertretene Verständnis von Führung als Hilfe zur Selbstführung beruht darauf, dass Mitarbeiter sich auch selbst führen wollen. Tatsächlich gibt es aber auch Menschen, die kein Bedürfnis nach Selbstführung in diesem Sinne spüren und bevorzugt fremdgesteuert arbeiten. Der Beruf ist dann eben nur ein Job und man erledigt die Dinge, die einem aufgetragen werden. Das kann tatsächlich ein Problem für die Umsetzung der Gesunden Organisation darstellen, denn manche Menschen sind an Systeme gewöhnt, in denen eigenständiges Handeln und autonome Selbstführung keine wichtige Rolle spielen. Für Sie als Verantwortliche bedeutet dies, auf eine langfristige Mitarbeiterentwicklung hinzuarbeiten und damit zu rechnen, dass in einem Transformationsprozess Mitarbeiter das Unternehmen verlassen werden, die eine solche Form der Verantwortung nicht wollen. Manch einer wünscht sich statt kräftezehrender Diskussionen einfach ein »Machtwort«, wie es weitergehen soll. Wenn es wirklich auf jeden Einzelnen ankommt, dann kann das ganz schön herausfordernd und anstrengend sein. Firmen – wie bspw. die evolutionäre »Tomatenfirma« Morning Star – zeigen nicht umsonst einerseits beeindruckende Wachstumsraten und Dynamikrobustheit, andererseits aber auch hohe Fluktuationsraten von 50 Prozent in den ersten beiden Jahren (Kirkpatrick, 2011).

Die Entwicklung verantwortungsübernehmender und selbstführender Menschen passiert deshalb nicht von heute auf morgen. In einem monate- und vielleicht jahrelangen Prozess geben Sie kontinuierlich Verantwortung ab und steigern das Bewusstsein Ihrer Mitarbeiter für deren eigene Persönlichkeit. Es gilt, einen Kontext zu schaffen, in welchem Selbstführung langfristig unumgänglich ist. Stellen Sie klare Erwartungen, zum Beispiel an die eigenständige Vorbereitung eines Meetings, so führen Sie in diesem Moment zwar direktiv, unterstützen aber den Lernprozess Ihrer Mitarbeiter. Selbstverständlich sollte das Maß an Anweisungen zur Selbstführung mit der Zeit sinken und durch die steigende Selbstverantwortung der Mitarbeiter kompensiert werden. Diese gewöhnen sich kontinuierlich an einen Kontext, in dem sie sich entfalten »müssen«. Dies klingt vielleicht rabiat, doch mit der Zeit werden die meisten Menschen erkennen, dass sie in einem solchen Umfeld deutlich besser aufgehen und authentischer arbeiten können als in einem relativ monotonen, fremdgesteuerten Arbeitsverhältnis. Dieser Anpassungsprozess wird möglicherweise Enttäuschungen mit sich bringen, doch es wichtig, auch die eigene Erwartungshaltung an Mitarbeiter zu verändern. Erfolg, Fortschritt und Verantwortung müssen anders bemessen werden als in klassischen Führungsbeziehungen. Auch wenn sich heute manche Mitarbeiter noch vor Selbstführung scheuen, sind wir uns sicher, dass unterstützt durch die Generation Y, das Bedürfnis nach Selbstbestimmung und autonomen Arbeiten wachsen wird. Als Führungskraft sollten Sie diese Entwicklung antizipieren und Ihr Verständnis von Führung hinterfragen. In wenigen Jahren werden hierarchisch-direktive Führungsstile in den meisten Fällen vermutlich ausgedient haben. Der Trend jedenfalls geht klar in Richtung Kontextgestaltung, Selbstführung, Kooperation und Partizipation.

### Die Gesunde Organisation ist ein evolutionäres Konzept – aber will jeder Mensch auch Teil einer Gesunden Organisation sein?

Wie bereits im Bereich Selbstführung besprochen, adressiert die Gesunde Organisation Konzepte, die für manche Menschen irrelevant, zumindest persönlich unbedeutend oder für andere gar irritierend erscheinen mögen. Durch die Intensivierung und Fokussierung bestimmter Themen könnte ein dysfunktionaler Entwicklungsprozess entstehen. Viele Menschen streben vielleicht gar nicht nach Sinnorientierung oder Bewusstseinssteigerung. Werden diese Themen im Unternehmen dann dennoch adressiert und fokussiert, so könnten sich diese Mitarbeiter ausgeschlossen oder sogar entfremdet fühlen. Wo liegt also für solche Mitarbeiter ein »verträgliches Maß« an Gesunder Organisation? Wie viele Menschen sind überhaupt bereit, an einem solchen Veränderungsprozess teilzunehmen, da sie die adressierten Themen für wichtig halten?

Die Antwort auf die Frage, ob denn nun jeder Mensch Teil einer Gesunden Organisation sein möchte, kann mit großer Sicherheit mit »Nein« beantwortet werden. Das ist aber nicht weiter schlimm. Eine Gesunde Organisation erhebt keinen dogmatischen Anspruch. So wie manche von uns niemals im Investmentbanking, im sozialen Bereich, beim Militär, im Krankenhaus oder bei einem Start-up arbeiten würden, so erhebt auch die Gesunde Organisation keinen Alleinstellungsanspruch. Aber Menschen, die gerne in einer solchen Organisation arbeiten möchten, wird es ausreichend geben. Darüber hinaus kann sich die Einstellung von Menschen sukzessive ändern, wenn diese die Vorteile eines neuen Systems erkennen. Kleine, regelmäßige Schritte in Richtung Gesunder Organisation können ein geeignetes Mittel sein, um Mitarbeitern die Angst vor Veränderung zu nehmen.

**Die Gesunde Organisation ist ein ganzheitliches Konzept –
aber kann sie auch in einzelnen Teilen umgesetzt werden?**

Selbst konservative veränderungsresistente Unternehmen können zumindest
grundsätzliche Ideen der Gesunden Organisation implementieren. So können
Organisationen, die bspw. rein an einer Leistungssteigerung interessiert sind,
markt- und ressourcenorientierte Strategien, adaptive Strukturen und agile Prozesse entwerfen, ohne durch einen Sinnfindungsprozess gehen zu müssen. Das
Problem dabei ist, dass dies immer zu Lasten anderer Unternehmensdimensionen
geschehen wird. Daher werden bestimmte Teile der Gesamtorganisation nach
unserer Lesart weiterhin kränkeln, doch das System als Ganzes könnte dennoch
gesünder werden. Damit sind wir beim Balance-Prinzip als grundlegendem Faktor einer Gesunden Organisation. Gerade Unternehmen, die das Konzept nur
teilweise umsetzen wollen, müssen sich mit interdimensionaler Balance und
Homöodynamik beschäftigen und diese Faktoren in der Implementierung ihrer
Maßnahmen berücksichtigen, um »Wrong Turns« zu vermeiden.

Es gilt daher: Das Ziel muss nicht der absolute Gesundheitszustand sein, sondern kann natürlich »nur« eine Stabilisierung des Systems mit einer damit einhergehenden Verbesserung sein. Allerdings wird die Auseinandersetzung mit Sinn,
Bewusstsein, Systemik, Potenzialentfaltung und Selbstführung gegenüber der
teilweisen Implementierung langfristig einen größeren Einfluss auf die Vielzahl
finanzieller und nichtfinanzieller Leistungsindikatoren haben.

**Ist die Gesunde Organisation nur eine Utopie, ein Optimalfall,
der ausschließlich im Labor funktioniert?**

Das Konzept der Gesunden Organisation klingt tatsächlich manchmal zu gut, um
wahr zu sein. Doch eine Utopie ist es nicht. Wie bereits im Buch erwähnt, zeigt
die Gesunde Organisation einen organisationalen Idealzustand auf, ein perfektes
Vorbild, an dem sich Unternehmen ein Beispiel nehmen können. Möglicherweise
ist die Gesunde Organisation in ihrer Ganzheitlichkeit niemals zu erreichen, doch
das konsequente Streben danach wird organisationsweite Verbesserungen mit
sich bringen – für Verantwortliche, Mitarbeiter, Kunden, Eigentümer, Lieferanten
und Partner. Es gilt der Grundsatz: Der Weg ist das Ziel. Und gehen Organisationen durch diesen Selbstfindungs-, Reflexions- und Optimierungsprozess, so
gehen sie in jedem Fall gestärkt daraus hervor.

In der Praxis zeigt sich, dass viele Unternehmen bereits auf einem fortschritt-
lichen Weg sind, um das Idealbild einer Gesunden Organisation zu erreichen.
Diese Vordenker setzen das Gesamtkonzept bereits um und erzielen großartige
Erfolge damit. In Kapitel 4.4 stellten wir in der »systematischen Perspektive«

grüne (wert- und kulturgesteuerte) und türkise (dynamisch-organische) Unternehmen vor, die einen Bewusstseinsvorsprung gegenüber gelben, orangen und roten Organisationen geschaffen haben. Diese Organisationen kommen dem Idealbild der Gesunden Organisation am nächsten. Sie zeigen, dass außergewöhnliche Leistung durch Potenzialentfaltung möglich ist. Und sie beweisen auch, dass Leistung Gesundheit nicht ausschließt, sondern durch diese mitbedingt wird.

- Grüne Organisationen:     Wert- und kulturgesteuerte Unternehmen (ec4u, IKEA, Ben & Jerry's, GLS-Bank, Systelios Gesundheitsklinik, PSD-Bank, Südostbayernbahn, Unilever Deutschland), häufig auch Familienunternehmen
- Türkise Organisationen: Dynamisch-organische Unternehmen (dm, RWD Schlatter, allsafe Jungfalk, Gore & Associates, Premium Cola, Valve, Saint Gobain, Morning Star, Hema, Endenburg Elektrotechniek, frühere Semco Group)

Die Gesunde Organisation ist deshalb keine Utopie, sondern ein anspruchsvolles Vorbild. In der Wirtschaft lässt sich eine Bewusstseinsänderung an vielen Stellen beobachten. Der Zeitgeist ändert sich und mit diesem die Bedürfnisse von Mitarbeitern (nach Freiheit, Flexibilität, Selbstverwirklichung etc.) und Kunden (nach Nachhaltigkeit, Fairness, Schnelligkeit, Flexibilität etc.). Unternehmen werden daher in Zukunft verstärkt in Richtung der Gesunden Organisation gehen, um mit dieser Entwicklung Schritt halten und innerhalb komplexer und dynamischer Märkte Wettbewerbsvorteile schaffen zu können.

**Die Gesunde Organisation erscheint komplex – wie lange dauert der Aufbau eines solchen Unternehmens?**

Eine berechtigte, aber letztlich nicht pauschal zu beantwortende Frage. Wenn nicht einmal der Berliner Flughafen im Hinblick auf seine Fertigstellung einschätzbar ist, geschweige denn andere Großprojekte wie Stuttgart 21 oder die Elbphilharmonie. Eine Gesunde Organisation ist komplex, ja, weil die Welt komplex ist. Ziel muss deshalb immer sein, Komplexität als Chance zu begreifen und nicht als Geißel des Managements. Deshalb sehen wir zwei wesentliche Aspekte hinsichtlich der Dauer des Aufbaus: Zum einen ist die Gesunde Organisation ein Idealbild und damit niemals vollkommen zu erreichen. Andererseits ist die Dauer eines solchen Entwicklungsprozesses stark vom Status quo abhängig. Befinden Sie sich in einer »roten« Organisation, so dauert eine Veränderung vermutlich länger als in einer »gelben« Organisation, da Sie einen größeren organisationsweiten

Bewusstseinsschritt machen müssen (vgl. Kap. 4.4). Außerdem benötigen Sie bei einer solchen Veränderung immer einen langen Atem und müssen langfristig denken. Zudem sind Veränderungsprozesse dieser Art stark abhängig von der aktuellen wirtschaftlichen Situation – manchmal braucht es eine wirkliche Krise, um aufzuwachen und genügend Energien zu mobilisieren und sich neu erfinden zu können. Darüber hinaus ist es mit Blick nach innen immer eine Frage, wie hoch der Anteil derjenigen ist, die bereit sind, solche Veränderungen von Beginn an zu unterstützen, um ein Momentum zu erzeugen, welches groß genug ist, um die gesamte Organisation zu erfassen. Eine Gesunde Organisation wird deshalb nicht von heute auf morgen, und vielleicht auch nicht von diesem aufs nächste Jahr geschaffen. Jedoch gelingt ein solcher »Change«-Prozess leichter, wenn Ihr Gesamtkonzept passt, sprich, wenn Menschenbild, Strukturen, Praktiken und Systeme in Ihrem Unternehmen aufeinander abgestimmt sind und sich wechselseitig unterstützen, siehe das Beispiel der ec4u consulting ag.

## 6.2 Ausblick – Die Zukunft der Führung

Abschließend richten wir unseren Blick nach vorne und betrachten die Perspektiven für Führung und für Führende.

Zunächst wird sich das Führungsumfeld weiter verändern. Der VUCA-Kontext wurde bereits mehrfach besprochen. Neben diesen komplexeren, unsicheren und volatileren Märkten wird aber auch die Frage nach Wachstum relevant werden. Denn Unternehmen und Wirtschaft können nicht unendlich weiterwachsen, die Ressourcen sind begrenzt. Was passiert mit Unternehmen und mit Führung in einer Post-Wachstums-Wirtschaft? Gerade hier wird es darauf ankommen, Kunden noch besser bedienen zu können und temporäre Wettbewerbsvorteile zu erzielen. Denn ohne Gesamtwachstum könnten Organisationen nur nach Marktanteilswachstum streben bzw. sich diversifizieren und in neue Märkte eintreten. Führung müsste in einem solchen Szenario noch näher an den Kunden rücken und deutlich agiler werden. Dann rückt Selbstführung in der Peripherie wieder in den Fokus, denn der Kompetenzvorsprung kundennaher Mitarbeiter müsste dann noch besser genutzt werden. Auch Kollaborationen und Partnerschaften mit, bzw. Übernahmen von Mitbewerbern, würden eine stärkere Position in einem Post-Wachstums-Markt erlauben.

Für Führende bedeutet dies, sich noch stärker mit Kunden auseinanderzusetzen. Im Sinne von »Edge Leadership« nach Gray & Vander Wal (2014) müssen Verantwortliche demnach zwischen Kunden und Mitarbeiter oszillieren, sich also stets an der Grenze des Unternehmens zum Markt bewegen, um Markt- und Kundenwissen zu entwickeln und Mitarbeiter gezielt führen zu können. Verstehen Führende den Kunden und den Markt nicht, so können sie auch ihr Team und ihre Organisation nicht effektiv unterstützen und entwickeln.

Wenn man Zukunftsforschern glauben mag, wird außerdem der Trend zu nachhaltig hergestellten Produkten anhalten. Schon heute profitieren nachhaltig agierende Unternehmen zunehmend von einer immer kritischer werdenden Konsumentenseite, die genau wissen möchten wie »gewirtschaftet« wird. Auch die jüngsten Ergebnisse des Klimagipfels in Paris sind vielversprechend und zeigen in diese Richtung. Gerade für Unternehmens- aber auch für Mitarbeiterführung bedeutet dies, sich stärker mit Nachhaltigkeit und CSR in allen Funktionen auseinanderzusetzen. Besonders für strategische Führung wird das Verständnis und die Implementierung nachhaltiger Prozesse, Partnerschaften, Produkte sowie verantwortlicher Liefer- und Wertschöpfungsketten als Teil der Unternehmensstrategie zu einem zentralen Faktor.

Außerdem wird in Zukunft häufiger die Frage gestellt werden, ob Führung im klassischen Sinne wirklich noch notwendig ist. Wir denken, dass diese auch zukünftig relevant sein wird. Sie wird sich nicht auflösen, muss sich aber an neue Bedingungen anpassen und die Balance zwischen klassischer Führung und gänzlicher Mitarbeiterselbstbestimmung meistern. Denn letztendlich liegt irgendwo zwischen Kommando & Kontrolle und Freiheit & Chaos die goldene Mitte, um Effizienz und Agilität zu vereinen. Dennoch werden wir in Zukunft auch die Entwicklung anarchischer Unternehmen als extreme Form der Führungslosigkeit beobachten können. Diese Vorreiter werden zeigen, inwiefern Organisationen gänzlich ohne Führung funktionieren können.

In jedem Fall wird das Bedürfnis nach Partizipation und Demokratie steigen. Die kommenden Mitarbeitergenerationen streben nach Selbstverwirklichung, Verantwortung, Freiheit und Autonomie. Sie werden in Unternehmen einsteigen, die ihnen diese Möglichkeiten bieten und dort zu einer Bewusstseinsentwicklung beitragen. Konservative Unternehmen werden wohl eher von weniger ambitionierten Menschen gewählt werden, die sich weniger nach Selbstbestimmung und dafür mehr nach Sicherheit sehnen. Als Verantwortliche sollten Sie daher die Darstellung Ihres Unternehmens als Arbeitgeber hinterfragen, denn Sie konkurrieren mit den Besten Ihrer Branche um einige wenige hochveranlagte und ambitionierte Talente, die sich ihren Arbeitgeber auswählen können.

Das verstärkte Verlangen nach Partizipation weist außerdem darauf hin, dass Selbstführung weit mehr ist als nur ein Trend. Verantwortliche werden sich stärker darauf fokussieren müssen, ihre Mitarbeiter zu unterstützen und zu entwickeln. Der alte »Hahnenkampf« und die Zeiten »des Vorgesetzten« gehören wohl bald der Vergangenheit an, denn die herkömmliche, oft narzisstisch geprägte, Führungsprofilierung schadet Mitarbeitern und Unternehmen. Führende werden sich daran messen lassen müssen, inwiefern sie ihre Mitarbeiter unterstützen und weiterentwickeln. Auch der Managmentvordenker Dave Ulrich stimmt mit dieser Entwicklung überein und sagt klar:

*»Führende sind effektiv, wenn sie andere besser machen.«*

Dave Ulrich

Neue Arbeitsmodelle werden Chancen und Herausforderungen für Führung mit sich bringen. Die Intensivierung von Heimarbeitsplätzen, Freiberufler-Modellen oder virtuellen Teams bedingt eine verstärkte Auseinandersetzung mit digitalen Themen auf Führungsebene. Verantwortliche werden ihre Digitalkompetenz weiterentwickeln müssen, um ihre Teams effizient und effektiv unterstützen zu können. Dies erfordert eine vertiefte Auseinandersetzung mit der digitalen Transformation und neuen Möglichkeiten der Kollaboration. Führungskräfte müssen zwar nicht IT-Fachkraft sein, aber grundsätzliche Mittel der Vernetzung, Kommunikation, Speicherung und Sicherheit von Daten beherrschen, um ihren Mitarbeitern eine effiziente Zusammenarbeit und einen modernen Arbeitskontext bieten zu können. Gerade in unserem Verständnis von Führung als Dienstleistung, wird die digitale Unterstützung von Mitarbeitern zu einem zentralen Führungsqualitätskriterium.

Außerdem bietet die zukünftig immer stärker vorkommende virtuelle Führung Chancen und Risiken für Verantwortliche. Da der räumliche Abstand zu den Mitarbeitern wächst, müssen Führungskräfte effektive Methoden entwickeln, um ihre Mitarbeiter über Distanz unterstützen und führen zu können. Für viele mag der Schlüssel zu virtueller Führung vielleicht in stärkerer Kontrolle liegen, doch tatsächlich sollte die Freiheit der Mitarbeiter auf gegenseitigem Vertrauen und Wertschätzung basieren. Führende müssen daher lernen, sich noch intensiver mit ihren Teams auseinanderzusetzen und gerade aufgrund der Distanz ein positives Verhältnis und eine Beziehung auf Augenhöhe mit ihren Mitarbeitern zu entwickeln.

Was das Konzept der Gesunden Organisation anbelangt, wird die Zukunft zeigen, wie attraktiv und anschlussfähig es sich in der Realität erweisen wird. Noch immer erleben wir in der Praxis eine fast paradoxe Situation: Das Interesse ist extrem hoch, die Sinnhaftigkeit bei allen Beteiligten absolut nachvollziehbar, doch sobald es um entsprechende Investitionen geht, lässt das Interesse spürbar nach. Der Glaube, dass sich Investitionen in diesem Bereich in hohem Maße auszahlen, ist trotz klarer Faktenlage noch immer nicht in der Breite angekommen. Ein wichtiger Grund dafür liegt wohl im indirekten Nutzen, der nicht linear spürbar und berechenbar ist. Sind es doch zahlreiche Variablen und eine gewisse Zeitdauer, die zu einem tatsächlichen »Return on Investment« beitragen. In einer sich immer schneller drehenden Welt, in der noch viel zu oft auf Quartalsergebnisse geschielt wird, sind solche Investitionen dann nur schwer begründbar. Auf der anderen Seite ist das eine hervorragende Nachricht für ganzheitliche denkende Manager: Sie erreichen durch solche Investitionen nicht weg zu diskutierende Wettbewerbsvorteile. Und solange es nicht jeder macht, bleiben das auch tatsächliche Wettbewerbsvorteile.

Selbstverständlich ist die Gesunde Organisation kein statisches Konzept, sondern vergleichbar mit einem lebenden Organismus. So wie sich die Welt und damit die Rahmenbedingungen weiter verändern werden, wird sich auch die Gesunde Organisation weiterentwickeln. In unseren Blogbeiträgen werden wir weiterhin Position beziehen, Trends benennen, über »Wrong Turns« sprechen und über gelungene Beispiele berichten.

Im Rahmen einer regelmäßigen Studie (»GO-Monitor«) möchten wir darüber hinaus einen Beitrag zu mehr »GO« in unserer Gesellschaft leisten. Als Leser und Leserinnen dieses Buches können Sie deshalb kostenlos einen GO Gesundheits-Check durchführen und erhalten Ihren individuellen Report, der Ihnen den aktuellen Gesundheitszustand inklusive entsprechender Empfehlungen im Hinblick auf Ihre Organisation aufzeigt. Ihre Angaben fließen – natürlich anonymisiert – in diese Studie ein, die dann einen repräsentativen Beitrag über Unternehmen und Organisationen leisten wird im Hinblick auf die relevanten Dimensionen einer Gesunden Organisation.

---

**Expertenperspektive mit Dave Ulrich, internationaler Managementvordenker**

Im Rahmen dieses Buches hatten wir die Möglichkeit, ein Interview mit Prof. Dave Ulrich, dem wohl weltweit einflussreichsten HR-Vordenker der letzten beiden Jahrzehnte, zu führen. Der US-amerikanische Professor hat 20 Bücher und über 100 Artikel und Buchkapitel veröffentlicht. Er gehört zu den wichtigsten Managementvordenkern unserer Zeit und wurde bereits mehrfach für seine Leistung in den Forschungsbereichen Führung und Personalwesen ausgezeichnet. Außerdem ist er Mitgründer der RBL Group, einem Beratungsunternehmen für Führung und HR Strategie und arbeitete bereits mit über der Hälfte aller Fortune 200 Unternehmen zusammen. Als Abschluss dieses Buches wollen wir deshalb Einblick in Daves Gedankenwelt geben, um uns einen Eindruck über zukünftige Entwicklungen in der Führung von Organisationen zu machen.

Zunächst fragten wir Dave nach den zukünftigen Trends in der Führung und welche Bedeutung Führung in der Zukunft haben werde. Ulrich sieht Führung auch zukünftig als einen essenziellen Bestandteil von Organisationen. So werden Unternehmen mit stärkeren Führungskäften auch weiterhin effektiver sein als Organisationen mit schwachen Führungskräften. Außerdem erkennt Dave zwei klare Trends:

1. **Vom Führenden zu Führung**   In der Zukunft werden einzelne Führungskräfte weniger wichtig sein als die kollektive Führung innerhalb einer Organisation. Die sogenannten »Top Executives« werden zwar auch weiterhin wichtige Rollen einnehmen, doch die organisationsweite Fähigkeit der Führung wird essenzieller sein als die einzelnen Führungskräfte.
   Dies steht in direkter Korrelation mit den Aussagen in diesem Buch. Führung findet auf allen Ebenen statt und geht von jedem Individuum aus. Organisationen der Zukunft müssen daher verstärkt auf Selbstführung setzen, um die Führungsfähigkeit der Gesamtorganisation zu verbessern. So kann kollektive Führung entstehen, welche in einer VUCA-Umwelt einen klaren Kompetenzvorsprung gegenüber der Führungsfähigkeit einzelner Top-Manager hat. Auch daher sind das Ermöglichen von Selbstführung, die Übertragung von Verantwortung und die Gestaltung von freieren Arbeitskontexten zentrale Konzepte der Gesunden Organisation. Jeder Mitarbeiter muss zu einem Verantwortlichen werden, um die Potenziale des Einzelnen und des Gesamtsystems entfalten zu können.

2. **Von innen nach außen**   Nach Dave Ulrich werden Führungskräfte auch heute noch stark nach deren persönlichen Charakteristika bewertet. So wird zum Beispiel untersucht, ob diese authentisch oder emotional intelligent sind. Allerdings können Verantwortliche erst dann gute Führungskräfte sein, wenn sie andere besser machen. Es ist daher prinzipiell egal, ob jemand emotional intelligent oder authentisch ist, wenn er es nicht schafft, für seine Mitarbeiter Werte zu schaffen. Dave weist klar darauf hin, dass Führungsauthentizität ohne die Bildung solcher Werte letztendlich nur Narzissmus ist, und narzisstische Führung ist eben keine gute Führung.
   Achten Sie deshalb auch in Ihrem Unternehmen darauf, dass Führung nicht anhand der Person, sondern anhand deren Wirkung auf Mitarbeiter und Organisation bemessen wird.

In einem VUCA-Kontext müssen Verantwortliche nach Ulrich lernen, sich anzupassen und innovativ sowie agil zu werden, um letztlich effektiv führen zu können. Er nutzt den Begriff »Leadership Brand«, um zu beschreiben, dass effektive Führende die Versprechungen, die an Kunden und Investoren gemacht wurden, zu ihrer persönlichen Mission machen müssen. Hier spiegelt sich der in diesem Buch behandelte Aspekt der Markt- und Kundenorientierung wider. Der Fokus von Führung muss in einem komplexen und dynamischen Umfeld auf dem Markt liegen und sich an diesem orientieren, um nicht an Relevanz zu verlieren. Nur dann ist organisationale Agilität und damit ein effektives organisationales Verhalten möglich.

Wir wollten außerdem von Dave wissen, wie er über neue organisationale Modelle wie Holakratie oder die Netzwerkorganisation denkt und ob diese eine Zukunft haben.

Seines Erachtens müssen Organisationen eine paradoxe Herausforderung lösen: Zum einen müssen sie alle motivieren, um ein gemeinsames Engagement zu schaffen. Auf der anderen Seite müssen sie aber gleichzeitig Konsistenz zeigen, um fokussiert agieren zu können. Dies spiegelt sich auch in der Führung wider. Zu wenig Führung führt zu Orientierungslosigkeit bei Mitarbeitern. Zu viel hierarchisch-direktive Führung entmachtet Mitarbeiter. Die neuen Organisationsmodelle verzichten, laut Dave, vielleicht zu sehr auf Führung und müssten zum Ausgleich eine starke gemeinschaftliche Kultur schaffen, basierend auf gemeinsamen Werten und einer geteilten Philosophie. Er stellt fest, dass Verantwortliche weniger direktiv sein müssen, wenn Mitarbeiter kompetent und engagiert sind. Die Aufgabe von Führung ist es, das Mitarbeiterengagement sowie deren Fokus zu stärken.

Hier zeigt sich unseres Erachtens, wie wichtig eine gute Balance ist. Der komplette Verzicht auf Führung könnte letztlich ebenso destruktiv wirken wie ein klassisch-hierarchisches Führungsverständnis. Daher muss eine gesunde Balance geschaffen werden, in der Führende ihren Mitarbeitern Verantwortung übertragen, gleichzeitig aber auch für eine fokussierte Arbeitsweise sorgen, um einer chaotischen und damit destruktiven Diversität an Projekten, Rollen und Aufgaben entgegenzuwirken.

Zusammen mit seinen Kollegen Norm Smallwood und Kate Sweetman entwickelte Dave das Prinzip der »Leadership Brand«, um zu beschreiben, wie sich Führung zusammensetzt. Demnach müssen Führende über fünf Kompetenzen verfügen, die die Autoren anhand von fünf Regeln in einem Führungskodex festhalten (Ulrich, Smallwood & Sweetman, 2009). In Abbildung 101 wird dieser Kodex visuell dargestellt. Die Regeln unterscheiden sich nach deren Zeit- (langfristig, kurzfristig) und Kontextfokus (Gesamtorganisation, individuell). Verantwortliche sollten verschiedene Rollen einnehmen. Sie gestalten als Strategen die Zukunft der Organisation mit und setzen als Ausführer auf operativer Ebene diese Strategien und Manöver um. Sie erkennen als Talentmanager die vorhandenen Talente und entfalten deren Potenziale. Außerdem fördern und entwickeln sie auf lange Sicht die zukünftigen Verantwortlichen. Schließlich führen Verantwortliche sich selbst, erkennen ihren eigenen Sinn, stärken ihre Kompetenzen und arbeiten konsequent an sich. Diese fünf Kompetenzen machen laut Dave und seinen Kollegen etwa 60 bis 70 Prozent von effektiver Führung aus. Die restlichen 30 bis 40 Prozent sind stark von der Umsetzung von Kundenerwartungen abhängig. So müssen sich Führende, wie erwähnt, am Markt und an Kunden orientieren sowie herausragende Kompetenzen entwickeln. Haben Verantwortliche, wie zum Beispiel häufig in hierarchischen Orga-

nisationen, keinen direkten Kundenkontakt, so müssen sie aber dennoch ihre
»Stakeholder« erkennen, auch wenn diese innerhalb der Organisation sind,
und versuchen, mit ihrer Arbeit auf deren Erfolg und Zufriedenheit abzuzielen.
Zusammen ergibt sich die sogenannte »Leadership Brand«, also eine Führungs-
marke, die den einzelnen Verantwortlichen auszeichnet.

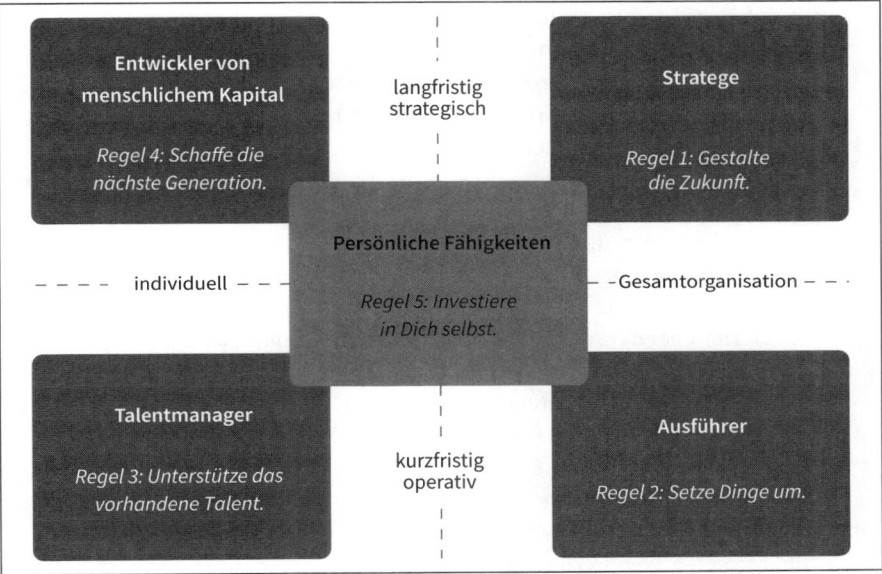

**Abb. 101:** Der Führungskodex nach Ulrich, Smallwood & Sweetman, 2009

Übertragen auf unsere Unterscheidung in ITO, kann man konstatieren, dass
Regel 5 für die individuelle Selbstführung steht, Regel 3 und 4 vor allem auf der
Teamebene relevant sind und Regel 1 und 2 überwiegend auf der Organisati-
onsebene angewandt werden können.

Das Ergebnis von besserer Führung ist, laut Dave, nicht nur innerhalb einer
Organisation zu spüren. Natürlich unterstützt gute Führung die Bildung von
adaptiven Strukturen, agilen Prozessen und einer starken Strategie. Gleichzeitig schafft Führung aber auch Werte für externe »Stakeholder« des Unternehmens. So können Verantwortliche das Vertrauen von Kunden und Investoren
stärken. Daraus folgt, dass Kunden zu Fans werden und Investoren an den
langfristigen Erfolg des Unternehmens glauben. Beide Effekte erhöhen den
Marktwert der Organisation. Gleichzeitig schaffen gute Führende auch ein
starkes Verhältnis zu ihrer Region und ihrer Gemeinde und ermöglichen eine
nachhaltige Beziehung zu Gesellschaft und Natur. Dies macht deutlich, dass

Führung nicht nur innerhalb, sondern auch außerhalb des Unternehmens passiert.

Da Dave auch ein weltweit anerkannter HR-Experte ist, interessierte uns seine Einschätzung zur Zukunft der Human Ressourcen. Hier stellt er ganz klar fest, dass HR-Fachkräfte durch die Bereitstellung von Talent, Führung und damit organisationaler Leistungsfähigkeit die Architekten des zukünftigen Unternehmenserfolgs werden. In HR geht es, laut Dave, nicht einfach nur um HR, sondern um Unternehmenserfolg.

Schließlich wollten wir von Dave Ulrich wissen, wie Führung in der Zukunft gemessen werden kann. In der Tat widmete er diesem Thema ein eigenes Buch, in welchem er das Konzept des »Leadership Capital Index« ausbreitete, eine Bewertung von Führung durch Investoren (Ulrich, 2015). Führungskapital setzt sich demnach aus drei Dimensionen zusammen, welche die aggregierte Autorität eines Verantwortlichen beschreiben:

1. **Fähigkeiten**   Kommunikation und Selbstdarstellung als Mittel zur Popularitätserhaltung und -steigerung
2. **Beziehungen**   Verbindungen zu wichtigen Einflussnehmern, der Öffentlichkeit und Kollegen
3. **Reputation**   Renommee als vertrauenswürdige Führungsperson als Mittel zur Beeinflussung von Entscheidungen

Anhand dieser Dimensionen entwickelte er den Führungskapitalindex, bei dem »Stakeholder«, wie zum Beispiel Investoren, eine Führungskraft nach klaren Indikatoren bewerten können. So kann zum Beispiel Kommunikationsfähigkeit, Erfahrung oder das Vertrauen der Öffentlichkeit auf einer Skala eingeschätzt werden, um sich ein Bild über die Führungsqualität eines Verantwortlichen zu machen. Mithilfe von Interviews, Umfragen sowie weiteren Daten (u. a. aus den sozialen Medien) über Führungskräfte, Führungsteams und das Handeln von Organisationen können Dave und seine Kollegen das Führungskapital identifizieren und den Index erstellen. Der Managementvordenker hofft, dass Organisationen zukünftig seinen Index nutzen werden, um ihre Führungskräfte anhand der Einschätzung von Investoren bewerten zu können.

In der Tat ist ein solcher Führungskapitalindex gerade für große Unternehmen ein hilfreiches Mittel, um die öffentliche Wahrnehmung der eigenen Führungskräfte besser einschätzen zu können. Im Sinne einer Marktorientierung erscheint die Nutzung des Index daher relevant.

Allerdings muss eine solche Bewertung mit Vorsicht interpretiert werden, da der Index die Einschätzung von Führung durch Mitarbeiter ignoriert. Diese sind jedoch die wichtigsten »Stakeholder« von Führenden, da sie in der täglichen Arbeit direkt von diesen beeinflusst werden. Mitarbeiter verfügen nämlich über ein enorm wertvolles Wissen, welches sich in der Bewertung von Führung widerspiegeln muss. Wir denken daher, dass eine Balance zwischen interner und externer Sicht eine gute Möglichkeit darstellt, um sich ein Bild über Führende machen zu können.

Zusammenfassend konnte Dave mit seinen Konzepten und Ideen ein aus seiner Perspektive klares Bild hinsichtlich der Zukunft von Führung zeichnen. Das Interview zeigte ebenfalls, dass das in diesem Buch geprägte Verständnis von Führung zukünftig noch relevanter werden wird. Führung passiert ständig und auf allen Ebenen, ist Aufgabe jedes Mitarbeiters und bedeutet Dienstleistung für andere.

# 6.3   Zusammenfassung Kapitel 6: Das müssen Sie wissen

- Die Gesunde Organisation ist ein Idealbild, nach dem es sich zu streben lohnt.
- Leistung UND Gesundheit stehen bei der Gesunden Organisation im Vordergrund.
- Die Gesunde Organisation ist in Krisenzeiten dynamikrobuster als andere Unternehmen.
- Bereits heute praktizieren einige Unternehmen Organisationsformen, welche der Gesunden Organisation recht nahekommen; die Gesunde Organisation ist daher keine Utopie.
- Die Dauer des Aufbaus einer Gesunden Organisation hängt von diversen Faktoren wie dem Bewusstseinsgrad, der ganzheitlichen Denke ihrer Mitglieder, der zeitlichen Investitionsbereitschaft sowie der Größe ihrer potenziellen Unterstützer ab.
- In Zukunft werden Führende noch kunden- und marktorientierter arbeiten müssen.
- Nachhaltigkeit wird in der strategischen Führung weiter in den Fokus rücken.
- Das Bedürfnis nach Partizipation wird steigen; Selbstführung wird unausweichlich.
- Verantwortliche werden sich daran messen lassen, inwiefern sie ihre Mitarbeiter verbessern.
- Führende werden ihre Digitalkompetenz stärken müssen.
- Die organisationsweite Fähigkeit der Führung wird wichtiger sein als einzelne Führungskräfte.
- Die Balance zwischen Agilität und Effizienz ist ein Schlüssel zum zukünftigen Erfolg.
- Führende müssen mehrere Rollen einnehmen, vom Strategen bis zum Talententwickler.

# Danksagung

Das Konzept der Gesunden Organisation ist nicht allein in meinem Kopf entstanden – viele haben dazu beigetragen. Erste Ideen und Ansätze sind inzwischen 10 Jahre alt, seitdem gab es unzählige Gespräche, Diskussionen und Rückmeldungen, die mich direkt und damit auch die Ideen und Ansätze rund um das Thema, beeinflusst haben. Nicht zu vergessen der indirekte Einfluss durch Publikationen von Experten, Wissenschaftlern, deren Vorträgen, Videos oder podcasts.

Ihnen/Euch allen sei hiermit pauschal gedankt.

Es ist im Rückblick kein leichtes Unterfangen, die wesentlichen Quellen zu benennen, die besonders inspirierend und einflussreich für mich waren. Dennoch will ich es gerne versuchen.

An erster Stelle möchte ich Vertreter der Systemtheorie und des Konstruktivismus nennen, deren Gedankengut großen Einfluss auf das Buch hatten: Gregory Bateson, Heinz von Förster, Niklas Luhmann, die Mailänder Schule, Maturana und Varela, später auch Steve de Shazer und Fritz B. Simon.

In Sachen Management und Organisationsentwicklung waren es vor allem die grundlegenden Arbeiten von Mintzberg, Drucker, McGregor, Ansoff, Argyris und Lewin, später auch die Arbeiten von Mihaly Csikszentmihalyi und Buckingham/ Coffman sowie die neueren Forschungen im Rahmen der Positiven Psychologie.

Dank gebührt ebenfalls Rolf Th. Stiefel, der mit MAO und seinen zahlreichen Publikationen kontinuierlich meine berufliche Sozialisation begleitet und meine Auffassungen in Bezug auf strategische Personalentwicklung, Veränderungsbegleitung und Führungskräfteentwicklung seit Mitte der 1990er-Jahre beeinflusst hat.

Nicht vergessen zu erwähnen möchte ich in diesem Zusammenhang die aktuellen Entwicklungen rund um neue Organisationsformen, angefangen bei Wohland und Wiemeyer, Pfläging bis hin zu Laloux.

Prägend waren auch die vielen Erfahrungen mit Kunden, ohne deren Mittun die praktische Umsetzung und das Feedback, was passend oder weniger passend ist, fehlen würden. Danke für die vielen unmittelbaren und vertrauensvollen Einsichten aus dem beruflichen Alltag mit all seinen Herausforderungen.

Für ihre Zeit und ihre kritische Reflexion, die zahlreichen Ideen und fundierten Erfahrungen möchte ich mich bei meinen Interviewpartnern Prof. Dave

Ulrich, Erich Harsch, Prof. Dr. Hans Wüthrich, David Laux und Christoph Schmidt bedanken. In vielen ihrer Aussagen fand ich Bestätigung, auf einem vielversprechenden Weg zu sein sowie Inspiration, nochmals über bestimmte Aspekte nachzudenken.

Ganz herzlich danken möchte ich darüber hinaus meiner Kollegin Tina Dieterich und meinen Kollegen Jan von Nida, Frank Widmayer und in jüngster Zeit auch Wolfgang Sauer, die im Rahmen unseres GO-Arbeitskreises seit vielen Jahren das Thema begleitet, hinterfragt, inspiriert und mit unzähligen Impulsen und Ideen wesentlich beeinflusst und nach vorne gebracht haben.

Großer Dank gebührt Paul Sörgel, ohne den es das Buch in dieser Form nicht geben würde. Viele Abbildungen, Ideen und Recherchen gehen auf seine Unterstützung und immer konstruktiven Vorschläge zurück.

Dem Verlag und ihrem Programmbereichsleiter Martin Bergmann möchte ich für die konstruktive Zusammenarbeit danken.

# Literaturverzeichnis

Ala-Murula, L., Vahtera, J., Linna, A., Pentti, J. & Kivimäki, M. (2005). Employee worktime control moderates the effects of job strain and effort-reward imbalance on sickness absence: the 10-town study. *Journal of Epidemiology and Community Health, 59*, S. 851–857.

Al-Zu'ubi, A. H. (2010). A study of relationship between organizational justice and job satisfaction. *International Journal of Business and Management, 5* (12), S. 102–109.

Andreßen, P. & Konradt, U. (2007). Messung von Selbstführung: Psychometrische Überprüfung der deutschsprachigen Version des Revised Self-Leadership Questionnaire. *Zeitschrift für Personalpsychologie, 6*, S. 117–128.

Antonovsky, A. (1997). *Salutogenese: Zur Entmystifizierung der Gesundheit.* Tübingen: dgvt-Verlag.

AOK. (Oktober 2015). 1 EUR investiert = 2,70 EUR gespart. *AOK Praxis aktuell*, S. 10.

Ariely, D. (2015). *Wer denken will, muss fühlen. Die heimliche Macht der Unvernunft.* München: Droemer.

Arnold, K., Turner, N., Barling, J. & Kelloway, E. M. (2007). Transformational Leadership and Psychological Well-Being: The Mediating Role of Meaningful Work. *J Occup Health Psychol, 12* (3), S. 193–203.

Asendorpf, J. (2012). *Psychologie der Persönlichkeit* (5. Aufl.). Berlin: Springer.

AUDI AG. (2016). *Unternehmensstrategie.* Abgerufen am 27.06.2016 von Audi.com: http://www.audi.com/corporate/de/unternehmen/unternehmensstrategie.html

Avey, J. B., Avolio, B. J. & Luthans, F. (2011). Experimentally analyzing the impact of leader positivity on follower positivity and performance. *The Leadership Quarterly, 22* (2), S. 282–294.

Badura, B., Münch, E. & Ritter, W. (2001). *Partnerschaftliche Unternehmenskultur und betriebliche Gesundheitspolitik: Fehlzeiten durch Motivationsverlust?* (5. Aufl.). Gütersloh: Bertelsmann Stiftung.

Bakhshi, A., Kumar, K. & Rani, E. (2009). Organizational justice perceptions as predictor of job satisfaction and organization commitment. *International Journal of Business and Management, 4* (9), S. 145–154.

Bandura, A. (1997). *Self-efficacy: The Exercise of Control.* London: W.H.Freeman & Co Ltd.

BASF. (2016). *We create chemistry. Unsere Unternehmensstrategie.* Ludwigshafen.

Bass, B. M. (1997). Does the transactional-transformational leadership paradigm transcend organizational and national boundaries? *American Psychologist, 52,* S. 130–139.

Bass, B. M. (1998). *Transformational Leadership. Industrial, Military, and Educational Impact.* Mahwah, NJ: Lawrence Erlbaum Publishers.

Bass, B. M. & Bass, R. (2008). *The Bass Handbook of Leadership* (4 Aufl.). Free Press.

Bass, B. & Avolio, B. J. (1990). The implications of transactional and transformational leadership for individual, team and organizational development. *Research in Organizational Change and Development, 4,* S. 231–272.

Bennett, N. & Lemoine, G. J. (2014). What VUCA really means for you. *Harvard Business Review, 92* (1), S. 27.

Berger, P., Fürstenberg, W. & Brauck, M. (2011). *Fürstenberg Performance Index 2011.* Hamburg: Fürstenberg Institut GmbH.

Berner, W. (2012). *Culture Change: Unternehmenskultur als Wettbewerbsvorteil.* Stuttgart: Schäffer-Poeschel Verlag.

Birkinshaw, J. & Gibson, C. (2004). Building Ambidexterity into an Organization. *MIT Sloan Management Review, 45* (4), S. 46–55.

Borck, G. (2012). *Affenmärchen. Arbeit frei von Lack und Leder.* Kindle Editon.

Bowen, W. (2008). *Einwandfrei: ›A Complaint Free World‹ – Wie Sie aufhören, über Gott und die Welt zu klagen und stattdessen anfangen, wirklich das Leben zu genießen – Die 21-Tage-Herausforderung.* München: arkana.

Bruch, H. & Ghoshal, S. (2003). Unleashing Organizational Energy. *MIT Sloan Management Review, 45* (1), S. 45–51.

Bruch, H. & Kowalevski, S. (2013). *Gesunde Führung: Wie Unternehmen eine gesunde Performancekultur entwickeln.* Überlingen: Universität St. Gallen; compamedia GmbH.

Bruch, H. & Vogel, B. (2009*). Organisationale Energie. Wie Sie das Potenzial Ihres Unternehmens ausschöpfen.* Wiesbaden: Gabler Verlag.

Buckingham, M. & Coffmann, C. (1999). *Erfolgreiche Führung gegen alle Regel. Wie Sie wertvolle Mitarbeiter gewinnen, halten und fördern.* Frankfurt: Campus Verlag.

Bundesgesundheitsblatt. (2013). *Studie zur Gesundheit Erwachsener in Deutschland. Ergebnisse aus der ersten Erhebungswelle (DEGS1)*. Heidelberg: Springer Verlag.

Bundesministerium für Arbeit und Soziales. (2014). *Sicherheit und Gesundheit bei der Arbeit 2014. Unfallverhütungsbericht Arbeit*. Berlin: baua – Bundesanstalt für Arbeitsschutz und Arbeitsmedizin.

Camisón, C. & Villar-López, A. (2011). Non-technical innovation: Organizational memory and learning capabilities as antecedent factors with effects on sustained competitive advantage. *Industrial Marketing Management, 40* (8), S. 1294–1304.

Carroll, A. B. & Shabana, K. M. (2011). The Business case for Corporate Social Responsibility. *The Conference Board,* S. 1–7.

Chan Kim, W. & Mauborgne, R. (2014). Blue Ocean Leadership. *Harvard Business Manager, 92* (5), S. 60–72.

Colquitt, J. A. & Shaw, C. J. (2005). How should organizational justice be measured? In J. Greenberg & J. Colquitt, *Handbook of organizational justice* (S. 113–154). New Jersey: Lawrence Erlbaum.

Cook-Greuter, S. R. (1985). *Ego Development: Nine Levels of Increasing Embrace*. Cook-Greuter.

Daig, I. & Lehmann, A. (2007). Verfahren zur Messung der Lebensqualität. *Zeitschrift für Medizinische Psychologie, 16,* S. 5–23.

DAK. (2015). Psychoreport 2015. Hamburg: DAK-Gesundheit.

D'Aveni, R. (1994). *Hypercompetition. Managing the Dynamics of Strategic Maneuvering*. New York: Free Press.

de Shazer, S. (1998). »... *Worte waren ursprünglich Zauber« – Lösungsorientierte Therapie in Theorie und Praxis* (2. Aufl.). Dortmund: verlag modernes lernen.

DeConick, J. (2010). The effect of organizational justice, perceived organizational support, and perceived supervisor support on marketing employees' level of trust. *Journal of Business Research, 63,* S. 1349–1355.

Denning, S. (2014). *Forbes / Leadership*. Abgerufen am 7. März 2016 von Making Sense Of Zappos And Holacracy: http://www.forbes.com/sites/stevedenning/2014/01/15/making-sense-of-zappos-and-holacracy/#3bd3ff43121f

Der Spiegel (1995). www.spiegel.de. Abgerufen am 10.09.2016 von http://www.spiegel.de/spiegel/print/d-9198944.html

Devonish, D. & Greenidge, D. (2010). The Effect of Organizational Justice on Contextual Performance, Counterproductive Work Behaviors, and Task Performance. *International Journal of Selection and Assessment, 18* (1), S. 75–86.

Diener, E. (1986). Subjective Well-being. *Psychological Bulletin, 95,* S. 542–575.

Diener, E. & Diener, C. (1996). Most People Are Happy. *Psychol Science, 7* (3), S. 181–185.

Diener, E., Oishi, S. & Lucas, R. E. (2003). Personality, culture, and subjective well-being: Emotional and cognitive evaluations of life. *Annual Review of Psychology, 54,* S. 403–425.

Diener, E. F., Sandvik, E. & Pavot, W. (2009). Happiness is the Frequency, Not the Intensity, of Positive Versus Negative Affect. In E. F. Diener, *Assessing Well-Being. The collected Works of Ed Diener* (S. 213–231). Dordrecht: Springer Netherlands.

Diener, E., Suh, E., Lucas, R. & Smith, H. (1999). Subjective Well-Being: Three Decades of Progress. *Psychological Bulletin, 125* (2), S. 276–302.

Dihsmaier, E. & Paschen, M. (2012). Wie entstehen Stärken? Kompetenz und Potenzial. *managerSeminare, 174,* S. 74–79.

Drucker, P. (1984). The New Meaning of Corporate Social Responsibility. *California Management Review, 26* (2), S. 53–63.

Duden (2015). *Duden.de.* Stichwort: Systemisch. Abgerufen am 05.09.2015 von http://www.duden.de/node/654652/revisions/1372446/view

Duden (2015*). Duden.de.* Stichwort: Systematisch. Abgerufen am 05.09.2015 von http://www.duden.de/node/649904/revisions/1369332/view

Duden (2015*). Duden.de.* Stichwort: Gesundheit. Abgerufen am 13.09.2015 von http://www.duden.de/rechtschreibung/Gesundheit

Duden (2015). *Duden.de.* Stichwort: Potenzial. Abgerufen am September. 23 2015 von www.duden.de: http://www.duden.de/rechtschreibung/Potenzial

Duden (2015). Duden.de. Stichwort: Sympotom. Abgerufen am 10.10.2015 von http://www.duden.de/rechtschreibung/Symptom

Eccles, R. & Serafeim, G. (2013). The Performance Frontier: Innovating for a Sustainable Strategy. *Harvard Business Review, 91* (5), S. 50–60.

Edmondson, A. C. (2011). Strategies for Learning from Failure. *Harvard Business Review, 89* (4), S. 48–56.

Edmondson, A. C. (2014). Teaming*: How Organizations Learn, Innovate, and Compete in the Knowledge Economy.* New York City: Jossey-Bass Pfeiffer.

Endenburg, G. (1992). Soziokratie – Königsweg zwischen Diktatur und Demokratie? In J. Fuchs, *Das biokybernetische Modell: Unternehmen als Organismen* (S. 135–148). Wiesbaden: Gabler Verlag.

Europäische Union. (2005). *Grünbuch. Die psychische Gesundheit der Bevölkerung verbessern – Entwicklung.* Brüssel.

Exner, A., Exner, H. & Hochreiter, G. (2009). *Selbststeuerung von Unternehmen: Ein Handbuch für Manager und Führungskräfte.* Frankfurt am Main: campus Verlag.

Frankfurter Allgemeine (2015). *VW-Abgasskandal.* Abgerufen am 10.11.2015 von Mitarbeiter bringen CO2-Betrug an den Tag: http://www.faz.net/aktuell/wirtschaft/vw-abgasskandal/vw-abgasskandal-mitarbeiter-bringen-co2-betrug-an-den-tag-13900376.html

Fredrickson, B. L. & Losada, M. F. (2005). Positive Affect and the Complex Dynamics of Human Flourishing. *American Psychologist, 60* (7), S. 678–686.

Freudenberger, H. & North, G. (2008). *Burnout bei Frauen. Über das Gefühl des Ausgebranntseins.* Frankfurt: Fischer-Taschenbuch-Verlag.

Friedman, M. (13.09.1970). The Social Responsibility of Business is to Increase its Profits. *The New York Times Magazine.*

Gallup, Inc. (2015). *Engagement Index Deutschland.* Abgerufen von Die Ergebnisse der bekanntesten Studie zur Mitarbeiterbindung: http://www.gallup.com/de-de/181871/engagement-index-deutschland.aspx

Gansser, O. & Linke, M. (2013). *Betriebliches Gesundheitsmanagement in Deutschland 2013.* KCS KompetenzCentrum für Statistik und Empirie.

Giambatista, R., Rowe, W. & Riaz, S. (2005). Nothing succeeds like succession: A critical review of leader succession literature since 1994. *Leadership Quarterly* (16), S. 963–991.

Gillies, C. (2013). *Leistungsbeurteilung 2.0. Wo die Kollegen bestimmen, wie hoch Ihr Gehalt ist.* Die Welt. Abgerufen am 11. März 2016 von http://www.welt.de/wirtschaft/karriere/junge-profis/article112673777/Wo-die-Kollegen-bestimmen-wie-hoch-Ihr-Gehalt-ist.html

Gladwell, M. (2009). *Überflieger: Warum manche Menschen erfolgreich sind – und andere nicht.* Frankfurt am Main: campus Verlag.

Goleman, D., Boyatzis, R. & McKee, A. (2003). *Emotionale Führung.* Berlin: Ullstein.

Graves, C. (2005). *The Never Ending Quest.* Santa Barbara: ECLET.

Gray, D. & Vander Wal, T. (2014). *The Connected Company.* Sebastopol, CA: O'Reilly.

GRI (2016). *Global Reporting Initiative.* Abgerufen am 18.06.2016 von global-reporting.org

Grunwald, A. & Kopfmüller, J. (2012). *Nachhaltigkeit.* Frankfurt: Campus Verlag.

Hüther, G. (2016). *Akademie für Potenzialentfaltung.* Abgerufen von http://www.akademiefuerpotentialentfaltung.org

Hüther, G. (2016). *Mit Freude lernen – ein Leben lang.* Göttingen: Vandenhoeck & Ruprecht.

Haeckel, S. H. (1999). *Adaptive Enterprise. Creating and Leading Sense-And-Respond Organisations*. Boston: Harvard Business School Press.

Hambrick, D. Z., Oswald, F. L., Altmann, E. M., Meinz, E. J., Gobet, F. & Campitelli, G. (2014). Deliberate practice: Is that all it takes to become an expert? *Intelligence*, 45, S. 34–45.

Hamel, G. (2008). *Das Ende des Managements: Unternehmensführung im 21. Jahrhundert*. Berlin: Econ.

Hamel, G. (2012). Schafft die Manager ab! *Harvard Business Manager*, Januar, S. 1–15.

Hamel, G. (2012). *Worauf es jetzt ankommt!: Erfolgreich in Zeiten kompromisslosen Wandels, brutalen Wettbewerbs und unaufhaltsamer Innovation*. Weinheim: Wiley.

Handelsblatt Management Bibliothek. (2005). *Die erfolgreichsten Unternehmer. L-Z*. Frankfurt: campus Verlag.

Harter, J. K., Schmidt, F., Kilham, E. & Asplund, J. (2006). *Q12 Meta-Analysis*. Gallup Consulting.

Harter, J. & Schmidt, F. (2000). *Validation of a performance-related and actionable management*. Princeton, NJ: The Gallup Organization.

Harter, J., Schmidt, F. & Hayes, T. (2002). Business-Unit-Level Relationship Between Employee Satisfaction, Employee Engagement, and Business Outcomes: A Meta-Analysis. *J Appl Psychol, 87* (2), S. 268–279.

Harter, J., Schmidt, F. & Keyes, C. (2003). Well-Being in the Workplace and its Relationship to Business Outcomes. A Review of the Gallup Studies. In C. Keyes & J. Haidt, *Flourishing: The Positive Person and the Good Life* (S. 205–224). Washington: American Psychological Association.

Henderson, B. (2016). *The Product Portfolio*. Abgerufen am 16.04.2016 von https://www.bcgperspectives.com/content/Classics/strategy_the_product_portfolio/

Henke, K.-D. & Erhard, T. (2011). Beschäftigungsentwicklung in der Gesundheitswirtschaft. In H. Lohmann & U. Preusker, *Zukunft Gesundheitswissenschaft – Mitarbeiter händeringend gesucht: Personalkonzepte sichern Überleben* (S. 1–17). Heidelberg.

Heuvel, M., Demerouti, E. & Peeters, M. (2015). The job crafting intervention: Effects on job resources, self-efficacy, and affective well-being. *Journal of Occupational and Organizational Psychology, 88* (3), S. 511–532.

HolacracyOne, LLC. (2016*). Holacracy. Discover A Better Way of Working*. Spring City, USA.

Houghton, J. D. & Neck, C. P. (2002). The Revised Self-Leadership Questionnaire: Testing a hierarchical factor structure for self-leadership. *Journal of Managerial Psychology, 17*, S. 672–691.

IKEA (2016). *Über den IKEA Konzern: Geschäftskonzept.* Abgerufen am 30.06.2016 von IKEA.com: http://www.ikea.com/ms/de_DE/this-is-ikea/about-the-ikea-group/index.html

Ilies, R., Morgeson, F. & Nahrgang, J. (2005). Authentic leadership and eudaemonic well-being: Understanding leader-follower outcomes. *The Leadership Quarterly, 16*, S. 373–394.

Jadad, A. & O'Grady, L. (2008). How should health be defined? *BMJ, 337*, S. 2900.

Janssen, O. (2001). Fairness perceptions as a moderator in the curvilinear relationships between job demands, and job performance and job satisfaction. *Academy of Management Journal, 44*, S. 1039–1050.

Kühl, S. (2015). Die blinden Flecken der Theorie U von Otto Scharmer. *systeme. Interdisziplinäre Zeitschrift für systemtheoretisch orientierte Forschung und Praxis in den Humanwissenschaften* (2), S. 190–202.

Kahnemann, D. (2012). *Schnelles Denken, langsames Denken.* München: Siedler Verlag.

Kallenbach, I. (2003). Abschlußinterventionen im Coachingprozess: Verhaltensverschreibung und Klientensystemanalyse. *Organisationsberatung – Supervision – Coaching, 10* (1), S. 70–80.

Karasek, R. (1979). Job demands, job decision latitude, and mental strain: Implications for job redesign. *Administrative Science Quarterly, 24*, S. 285–307.

Karasek, R. & Theorell, T. (1990). *Healthy Work: Stress, Productivity, and the Reconstruction of Working Life.* New York: Basic Books.

Karriker, J. H. & Williams, M. L. (2009). Organizational Justice and Organizational Citizenship Behavior: A Mediated Multifoci Model. *Journal of Management, 35*, S. 112–135.

Kellermanns, F. W. & Eddleston, K. A. (2004). Feuding Families: When Conflict Does a Family Firm Good. *Entrepreneurship Theory and Practice, 28* (3), S. 209–228.

Kerkmann, C. (2016). *SAP legt Jahresbericht vor. Motivierte Mitarbeiter, mehr Gewinn?* Abgerufen am 28.06.2016 von Handelsblatt.com: http://www.handelsblatt.com/unternehmen/it-medien/sap-legt-jahresbericht-vor-motivierte-mitarbeiter-mehr-gewinn/13367134.html

Kirkpatrick, D. (2011). *Beyond Empowerment: The Age of the Self-managed Organisation.* Morning Star Self-Management Institute.

Koch, A. (2015). Das 70-20-10-Wunschdenken. *Wirtschaft + Weiterbildung,* S. 18–25.

Koestler, A. (1968). *Das Gespenst in der Maschine.* Wien: Molden.

Korschun, D., Bhattacharya, C. & Swain, S. (2014). Corporate Social Responsibility, Customer Orientation, and the Job Performance of Frontline Employees. *Journal of Marketing, 78* (3), S. 20–37.

Kotter, J. (2015). *Accelerate. Strategischen Herausforderungen schnell, agil und kreativ begegnen.* München: Vahlen.

Krüger, A. (2013). Talentauswahl. *Leistungssport, 5,* S. 41–42.

Kristof-Brown, A. L., Zimmerman, R. D. & Johnson, E. C. (2005). Consequences of Individuals' Fit at Work: A Meta-Analysis of Person-Job, Person-Organization, Person-Group, and Person-Supervisor Fit. *Personnel Psychology, 58* (2), S. 281–342.

Lacey, R. & Kennet-Hensel, P. (2010). Longitudinal Effects of Corporate Social Responsibility on Customer Relationships. *Journal of Business Ethics, 97* (4), S. 581–597.

Laloux, F. (2014). *Reinventing Organizations. A Guide to Creating Organizations.* Brüssel: Nelson Parker.

Linnenschmidt, M., Lümkemann, D. & Lippke, S. (2015). Eine Frage der Bereitschaft. *Personalmagazin,* 54–57.

Lohmann-Haislah, A. (2012). *Stressreport Deutschland 2012: Psychische Anforderungen, Ressourcen und Befinden.* Dortmund: Bundesanstalt für Arbeitsschutz und Arbeitsmedizin.

Losada, M. & Heaphy, E. (2004). The role of positivity and connectivity in the performance of business teams: A nonlinear dynamics model. *American Behavioral Scientist, 47* (6), S. 740–766.

Luhmann, N. (1987). *Soziale Systeme: Grundriß einer allgemeinen Theorie.* Frankfurt am Main: Suhrkamp.

Luo, X. & Bhattacharya, C. (2006). Corporate Social Responsibility, Customer Satisfaction, and Market Value. *Journal of Marketing, 70* (4), S. 1–18.

Luthans, F. & Avolio, B. (2003). Authentic leadership: a positive developmental approach. In K. Cameron, J. Dutton & R. Quinn, *Positive Organizational Scholarship: Foundations of a New Discipline* (S. 241–258). San Francisco: Berrett-Koehler.

Macnamara, B., Hambrick, D. & Oswald, F. (2014). Deliberate Practice and Performance in Music, Games, Sports, Education, and Professions: A Meta-Analysis. *Psychological Science, 25* (8), S. 1608.

Malik, F. (2011). *Strategie. Navigieren in der Komplexität der neuen Welt.* Frankfurt: Campus.

Malik, F. (2015). *Navigieren in Zeiten des Umbruchs. Die Welt neu denken und gestalten.* Frankfurt/New York: Campus.

Maslach, C. & Jackson, S. (1981). The measurement of experienced burnout. *Journal of Occupational Behavior, 2,* S. 99–113.

Maslow, A. H. (1971). *The farther reaches of human nature.* New York: Viking Press.

Meck, G. & Weiguny, B. (27.12.2015). Disruption, Baby, Disruption! *Frankfurter Allgemeine Sonntagszeitung,* S. 21.

Morgan, G. (1986). *Images of Organizations.* Beverly Hills: SAGE.

Morgan, G. (1990). *Creative Organization Theory. A Ressourcebook* (Fourth Printing). Newbury Park: SAGE.

Morris, M. H., Kuratko, D. F. & Covin, J. G. (2010). *Corporate Entrepreneurship & Innovation.* Nashville, Tennessee: South Western.

Nielsen, K., Yarker, J., Brenner, S.-O., Randall, R. & Borg, V. (2008). The importance of transformational leadership style for the well-being of employees working with older people. *Journal Advanced Nursing, 63* (5), S. 465–475.

Nink, M. (2014). *Engagement Index. Die neuesten Daten und Erkenntnisse aus 13 Jahren Gallup-Studie.* München: Redline Verlag.

Nyberg, A., Bernin, P. & Theorell, T. (2005). *The impact of leadership on the health of subordinates.* Stockholm: Elanders Gotab.

O'Boyle Jr., E. H., Humphrey, R. H., Pollack, J. M., Hawver, T. H. & Story, P. A. (2011). The relation between emotional intelligence and job performance: A meta-analysis. *Journal of Organizational Behavior, 32,* S. 788–818.

Odiorne, G. S. (1984). Strategic Management of Human Resources. San Francisco: Jossey-Bass Inc.

Pelletier, K. R. (2011). A review and analysis of the clinical and cost effectiveness studies of comprehensive health promotion and disease management programs at the worksite. *Journal of Occupational and Environmental Medicine, 53,* S. 1310–1331.

Petrou, P., Demerouti, E., Peeters, M. C., Schaufeli, W. B. & Hetland, J. (2012). Crafting a Job on a daily basis: Contextual correlates and the link to work engagement. *Journal of Organizational Behavior, 33,* S. 1120–1141.

Pfläging, N. (2009*). Die 12 neuen Gesetze der Führung: Der Kodex: Warum Management verzichtbar ist.* Frankfurt: campus.

Pfläging, N. (2014). *Organisation für Komplexität. Wie Arbeit wieder lebendig wird – und Höchstleistung entsteht.* München: Redline.

Pfläging, N. & Hermann, S. (2015). *Komplexithoden: Clevere Wege zur (Wieder) Belebung von Unternehmen und Arbeit in Komplexität.* München: Redline Verlag.

Piaget, J. & Inhelder, B. (1969). *The Psychology of the Child*. New York: Basic Books.

Porter, M. E. (Januar 2008). The Five Competitive Forces that shape Strategy. *Harvard Business Review*, S. 78–93.

Porter, M. E. & Kramer, M. R. (2011). Creating shared value: How to reinvent capitalism – and unleash a wave of innovation and growth. *Harvard Business Review, 89* (1, 2), S. 62–78.

Prangenberg, A., Müller, M. & Aldenhoff, M. (2005). *Arbeitshilfen für Aufsichtsräte: Der Shareholder-Value-Ansatz*. Düsseldorf: Hans Böckler Stiftung.

Pronk, N. & Kottke, T. (2009). Physical activity promotion as a strategic corporate priority to improve worker health and business performance. *Preventive Medicine, 49* (4), S. 316–321.

Purser, R. E. & Cabana, S. (1998). *The Self-Managing Organization: How Leading Companies Are Transforming The Work of Teams For Real Impact: Transforming Team Work Through Participative Design*. New York: Free Press.

Radatz, S. (2003). *Evolutionäres Management: Antworten auf die Management- und Führungsherausforderungen im 21. Jahrhundert*. Wien: Verlag Systemisches Management.

Ramlall, S. J. (2008). Enhancing Employee Performance Through Positive Organizational Behavior. *Journal of Applied Social Psychology, 38* (6), S. 1580–1600.

Rammstedt, B. & John, O. P. (2007). Measuring personality in one minute or less: A 10-item short version of the Big Five Inventory in English and German. *Journal of Research in Personality* (41), S. 203–212.

Rappaport, A. (1999). *Shareholder Value*. Stuttgart: Schäffer-Poeschel.

Rivoli, P. & Waddock, S. (2011). »First they ignore you...«. The Time-Context Dynamic and Corporate Responsibility. *California Management Review, 53* (2), S. 87–104.

Robertson, B. J. (2016). *Holacracy. Ein revolutionäres Management-System für eine volatile Welt*. München: Franz Vahlen.

Rohmert, W. (1984). Das Belastungs-Beanspruchungs-Konzept. *Zeitschrift für Arbeitswissenschaft, 4*, S. 193–200.

Sackett, P. R. & DeVore, C. J. (2001). Counterproductive Behaviors at Work. In N. Anderson, D. S. Ones, J. K. Sinangil & C. Viswesvaran, *Handbook of Industrial, Work and Organizational Psychology* (S. 145–164). Thousand Oaks: SAGE.

Salmador, M. P. & Florín, J. (2013). Knowledge creation and competitive advantage in turbulent environments: A process model of organizational learning. *Knowledge Management Research & Practice, 11* (4), S. 374–388.

SAP (2016). *Geschäftsbericht 2015: Reimagine Your Business.* Walldorf: SAP SE.

Saracci, R. (1997). The World Health Organization needs to reconsider its definition of health. *BMJ, 314*, S. 1409–1410.

Sattelberger, T., Welpe, I. & Boes, A. (2015). *Das demokratische Unternehmen: Neue Arbeits- und Führungskulturen im Zeitalter digitaler Wirtschaft.* Freiburg: Haufe-Lexware.

Schein, E. H. (2004). *Organizational Culture and Leadership* (3. Aufl.). San Francisco: John Wiley & Sons.

Schredelseker, K. (2003). *Werte schaffen. Perspektiven einer stakeholderorientierten Unternehmensführung.* Wiesbaden: Gabler Verlag.

Schwaber, K. & Sutherland, J. (2013). *Der Scrum Guide. Der gültige Leitfaden für Scrum: Die Spielregeln.* Scrum.Org / ScrumInc.

Schwarzer, R. & Jerusalem, M. (1999). *Skalen zur Erfassung von Lehrer- und Schülermerkmalen. Dokumentation der psychometrischen Verfahren im Rahmen der Wissenschaftlichen Begleitung des Modellversuchs Selbstwirksame Schulen.* Berlin: Freie Universität Berlin.

Seligman, M. (2012). *Flourish: A Visionary New Understanding of Happiness and Well-being.* New York: Atria Books.

Semler, R. (1993*). Das SEMCO System. Management ohne Manager.* München: Heyne.

Senge, P. M. (2006). *The Fifth Discipline. The Art & Practice of the Learning Organization.* New York: Currency – Doubleday.

Sennett, R. (2008). *Handwerk.* Berlin: Berlin Verlag.

Sherman, B. W. & Lynch, W. D. (2014). Connecting the dots: examining the link between workforce health and business performance. *The American Journal of Managed Care, 20* (2), S. 115–120.

Siegrist, J. (2012). *Effort-reward imbalance at work – theory, measurement and evidence.*

Simon, H. (2007). *Hidden Champions des 21. Jahrhunderts: Die Erfolgsstrategien unbekannter Weltmarktführer.* Frankfurt: Campus Verlag.

Slater, R. (1998). *Jack Welch and the GE Way: Management Insights and Leadership Secrets of the Legendary CEO.* New York: McGraw-Hill.

Snowden, D. J. & Boone, M. E. (2007). A Leader's Framework for Decision Making. *Harvard Business Review, 85* (11), S. 69–76.

Sorenson, S. (2014). *How Employees' Strengths Make Your Company Stronger.* Abgerufen am 16.05.2016 von Gallup.com: http://www.gallup.com/business-journal/167462/employees-strengths-company-stronger.aspx?utm_source = alert&utm_medium = monthly&utm_content = morelink&utm_campaign = syndication

Spieß, E. & Stadler, P. (2007). Gesundheitsförderliches Führen – Defizite erkennen und Fehlbelastungen der Mitarbeiter reduzieren. In A. Weber & G. Hörmann, *Psychosoziale Gesundheit im Beruf* (S. 255–274). Stuttgart: Gentner.

Sprangers, M. & Schwartz, C. (1999). Integrating response shift into health-related quality of life research: a theoretical model. *Soc Science & Med, 48*, S. 1507–1515.

Stansfeld, S. & Candy, B. (2006). Psychosocial work environment and mental health – a meta-analytic review. *Scandinavian Journal of Work, Environment & Health, 32* (6), S. 443–462.

Stephan, L. & Kallenbach, I. (2011). *Seminarunterlagen. Zertifizierte Weiterbildung »Systemische Beratung für Person, Team & Organisation«.*

Stewart, G., Courtright, S. & Manz, C. (2011). Self-Leadership: A Multilevel Review. *Journal of Management, 1*, S. 185–222.

Stiefel, R. T. (2003). *Förderprogramme. Handbuch der personellen Zukunftssicherung im Management.* Leonberg: Rosenberger Fachverlag.

Stiefel, R. T. (2010). *Strategieumsetzende Personalentwicklung. Schneller lernen als die Konkurrenz.* Wien, Österreich: Linde international.

Stiefel, R. T. (2011). *Führungskräfte-Entwicklung als Beruf und Leidenschaft. Spuren ziehen statt ausgetretene Wege gehen.* Wien: Linde.

Sutherland, J. (2015). *Die Scrum-Revolution: Management mit der bahnbrechenden Methode der erfolgreichsten Unternehmen.* Frankfurt: Campus.

Svan, M. (2012). Applied genomics: personalized interpretation of athletic performance genetic association data for sports performance capability and injury reduction. *Journal of Bioscience and Medicine, 1*, S. 1–10.

Svenska Handelsbanken AB. (2015). *Annual Report 2014.* Stockholm: Svenska Handelsbanken AB (pub).

Swisher, V. & Dai, G. (2014). *The agile enterprise. Taking stock of learning agility to gauge the fit of the talent pool to the strategy.* Korn Ferry.

Taylor, F. W. (1911). *The Principles of Scientific Management.* New York: Harper & Brother Publishers.

The Coca-Cola Company (2015). *Mission, Vision & Values.* Abgerufen am 06.09.2015 von http://www.coca-colacompany.com/our-company/mission-vision-values

Tims, M., Bakker, A. & Derks, D. (2013). The impact of job crafting on job demands, job resources, and well-being. *Journal of Occupational Health Psychology, 18*, S. 230–240.

Todorova, G. & Durisin, B. (2007). Absorptive capacity: Valuing a reconceptualization. *Academy of Management Review, 32* (3), S. 774–786.

Tuckman, B. W. & Jensen, M. A. (1977). Stages of small-group development revisited. *Group Organizational Studies, 2*, S. 419–427.

Tukker, A. (2015). Product services for a resource-efficient and circular economy – a review. *Journal of Cleaner Production, 97*, S. 76–91.

Ulich, E. (2008). Psychische Gesundheit am Arbeitsplatz. (B. D. Psychologinnen, Hrsg.) *Psychische Gesundheit am Arbeitsplatz in Deutschland*, S. 8–15.

Ulrich, D. (2015). *The Leadership Capital Index*. Oakland, CA: Berrett-Koehler Publishers, Inc.

Ulrich, D., Smallwood, N. & Sweetman, K. (2009). *The Leadership Code: Five Rules to Lead By*. Boston, MA: Harvard Business Press.

United Nations. (2016). *UN Global Compact*. Abgerufen am 18.06.2016 von unglobalcompact.org

Unterbrink, T. e. (2007). Burnout and effort-reward-imbalance in a sample of 949 German teachers. *International Archives of Occupational and Environmental Health, 80*, S. 433–441.

Valve Corporation (2012). *Handbook for new Employees*. Bellevue, Wasington: Valve Press.

von Fournier, C. (2005). *Die 10 Gebote für ein gesundes Unternehmen*. Frankfurt: Campus Verlag.

Wedekind, E. & Georgi, H. (2014). Aus der Selbstschutzblockade zur Interaktionsfähigkeit. Vom Umgang mit massiven Kränkungen in Teamkonflikten. *Systeme, 28* (1), S. 27–46.

Weltgesundheitsorganisation WHO. (1986). *Ottawa-Charta zur Gesundheitsförderung*. Ottawa.

Weltgesundheitsorganisation WHO. (2014). *Verfassung der Weltgesundheitsorganisation 0.810.1*.

Wilber, K. (2000). *Integral Psychology: Consciousness, Spirit, Psychology, Therapy*. Boston: Shambhala Publications.

Wohland, G. & Wiemeyer, M. (2007). *Denkwerkzeuge der Höchstleister. Wie dyamikrobuste Unternehmen Marktdruck erzeugen*. Hamburg: Murmann.

Wohland, G. & Wiemeyer, M. (2012). *Denkwerkzeuge der Höchstleister. Warum dynamikrobuste Unternehmen Marktdruck erzeugen*. (3. aktualisierte und erweiterte Aufl.). Lüneburg: UNIBUCH Verlag.

Wrzesniewski, A. & Dutton, J. E. (2001). Crafting a job: Revisioning employees as active crafters of their work. *Academy of Management Review, 26*, S. 179–201.

Wrzesniewski, A., Berg, J. M. & Dutton, J. E. (2010). Managing Yourself: Turn the Job You Have into the Job You Want. *Harvard Business Review, 88* (6), S. 114–117.

Xu, R. & Ilic, A. (2014). Product as a Service: Enabling Physical Products as Service End-Points. *Thirty Fifth International Conference on Information Systems,* (S. 1–20). Auckland.

Youssef-Morgan, C. M. & Luthans, F. (2013). Positive leadership: Meaning and application across cultures. *Organizational Dynamics, 3,* S. 198–208.

Yukl, G. (2013*). Leadership in Organizations*. Boston: Pearson.

Zahra, S. & George, G. (2002). Absorptive Capacity: A Review, Reconceptualization, and Extension. *The Academy of Management Review, 27* (2), S. 185–203.

Zechner, K. (2008). *Coaching – mehr als ein Modewort in Maßnahmen der aktiven Arbeitsmarktpolitik*. Wien: LIT Verlag.

Zeit Online (2015). *Führungskultur bei VW soll Abgas-Skandal ermöglicht haben*. Abgerufen am 31.10.2015 von www.zeit.de: http://www.zeit.de/wirtschaft/2015-10/volkswagen-aufsichtsrat-stephan-weil-kritikkultur

# Stichwortverzeichnis